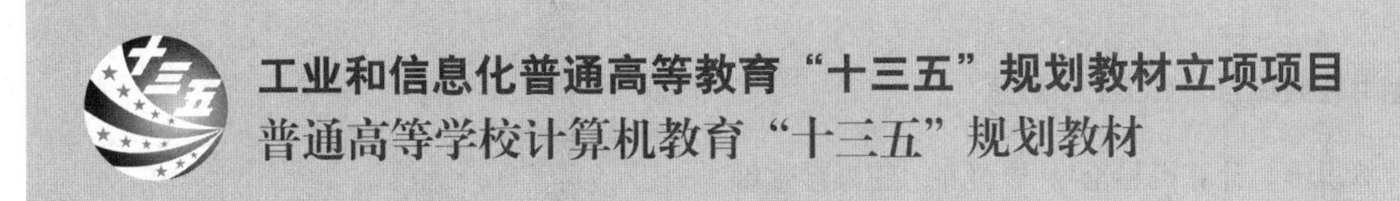

计算思维与计算机导论

Computational Thinking and Computer Concepts

宁爱军 王淑敬 主编

人 民 邮 电 出 版 社

北 京

图书在版编目（C I P）数据

计算思维与计算机导论 / 宁爱军，王淑敬主编. --
北京 : 人民邮电出版社，2018.8（2023.9重印）
普通高等学校计算机教育“十三五”规划教材
ISBN 978-7-115-48812-1

Ⅰ. ①计… Ⅱ. ①宁… ②王… Ⅲ. ①计算方法－思
维方法－高等学校－教材②电子计算机－高等学校－教材
Ⅳ. ①O241②TP3

中国版本图书馆CIP数据核字(2018)第163368号

内 容 提 要

本书以计算思维为主线，从计算思维的角度介绍计算机的体系结构、计算机的软硬件、问题求解、计算机网络、信息安全、数据库技术、办公软件的高级应用等内容。本书旨在培养学生的计算思维能力、自主学习能力、创新能力，使学生能够利用计算思维的方法解决实际问题，进行创新创业的活动。本书配有针对性强的实验和习题，实验可操作性强，习题与教材结合紧密，有利于学生课后练习以巩固所学内容。

本书适合作为高等学校“计算思维导论”课程的教材，也可以作为计算机爱好者的自学参考书。

◆ 主　　编　宁爱军　王淑敬
　责任编辑　张　斌
　责任印制　彭志环

◆ 人民邮电出版社出版发行　　北京市丰台区成寿寺路 11 号
　邮编　100164　　电子邮件　315@ptpress.com.cn
　网址　http://www.ptpress.com.cn
　三河市祥达印刷包装有限公司印刷

◆ 开本：787×1092　1/16
　印张：17.5　　　　　　　2018 年 8 月第 1 版
　字数：501 千字　　　　　2023 年 9 月河北第13次印刷

定价：49.80 元

读者服务热线：(010)81055256　印装质量热线：(010)81055316
反盗版热线：(010)81055315

前言 FOREWORD

随着计算机及相关技术的发展，计算机日益融入人们工作和生活的方方面面。计算思维作为人类的基础性思维，对于人们解决实际问题，进行创新创业活动具有重要的作用，所以大学应该着力培养大学生的计算思维能力。

目前，大学计算机基础教育主要有两种观点。一种是偏重理论的计算思维，深入讲解计算机专业的软件和硬件的原理，过于追求深入理论和数学的深度，为了概念讲概念。由于学生缺乏数学、物理等知识体系，课程对于学生来说过于抽象，不易接受。另一种是偏重计算机知识和操作技能，往往是知识和操作技能的罗列。学生虽然能够掌握知识和操作技能，但是往往难以融会贯通，自我学习能力差。

编者针对上述情况，将理论与实践相结合，编写了本书，具体特点如下。

（1）从计算思维的角度，讨论软、硬件知识和问题求解，具有一定的深度和广度。

（2）强调数据库技术、办公软件的高级应用，培养学生解决实际问题的能力。

（3）强调学生自主学习、计算思维和创新能力的培养。

（4）配有针对性强的实验，培养学生使用信息技术解决实际问题的意识和能力，有利于培养学生的自学能力。

（5）习题与教材结合紧密，有利于学生理解和巩固所学知识。

（6）本书配有微视频、电子教案和学习资料等学习资源，相关资源和习题参考答案可登录人邮教育社区（www.ryjiaoyu.com）下载。

本书共12章，第1章、第2章由满春雷编写，第3章由张艳华编写，第4~7章由宁爱军编写，第8章由王燕编写，第9章、第10章由王淑敬编写，第11章由胡香娟编写，第12章由窦若菲编写。

全书由宁爱军、王淑敬担任主编，负责全书的总体策划、校对和统筹定稿。为本书编写做出贡献的还有熊聪聪、赵奇、曹鉴华、张睿、张浥楠、李伟、杨光磊、林琳等。本书的出版得到了编者所在院校各级领导的关心和支持，在此一并表示感谢。

由于编者水平有限，书中难免会有疏漏，恳请广大读者批评指正。编者邮箱为ningaijun@sina.com。

编者

2018年3月

目录 CONTENTS

第 8 章 数据库的基本思维……151

第 9 章 Word 2010 高级应用……177

第 10 章 Visio 2010 高级应用……203

第 11 章 Excel 2010 高级应用……213

第 12 章 PowerPoint 2010 高级应用……252

01 第1章　计算思维与计算

计算思维作为一种思维方式，通过广义的计算来描述各类自然过程和社会过程，从而解决各学科的问题，是大学生必须掌握的思维方法。本章引入计算思维的定义，讨论计算思维与各学科的关系、计算与自动计算、计算工具的发展过程。

1.1　计算思维概述

1.1.1　计算思维

计算思维（Computational Thinking），是指计算机、软件以及计算相关学科的科学家和工程技术人员的思维方法。2006年，美国卡内基·梅隆大学的周以真（Jeannette M. Wing）教授提出计算思维的概念，即“计算思维是运用计算科学的基础概念进行问题求解、系统设计以及人类行为理解等涵盖计算机科学之广度的一系列思维活动”“其本质是抽象和自动化，即在不同层面进行抽象，以及将这些抽象机器化”。计算思维的目的是希望人们能够像计算机科学家一样思考，将计算技术与各学科的理论、技术与艺术融合从而实现创新。

计算思维包括多项基本内容。

1. 二进制0和1的基础思维

计算机以0和1为基础，客观世界的各种信息都转换为0和1存储和处理。

2. 指令和程序的思维

指令是计算机的基本动作，计算机为了完成一个任务，可以将指令按照顺序组织为程序。计算机按照程序的控制顺序执行指令，从而完成任务。

3. 递归的思维

递归可以用有限的步骤实现近于无限的功能。递归使用类似于递推的方法，如【例1.1】，求解自然数的阶乘问题，可以描述为函数$f(n)$，$f(n)$可以通过$f(n-1)$求得，依此类推直到求得$f(1)$，然后倒推得$f(2)$、$f(3)$……，直到$f(n)$。有一些问题求解必须使用递归的方法，如汉诺塔问题等。

【例1.1】 计算自然数n的阶乘问题。

阶乘可以描述如下。

$$n! = \begin{cases} 1 & , \ n \leqslant 1 \\ n \times (n-1) \times \cdots \times 1 & , \ n > 1 \end{cases}$$

函数 $f(n)$ 的功能是计算 $n!$，其描述形式如下。

$$f(n)=\begin{cases}1, & n\leqslant 1\\ n\times f(n-1), & n>1\end{cases}$$

4. 计算机系统发展的思维

计算机系统的主要发展过程包括冯·诺依曼计算机、个人计算机、并行与分布式计算、云计算等，体现了计算手段的发展和变化，可以应用于各学科的研究。

计算机系统还包括计算机硬件系统、软件系统、网络系统等。

5. 问题求解的思维

利用计算手段进行问题求解的思维主要包括两个方面：算法和系统。

算法是计算机系统的灵魂，它是有穷规则的集合，规定了任务执行或问题求解的一系列步骤。问题求解的关键是设计可以在有限时间和空间内执行的算法。

系统是解决社会/自然问题的综合解决方案，设计和开发计算机系统是一项复杂工程。采用系统化的科学思维，在系统开发时控制系统的复杂性，优化系统结构，提高系统的可靠性、安全性、实时性。

6. 网络化的思维

由计算机技术发展起来的网络，将计算机和各种设备连接起来的局域网、互联网，逐步实现了物物、人人、物人连接的网络化环境。通过网络环境进行问题求解的网络化思维是计算思维的重要部分。使用网络化的思维丰富了社会和自然科学问题的求解手段。

1.1.2 计算思维与各学科的关系

众所周知，计算思维对计算机相关学科的影响不言而喻，它还与其他学科相结合，促进其他学科的研究和创新，同时为各学科专业人才提供了计算手段。

1. 应用计算手段促进各学科的研究和创新

各学科应用计算手段进行研究和创新，将成为未来各学科创新的重要手段。

例如，3D 打印技术可以生产机械设计的模型；生物科学利用计算机技术进行各种计算、药物研制等；自行车行业利用计算机和互联网技术产生了 ofo、摩拜等共享单车公司。

2. 各学科创新自己的新型计算手段

各学科处理利用已有的计算手段，还可以研究支持本学科创新和研究的新计算手段。

例如，从事音乐创作的人可以研发创作音乐的计算机软件；从事建筑设计的人可以研发建筑设计的辅助软件；研究电影艺术的人可以研发视频编辑和动画设计的软件等。

3. 计算思维可以帮助培养各专业的人才

各专业的学生可以学会很多计算手段的应用和技能，如 Office、Photoshop 等各种软件工具，可以解决一些实际问题。但是如果学生只掌握这些软件工具，而不掌握计算思维，那么在未来就不能融会贯通、自我学习专业所需要的新工具和软件，也将会缺乏使用计算工具进行创新的能力。

各专业的大学生掌握了计算思维能力，就可以自学掌握各种新软件工具，甚至创新本专业的计算手段。

1.2 计算与自动计算

1. 计算与自动计算

计算是指数据在运算符的操作下，按照规则进行数据变换。例如，算术运算 a=3+2，计算 $\sum_{n=1}^{1000} n$，计算对数、指数、微分和积分等。

有时候虽然人们知道了计算的规则，但是因为计算过于复杂，超过了人的计算能力，所以无法计算得到结果。此时，有两种解决方法。

（1）通过数学上的规则推导，获得等效的计算方法，从而完成计算。

【例 1.2】 计算 $\sum_{i=1}^{n} i = 1+2+3+\cdots+n$。

反复计算 n 个数的加法，对于人力而言比较困难。

通过数学推导可得 $\sum_{i=1}^{n} i = \frac{n*(1+n)}{2}$，人们可以轻松地完成计算。

（2）另一种办法是设计简单的规则，让机器重复执行，进行自动计算。

【例 1.3】 $\sum_{i=1}^{n} i$ 可以转化为由机器重复执行的自动计算的计算规则。

Step1: 输入整数 n。

Step2: s=0。

Step3: i=1。

Step4: s=s+i。

Step5: i=i+1。

Step6: 如果 i<=n，那么转入 Step4 执行。

Step7: 输出 s，算法结束。

2. 计算科学的基本问题

计算科学的基本问题是“什么能够被有效地自动计算，什么不能被有效地自动计算？”。哪些问题可以在有限时间和有限空间内自动计算，计算的时间和空间复杂度怎样？通过人类的各种思维模式，如何设计有效的计算方法，以减少计算的时间和空间复杂度。

此外，人们设计高效的计算系统来实现自动计算，从而提高计算速度。

1.3 计算工具的发展史

人们在进行计算和自动计算时需要考虑以下 4 个问题。

（1）数据的表示。例如，整数、浮点数、字符等如何表示。

（2）数据的存储及自动存储。例如，计算的数据、中间结果、最终结果如何存储。

（3）计算规则的表示。例如，如何表示加、减、乘、除等算术运算规则。

（4）计算规则的执行与自动执行。例如，如何自动运行【例 1.3】中的各个步骤。

计算工具的发展过程就是人们不断追求计算的机械化、自动化和智能化，尝试各种计算工具，实现数据的表示、存储和自动存储数据、计算规则的表示、执行和自动执行计算规则的过程。

1.3.1 计算工具的发展

计算工具的发展包括手动计算器、机械式计算器和电子计算机 3 个阶段。

1. 手动计算器

在有史料记载之前，人类就开始使用小石块和有刻痕的小棍作为计数工具。随着人类的生产和生活日益复杂，简单的计数已经不能满足需要，很多交易不仅需要计数而且还需要计算。

计算需要基于算法，算法是处理数字所依据的一步步操作过程，而手动计算器就是利用算法进行辅助数字计算过程的设备。

在西周时期出现的算珠和春秋早期出现的算筹是最早将算法和专用实物结合起来的运算工具。到了宋元年间，杨辉等著名数学家创建的珠算歌诀是将算法理论化、系统化的初步表现。到了明代，珠算取代了算筹，算盘的应用空前成熟和广泛，如图 1-1 所示。

算盘利用算珠表示和存储数字，计算规则是一套口诀，由人按照口诀手工拨动算珠完成四则运算。自动计算需要由机器自动存储数据执行规则，而算盘的计算过程由手工完成，所以算盘不是自动计算工具。

纳皮尔筹，也称为纳皮尔计算尺，如图 1-2 所示，是 17 世纪由英国数学家纳皮尔（John Napier）发明的。它由 10 根木条组成，每根木条上都刻有数码，右边第一根木条是固定的，其余的木条都可以根据计算的需要进行拼合或调换位置。纳皮尔筹也曾传到过中国，北京故宫博物院里至今还保留有珍藏品。

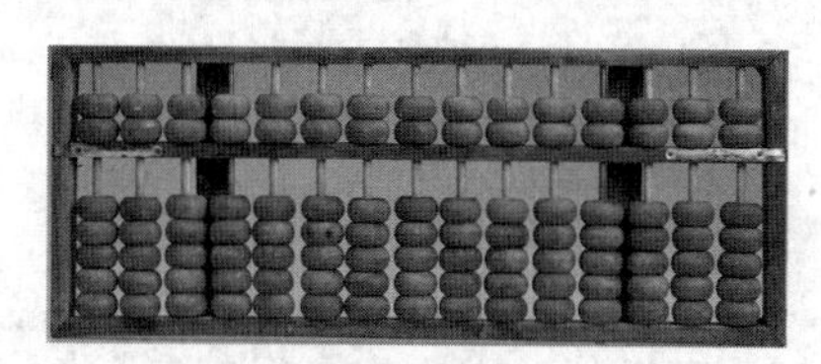

图 1-1　算盘

图 1-2　纳皮尔计算尺

在 17 世纪中期，英国数学家奥特雷德（William Oughtred）在刻度尺的基础上发明了滑动刻度尺，一直被学生、工程师和科学家所利用，如图 1-3 所示。

2. 计算机的雏形——机械式计算器

手动计算器需要操作者使用算法来进行计算，而机械式计算器可以自动完成计算，操作者不需要了解算法。使用机械式计算器时，操作者只需输入计算所需的数字，然后拉动控制杆或转动转轮来进行计算，操作者无须思考，且计算的速度更快。

1642 年，法国物理学家和思想家帕斯卡（Blaise Pascal）发明了加法器（Pascaline），如图 1-4 所示，是人类历史上第一台机械式计算器，它自动存储计算过程中的数字、自动执行规则。机器通过齿轮表示和存储十进制的各个数位的数字。它通过齿轮比解决进位问题。在两数相加时，先在加法机的轮子上拨出一个数，再按照第二个数在相应的轮子上转动对应的数字，最后就会得到这两数的和。

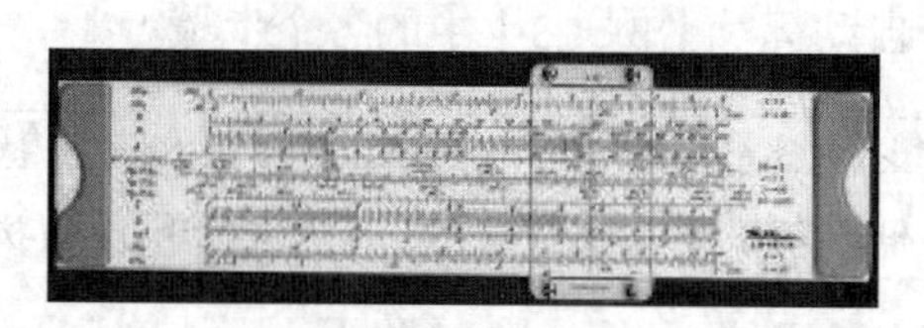

图 1-3　滑动刻度尺

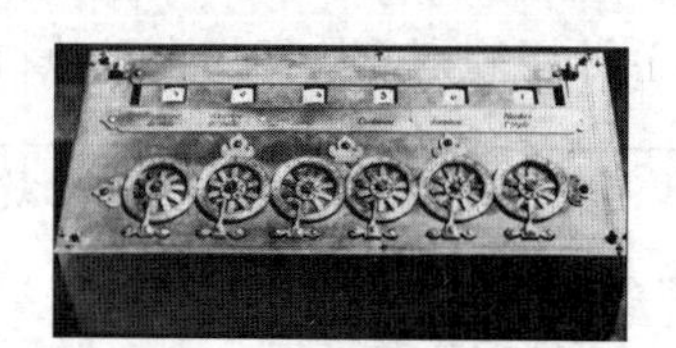

图 1-4　帕斯卡加法器

1673 年，莱布尼茨（Gottfried Wilhelm Leibniz）发明了乘法器。这是第一台可以运行完整的四则运算的计算器。他还在巴黎科学院表演了经他改进的采用十字轮结构的计算器（见图 1-5），完成了数字的不连续传输，奠定了早期机械式计算器的雏形。据记载，莱布尼茨曾把自己的乘法机复制品送给康熙皇帝。

1822 年，英国数学家巴贝奇（Charles Babbage）发明了差分机。它以蒸汽作为动力，可以快速而准确地计算天文学和大型工程中的数据表。差分机中使用了类似于存储器的设计方式，甚至包含了很多现代计算机的概念，体现了早期程序设计思想的萌芽，如图 1-6 所示。

库塔（Curta）是能够用一只手拿着的机械式的精确计算器，如图 1-7 所示，可以进行加减乘除运算，而且能够帮助计算平方根，其计算结果至少可以精确到 11 位。发明者库特 • 赫兹斯塔克（Curt Herzstark）在第二次世界大战被关押在布痕瓦尔德集中营期间完成该设计。在 20 世纪 50～60 年代，"库塔"广泛应用于科学家、工程师、测量员和会计师等人群，当电子袖珍计算器于 20 世纪 70 年代进入市场后，"库塔"才逐渐不再使用。

图 1-5　莱布尼茨改进的计算器

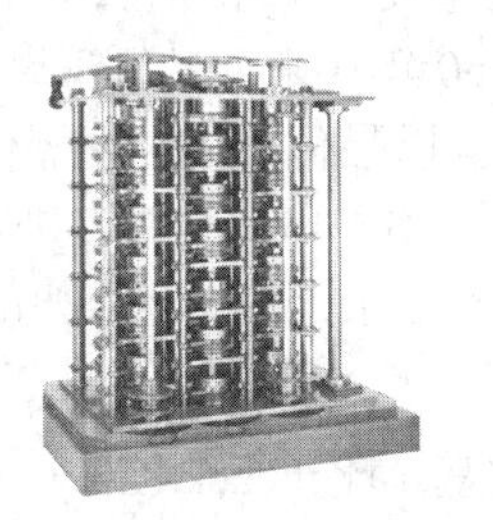

图 1-6　差分机

图 1-7　库塔计算器

3. **电子计算机**

在借鉴了手工计算器、机械式计算工具发展中的机械化、自动化的思想后，电子计算机实现了自动存储数据，能够理解和自动执行任意的复杂规则，能进行任意形式的计算，计算能力显著提高。

在 1937—1942 年，爱荷华州立大学的约翰 • 文森特 • 阿塔纳索夫（John Vincent Atanasoff）和他的研究生克利福特 • 贝瑞（Clifford Berry）共同设计了阿塔纳索夫-贝瑞计算机（Atanasoff-Berry Computer，ABC），如图 1-8 所示。它采用真空电子管代替机械式开关作为处理电路，结合了基于二进制数字系统的理念。ABC 本身不可编程，仅仅用于求解线性方程组。

ENIAC（Electronic Numerical Intergrator And Calculator，电子数字积分机和计算机）于 1946 年 2 月诞生在美国宾夕法尼亚大学，它是美国为计算弹道表而研制的第一台军用电子计算机，如图 1-9 所示。它使用 18 000 个电子管，耗电量 150kW，总重量达 30t，每秒可以执行 5 000 次加法运算，是手工计算的 20 万倍，其造价为 48 万美元。ENIAC 是世界公认的第一台电子计算机。

图 1-8　ABC

图 1-9　ENIAC

1.3.2　元器件的发展

计算机发展的过程中，人们需要寻找和发明能够进行数据自动存储、自动执行规则的元器件，元器件的发展与演变是计算工具发展的重要基础。元器件发展中经历了电子管、晶体管、集成电路 3 个阶段。

1. **电子管**

1895 年，英国电器工程师弗莱明（John Fleming）博士发明了第一只电子管（真空二极管），它是使电子单向流动的元器件。1907 年，美国人德福雷斯（Lee de Forest）发明了真空三极管，这一发明使他赢得了“无线电之父”的称号。德福雷斯在二极管的灯丝和板级间加了一块栅板，使得电子流动可以控制。从而使得电子管进入普及和应用阶段，并使电子管成为可以用于存储和控制二进制数的电子元器件。世界上公认的第一台电子计算机 ENIAC 就是使用的电子管。

电子管比机械式继电器反应快，计算速度快，但缺点是体积大、可靠性低、能耗大、易损坏，如图 1-10（a）所示。

2. 晶体管

1947 年，贝尔（Bell）实验室发明了晶体管，可以控制电流和电压，还可以作为电子信号的开关，如图 1-10（b）所示。20 世纪 50 年代末，晶体管风靡世界。与电子管相比，晶体管的体积更小、价格更便宜，并且能耗低、可靠。以晶体管为主要器件的计算机体积更小，速度可提升到百万次/秒，此时还出现了操作系统，并且开始采用高级语言进行程序设计。晶体管计算机需要使用电线将数万个晶体管连接起来，其电路结构复杂，使得计算机的可靠性变低。

3. 集成电路

1958 年，德州仪器公司的基尔比（Jack Kilby）提出了集成电路的构想：通过在同一材料（硅）块上集成所有元件，并通过上方的金属化层连接各个部分，自动实现复杂的变换。这样，就不再需要分立的独立元件，避免了手工组装元件、导线的步骤。

集成电路使得在单个小型芯片上集成数千个元件成为可能，大大减少了设备的体积、重量和能耗。由于集成的元件个数多，使得运算速度更快，如图 1-10（c）所示。

大规模集成电路可以在一个芯片上集成几百个元件，20 世纪 80 年代的超大规模集成电路（Very Large Scale Integrated Circuit，VLSI）可以在芯片上集成几十万个元件，90 年代的特大规模集成电路（Ultra Large Scale Integrated Circuit，ULSI）将数量扩充到百万级，如图 1-10（d）所示。到了 2012 年，在一块采用超大规模集成电路技术的硅片上可以集成 14 亿个元件。

（a）电子管

（b）晶体管

（c）集成电路

（d）超大规模集成电路

图 1-10　电子器件

关于集成电路的发展，Intel 创始人戈登 • 摩尔（Gordon Moore）提出了摩尔定律：当价格不变时，集成电路上可容纳的晶体管数目约每 18 个月会增加 1 倍，其性能也提升 1 倍。

元器件的发展规律是：元件的尺寸越来越小，芯片体积越来越小，芯片上集成的器件越来越多，可靠性越来越高，运行速度越来越快，价格却越来越便宜。计算机的计算速度越来越快，功能越来越强大，能够完成的任务也越来越复杂。

小结

本章讨论了计算思维的定义、计算思维与各学科的关系、计算与自动计算的相关问题、计算工具的发展历史等内容。通过本章的学习，读者可以理解计算思维与计算的基本概念。

习题

一、单项选择题

1. 以下选项中，(　　) 是手动计算器。
   A. 算盘　B. 帕斯卡加法器　C. 库塔计算器　D. ENIAC
2. 以下选项中，(　　) 是机械计算器。
   A. 算盘　B. 帕斯卡加法器　C. ABC　D. ENIAC
3. 以下选项中，(　　) 是电子计算机。
   A. 算盘　B. 帕斯卡加法器　C. 库塔计算器　D. ENIAC
4. ENIAC 使用 (　　) 作为主要元器件。
   A. 电子管　B. 晶体管　C. 集成电路　D. 超大规模集成电路
5. (　　) 使得在单个小型芯片上集成数千个元件成为可能，大大减少了设备的体积、重量和能耗。
   A. 电子管　B. 晶体管　C. 集成电路　D. 电子计算机

二、填空题

1. 利用计算手段进行问题求解的思维主要包括两个方面：________和________。
2. ________是指数据在运算符的操作下，按照规则进行数据变换。
3. 计算工具的发展包括________、________和________3 个阶段。
4. 元器件的发展经历了________、________、________3 个阶段。
5. 摩尔定律是指当价格不变时，集成电路上可容纳的晶体管书目约每 18 个月会增加________倍，其性能也提升________倍。

三、简答题

1. 简述计算思维的定义、本质及其目的。
2. 简述解决复杂计算问题的两个方法。
3. 简述计算思维与各学科的关系。
4. 简述计算和自动计算需要考虑的 4 个问题。
5. 简述集成电路的基本思想。
6. 简述元器件的发展规律。

02 第2章　计算机系统的基本思维

计算机系统的基本思维包括如何存储数据，如何进行信息的数字化编码，如何存储、自动执行运算规则。本章将讲述 0 和 1 的思维、信息的数字化编码方法、图灵机的思想，以及冯·诺依曼计算机等计算机系统的基本思维。

2.1　0 和 1 的思维

计算机系统中将文字、声音、视频等数据转换为简单的电脉冲，并以 0 和 1 的形式存储。0 和 1 的思维是计算机系统工作基础。

2.1.1　进位计数制

计数制是指用一组固定的数码和一套统一的规则表示数值的方法。按进位的原则进行计数称为进位计数制。

日常生活中常用的是十进制，而计算机中常用二进制、八进制、十六进制。表 2-1 所示为十进制、二进制、八进制、十六进制数码的表示方法。

表 2-1　十进制、二进制、八进制、十六进制的数码表示方法

十进制	二进制	八进制	十六进制
0	0	0	0
1	1	1	1
2	10	2	2
3	11	3	3
4	100	4	4
5	101	5	5
6	110	6	6
7	111	7	7
8	1000	10	8
9	1001	11	9
10	1010	12	A
11	1011	13	B
12	1100	14	C
13	1101	15	D
14	1110	16	E
15	1111	17	F
16	10000	20	10

进位计数制中表示一位数所能使用的数码符号个数称为基数。例如，十进制数有 0～9 共 10 个数码，基数为 10，逢 10 进 1。

任何一个数，不同数位的数码表示的值的大小不同。例如，十进制中，323.4 可以表示为：

$$323.4=3\times(10)^2+2\times(10)^1+3\times(10)^0+4\times(10)^{-1}$$

百位上的“3”表示 300，个位上的“3”表示 3。

每个数位的数码代表的数值，等于数码乘以一个固定数值，这个数值称为位权或权。各种进位制中位权均等于基数的若干次幂。因此，任何一种进位计数制表示的数都可以拆分为多项式的和。

1. 十进制

十进制中，K 表示 0～9 的 10 个数码中的任意一个数码，则任何一个数（N）可以表示为：

$$N=\pm[K_{n-1}\times(10)^{n-1}+K_{n-2}\times(10)^{n-2}+\cdots+K_0\times(10)^0+K_{-1}\times(10)^{-1}+K_{-2}\times(10)^{-2}+\cdots]$$

2. 二进制

计算机中信息的存储和处理都采用二进制。二进制数只有 0、1 两个数码，基数为 2，逢 2 进 1。为了便于区分，在二进制数后加“B”，表示数为二进制数。例如：

$$1101.1\text{B}=(1101.1)_2=1\times2^3+1\times2^2+0\times2^1+1\times2^0+1\times2^{-1}=(13.5)_{10}$$

3. 八进制

八进制有 0～7 共 8 个数码，基数为 8，逢 8 进 1。为了便于区分，在八进制数后加“O”，表示数为八进制数。例如：

$$127.5\text{O}=(127.5)_8=1\times8^2+2\times8^1+7\times8^0+5\times8^{-1}=(87.625)_{10}$$

4. 十六进制

十六进制有 0～9、A、B、C、D、E、F 共 16 个数码，基数为 16，逢 16 进 1。用 A～F 表示十进制中 10～15 的 6 种状态。为了便于区分，在十六进制数后加“H”，表示数为十六进制数。例如：

$$\text{BE23.8H}=(\text{BE23.8})_{16}=11\times16^3+14\times16^2+2\times16^1+3\times16^0+8\times16^{-1}=(48\,675.5)_{10}$$

2.1.2 不同进制数的转换

计算机中使用二进制，而现实生活一般采用十进制，因此经常需要在不同进制间相互转换。

1. 不同进制数转换为十进制数

将任何进制的数转换为十进制数时，用每个位置上的数码乘以相应的位权，然后求和，就能得到对应的十进制数值。

【例 2.1】 将二进制数$(110010100111.1)_2$、八进制数$(6\,247.4)_8$、十六进制数$(\text{CA7.8})_{16}$转换为对应的十进制数。

$$(110010100111.1)_2=1\times2^{11}+1\times2^{10}+0\times2^9+0\times2^8+1\times2^7+0\times2^6+1\times2^5+0\times2^4+0\times2^3+1\times2^2+1\times2^1+1\times2^0+1\times2^{-1}=(3\,239.5)_{10}$$

$$(6\,247.4)_8=6\times8^3+2\times8^2+4\times8^1+7\times8^0+4\times8^{-1}=(3\,239.5)_{10}$$

$$(\text{CA7.8})_{16}=12\times16^2+10\times16^1+7\times16^0+8\times16^{-1}=(3\,239.5)_{10}$$

2. 十进制数转换为二进制、八进制、十六进制数

将十进制数的整数部分转换为 R 进制数，通常采用“除 R 取余法”，即用十进制整数除以 R 取余数，将商反复除以 R，直至商为零。

得到的第一个余数为最低位，最后一个余数为最高位，将所得余数从高位到低位依次排列，就是对应 R 进制数。

例如，把十进制数转换为二进制整数采用“除 2 取余法”，把十进制数转换为八进制或十六进制整数采用“除 8 取余法”或“除 16 取余法”。

【例 2.2】 将十进制整数$(167)_{10}$转换为对应的二进制、八进制、十六进制数。

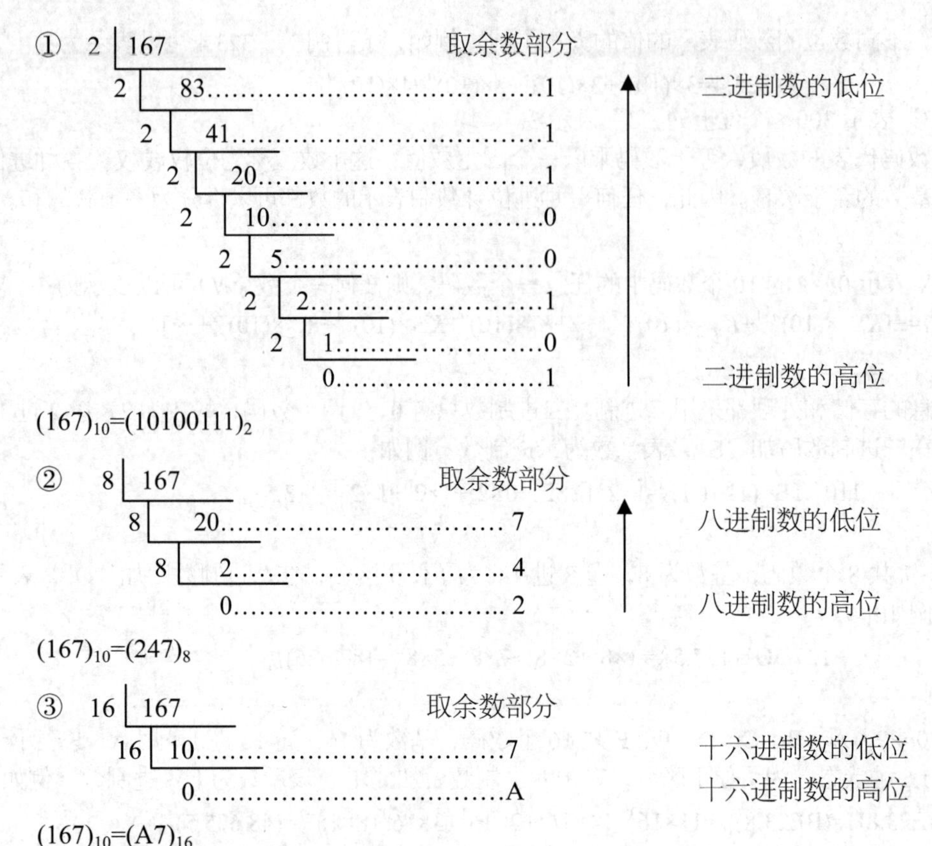

$(167)_{10}=(10100111)_2=(247)_8=(A7)_{16}$

3. 二进制、八进制、十六进制数的相互转换

二进制、八进制、十六进制数之间的转换可以借助十进制数完成，也可以通过简单的方法直接转换。

如表 2-1 所示，每 3 位二进制数对应一位八进制数，每 4 位二进制数对应一位十六进制数。因此，将二进制数转换为八进制数的方法是，从小数点开始向两边，每 3 位二进制数转换成一位八进制数，数的开始和结尾部分不足 3 位的均补零。将二进制数转换为十六进制数，则将每 4 位二进制数转换成一位十六进制数，其余同上。

【例 2.3】 将二进制数$(10100111.1011)_2$转换成八进制、十六进制数。

$(10100111.1011)_2=(\underline{010}\ \underline{100}\ \underline{111}.\underline{101}\ \underline{100})_2=(247.54)_8$

$=(\underline{1010}\ \underline{0111}.\underline{1011})_2=(\underline{A7.B})_{16}$

相应地，若想把八进制、十六进制数转换为二进制数，只需要把数值的每一位转换为对应的 3 位、4 位二进制数即可。形成的二进制数，可省略开头和结尾处的零。

【例 2.4】 将$(367.45)_8$、$(E7B2.C8)_{16}$转换为二进制数。

$(367.45)_8=(\underline{011}\ \underline{110}\ \underline{111}.\underline{100}\ \underline{101})_2=(11110111.100101)_2$

3 6 7 4 5

$(E7B2.C8)_{16}=(\underline{1110}\ \underline{0111}\ \underline{1011}\ \underline{0010}.\underline{1100}\ \underline{1000})_{16}=(1110011110110010.11001)_2$

E 7 B 2 C 8

2.1.3 二进制与《易经》

《易经》是中国最古老的一部哲学思想著作，它通过阴阳的组合来进行现实世界的语义符号化。

语义符号化是指将现实世界使用符号来表达，进而进行基于符号的计算的一种思维。阴用两个短线（或六）来表示；阳用一根长线（或九）来表示，如图 2-1 所示，阴对应二进制的 0，阳对应二进制的 1。符号的位置和组合及其演变关系，可以描述现实世界的事物和规律性的含义。

三画的组合形成一卦，共有 8 种组合，即八卦，如图 2-2 和图 2-3 所示。八卦可以表示自然空间中的 8 种现象：天（乾）、地（坤）、雷（震）、风（巽）、水或月（坎）、火或日（离）、山（艮）和泽（兑）。

六画的组合形成一卦，共有 64 种组合，即六十四卦。六画卦可以描述人从生到死的变化规律，或者描述一年二十四节气的演变规律。

三画卦和六画卦的每一个阴和阳称为爻，则三画卦包括 24 爻，六画卦包括 384 爻。

八卦和六十四卦从本质上来说是二进制数，八卦相当于三位二进制数的 8 个数；六十四卦相当于 6 位二进制数的 64 个数。

图 2-1　阴阳　　图 2-2　三画卦　　图 2-3　八卦图

2.1.4　二进制与逻辑运算

逻辑指的是事物之间遵循的规律，是现实生活中普适的思维方式。逻辑的基本表现形式是命题和推理。命题是由语句表达的内容为真或假的一个判断。推理就是依据简单命题的判断结论推导出复杂命题的判断结论的过程。

【例 2.5】 命题举例，现实生活中小明是一个男的小学生，变量 A 的值为 10。

命题 1：小明是男生，结果为真。

命题 2：小明是小学生，结果为真。

命题 3：小明是男生，并且是个小学生，结果为真。

命题 4：A>3，结果为真。

命题 5：A<10，结果为假。

命题 6：A>3 并且 A<10，结果为假。

命题和推理可以符号化，用符号来表示命题。

【例 2.6】 将【例 2.5】的命题符号化。

命题 1 用 X 表示。

命题 2 用 Y 表示。

命题 3 用 Z 表示，则“Z=X AND Y”。

复杂命题的推理可以通过逻辑运算完成。逻辑运算符包括如下。

（1）AND（与）：X AND Y，X 和 Y 都为真时，为真。

（2）OR（或）：X OR Y，X 和 Y 都为假，才为假。

（3）NOT（非）：NOT X，X 为真时值为假，X 为假时值为真。

（4）XOR（异或）：X XOR Y，X 和 Y 不同时为真。

在命题、推理和逻辑运算中，可以用二进制的 0 表示假，1 表示真。从而使逻辑运算很容易被计算机处理。逻辑运算的真值表，如表 2-2 所示。

表 2–2　　逻辑运算真值表

X	Y	NOT X	X AND Y	X OR Y	X XOR Y
1	1	0	1	1	0
1	0	0	0	1	1
0	1	1	0	1	1
0	0	1	0	0	0

2.1.5　二进制与元器件

基本的逻辑运算可以由电子元器件及其电路实现。如高电平为 1，低电平为 0（见图 2-4）。

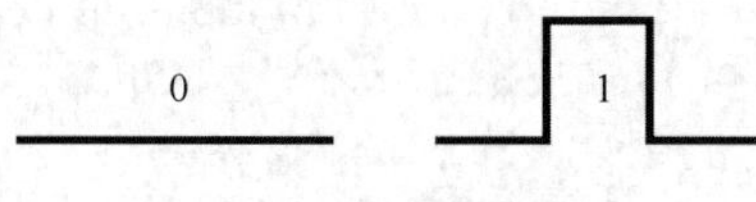

图 2-4　高电平和低电平

电子计算机中，使用电子管来表示十进制的十种状态过于复杂，而使用电子管的开和关两种状态来表示二进制的 0 和 1 则非常容易实现。

【例 2.7】 使用 8 个电子管的一组开关状态表示二进制数 10100110，如图 2-5 所示。

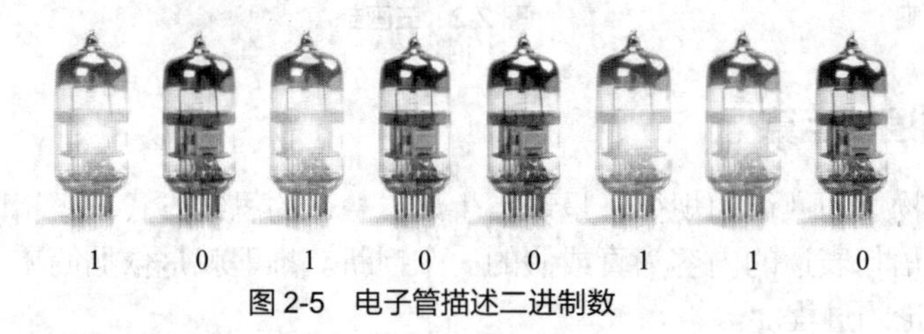

图 2-5　电子管描述二进制数

硬盘也称为磁存储设备，通过电磁学原理读写数据，存储介质为磁盘或磁带，通过读写磁头改变存储介质中每个磁性粒子的磁极为两个状态，分别表示 0 和 1，如图 2-6 所示。

光盘利用激光束在光盘表面存储信息，根据激光束和反射光的强弱不同，可以实现信息的读写。在写入光盘时会在光盘表面形成小凹坑，有坑的地方记录“1”，反之为“0”，如图 2-7 所示。

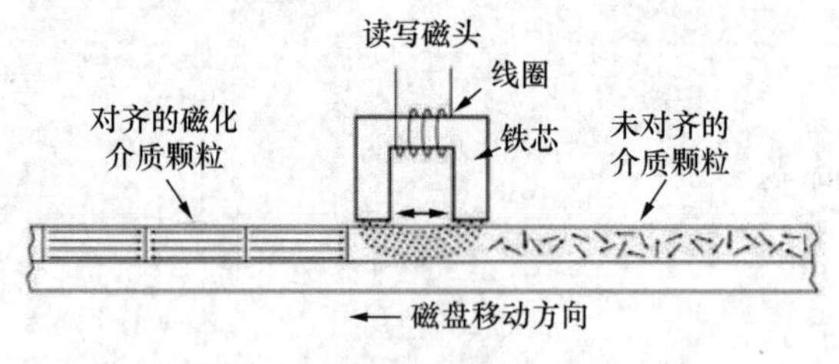

图 2-6　磁存储介质表示 0 和 1

图 2-7　光盘表示 0 和 1

计算机中采用二进制数有以下优点。

（1）可行性。计算机中采用二进制编码具有可行性。采用二进制编码，只需要 0、1 两种状态，因此采用二进制数在技术上容易实现。使用“有脉冲、无脉冲”“高电位、低电位”“电磁南极、电磁北极”这样可对比的状态描述数字而无须准确测量具体值，因此当元器件受到一定程度的干扰时，仍能可靠地分辨出它表述的是什么数值。

（2）简易性。采用二进制有利于各种算法、规则的实现。数值计算是计算机的重要应用领域之一。二进制的算术运算规则简单，如 A、B 两数相乘，只有 0×0=0、0×1=0、1×0=0、1×1=1 共 4 种组合，而相应的十进制却有 100 种组合。

（3）适合逻辑运算。逻辑代数是逻辑运算的理论依据，二进制的 1 和 0 正好与逻辑代数中的“真”和“假”相吻合。

（4）易于转换。二进制数与十进制数、八进制数、十六进制数易于互相转换。

2.1.6　存储单位关系

在计算机中，数据的存储单位有位和字节，具体如下。

（1）位（bit）。它是计算机中最小的信息单位。一“位”只能表示 0 和 1 中的一个，即一个二进制位，或存储一个二进制数位的单位。

（2）字节（Byte）。每 8 个位称为字节（简写为 B）。字节是计算机中数据存储的最基本单位，以下是计算机中各存储单位之间的关系。

1B=8bit。

1KB=1024B=2^{10}B。

1MB=1024KB=2^{20}B。

1GB=1024MB=2^{30}B。

1TB=1024GB=2^{40}B。

1 张 JPG 格式图片的存储空间大约为 1MB，使用传统电子管存储和表示 1MB 数据需要 2^{20}×8（约 800 万）个电子管。

2.2　二进制与数据编码

在计算机中，数字、字符、图片、声音、视频等所有信息都要进行二进制编码才能存储和处理。

2.2.1　二进制与数字的表示

计算机最早发明时的主要用途就是数学计算，数字在计算机中以二进制数的形式存储和参与计算。

1. 机器数

在计算机中采用固定数目的二进制位数来表示数字，称为机器数。机器数的表示范围受计算机字长的限制，一般字长为 8、16、32 或 64 位，如果数值超出机器数能表示的范围，就会出现“溢出”错误。本节假设计算机使用 8 位字长表示数字。

数值有正、负之分，通常把一个二进制数的最高位作为符号位。规定“0”表示正数，“1”表示负数，如图 2-8 所示。

符号位	有效数位

图 2-8　机器数

【例 2.8】 8 位计算机中整数+11 和−11 对应的机器数。

整数 11 对应的二进制数是 1011，因此+11 的机器数是 00001011；−11 的符号为负号，第 8 位为

1 表示负数，因此-11 对应的机器数 10001011。

在计算机中，数字可以采用原码、反码、补码存储和处理，不同的编码有不同的计算规则。

2. 原码

原码是数字最简单的表示方法。用 0 表示正号、1 表示负号，数值部分为真值的绝对值（真值为机器数所代表的数）。0 的原码有两种表示方法。

$$[X]_{原}=\begin{cases}0X & X\geqslant 0\\ 1|X| & X\leqslant 0\end{cases}$$

+7：00000111　　+0：00000000

-7：10000111　　-0：10000000

3. 反码

正数的反码与原码相同，负数的反码由原码的数值部分按位取反得到（即 0 变为 1，1 变为 0）。0 的反码有两种表示方法。

$$[X]_{反}=\begin{cases}0X & X\geqslant 0\\ 1\overline{|X|} & X\leqslant 0\end{cases}$$

+7：00000111　　+0：00000000

-7：11111000　　-0：11111111

4. 补码

正数的补码与原码、反码相同，负数的补码等于负数的反码加 1。

$$[X]_{补}=\begin{cases}0X & X\geqslant 0\\ 1\overline{|X|}+1 & X\leqslant 0\end{cases}$$

+7：00000111　　+0：00000000

-7：11111001　　-0：00000000

0 有唯一的补码，$[+0]_{补}=[-0]_{补}$=00000000。-0 的补码为 100000000（8 个 0），受 8 位字长限制，最高位 1 在运算过程中，由于没有电子元器件表示而丢失，从而使保留下来的结果恰好与+0 的补码一致。

5. 补码的算术运算

数字在计算机中采用补码存储和处理的主要原因是可以将计算中的减法运算转变为加法运算，而原码和反码则不行。

假设以 8 个二进制数表示一个数字，要计算数学表达式 10-7 的结果。首先，10-7 可以看作 10+（-7），则计算机需要计算 10 与-7 的和。按照原码表示方法，10 的原码是 00001010，-7 的原码是 10000111，10+（-7）的原码计算表达式如下所示。

$$\begin{array}{r}00001010\\ +\ \ 10000111\\ \hline 10010001\end{array}$$

计算结果为 10010001，对应十进制数为-17，结果显然不正确。

在进行含有负数的运算中使用补码的形式可以避免符号位参与运算时造成的错误结果。按照补码表示方法，10 的补码是 00001010，-7 的补码是 11111001，10+（-7）的补码计算表达式如下所示。

$$\begin{array}{r}00001010\\ +\ \ 11111001\\ \hline 100000011\end{array}$$

计算结果为 9 位二进制数，超出 8 位。将最高位（即最左边的 1）舍去，得到结果为 00000011，就是十进制数 3，可见采用补码形式计算的结果正确。

在现代计算机系统中，为了有符号数值的存储和计算，数值一律采用补码来表示和存储。原因在于，使用补码可以将符号位和数值域统一处理；同时，加法和减法也可以统一处理，可以将减法运算转变为加法运算。此外，补码与原码相互转换，其运算过程是相同的，不需要额外的硬件电路。

2.2.2　计算机中的字符编码

在计算机中，各种字符、汉字等非数值型字符需要转换为二进制进行存储和处理。

常用的西文字符有 128 个，包括 10 个十进制的数码 0～9、52 个大小写英文字母 A～Z 及 a～z、32 个标点符号、运算符、专用符号和 34 个控制符。

大多数小型机和所有微型计算机都采用 ASCII（American Standard Code for Information Interchange，美国标准信息交换码）存储和处理西文字符，它是通用的国际标准编码。ASCII 于 1968 年提出。

7 位 ASCII 采用 7 位二进制数表示一个字符，由于 7 位二进制数表示的范围为 0～127，共包含 128 个数字，用于表示常用的 128 个字符，如表 2-3 所示。每个字符占用 1Byte 的空间，即 8 位二进制数，最高位设置为 0，其余 7 位表示 ASCII 值。

表 2-3　ASCII 表

十进制数	十六进制	控制字符	十进制数	十六进制	字符	十进制数	十六进制	字符	十进制数	十六进制	字符
00	00	NUL	32	20	SP	64	40	@	96	60	`
01	01	SOH	33	21	!	65	41	A	97	61	a
02	02	STX	34	22	"	66	42	B	98	62	b
03	03	ETX	35	23	#	67	43	C	99	63	c
04	04	EOT	36	24	$	68	44	D	100	64	d
05	05	ENQ	37	25	%	69	45	E	101	65	e
06	06	ACK	38	26	&	70	46	F	102	66	f
07	07	BEL	39	27	'	71	47	G	103	67	g
08	08	BS	40	28	(	72	48	H	104	68	h
09	09	HT	41	29	)	73	49	I	105	69	i
10	0A	LF	42	2A	*	74	4A	J	106	6A	j
11	0B	VT	43	2B	+	75	4B	K	107	6B	k
12	0C	FF	44	2C	,	76	4C	L	108	6C	l
13	0D	CR	45	2D	-	77	4D	M	109	6D	m
14	0E	SO	46	2E	.	78	4E	N	110	6E	n
15	0F	SI	47	2F	/	79	4F	O	111	6F	o
16	10	DEL	48	30	0	80	50	P	112	70	p
17	11	DC1	49	31	1	81	51	Q	113	71	q
18	12	DC2	50	32	2	82	52	R	114	72	r
19	13	DC3	51	33	3	83	53	S	115	73	s
20	14	DC4	52	34	4	84	54	T	116	74	t
21	15	NAK	53	35	5	85	55	U	117	75	u
22	16	SYN	54	36	6	86	56	V	118	76	v
23	17	ETB	55	37	7	87	57	W	119	77	w
24	18	CAN	56	38	8	88	58	X	120	78	x
25	19	EM	57	39	9	89	59	Y	121	79	y
26	1A	SUB	58	3A	:	90	5A	Z	122	7A	z
27	1B	ESC	59	3B	;	91	5B	[	123	7B	{
28	1C	FS	60	3C	<	92	5C	\	124	7C	|
29	1D	GS	61	3D	=	93	5D	]	125	7D	}
30	1E	RS	62	3E	>	94	5E	^	126	7E	～
31	1F	US	63	3F	?	95	5F	–	127	7F	DEL

ASCII 中，小写字母比对应的大写字母大 32，如图 2-9 所示。

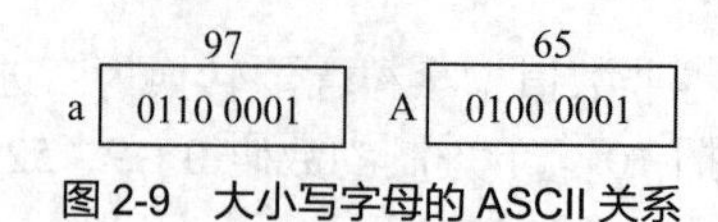

图 2-9 大小写字母的 ASCII 关系

2.2.3 计算机中的汉字编码

我国于 1981 年颁布了《信息交换用汉字编码字符集——基本集》，即国家标准 GB 2312—80，简称国标码。基本集共收集汉字 6 763 个，其中常用一级汉字 3 755，二级汉字 3 008 个。GB 2312—80 编码用 2Byte（16bit）表示一个汉字，所以理论上最多可以表示 256×256=65 536 个汉字。例如，汉字"大"字的国标码为 3473H。

由于汉字数量庞大、编码复杂，所以计算机输入、存储、显示汉字时使用不同编码。

1. 机内码

在计算机内部，为了区分汉字编码和 ASCII 字符，将国标码每个字节的最高位由 0 改为 1，构成汉字的机内码，也称内码。汉字在计算机内部存储、处理和传输时使用机内码。

汉字内码=汉字国标码+$(8080)_{16}$，例如：

汉字	国标码	汉字内码
大	3473H	B4F3H
	00110100 **0**1110011B	**1**0110100 **1**1110011B

2. 输入码

通过键盘向计算机中输入汉字所使用的编码为输入码，也称外码。

例如，以拼音为基础的拼音类输入法，包括搜狗输入法、智能 ABC、微软全拼等；以字形为基础的字形类输入法，如五笔字型；以拼音、字形混合为基础的混合类输入码，如自然码。随着拼音类输入法的识别率不断提高，拼音类输入法被广泛使用。

3. 输出码

输出码也称汉字字型码，指汉字字库中存储的汉字字型的数字化信息，用于汉字的显示或打印输出。不同的汉字字库存放不同形状的汉字字型（即字体），如宋体、楷体、隶书等，分为点阵和矢量两种表示方法。

（1）点阵字库

用点阵表示字型时，将一个汉字放在一个多行多列的网格中，有笔画通过的网格用二进制位 1 表示，没有笔画通过的网格用二进制位 0 表示，这样就构成汉字的点阵，如图 2-10 所示。一般有 16×16、24×24、48×48、64×64 点阵，行列数越大，字型质量越高，所占空间也越大。

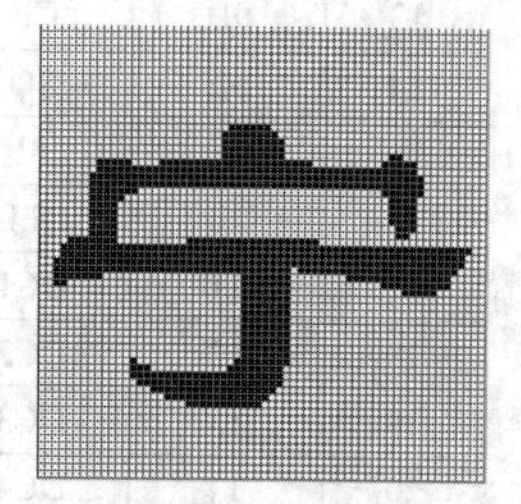

图 2-10 点阵字库

汉字字型码以二进制数形式保存在存储器中，构成汉字字库。每个汉字在字库中都占有一个固定大小的连续存储空间，如 48×48 点阵，需要 288（=48×48/8）Byte 空间存放一个汉字的字型码。

（2）矢量字库

矢量汉字字库存储的是描述汉字字型的轮廓特征，当要输出汉字时，通过计算机的计算由汉字字型描述生成所需大小和形状的汉字点阵。矢量表示方式与分辨率无关，因此可以产生高质量的汉字输出，且放大以后不影响输出效果。Windows 中使用的 TrueType 技术就是汉字的矢量表示方式，如图 2-11 所示。

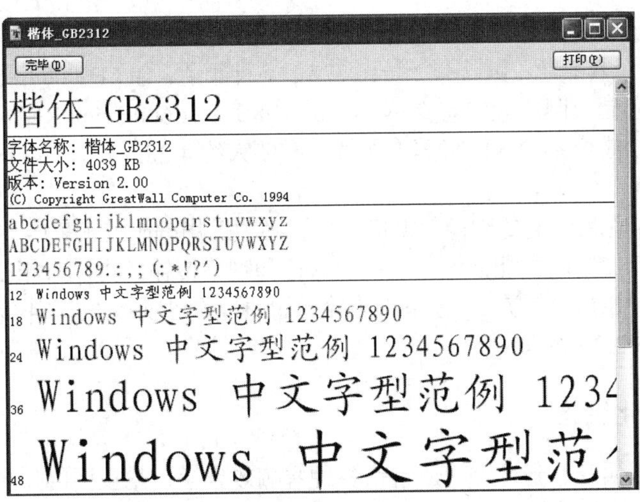

图 2-11　TrueType 字库

2.2.4　图像的数字化编码

在计算机中，图像是指由输入设备捕捉的实际场景画面或以数字化形式存储的画面。

图像由许多像素组合而成，每个像素用若干二进制位来表示其颜色。每个像素所占二进制位数越多，则色彩越丰富，效果越逼真。位图图像的色彩在计算机中采用 RGB 模式，即红、绿、蓝 3 种基本颜色各占若干二进制位，通过 3 种基本颜色的组合来产生颜色。

例如，24 位颜色中从低位到高位分别用 1Byte 表示蓝色、绿色和红色。红色为#FF0000，绿色为#00FF00，蓝色为#0000FF，白色为#FFFFFF，黑色为#000000。

对位图进行缩放时图像会失真，如图 2-12 所示。位图主要用于表现人物、动植物等真实存在的自然景物。

图 2-12　图像

现实中的图像都是模拟图像，要在计算机中存储、显示和处理，必须转换为数字形式，即数字化。图像的采集和数字化主要通过数码相机、摄像头、扫描仪等多媒体输入设备完成。

图像的数字化过程主要包括采样、量化与编码 3 个步骤。

（1）采样是对二维空间上的模拟图像在水平和垂直方向上等间距地分割成矩形网状结构，每个微小方格称为一个像素点。例如，一幅分辨率为 640 像素×480 像素的图像由 640×480=307 200 个像素点组成。分辨率是指图像在横纵方向上像素点的个数，分辨率越高，图像质量越好，文件也越大。

（2）量化是将采样的每个像素点的颜色用相同位数的二进制数表示。采用的二进制数的位数称为量化字长，如量化字长为 16 位，表示每个像素点长 16 位，可以描述 2^{16}=65 536 种颜色。量化字长一般有 8 位、16 位、24 位或 32 位等。

计算机中的图像分为 *X* 行 *Y* 列的点阵，每个点用二进制数的编码表示其颜色，将所有点的二进制编码保存在一起成为一个图片文件。

例如，一张 24 位色、640 像素×480 像素的照片，表示宽为 640 列、高为 480 行的点阵，每个点用 24 位二进制编码表示其颜色，可以有 2^{24}=16 777 216 种颜色，如 FF0000（红色）、00FF00（绿色）、0000FF（蓝色）等。存储该照片大约需要 640×480×24/8B=921 600B=900KB 的存储空间。

一张 24 位色、4 288 像素×2 848 像素的照片，需要大约 4 288×2 848×24bit=35 778KB=34.94MB 存储空间。

（3）由于采样、量化后得到的图像数据量巨大，必须采用编码技术来压缩其信息量。

彩色照片占用的存储空间可能很大，不利于保存和网络传输，可以采用压缩的方法减少其占用的空间。例如，采用 JPEG 压缩方法，在不影响效果的情况下可以将一张 24 位色、4 288 像素×2 848 像素的照片压缩为约 3.2MB 的 JPG 文件。

2.2.5 声音的数字化编码

声音又称音频，除语音、音乐外，还包括各种音响效果等，是重要的信息载体。自然界的声音是模拟音频，是随时间连续变化的模拟量，信号体现为波形，具有振幅、周期、频率 3 个重要指标。振幅越大，音量越大；频率越高，音调越高。

计算机中存储的音频为数字音频，它是随时间不连续或离散变化的数字量，图 2-13（a）和（b）所示为模拟音频转化为数字音频后的不同效果。

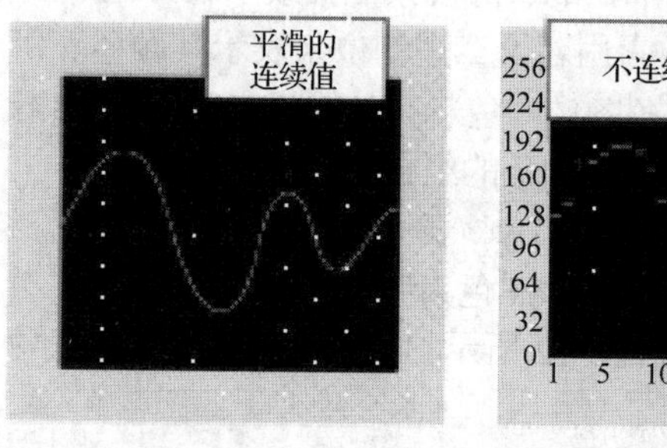

（a）模拟音频　　（b）数字音频

图 2-13　模拟音频和数字音频

模拟音频进入计算机时必须进行数字化处理，使其转换为数字音频，这一过程称为音频的数字化，它通常包括采样、量化和编码 3 个过程。音频的采集和数字化所需的硬件设备主要有声卡、麦克风等。

（1）采样过程是指每隔一定时间 T 对模拟音频信号的振幅取值，其中 T 称为采样周期，得到的振幅值称为采样值，采样后的数据仍为模拟量。将每 1s 的采样次数称为采样频率，如 22.05kHz、44.1kHz、48kHz，如图 2-14 所示。

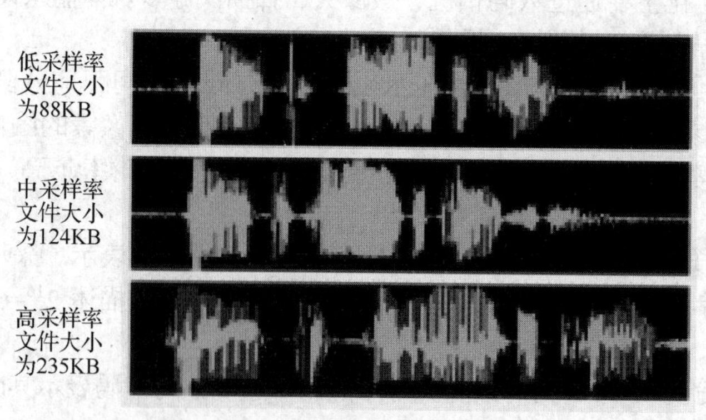

图 2-14　不同采样率的音频

（2）量化过程是把每一个采样从模拟量转换为二进制的数字量。

（3）编码过程是将量化后的数字声音信号以二进制形式表示，编码可以用 8bit、16bit、24bit 表示，称为采样位数。采样的频率越高、采样的位数越高，声音越真实。

例如，44.1kHz 的 32 位音频，每秒可以有 44.1×1 024=45 158.4 个采样，每个采样能描述 2^{32}=4 294 967 296 种声音信号。

1min 的 44.1kHz 的 32 位音频，需要大约 44.1×1 024×60×32bit=5 292KB=10.34MB 存储空间。

如图 2-14 所示，高采样率的音频文件其文件大小要明显大于低采样率的文件大小，但其音频质量也要好于低采样率。

2.2.6 数据压缩技术

数据压缩技术对数据重新编码，以减少所需的比特数，减少占用的存储空间，便于传输。数据压缩是可逆的，它的逆过程称为解压缩。数据之所以能被压缩，是因为数据中存在冗余。

例如，图像数据的冗余主要表现为：图像中相邻像素间的相关性引起的空间冗余；图像序列中不同帧之间存在相关性引起的时间冗余；不同彩色平面或频谱带的相关性引起的频谱冗余，如图 2-15 所示，①和②两个区域中颜色相同，存在数据冗余。数据压缩的目的就是通过去除这些数据冗余来减少表示数据所需的比特数。

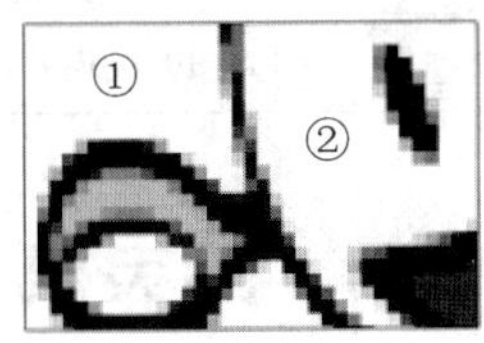

图 2-15 图像的冗余

1. 压缩的指标

评价一种数据压缩技术好坏的指标共有 3 个，即压缩比、压缩质量、压缩和解压缩速度。

（1）压缩比。压缩比是在压缩过程中输入数据量和输出数据量之比，是衡量压缩技术性能的重要指标。

（2）压缩质量。压缩质量是指压缩后的数据在解压缩后与原始数据相比的真实程度。

（3）压缩和解压缩速度。压缩和解压缩的速度越快越好。例如，为了保证视频的连贯性，对压缩和解压缩速度有严格要求。如果压缩和解压缩速度过低，视频会产生跳动感，用户难以接受。而对于静态图像，因为不需要保证连贯性，压缩和解压缩的速度要求并不高。

2. 压缩的分类

根据压缩后数据与原始数据的一致性，将压缩方法分为有损压缩和无损压缩。

（1）有损压缩。有损压缩的解码数据和原始数据存在一定的差别，允许有一定程度的失真。在压缩过程中丢失一些不敏感的信息，这些损失的信息将不能恢复，这种压缩方法不可逆。

人们观看图像、视频，听声音时，经常无法感觉到细微差别。所以，图像、视频或者音频等经常使用有损压缩方法进行数据压缩，其压缩比可以从几倍到上百倍。

（2）无损压缩。无损压缩的解码数据和原始数据严格相同，没有失真。

无损压缩利用数据的统计特性进行数据压缩。它对数据进行概率统计，对出现概率大的数据采用相对较短的编码，而出现概率小的数据采用较长编码，从而减少数据冗余。

无损压缩的压缩比一般为 2∶1～5∶1，主要用于文本数据、程序代码和特殊应用场合的图像数据（如指纹图像、医学图像等）。

3. 图像和音频的压缩

JPEG（Joint Photographic Experts Group，联合图像专家小组）是静态图像压缩编码的国际标准，主要用于静止图像压缩，是彩色或灰度图像的压缩标准。JPEG 压缩是有损压缩，适用于那些不太复杂或取自真实景象的图像压缩。它的性能依赖于图像复杂度，一般压缩比为 10∶1～30∶1，图 2-16（a）所示为压缩前的 BMP 文件，其大小为 338KB；图 2-16（b）所示为 JPG 图像，其大小仅为 9KB。虽然图像压缩在质量上有一定损失，但是可以缩短传输时间，提高效率。

（a）原始 BMP 文件

（b）30%压缩率的 JPG 文件

图 2-16　BMP 文件和 JPG 文件

将现实世界的各种信息进行二进制的数字化编码后存储、计算和处理，将具有冗余信息的数据压缩后存储、处理和传输，是计算机系统的基本思维。

2.3　图灵机与冯·诺依曼计算机

2.3.1　图灵与图灵机

1. 图灵

阿兰·麦席森·图灵（Alan Mathison Turing），如图 2-17 所示，英国著名数学家、逻辑学家、密码学家，被称为计算机科学之父、人工智能之父。1938 年在美国普林斯顿大学取得博士学位，第二次世界大战爆发后回到剑桥，后曾协助军方破解德国的著名密码系统 Enigma，帮助盟军取得了第二次世界大战的胜利。图灵于 1954 年 6 月 7 日在曼彻斯特去世，他是计算机逻辑的奠基者，提出了“图灵机”“图灵测试”等重要概念。人们为纪念他在计算机领域的卓越贡献而专门设立了“图灵奖”。

图 2-17　图灵

2. 图灵机的基本思想

图灵认为自动计算就是人或者机器对一条两端无限延长的纸带上的一串 0 和 1，执行指令，一步步地改变纸带上的 0 和 1，经过有限步骤得到结果的过程。机器按照指令的控制选择执行操作，指令由 0 和 1 表示，例如，00 表示停止，01 表示转 0 为 1，10 表示翻转 1 为 0，11 表示移位；计算的任务可以通过将指令编写程序来完成，如 00，01，11，010，10，00…。数据被制成一串 0 和 1 的纸带送入机器，机器读取程序，按照程序的指令顺序读取指令，读取一条指令执行一条指令，如图 2-18 所示。

图灵机（Turing Machine）是指一个抽象的计算模型，如图 2-19 所示。它有一条无限长的纸带，纸带分成了一个一个的小方格，每个方格有不同的颜色，有一个机器头在纸带上移来移去；机器头有一组内部状态，还有一些固定的程序；在每个时刻，机器头都要从当前纸带上读入一个方格信息，然后结合自己的内部状态查找程序表，根据程序输出信息到纸带方格上，并转换自己的内部状态，然后进行移动。

图灵机模型被认为是计算机的基本理论模型，它是一种离散的、有穷的、构造性的问题求解思路，一个问题的求解可以通过构造器图灵机来解决。

著名的图灵可计算问题：凡是能用算法解决的问题，也一定能用图灵机解决；凡是图灵机解决不了的问题，任何算法也解决不了。

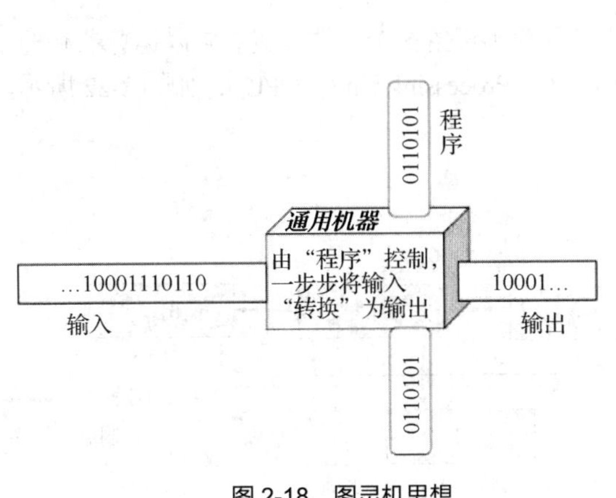

图 2-18　图灵机思想

图 2-19　图灵机模型

3. 图灵测试

图灵测试，又称"图灵判断"，是图灵提出的一个关于机器人的著名判断原则，它是一种测试机器是否具备人类智能的方法。如果计算机能在 5min 内回答由人类测试者提出的一系列问题，且其超过 30%的回答让测试者误认为是人类所答，则计算机通过测试。

如图 2-20（a）所示，图灵测试的方法是在测试人与被测试者（一个人和一台机器）隔开的情况下，通过一些装置（如键盘）向被测试者随意提问。问过一些问题后，如果测试人不能确认被测试者 30%的答复哪个是人、哪个是机器的回答，那么这台机器就通过了测试，并被认为具有人类智能。

2014 年 6 月 7 日在英国皇家学会举行的"2014 图灵测试"大会上，聊天程序"尤金・古斯特曼"（Eugene Goostman）首次通过了图灵测试，如图 2-20（b）所示。这一天恰好是计算机科学之父阿兰・麦席森・图灵逝世 60 周年纪念日。在活动中，"尤金・古斯特曼"成功伪装成一名 13 岁男孩，回答了测试者输入的所有问题，其中 33%的回答让测试者认为与他们对话的是人而非机器，这是人工智能乃至于计算机史上的一个里程碑事件。

（a）图灵测试示意图

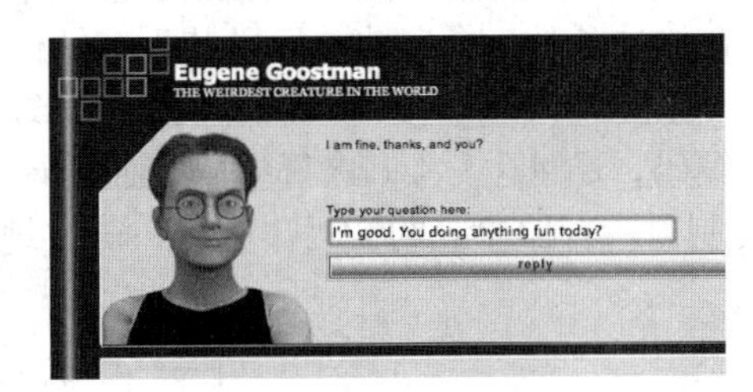

（b）尤金・古斯特曼程序

图 2-20　图灵测试

2.3.2　冯・诺依曼计算机

1946 年，美籍匈牙利科学家冯・诺依曼领导的研究小组发表了关于 EDVAC（Electronic Discrete Variable Automatic Computer，电子离散变量自动计算机）的论文，具体地介绍了制造电子计算机和程序设计的新思想，宣告了电子计算机时代的到来。

EDVAC 是第一台具有现代意义的并行计算机，与 ENIAC 不同，EDVAC 首次使用二进制而不是十进制。整台计算机使用了大约 6 000 个电子管和 12 000 个二极管，功率为 56kW，占地面积 45.5m^2，重量为 7 850kg，使用时需要 30 个技术人员同时操作，如图 2-21 所示。

冯・诺依曼在 EDVAC 的研究中，提出了计算机的逻辑体系结构和存储程序的理论，即冯・诺依曼计算机，主要包括以下内容。

（1）计算机由运算器、控制器、存储器、输入设备和输出设备 5 个部件构成。它以运算器和控制器为中心，这两部件构成了如今熟知的中央处理单元（Central Processing Unit，CPU），如图 2-22 所示。

图 2-21　冯・诺依曼和 EDVAC

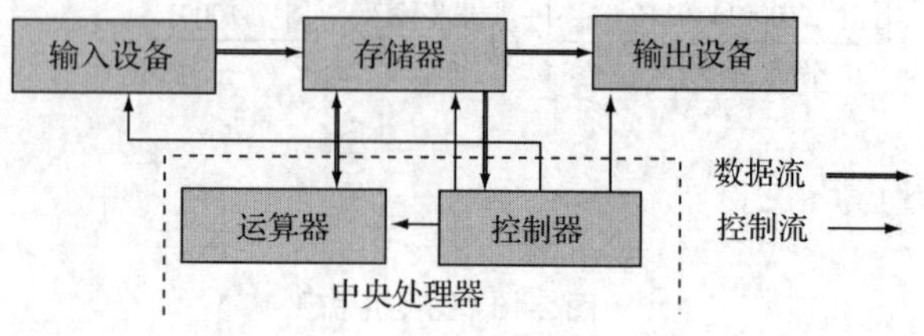

图 2-22　计算机硬件基本结构

（2）确定了计算机采用二进制，指令和数据均以二进制数形式存储在存储器中。

（3）计算机按照程序规定的顺序将指令从存储器中取出，并逐条执行。

计算机系统的 5 个部件的主要功能如下所述。

1. 运算器

运算器（Arithmetic Logic Unit，ALU）也称算术逻辑运算单元，它主要完成数据的加、减、乘、除等算术运算和与、或、非等逻辑运算。

2. 控制器

控制器（Control Unit）也称控制单元，负责读取指令、分析指令和执行指令，调度运算器完成计算。

3. 存储器

存储器负责存储数据和指令。存储器是存储信息的部件，其结构如图 2-23 所示，按照地址划分为若干存储单元，每个存储单元由若干存储位组成，一个存储位可以存储一个 0 或 1。每个存储单元由一条地址线 W_i 控制其读写，当 W_i 有效时读写对应的存储单元。每个存储单元有一个对应的地址编码，由 $A_{n-1} \cdots A_1 A_0$ 进行编码，通过译码器将每个地址编码 $A_{n-1} \cdots A_1 A_0$ 译出其对应的地址线 W_i 控制对应存储单元的读写。因此，n 位地址线可以控制读写 2^n 个存储单元，即存储容量为 2^nB。

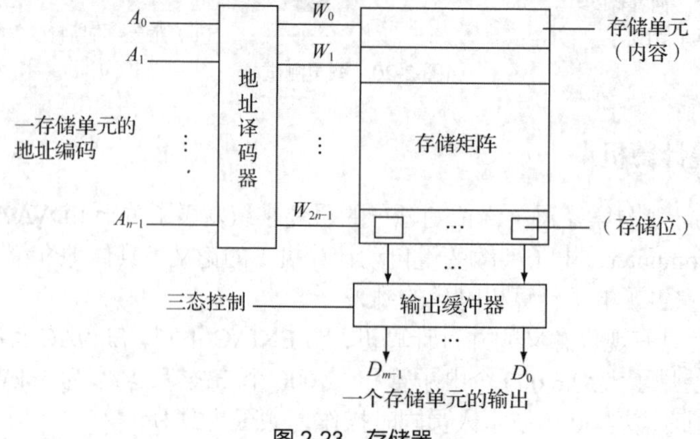

图 2-23　存储器

输出缓冲器，控制从存储器中读取或者写入数据，存储单元的数据通过 $D_{m-1}...D_1D_0$ 数据线读写。

4. 输入设备

输入设备负责将数据和指令从外部输入计算机中。

5. 输出设备

输出设备将计算机中的二进制信息以用户能接受的形式呈现。

2.3.3　存储程序控制原理

1. 指令、指令系统和程序

为了能够让计算机完成任务，需要为计算机提供一系列命令。

（1）指令：也称机器指令，是指计算机完成某个基本操作的命令，是计算机可以识别的二进制编码。指令能被计算机硬件理解并执行，是程序设计的最小语言单位。

一条计算机指令使用一串二进制代码表示，代码的位数称为指令长度。它通常包括操作码和操作数两部分。操作码确定指令的功能，如进行加、减、乘、除等运算。操作数也称地址码，指明参与运算的操作数本身或操作数存储的地址。其格式如下：

操作码	操作数（地址码）

计算机的字长是指计算机能一次直接处理的二进制数据的位数。指令长度可以和机器字长相同，也可以不相同。

（2）指令系统：一台计算机所有机器指令的集合称为计算机的指令系统。不同种类计算机的指令系统的指令数目与格式也不同。指令系统越丰富完备，编制程序就越方便灵活。

（3）程序：由指令组成，是为解决某一特定问题而设计的有序指令的集合，是为了得到某种结果而由计算机等具有信息处理能力的装置执行的指令序列。

2. 指令执行过程

计算机按照程序的执行顺序逐条取出存储器中的指令，传输到 CPU 后执行。指令的执行过程如下所述。

（1）取指令阶段。在控制器的控制下，将存储器中的指令读入 CPU 的指令寄存器中。

（2）分析指令阶段。也称译码阶段，是指由指令译码器将指令代码转换为电子器件操作。如果指令中包含操作数，还要从寄存器中读取操作数。

（3）执行指令阶段。在控制器的控制下，执行指令的具体操作。

（4）写回结果阶段。将最终结果写入相关寄存器或存储器。

按照存储程序控制原理构造出来的计算机就是存储程序控制计算机，也称为冯·诺依曼计算机。半个多世纪以来，冯·诺依曼体系结构一直沿用至今，计算机一直遵循存储程序控制原理。理解冯·诺依曼计算机的体系结构，对于理解现代的各种计算机系统的设计和实现有着重要意义。

小结

本章讨论了 0 和 1 的思维、二进制与数据编码、计算机的体系结构等内容。通过本章的学习，读者可以理解计算机系统的基本思维。

习题

一、单项选择题

1. 为了避免混淆，二进制数在书写时常在后面加字母（　　）。

A. H　　B. O　　C. D　　D. B

2. 以下 4 个数字中最大的是（　　）。

A. $(101110)_2$　　B. 52　　C. $(57)_8$　　D. $(32)_{16}$

3. 与十六进制数 BC 等值的二进制数是（　　）。

A. 10111011　　B. 10111100　　C. 11001100　　D. 11001011

4. 以下关于二进制的叙述中错误的是（　　）。

A. 二进制数只有 0 和 1 两个数码

B. 二进制计数逢二进一

C. 二进制数各位上的权分别为 0，2，4，…

D. 二进制数由两个数字组成

5. 在《易经》中，三画卦共有（　　）种组合。

A. 3　　B. 8　　C. 16　　D. 64

6. 在逻辑运算中，经常用 0 表示假，1 表示真。假设 x 为 5，则逻辑表达式 x>1 AND x<10 的值是（　　）。

A. Y　　B. N　　C. 1　　D. 0

7. 以下关于计算机中单位换算关系的描述中，正确的是（　　）。

A. 1KB=1 024×1 024 Byte　　B. 1MB=1 024×1 024 Byte

C. 1KB=1 000 Byte　　D. 1MB=1 000 000 Byte

8. 以下关于补码的叙述中错误的是（　　）。

A. 负数的补码是该数的反码加 1　　B. 负数的补码是该数的原码最右加 1

C. 正数的补码与其原码相同　　D. 正数的补码与其反码相同

9. 假定一个数在计算机中占用 8 位，整数−15 的补码为（　　）。

A. 11110001　　B. 00001111　　C. 11110000　　D. 10001111

10. 字母“a”的 ASCII 值为十进制数 97，那么字母“C”的 ASCII 值为十进制数（　　）。

A. 66　　B. 67　　C. 68　　D. 99

11. 汉字系统中的汉字字库里存放的是汉字的（　　）。

A. 机内码　　B. 输入码　　C. 字形码　　D. 国标码

12. 一张 24 位色、480 像素×320 像素的照片，需要大约（　　）存储空间。

A. 300KB　　B. 400KB　　C. 450KB　　D. 500KB

13. 图像数据压缩的目的是为了（　　）。

A. 符合 ISO 标准　　B. 减少数据存储量并便于传输

C. 图像编辑的方便　　D. 符合各国的电视制式

14. 以下选项中，（　　）不是衡量数据压缩性能的指标。

A. 压缩比　　B. 图像质量　　C. 压缩和解压缩速度　　D. 数据传输率

15. 一部电影经过压缩比为 150∶1 的压缩技术压缩后的大小是 150MB，那么该部电影压缩前的大小约为（　　）。

A. 10000MB　　B. 15000MB　　C. 30000MB　　D. 22500MB

16. 以下选项中，（　　）一般使用有损压缩的方法进行压缩。

A. 文本数据　　B. 程序代码　　C. 医学图像　　D. 视频

17. 图灵机是（　　）。

A. 一款新型计算机　　B. 一个抽象的计算模型

C. 一种单片机　　D. 一款电器

18. 图灵测试（　　）。

A. 是一种关于人类智商的测试方法　　B. 是一种新型的考试方式

C. 是一种计算机辅助测试软件　　D. 用于测试计算机是否具备人的智能

19. 冯 • 诺依曼计算机中的运算器的功能是（　　）。

A. 只能进行加法运算　　B. 算术运算和逻辑运算

C. 四则混合运算　　D. 字符处理运算和图像处理运算

20. 以下关于冯 • 诺依曼计算机的说法中，错误的是（　　）。

A. 计算机由控制器、运算器、存储器、输入设备和输出设备 5 个部件构成

B. 确定了计算机采用二进制

C. 计算机按照程序规定的顺序将指令从存储器中取出，并逐条执行

D. 以输入和输出设备为中心

二、填空题

1. 为了避免混淆，十六进制数在书写时常在后面加字母________。

2. 十进制数 178 转换为二进制数是________、八进制数是________和十六进制数是________。

3. 二进制数 111010110111 转换为十进制数是________、八进制数是________和十六进制数是________。

4. 在《易经》中，六画卦共有________卦。

5. 在逻辑运算中，经常用 0 表示假，1 表示真。假设 x 为 5，则逻辑表达式 x>1　OR　x<100 的值是________。

6. 在计算机中，2KB=________Kbit，100Mbit=________MB。

7. 计算机中，采用________存储西文字符，每个西文字符占________字节；采用________存储汉字，每个汉字占________字节。

8. 64×64 点阵字库，需要________Byte 空间存放一个汉字的字型码。

9. 已知汉字“大”字的国标码为 3473H，其机内码为________。

10. 一张 24 位色、640 像素×480 像素的照片，需要大约________KB 存储空间。

11. 1min 的 44.1kHz 的 16 位音频，需要大约________KB 存储空间。

12. 冯 • 诺依曼体系结构计算机由________、________、________、________和输出设备 5 个部件构成。

13. 如果计算机的地址为 16 位，则其能够读写________个存储单元。

14. 为解决某一特定问题而设计的有序指令的集合称作________。

15. 一条计算机指令包括________和________两部分信息。

三、简答题

1. 简述计算机中采用二进制数的优点。

2. 假定一个数在机器中占 8 位，分别计算+33 和−33 的原码、反码和补码。

3. 简述数据压缩的定义及其性能指标。

4. 简述图灵机的基本思想。

5. 简述冯 • 诺依曼体系结构的主要内容。

6. 简述计算机指令的执行过程。

03 第3章　计算机硬件的基本思维

现代计算机系统由硬件、软件、网络和数据组成。

（1）硬件：构成计算机系统的物理的看得见的实体，是看得见摸得着的实物。

（2）软件：控制硬件按照指定要求进行工作的由有序命令构成的程序的集合，它看不见摸不着，但是却连接和控制着一切，软件是系统的灵魂。

（3）网络：将个人与世界互连互通，连接无尽的开发资源。

（4）数据：软件和硬件处理的对象，是信息社会关注的核心。

本章讲述现代计算机结构及其硬件组成、计算机的应用领域、单片机，以及高性能计算和分布式计算等计算机硬件的基本思维。

3.1　现代计算机的结构

3.1.1　现代计算机的结构

现代计算机一直沿用冯·诺依曼体系结构，以中央处理单元（Central Processing Unit，CPU，也称微处理器）为核心，配以内存（主存储器）、输入/输出接口和输入/输出设备等，其典型结构如图3-1所示。总线是连接CPU、内存和各个I/O（Input/ Output）接口模块的数据通路，是各模块之间传递数据的通道。总线分为以下3类。

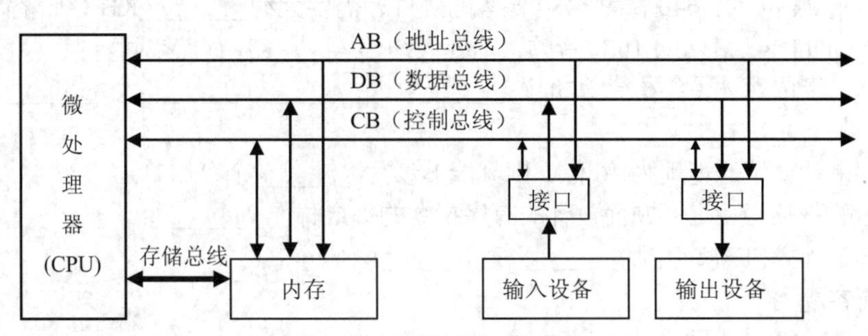

图3-1　现代计算机的结构

（1）地址总线（Address Bus，AB）：用于传送程序或数据在内存中的地址或外设的地址编码。

（2）数据总线（Data Bus，DB）：用于传送数据或程序。

（3）控制总线（Control Bus，CB）：用于传输指令的操作码。

CPU 和内存之间频繁地进行取指令、取数据、存结果的操作，内存与 CPU 之间的数据流量巨大。内存和外设之间信息交换时，内存的速度高，而外设的速度低。如果所有数据都通过总线传输，可能相互牵制，造成 CPU 资源的浪费。因此，在 CPU 与内存之间增设一组总线，CPU 通过它直接读写内存，这组总线称为存储总线（Direct Memory Access，DMA）。存储总线不仅能提高数据传输速率，而且能减轻系统总线的负担。

CPU、内存和输入/输出设备被称为计算机的三大核心部件。

3.1.2 主板

主板（Mainboard）是一块电路板，如图 3-2 所示，一般包括 BIOS 芯片、I/O 控制芯片、键和面板控制开关接口、指示灯插接件、扩充插槽、主板及插卡的直流电源供电接插件等。计算机通过主板上的地址总线、数据总线、控制总线传递地址流、数据流、控制流信息。

主板采用开放式结构。主板上可以插入 CPU 和内存。主板上有多个扩展插槽，供计算机外设的控制卡（适配器）插接。通过更换这些插卡，可以对计算机的子系统进行局部升级，使厂家和用户在配置机型方面有更大的灵活性。

通过在主板上设计电路和接口，连接各种设备的思维方法，目前广泛应用在计算机、手机以及家电等各种装备的设计中，图 3-3 所示为手机的主板。

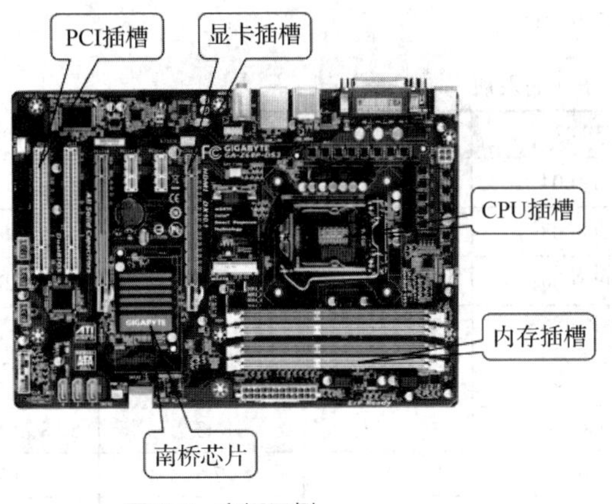

图 3-2　主板示例

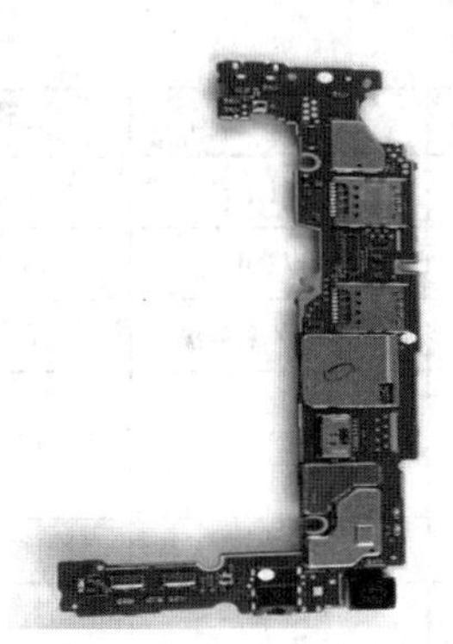

图 3-3　手机主板

3.1.3 微处理器

图 3-4　Intel 微处理器

微处理器是一块超大规模的集成电路，是计算机的核心，也称中央处理单元（Central Processing Unit，CPU），如图 3-4 所示。中央处理单元主要包括控制器、运算器、寄存器及高速缓冲存储器（Cache），它们相互配合、协调工作，其中寄存器是存放临时数据的空间。

1. CPU 的主要性能指标

评价 CPU 的主要性能指标有主频、字长、内核数、高速缓存等。

（1）主频。主频就是 CPU 时钟频率，也是 CPU 内核的工作频率，它标识 CPU 的运算速度，一般以 MHz 和 GHz 为单位。GHz 表示 1s 内有 10 亿个周期。周期是微处理器最小的时间单位，微处理器进行的每一项活动都是以周期来度量。主频越高，运算速度越快。目前的 CPU 主频已经达到 4GHz 或更高。因为工艺限制和功耗的原因，CPU 的主频不能无限制增长，只能限制在 4GHz 或稍高。

（2）字长。字长是计算机能直接处理的二进制位数，它决定计算机的运算能力，字长越长，运算精度越高。字长还决定计算机的寻址能力，字长越长，寻址能力越强，计算机能存储的数据也越多。

例如，字长为 32 位的处理器，能同时处理 32 位的数据，称为“32 位处理器”。目前，64 位字长的 CPU 已经非常普及。

（3）内核数。因为 CPU 的主频提高到一定程度就很难继续提高，所以 CPU 的运算速度遇到瓶颈。在一台计算机中，采用多处理器并行处理的方法可以提高计算能力。多核处理器在一个处理器中集成多个内核，通过并行处理提高计算能力，可以替代多处理器技术，从而节省空间，减小体积。内核数是目前评价 CPU 性能的另一个重要指标。

Intel 的酷睿系列，有双核、四核甚至八核处理器。例如，Intel 的酷睿 i5 是四核处理器。

（4）高速缓存。CPU 的高速缓存大小也是 CPU 的重要指标之一，缓存的大小对 CPU 速度的影响非常大。CPU 中缓存的运行频率极高，一般与处理器同频运作，工作效率远远高于内存和硬盘。

实际工作时，CPU 往往需要重复读取同样的数据块或者相近的数据块，缓存容量的增大，可以大幅度提升 CPU 内部读取数据的命中率，而不用再到内存或者硬盘上寻找，以此提高系统性能。但是由于 CPU 芯片面积和成本等因素，CPU 中的高速缓存一般都很小，如 4MB、8MB 等。

2. CPU 的发展

CPU 的发展已有 40 多年的历史，如表 3-1 所示。

表 3–1 Intel CPU 的发展

发展阶段	时间	字长	代表芯片	内核数/个	晶体管数/个	主频
第一代	1971 年	4 位	Intel 4004	1	2300	108kHz
	1972 年	8 位	Intel 8008	1	3500	200kHz
第二代	1974 年	8 位	Intel 8080	1	6000	2MHz
第三代	1978 年	16 位	Intel 8086 Intel 8087 Intel 8088	1	29000	5，8，10MHz
	1982 年	16 位	Intel 80286	1	14.3 万	6，8，10，12.5MHz
第四代	1985 年	32 位	Intel 80386	1	27.5 万	16MHz
	1989 年	32 位	Intel 80486	1	125 万	25MHz～100MHz
第五代	1994—2005 年	32/64 位	Intel 奔腾系列	1，2	3210 万～5500 万	66MHz～3.4GHz
第六代	2005 年至今	64 位	Intel 酷睿系列	2，4，8	几亿	

1971 年，Intel 公司的工程师霍夫发明了第一个商用的 4 位微处理器 4004，如图 3-5 所示，集成 2300 多个晶体管，运行速度 108kHz。该芯片配上存储器、寄存器，再配上键盘和数码管等，就可以构成一台完整的计算机了。

1972 年，Intel 发布 8 位微处理器 8008，如图 3-6 所示，集成晶体管总数 3500 个，主频为 200kHz。

图 3-5 Intel 4004 微处理器

图 3-6 Intel 8008 微处理器

之后出现了 8 位微处理器 Intel 8080、16 位微处理器 Intel 8086，CPU 市场几乎由 Intel 公司一统天下。从 32 位微处理器开始，AMD 公司异军突起，打破了 Intel 公司的垄断地位。AMD 公司的产品如速龙系列、FX 系列也都在世界各地得到认可，占据了一定的市场份额。目前 CPU 已经发展到 64 位，如表 3-1 所示。

3. CPU 实例

下面以 Intel 公司的酷睿 i7 4790K 和 AMD 公司的 A10-7850K 进行比较，以便读者进一步了解 CPU 的性能指标，如表 3-2 所示。

表 3-2　CPU 比较

参数	Intel 酷睿 i7 4790K	AMD A10-7850K
主频	4GHz	3.7GHz
字长	64 位	64 位
内核数	四核	四核
缓存	8MB	4MB
生产精度	22nm	28nm

3.1.4 计算机的存储体系

随着 CPU 计算速度不断加快，计算机需要存储和处理的数据量越来越大，对存取速度的要求也越来越快。因此对存储的要求是容量足够大，越大越好；读取速度足够快，越快越好，以满足 CPU 运算速度的需要；价格要足够低，越便宜越好；存储的时间足够长，越久越好。

因为制造工艺、精度、价格等因素影响，计算机的存储体系采用“速度、容量、价格的存储资源优化组合的思维模式”，包括寄存器、内存、高速缓存、外存。外存用来永久存储程序和数据，断电时数据也不会丢失，包括硬盘、移动硬盘、光盘、软盘、U 盘和存储卡等。

1. 寄存器

寄存器是 CPU 中的高速存储器，如图 3-7 所示，包括通用寄存器、专用寄存器和控制寄存器，可以用来暂存指令、数据和地址，寄存器的容量是有限的。寄存器与 CPU 采用相同制造工艺，速度可以与 CPU 完全匹配。

CPU 在处理内存中的数据时，往往先把数据取到寄存器中，而后再做处理。

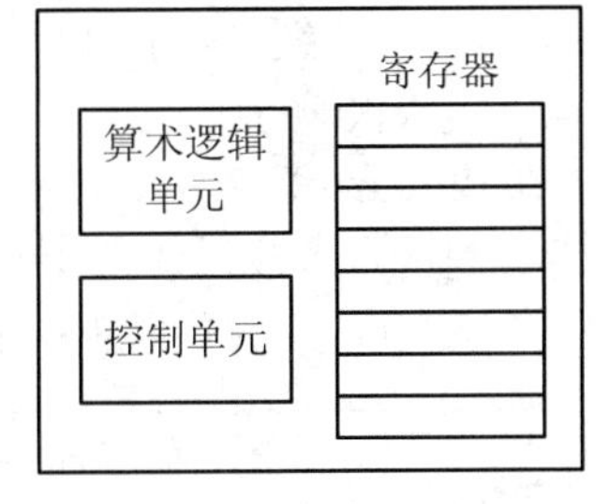

图 3-7　CPU 中的寄存器

2. 内存

内存是可按地址访问的存储器，又称为主存储器，它是一种半导体芯片，如图 3-8 所示。CPU 可以直接读写内存，内存的速度和容量直接影响计算机的整体性能。内存分为 RAM（Random Access Memory，随机访问存储器）和 ROM（Read Only Memory，只读存储器）。

（1）RAM 可以按照地址访问，既可以读也可以写，断电后数据会丢失。

计算机中的程序和数据必须先读入内存后，才可以被 CPU 读写和处理。内存容量反映了计算机运算和处理能力，内存容量越大，计算机性能越好。

目前计算机中的内存常见的容量有 4GB、8GB、16GB 等。

目前典型的内存有 SRAM（静态存储器）、DRAM（动态存储器）、SDRAM（同步动态存储器）。

（2）ROM 可按地址访问，只能读不能写，断电后数据不丢失。

ROM 具有永久存储的特点，其中的信息必须事先写入，之后只能读不能写，其容量非常小。

ROM 分为普通 ROM（掩膜 ROM）、可编程 ROM（PROM）、光可擦除 ROM（EPROM）和电可改写 ROM（EEPROM）。主板上的 BIOS（Basic Input/Output System，基本输入/输出系统）芯片使用的是 EEPROM，如图 3-9 所示，通常用于存放启动计算机所需的少量程序和数据。

图 3-8　内存

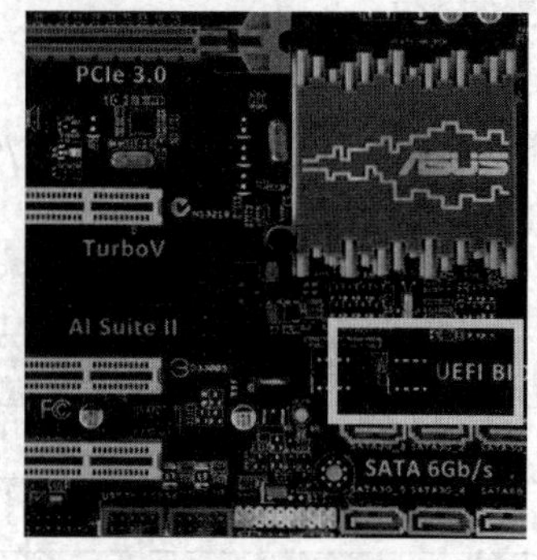

图 3-9　主板 BIOS

3. 高速缓存

由于 CPU 的处理速度远超过内存，使得 CPU 经常处于等待状态，影响系统的整体处理能力。

据统计，CPU 经常会读取同一块或者相邻的数据块，如果将这些数据块提前读入高速缓冲存储器（Cache，简称高速缓存）中，在需要时微处理器可以直接读写高速缓存，从而提高数据的存取速度，如图 3-10 所示。

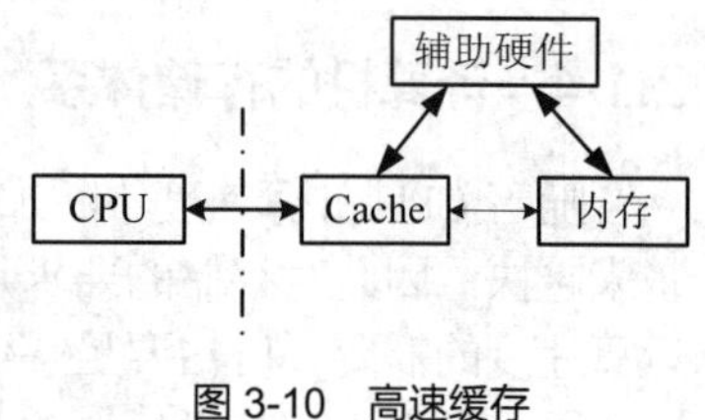

图 3-10　高速缓存

实际工作时，缓存容量的增大，可以大幅度提升缓存读取数据的命中率，而不用再到内存或者硬盘上寻找和读取，从而提高系统的整体性能。

高速缓存可以制作在主板上、CPU 上或者 CPU 的内核上，一般将高速缓存分为一级、二级、三级缓存。

① 一级缓存一般都集成在 CPU 内部。在多核处理器时代，高速缓存直接制作在处理器内核上，其速度最快。

② 二级缓存一般也是集成在 CPU 内部。根据 CPU 型号不同，有的是和一级缓存一样的片上缓存，有的是多核共享二级缓存。

③ 三级缓存可以做在主板上，或者集成于 CPU 内部，一般都是共享的。

提示

缓存的思维模式，是把即将要处理的数据和信息提前准备好，可以显著提高计算和处理速度。在生活中，提前准备好上学的书包、提前做好饭菜、提前买好火车票等，都可以提高效率。缓存的思想不仅应用在 CPU 和内存之间，还可以用在内存和硬盘之间、内存与其他外部设备之间。

4. 硬盘

（1）机械硬盘

机械硬盘是一种采用磁性材料制作的大容量存储器，可以永久保存数据，结构如图 3-11 所示。机械硬盘由若干个盘片和读写臂组成，读写臂上有读写磁头。一个盘片被划分为若干个同心圆，每个同心圆称为磁道，不同盘片的相同磁道构成一个柱面，每个磁道又被分为若干个扇形区域，称为扇区。一个扇区可以存储 512 Byte 数据。

在读写数据时，读写臂沿着盘片径向移动，将读写头定位在所要读写的磁道上，称为寻道。盘片沿着主轴高速旋转，当磁头找到所要读写的扇区时，开始读写和传输数据。

机械硬盘的读写时间包括寻道时间、旋转时间和传输时间。因为是机械操作，所以读写较慢。在硬盘中，一个大文件最好存储在连续的扇区中。在读写时可以连续读写，减少寻道时间和旋转时间，从而提高读写的速度。如果一个文件碎片较多，那么读写速度会显著减慢。

1956 年出现的 IBM 350 硬盘，高 173cm、宽 152cm，被那时的人们称为“神奇的机柜”，如图 3-12 所示。尽管它的尺寸很大，但只有 5MB 的空间。IBM 350 从未出售过，它只随 IBM 的计算机 Ramac 305 出租使用。

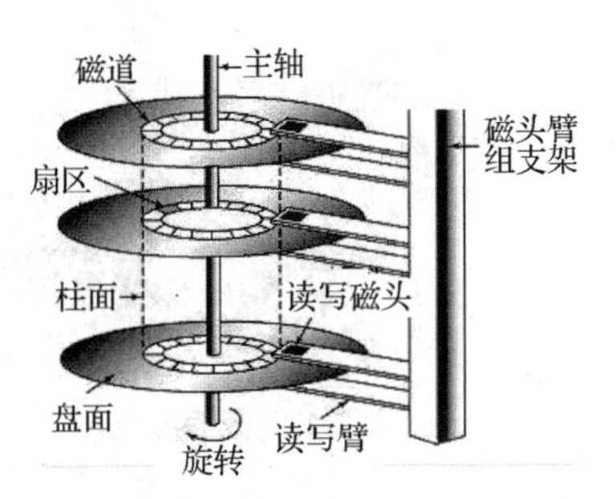

图 3-11　硬盘结构图

图 3-12　IBM 350 硬盘

机械硬盘的性能指标如下。

① 尺寸：3.5 英寸（1 英寸≈2.54cm）的硬盘如图 3-13 所示，常用于台式计算机；2.5 英寸的硬盘如图 3-14 所示，常用于笔记本电脑。

② 容量：目前机械硬盘的容量一般为几百 GB 到几 TB。

③ 转速：机械硬盘的转速越快，则读写也越快。常见的硬盘转速有 5400r/min 和 7200r/min。

（2）固态硬盘

固态硬盘（Solid State Drives，SSD）如图 3-15 所示，是用固态电子存储芯片阵列而制成的硬盘，由控制单元和存储单元（Flash 芯片、DRAM 芯片）组成。固态硬盘的读写速度可以达到 500MB/s，而机械硬盘的速度最多 100MB/s。

图 3-13　3.5 英寸硬盘

图 3-14　2.5 英寸硬盘

图 3-15　固态硬盘

5. 移动存储设备

外存中，除了固定在计算机中的硬盘外，可以移动的设备包括移动硬盘、光盘、软盘、U 盘和存储卡等。

（1）移动硬盘

移动硬盘（Mobile Hard Disk）顾名思义是以硬盘为存储介质，用于在计算机之间交换大容量数据，强调便携性的存储产品，如图 3-16 所示。移动硬盘多采用 USB、IEEE 1394 等传输速度较快的接口，可以用较高的速度与系统进行数据传输。移动硬盘具有体积小、容量大、速度高、使用方便和可靠性高的特点。目前，市场中的移动硬盘有几十 GB 到几 TB 的容量。

（2）光盘

光盘是利用激光原理进行读、写的设备。光盘需要通过光驱来进行读写，如图 3-17 所示。

光盘的特点是容量大、成本低、稳定性好、使用寿命长、便于携带。光盘有不可擦写光盘，如 CD-ROM（容量 700MB）、DVD-ROM（容量 4.7GB）、Blu-ray Disc（容量 25GB）等；还有可擦写光盘，如 CD-RW、DVD-RAM 等。

图 3-16　移动硬盘

图 3-17　光盘与光驱

（3）软盘

软盘（Floppy Disk）是个人计算机中最早使用的可移动外存，如图 3-18 所示。软盘的读写通过软盘驱动器完成。软盘包括 3.5 英寸的 1.44MB 和 5.25 英寸的 1.2MB。目前，软盘已经基本不再使用。

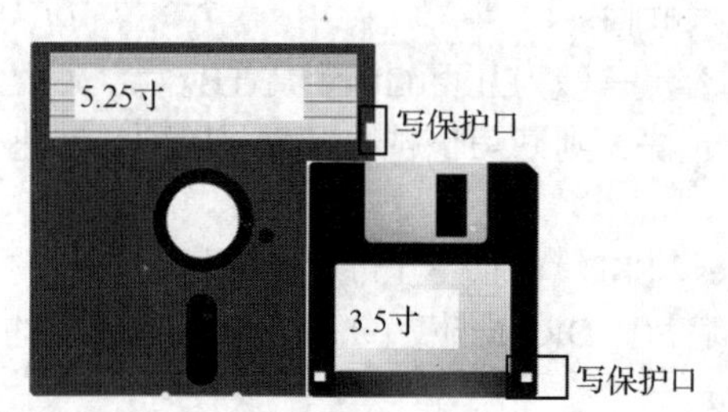

图 3-18　软盘

（4）U 盘和存储卡

U 盘，全称 USB 闪存盘，如图 3-19 所示，是一种使用 USB 接口且无须物理驱动器的微型高容量移动存储产品，通过 USB 接口与计算机连接，可以即插即用。U 盘的优点是小巧、便于携带、存储容量大、价格便宜、性能可靠。U 盘一般可以提供几 GB 到上百 GB 的容量。

存储卡是用于手机、数码相机、便携式计算机和其他数码产品上的独立存储介质，一般是卡片的形态，图 3-20 所示为 SD 存储卡和 MMC 存储卡。

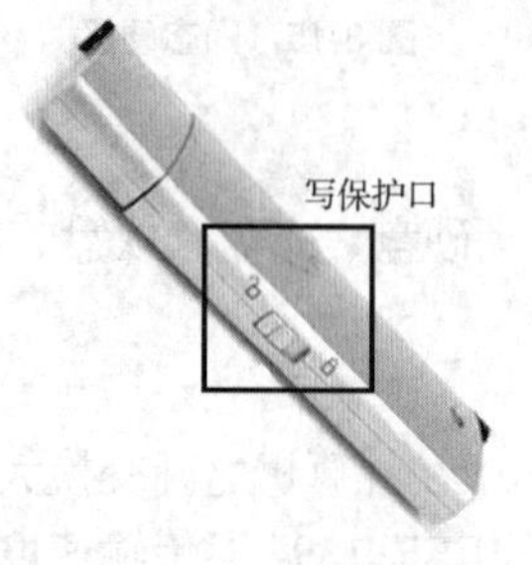

图 3-19　U 盘

图 3-20　存储卡

写保护口如图 3-18～图 3-20 所示，用于控制软盘、U 盘、存储卡等可移动设备的“只读/可改写”

状态，当其处于写保护状态时，只能读取不能写入。写保护口可以防止误删除、误格式化，以及病毒感染等。

计算机的存储体系：CPU 中寄存器的数量少，存取速度最快；内存的存储容量小，存取速度快，内存只能临时保存数据；硬盘的存储容量大，存取速度慢，硬盘可以永久保存数据。CPU 可以直接存取内存中的数据，而不能读取硬盘数据；CPU 通过高速缓存，提高内存与 CPU 的数据传输速度，从而显著提高系统的整体性能；硬盘中的数据必须先读入内存中，才能被 CPU 读取和处理。各种移动存储设备提供了转移数据的可能。

计算机通过不同性能的存储资源的优化组合，解决存储设备之间工作效率匹配和协同问题，从而提高系统的工作效率。存储设备一直朝着容量越来越大、速度原来越快、价格越来越便宜、可靠性越来越高的方向发展。

3.1.5　输入设备和输出设备

输入设备用于使计算机感知外部世界的信息；输出设备用于将计算机的处理结果呈现给外部世界。输入/输出设备是计算机和外界交换信息的工具，也是人和计算机进行交互的工具。

1. 输入设备——穿孔纸带

穿孔纸带是早期计算机的输入和输出设备，如图 3-21 和图 3-22 所示，它将程序和数据转换为二进制数码，带孔为 1，无孔为 0，经过光电扫描输入计算机。

1725 年，法国法制机械师布乔（B. Bouchon）提出“穿孔纸带”构想。1805 年，法国机械师杰卡德（J. Jacquard）完成了“自动提花编织机”设计，实现了 0 和 1 编码的信息输入。

纸带作为输入设备，直观性差，操作难度大，对使用者的要求较高。

图 3-21　穿孔纸带

图 3-22　穿孔纸带的使用

2. 输入设备——键盘

键盘是最主要的输入设备，通过键盘可以将英文字母、数字、标点符号等输入计算机中，从而向计算机发出命令、输入数据等。

1868 年，美国人克里斯托夫 • 肖尔斯（C. Sholes）发明了沿用至今的 QWERTY 键盘，也称全键盘，其第一行开头 6 个字母是 Q、W、E、R、T、Y 的键盘布局，也就是现在计算机和手机等普遍使用的计算机键盘布局，如图 3-23 所示。

图 3-23　QWERTY 键盘

3. 输入设备——鼠标

鼠标是一种常用的计算机输入设备，它可以对当前屏幕上的游标进行定位，并通过按键和滚轮装置对游标所经过位置的屏幕元素进行操作。

1964 年，美国人道格拉斯 • 恩格尔巴特（Douglas Engelbart）发明了鼠标，如图 3-24 所示，实现了图形点输入，促进了图形化计算机的发展，使得计算机的操作更加简便。

按照结构可将鼠标分为机械鼠标和光电鼠标。机械鼠标（滚球鼠标）如图 3-25 所示，主要由滚球、辊柱和光栅信号传感器组成。光电鼠标如图 3-26 所示，通过红外线或激光检测鼠标器的位移，将位移信号转换为电脉冲信号，再通过程序的处理和转换来控制屏幕。

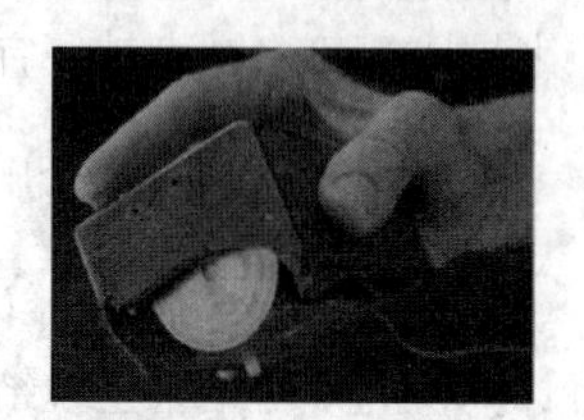
图 3-24 原始鼠标

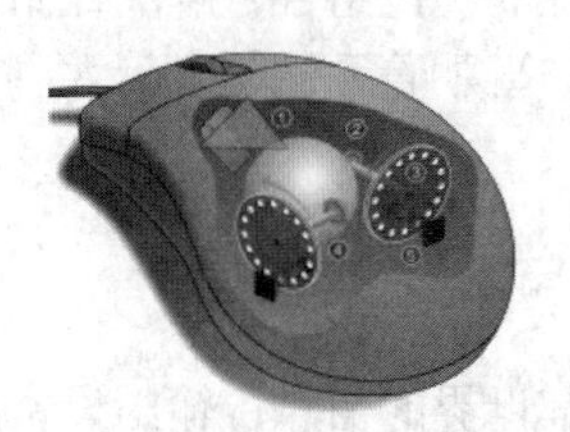
图 3-25 机械鼠标

图 3-26 光电鼠标

4. 输入设备——扫描仪

扫描仪是利用光电技术和数字处理技术，以扫描方式将纸质文档、图形或图像内容转换为数字信息的装置。从最原始的图片、照片、胶片到各类文稿资料都可以用扫描仪输入计算机中，进而实现对这些图像形式的信息的处理、管理、使用、存储、输出等，配合光学字符识别（Optic Character Recognize，OCR）软件还能将扫描的文稿转换成计算机的文本形式。

按照扫描方式，扫描仪分为滚筒式扫描仪（见图 3-27）、平面扫描仪（见图 3-28）和笔式扫描仪等。

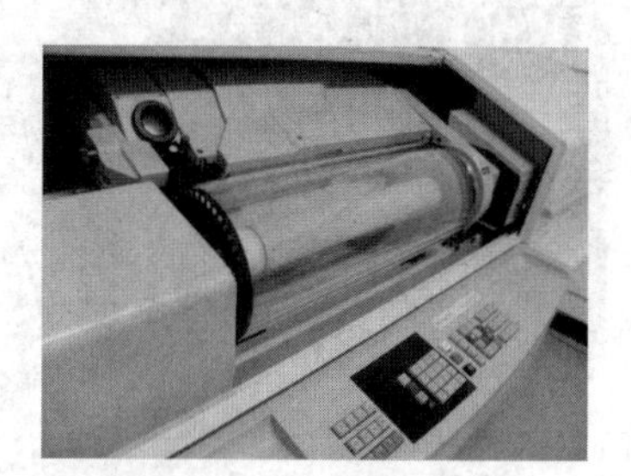
图 3-27 滚筒式扫描仪

图 3-28 平面扫描仪

5. 输入设备——手写笔

手写笔可以在手写识别软件的配合下输入中文和西文，使用者不需要再学习其他的输入法就可以轻松地输入中文。手写笔还具有鼠标的作用，可以代替鼠标操作，并可以作画。

如图 3-29 所示，手写笔一般包括两部分：与计算机相连的写字板、在写字板上写字的笔。

6. 输入和输出设备——触摸屏

触摸屏（Touch Screen）是一种可接收手指等输入信号的感应式显示装置。触摸屏作为一种计算机输入设备，是简单、方便、自然的一种人机交互方式。它赋予了多媒体以崭新的面貌，是极富吸引力的多媒体交互设备。

触摸屏经常用于公共信息查询、多媒体教学等场所（见图3-30），也可作为计算机屏幕（见图3-31），或作为手机屏幕替代键盘。

图 3-29 手写笔

图 3-30 公共查询机

图 3-31 计算机屏幕

7. 输出设备——显示器

显示器（Display）也称为监视器，是一种将信息通过特定传输设备显示到屏幕上再反射到人眼的显示工具，它是最基本的输出设备。

根据制造材料的不同，显示器可分为：阴极射线管显示器（CRT）（见图 3-32）、液晶显示器（LCD）（见图 3-33）、发光二极管（LED）显示器（见图 3-34）。其中，LED 显示器色彩鲜艳、动态范围广、亮度高、寿命长、工作稳定可靠，目前成为主流显示器。

图 3-32 CRT 显示器

图 3-33 LCD 显示器

图 3-34 LED 显示器

显卡（Video Card，Graphics Card）又称显示适配器，如图 3-35 所示，插在计算机主板的插槽上，将计算机的信息输出到显示器上显示，同时显卡还具有图像处理能力，可协助 CPU 工作，提高整体的运行速度。

图 3-35 显卡

显卡的主要性能指标如下。

① GPU（图形处理器）的核心频率，频率越高性能越强。

② 显存的容量：显存是显卡上用来存储图形图像的内存，越大越好。

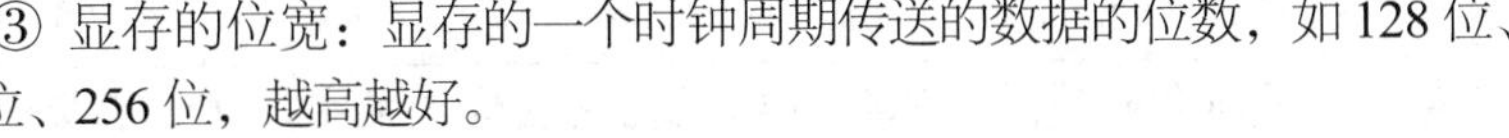

③ 显存的位宽：显存的一个时钟周期传送的数据的位数，如 128 位、192 位、256 位，越高越好。

显卡可分为集成显卡和独立显卡。

- 集成显卡是将显示芯片、显存及其相关电路都集成在主板上的显卡，一般集成显卡的显示效果与处理性能相对较弱。
- 独立显卡是指将显示芯片、显存及其相关电路单独做在一块电路板上，自成一体而作为一块独立的板卡存在，它通过主板的扩展插槽连接主板。独立显卡不占用系统内存，一般性能较高。

8. 输出设备——打印机

打印机（Printer）是输出设备，将计算机的运算结果以人能识别的数字、字母、符号、图形等，按照规定的格式印在纸上。

目前常用的打印机包括针式打印机、喷墨打印机、激光打印机等。

（1）针式打印机，通过打印头的针击打色带，在纸上打印文字和图形等，如图 3-36 所示。针式打印机打印质量差、噪声高、成本低，目前只在银行、超市等场合用于票单打印。

（2）喷墨打印机，将彩色液体油墨经喷嘴变成细小微粒喷到印纸上，如图 3-37 所示。喷墨打印机经常用于打印照片、文本等。

（3）激光打印机，如图 3-38 所示，将激光扫描技术和电子照相技术相结合的打印输出设备。激光打印机有打印速度快、成像质量高等优点，经常用于打印各类文档。

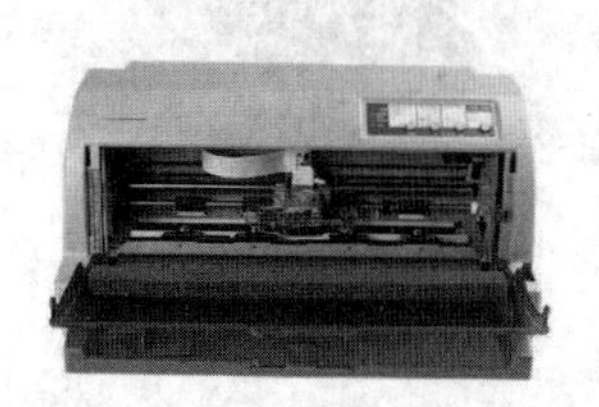

图 3-36　针式打印机

图 3-37　喷墨打印机

图 3-38　激光打印机

9. 输出设备——3D 打印机

3D 打印机又称三维打印机，如图 3-39 所示，是一种快速成形技术的机器。它以数字模型文件为基础，运用特殊蜡材、粉末状金属或塑料等可黏合材料，通过打印一层层的黏合材料来制造三维物体。3D 打印机的原理是把数据和原料放进 3D 打印机中，机器会按照程序把产品一层层造出来。

3D 打印技术经常用于机械制造、工业设计、建筑、工程和施工（AEC）等许多领域。

10. 输入和输出设备——声卡

声卡是实现声波/数字信号相互转换的一种硬件，如图 3-40 所示。声卡的基本功能是把来自话筒等设备的原始声音信号转换成数字音频，保存在计算机中；将计算机中的各种数字声音转换为模拟声波输出到音箱、耳机等设备上，或通过音乐设备数字接口（MIDI）使乐器发出 MIDI 声音。

图 3-39　3D 打印机

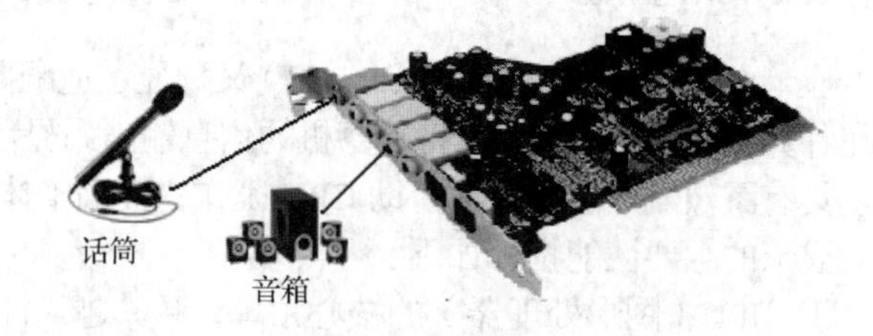

图 3-40　声卡

输入设备不断丰富，使用越来越简单，人们可以通过键盘输入文字，通过鼠标进行定位，通过扫描仪、手写笔、触摸屏等输入图形，通过声卡输入声音。输出设备的发展针对人类的感觉器官，如视觉、听觉、触觉等，输出文字、图形、声音和 3D 实体等。使得计算机与人的交互越来越简单，操作越来越方便，输出效果越来越好。

3.1.6 接口

在计算机中，接口是计算机系统中两个独立的部件进行信息交换的共享边界。这种交换可以发生在计算机软件、硬件、外部设备或进行操作的人之间，也可以是它们的结合。

在现代计算机中，有很多种标准化的硬件接口，接口一般包括插槽和插头两部分，每一种接口标准都规定了相关参数，如尺寸规格、引脚数、电压、电流等，使得一种接口标准的插头不能插入另一种接口的插槽，从而避免出错和电器故障。

图 3-41 所示为主板的电源接口和插头，内存、CPU、显卡、声卡等也都有各自的专用接口。图 3-42 所示为计算机主板上的各种输入/输出设备的接口，用于连接键盘、鼠标、显示器、音箱和话筒等外部设备。

目前，常用的接口还包括：IDE、SATA、SCSI、USB、PCI、PCI-E、VGA、DVI、HDMI 等。

图 3-41　主板电源接口

图 3-42　主板输入/输出设备接口

1. 硬盘接口

硬盘接口是硬盘与主机系统间的连接部件，在硬盘和主机内存之间传输数据。不同的硬盘接口决定着硬盘与计算机之间的传输速度，在整个系统中，硬盘接口的优劣直接影响系统性能。

硬盘接口分为 IDE、SATA、SCSI、光纤通道等。

（1）IDE（Integrated Drive Electronics）接口是电子集成驱动器，如图 3-43 所示，也称为 ATA 接口，它使用一个 40 芯电缆与主板进行连接，多用于台式计算机连接硬盘，也可用于连接光驱，现已逐渐被淘汰。

（2）SATA（Serial Advanced Technology Attachment）接口，即串行硬件驱动器接口，如图 3-44 所示，其特点是结构简单、支持热插拔、传输速度快、执行效率高。与 IDE 接口相比，SATA 线缆更细、传输距离更远、传输速率也更高。

（3）SCSI 接口（小型计算机系统接口），如图 3-45 所示，是一种用于计算机和智能设备之间（硬盘、软驱、光驱、打印机、扫描仪等）的系统级接口的独立标准，它能与多种类型的外设进行通信。SCSI 接口的硬盘可靠性高，可以长期运转，速度快，支持多设备，支持热拔插，常用于服务器连接硬盘。

图 3-43　IDE 接口

图 3-44　SATA 接口

图 3-45　SCSI 接口

（4）光纤通道（Fiber Channel），利用光纤形成高速通道，能提高多硬盘存储系统的速度和灵活性。光纤通道的主要特性有可热插拔、高速带宽、远程连接、连接设备数量大等。光纤通道价格昂贵，一般只用在高端服务器。

2. USB 接口

USB（Universal Serial Bus，通用串行总线）接口，如图 3-46 所示，连接计算机系统与外部设备的一种串口总线标准，支持即插即用，被广泛地应用于个人计算机、移动设备及通信产品。USB 的优点是支持热插拔、携带方便、标准统一、可以连接多个设备。

3. PCI 和 PCI–E 接口

PCI（Peripheral Component Interconnect）接口是个人计算机中广泛使用的接口，几乎所有的主板产品上都带有这种插槽，如图3-47所示。PCI的特点是结构简单、成本低，但由于PCI总线只有132MB/s的带宽，对处理声卡、网卡、视频卡等绝大多数输入/输出设备绰绰有余，但对性能日益强大的显卡则无法满足需要。

图 3-46 常见的 USB 接口

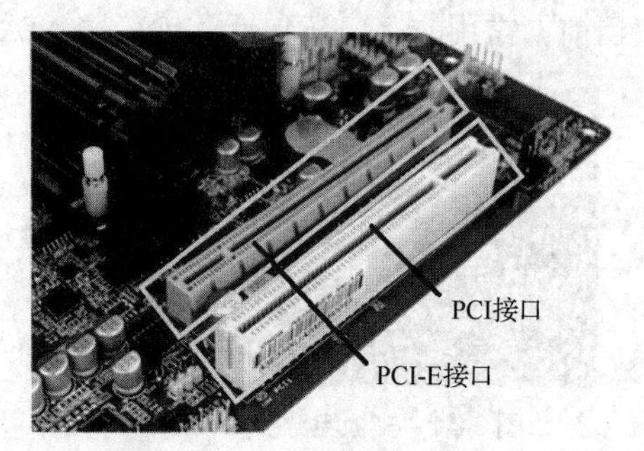

图 3-47 PCI 和 PCI-E 接口

PCI-E（PCI Express）接口是 Intel 公司推出的用于取代 PCI 接口的技术，称为第三代 I/O 总线技术，如图 3-47 所示。PCI-E 接口根据总线位宽不同而有所差异，包括 X1、X4、X8 及 X16，从 1 条通道连接到 32 条通道连接，伸缩性强，可以满足不同设备对数据传输带宽的需求。PCI-E X1 主要用于主流声效芯片、网卡芯片和存储设备。由于图形芯片对数据传输带宽要求较高，因此图形芯片必须采用 PCI-E X16。

4. 图形显示接口

常用的图形显示接口包括 VGA、DVI 和 HDMI，如图 3-48 所示。

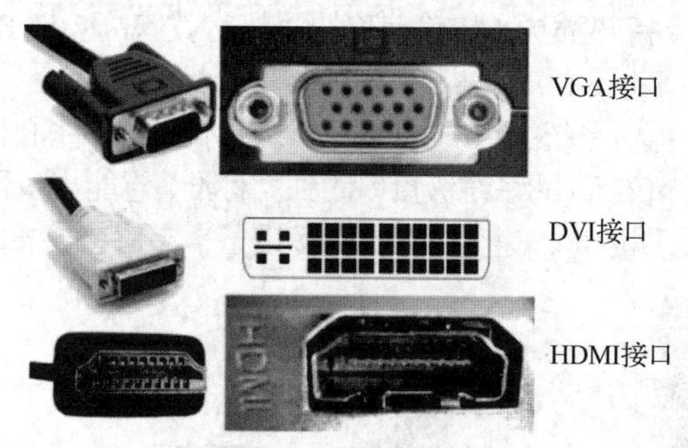

图 3-48 图形显示接口

（1）VGA（Video Graphics Array）视频图形阵列是一个使用模拟信号的计算机输出数据的专用接口。VGA 接口共有 15 针，分成 3 排，每排 5 个孔，是显卡上广泛应用的接口。

（2）DVI（Digital Visual Interface）即数字视频接口，是一种高速传输数字信号的技术，有 DVI-A、DVI-D 和 DVI-I 3 种不同的接口形式。DVI-D 只有数字接口，DVI-I 有数字和模拟接口，目前计算机的显示主要以 DVI-I 为主。

（3）HDMI（High Definition Multimedia Interface）接口，即高清晰度多媒体接口，是一种数字化视频/音频接口技术，适合影像传输的专用数字化接口。传统接口无法满足 1080P 高清视频的传输速度，而 HDMI 的最高数据传输速度为 2.25Gbit/s，完全可以满足高清视频的需求，同时还可以传输 3D 数据格式。

3.1.7 选购计算机策略

在掌握了计算机硬件的相关常识后，读者可以根据本人的需求和预算，选择适合自己的计算机。选购计算机主要包括以下步骤。

1. 准备工作

在选购计算机之前，要做好以下几项准备。

（1）确定自己的预算。

（2）明确计算机的主要用途和相关需求。

（3）选择所需要的外设。

根据本人对计算机的需求和预算，选择最适合自己需要的计算机。切忌盲目追求高配置，高配置虽然可以带来高性能，但是往往会超出预算，造成不必要的浪费。

2. 选择机型

根据用户使用计算机的环境不同，可以分为以下 3 种情况。

（1）计算机摆放位置基本固定且空间充裕，可以选择台式计算机。

（2）经常携带计算机异地办公和学习，要求体积小巧、便于携带，并且具有一定处理能力，可以选择购买笔记本电脑。

（3）对计算机的性能和存储空间要求不高，主要用于娱乐和上网等，可以选择购买平板电脑。

3. 兼容机还是品牌机

根据用户对计算机了解程度的不同，可以分为以下两种情况。

（1）具备一定计算机硬件基础知识，可以在日常使用中自行维护且预算有限，这种情况可以选择购买或者自行组装兼容机。兼容机的优点如下。

① 灵活性好。可以根据需要自行选择配件，非常灵活。

② 价格优势。没有品牌经营费用，因此价格比品牌机低。

③ 易于升级。可以自行选择配件，因此升级较为方便。

兼容机的缺点是无售后服务、需自行安装操作系统，后期需要自行维护和修理等。

（2）对计算机维修和保养知识了解很少，需要售后服务和保障，可以承担一定的售后服务费用，这种情况可以选择购买品牌机。品牌机的优点如下。

① 稳定性好。品牌机采用批量采购的方式，其配件有保障、测试充分，有独立的组装车间。

② 售后服务好。品牌机有良好的售后服务。

③ 配套软件丰富。品牌机一般带有正版操作系统和其他正版软件。

品牌机的缺点是比兼容机的价格贵、配置无法根据需要自行选择、很多具体配件的型号未知等。

4. 操作系统的选择

根据用户对操作系统的要求不同，可以分为以下两种情况。

（1）需要经常进行图像编辑、视频剪辑和文字排版等工作，可以选择购买 Mac 系统的计算机。

（2）主要进行办公处理和娱乐活动（如计算机游戏、观看网络视频等），对系统的兼容性和灵活性要求较高，可以选择 Windows 系统的计算机。

5. 主要性能指标

购买台式计算机、笔记本电脑、平板电脑时，主要考虑以下性能指标。

（1）CPU：品牌、主频、内核数、高速缓存。

（2）内存：容量。

（3）硬盘：容量、机械硬盘还是 SSD、机械硬盘的转速。

（4）显示器：尺寸、集成显卡还是独立显卡、显存大小。

（5）保修：保修时间、送修方式。

【例 3.1】 某同学刚刚入学，想要购买一台计算机，便于在大学四年的学习中使用。预算有限，4 000 元左右；主要在宿舍使用，选择台式机；学习的专业是财务管理，主要进行日常办公处理；大学四年的学习和娱乐资料较多，硬盘容量要足够大。

根据该同学的需求和预算，选择某品牌台式计算机和组装兼容机，其配置如表 3-3 所示。可见同样价格的兼容机的配置要好于品牌机，但品牌机有良好的售后服务，而兼容机一般没有售后服务。

表 3–3　　台式机配置

部件	某品牌台式机	组装兼容机
CPU	Intel 酷睿 i5 处理器 i5-7400，四核，3GHz，6MB 缓存	Intel 酷睿 i7 处理器 i7-7700，四核，3.6GHz，8MB 缓存
内存	4GB DDR4	金士顿 8GB DDR4
显卡	独立 GT730 2GB DDR3 显卡	GTX1050TI，4GB 显存
硬盘	1TB，SATA 接口，7200 r/min	1TB 7200 r/min，SATA 接口 128GB SSD
显示器	21.5 英寸显示器，LED 背光	AOC E2252SWDN 21.5 英寸，LED 背光
操作系统	Windows 10 家庭版	
质保	全国联保，享受三包服务，质保期为：三年有限保修及三年上门服务	无，自行维修换件等

3.2　计算机的应用领域

随着计算机的计算能力日益强大、计算范围广泛、计算内容丰富，输入/输出设备更直观易用，计算机的应用领域从最初的科学计算，日益推广到科学计算、数据处理、过程控制、计算机辅助工程、人工智能和网络通信等各个领域。

1. **科学计算**

科学计算是指为解决科学研究和工程设计过程中的数学问题而进行的计算，也称为数值计算。利用计算机高速计算、存储容量大和连续运算的能力，可以解决人工无法解决的各种科学计算问题，如导弹试验、火箭发射、灾情预测、天气预报、化学实验分析等。

例如，我国是世界上自然灾害种类最多、活动最频繁、危害最严重的国家之一。科研人员对于如何提高灾情预测的时效性进行了大量的分析和研究，通过设计集监测、预报、救灾、通信于一体的紧急灾难检测预警控制系统来预防灾害和提高救灾成功率，减少灾害发生时的损失。

2. **数据处理**

数据处理（或信息处理）是指对各种数据进行收集、存储、整理、分类、统计、加工、利用、传播等一系列活动的统称。其特点是处理的原始数据量大，而运算比较简单，有大量的逻辑与判断运算。

目前，数据处理广泛应用于办公自动化、企事业计算机辅助管理与决策、情报检索、图书管理、电影电视动画设计、会计电算化等行业。

办公自动化（也称为 OA）现在普遍被各大中小型企业和政府采用。办公自动化将现代化办公和计算机网络功能结合起来，优化现有的管理组织结构，调整管理体制，在提高效率的基础上增加协同办公能力，强化决策的一致性。

3. **过程控制**

过程控制又称实时控制，是指利用计算机及时采集检测数据，按最优值自动调节和控制对象。图 3-49 所示为锅炉自动控制系统，温度传感器测量锅炉温度值（PV），并将 PV 传递给控制器，控制器将 PV 与设定值（SV）比对，如果超出误差，则输出锅炉控制结果，由功率调节器调节锅炉温度。

采用计算机进行过程控制，不仅可以大大提高控制的自动化水平，而且可以提高控制的及时性和准确性，从而改善劳动条件，提高产品质量及合格率，提高经济和社会效益。

计算机过程控制已在机械、冶金、石油、化工、纺织、水电、航天等领域得到广泛应用，如锅炉控制系统、煤矿安全生产监测系统、汽车制造控制系统、民航飞行调度管理系统等。

4. 计算机辅助工程

计算机辅助工程是迅速发展的一个计算机应用领域，主要包括以下几个方面。

（1）计算机辅助设计（Computer Aided Design，CAD）。它是指使用计算机进行产品和工程设计，使得设计过程标准化、科学化。CAD 广泛应用于船舶设计、飞机设计、汽车设计、建筑设计、服装设计、电子设计和各种机械行业的设计。如 AutoCAD 软件可以进行二维绘图、详细绘制、文档设计和基本三维设计。

（2）计算机辅助制造（Computer Aided Manufacture，CAM）。它是指利用计算机通过各种数值控制生产设备，完成产品的加工、装配、检测、包装等生产过程的技术。CAM 可以提高产品质量、降低产品成本和劳动力强度。

例如，数控机床，如图 3-50 所示，能从刀库中自动换刀并自动转换工作位置，连续完成铣、钻、铰、攻丝等多道工序，是一个工序自动化的加工过程，实现零件部分或全部机械加工过程的自动化。

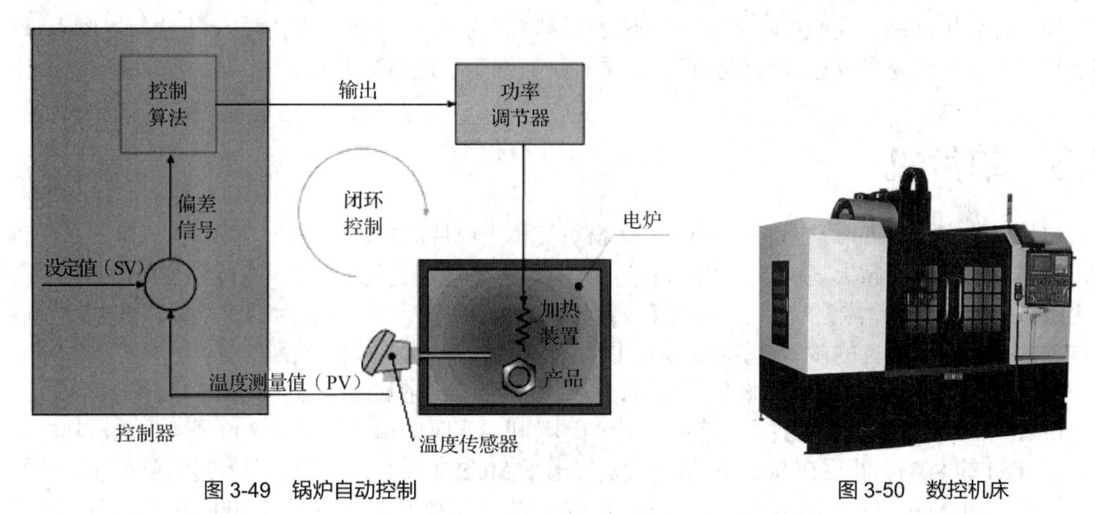

图 3-49　锅炉自动控制　　　　图 3-50　数控机床

（3）计算机辅助教学（Computer Assisted Instruction，CAI）。它是指将教学内容、教学方法及学生的学习情况等存储在计算机中，帮助学生轻松地学习所需要的知识。CAI 利用计算机模拟一般教学设备难以表现的物理或工作过程，并通过交互操作极大地提高了教学效率等。

（4）计算机辅助测试（Computer Aided Test，CAT）。它是指利用计算机代替传统试卷进行考试的一种方法。如 GRE、计算机等级考试等都已经实现了计算机无纸化考试。

5. 人工智能

人工智能（Artificial Intelligence）是指研究用机器代替和模仿人脑的某些智能功能，通过编写程序模拟人类的思维活动，如感知、判断、理解、学习、问题求解、图像识别等。人工智能的应用领域非常广泛，包括人机对弈、定理证明、翻译语言文字、诊断疾病、海底作业等。例如，模拟高水平医学专家进行疾病诊疗的专家系统、具有一定思维能力的智能机器人等。

机器人技术是人工智能领域最伟大的发明之一，有仿人形机器人、农业机器人、服务机器人、水下机器人、医疗机器人、军用机器人、娱乐机器人等。机器人技术正在迅速地向实用化迈进，机器人可以工作在各种恶劣环境下，如高温、高辐射、剧毒等。

1968 年美国斯坦福研究所研制出世界上第一台智能机器人 Shakey，可以进行登爬高台、推动物体等简单操作，如图 3-51 所示。

图 3-52 所示为工业机器人，各种工业机器人广泛应用在制造企业中，从而提高劳动生产效率、降低劳动成本、降低对工人操作技术的要求。

图 3-51　Shakey

图 3-52　工业机器人

6. **计算机网络**

计算机网络是现代计算机技术与通信技术紧密结合的产物。计算机网络解决了一个单位、一个地区、一个国家中计算机与计算机之间的通信，实现各种软、硬件资源的共享，大大促进了文字、图像、视频、声音等各类数据的传输与处理。

通过计算机网络，人们可以进行很多不受地域限制的活动，如网上购物、网上银行、网上炒股、网上订票等，此外还可以进行远程教育、教学科研、娱乐、通信等。

3.3　单片机

单片机（Single Chip Microcomputer，SCM）又称为单片微控制器或单片微型计算机，是一种集成电路芯片，是采用超大规模集成电路技术把具有数据处理能力的中央处理单元（CPU）、随机存储器（RAM）、只读存储器（ROM）、多种 I/O 接口和中断系统、定时器/计时器等功能集成到一块硅片上构成的一个小而完善的微型计算机系统。图 3-53 所示为一款单片机产品。

从 20 世纪 80 年代的 4 位、8 位单片机，逐步发展到了现在的 32 位 300MB 的高速单片机。

Intel 的 8080 是最早按照这种思想设计出的单片机，当时的单片机都是 8 位或 4 位的。其中最成功的是 Intel 的 8031，此后在 8031 的基础上发展出了 MCS51 系列单片机，因为其简单可靠且性能好获得了很大的好评。尽管 2000 年以后 ARM 已经发展出了 32 位的主频超过 300MB 的高端单片机，但是直到现在基于 8031 的单片机还在广泛的使用。

由于单片机体积小、功能强，可以将控制电路和控制芯片集成在一块芯片中，便于缩小体积。在设计时只需要对单片机进行简单编程即可实现对设备的控制。图 3-54 和图 3-55 所示的是遥控小车和遥控飞机，这两个设备的结构简单，除了必需的机械设备外，其控制电路板很小，具有非常高的集成度，大大缩小了设备整体的体积。

图 3-53　单片机

图 3-54　遥控小车

图 3-55　遥控飞机

单片机已经渗透到我们生活中的各个领域，例如，导弹的导航装置电路板、飞机上各种仪表的控制、计算机的网络通信与数据传输、工业自动化过程的实时控制和数据处理、民用豪华轿车的安全保障系统，以及录像机、摄像机、全自动洗衣机的控制和程控玩具、电子宠物等都离不开单片机。此外，单片机在工商、金融、科研、教育、电力、通信、物流、国防、航空航天等领域都有着十分广泛的用途。

一块芯片就构成一台计算机，单片机和计算机相比只缺少 I/O 设备，它具有体积小、质量轻、价格便宜等优势，为学习、应用和开发提供了便利条件。

3.4　高性能计算与分布式计算

发展高速度、大容量、功能强大的高性能计算，对科学研究、国家安全、提高经济竞争力具有重要意义。

1. 高性能计算

高性能计算（High Performance Computing，HPC）指使用很多处理器（作为单个机器的一部分）或者某一集群中组织的几台计算机（作为单个计算资源操作）组成的计算系统和环境。有许多类型的 HPC 系统，其范围从标准计算机的大型集群，到高度专用的硬件。

如图 3-56 所示，一个控制节点作为 HPC 系统和客户机之间的接口，它管理计算节点的工作分配。整个 HPC 单元的操作和行为像是单个计算资源，它将实际请求加载到各个计算节点。HPC 解决方案被专门设计和部署为能够充当大型计算资源。

“天河二号”是由国防科学技术大学研制的超级计算机系统，峰值计算速度每秒 5.49 亿亿次、持续计算速度每秒 3.39 亿亿次双精度浮点运算。“天河二号”由 16000 个节点组成，每个节点有 2 颗基于 Ivy Bridge-E Xeon E5 2692 处理器和 3 个 Xeon Phi，累计共有 32000 颗 Ivy Bridge 处理器和 48000 个 Xeon Phi，总计有 312 万个计算核心，如图 3-57 所示。

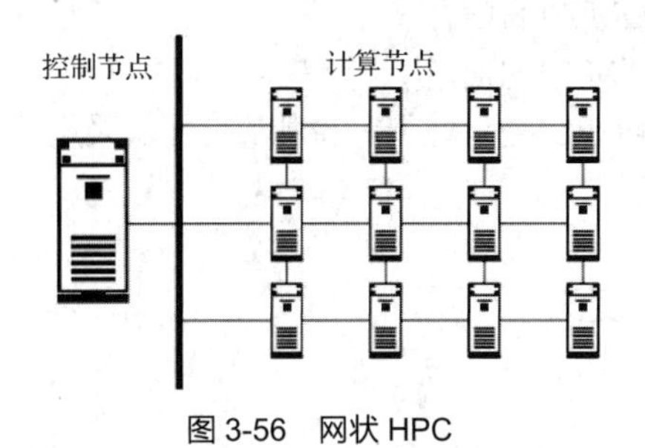

图 3-56　网状 HPC

图 3-57　“天河二号”计算机

2016 年 6 月 20 日，全球超级计算机 500 强榜单公布，使用我国自主芯片制造的“神威 • 太湖之光”取代“天河二号”登上榜首。2017 年 11 月 13 日公布的全球超级计算机 500 强榜单中，“神威 • 太湖之光”以每秒 9.3 亿亿次的浮点运算速度第四次夺冠。

2. 分布式计算

分布式计算（也称网格计算），它研究如何把一个需要巨大计算能力的问题划分成许多小的部分，然后把它们分配给许多计算机进行处理，最后把这些计算结果综合起来得到最终结果。分布式计算系统的关键元素是网格中的各个节点，它们可能由多个相同的专用硬件或者多个完全不同的硬件组成。最近的分布式计算项目通过因特网使用世界各地成千上万志愿者的计算机的闲置计算能力，用以完成需要惊人的计算量的庞大项目。

小结

本章讨论了现代计算机的结构，计算机的应用领域、单片机，以及高性能计算与分布式计算等内容。通过本章的学习，读者可以理解计算机硬件的基本思维。

习题

一、单项选择题

1. 现代计算机结构中的总线不包括（　　）。

A. 地址总线　　B. 数据总线　　C. 控制总线　　D. 快速总线

2.（　　）是一块电路板，一般有 BIOS 芯片、I/O 控制芯片、键和面板控制开关接口、指示灯插接件、扩充插槽、主板及插卡的直流电源供电接插件等元件。

A. 显卡　　B. 声卡　　C. 主存　　D. 主板

3. “32 位计算机”中的 32 指的是（　　）。

A. 计算机型号　　B. 机器字长　　C. 内存容量　　D. 存储单位

4. 为了突破 CPU 的主频提高到一定程度遇到的瓶颈，可以采用（　　）。

A. 多内核　　B. 高速缓存　　C. 容量　　D. 内存

5. 计算机存储体系中，存取速度最快的是（　　）。

A. 内存　　B. 光盘　　C. 寄存器　　D. 硬盘

6. 以下关于存储体系的描述中，正确的是（　　）。

A. 内存存取速度比外存慢　　B. 寄存器数量一般较大

C. 内存中的数据可以永久保存　　D. 外存中的数据可以永久保存

7. 计算机由于某种原因突然“死机”，重新启动后（　　）将全部消失。

A. ROM 和 RAM 中的信息　　B. ROM 中的信息

C. 硬盘中的信息　　D. RAM 中的信息

8. 为了避免由于 CPU 的处理速度远超过内存而使得 CPU 经常处于等待状态，可以采用（　　）。

A. 高速缓存　　B. 多核　　C. 内存　　D. 硬盘

9. 以下关于硬盘的描述中，正确的是（　　）。

A. 7200 r/min 的硬盘比 5400 r/min 的硬盘存取速度快

B. 硬盘一般比 U 盘的存取速度慢

C. 硬盘一般比内存速度快

D. 硬盘通过激光保存数据

10. 以下关于硬盘的描述中，正确的是（　　）。

A. 固态硬盘（SSD）一般比机械硬盘的存取速度快

B. 固态硬盘（SSD）一般比机械硬盘存储数据的时间更长久

C. 固态硬盘（SSD）一般比机械硬盘的价格便宜

D. 固态硬盘（SSD）存储容量比机械硬盘大

11. 光盘驱动器通过（　　）来读写光盘上的数据。

A. 磁力线方向　　B. 激光　　C. 微波　　D. 声波

12. 处于写保护状态的 U 盘（　　）。

A. 只能读不能写　　B. 既可读又可写　　C. 只能写不能读　　D. 既不能读也不能写

13. 以下选项中，（　　）不是输入设备。

A. 键盘　　B. 鼠标　　C. 扫描仪　　D. 打印机

14.（　　）是实现声波/数字信号相互转换的一种硬件。

A. 显卡　　B. 声卡　　C. 音箱　　D. 麦克风

15. ( ) 是利用光电技术和数字处理技术，以扫描方式将纸质文档、图形或图像转换为数字信号的装置。

A. 扫描仪 B. 手写笔 C. 显示器 D. 鼠标

16. 在某些计算机中，( ) 使得用手触摸屏幕上的菜单或按钮，就能完成操作。

A. 图像识别技术 B. 指纹识别技术 C. 触摸屏技术 D. 字符识别技术

17. 以下选项中，( ) 不是硬盘的接口。

A. IDE B. SATA C. SCSI D. HDMI

18. 使用 Word 处理文档属于计算机的（ ）应用领域。

A. 人工智能 B. 数据处理 C. 计算机网络 D. 过程控制

19. 用 AutoCAD 制作机器零件剖面图属于（ ）。

A. 科学计算 B. 实时控制 C. 数据处理 D. 辅助设计

20. 单片机不具有的是（ ）。

A. 运算器 B. 控制器 C. 外围设备 D. 存储器

二、填空题

1. 现代计算机系统由________、________、网络和数据组成。
2. 计算机总线分为 3 类，分别为________、________、________。
3. ________、________和输入/输出设备被称为计算机的三大核心部件。
4. 在内存中，________既可以读也可以写，断电后数据会丢失；________只能读不能写，断电后数据不丢失。
5. ________接在计算机的主板上，将计算机的信息输出到显示器上显示。
6. ________是计算机系统中两个独立的部件进行信息交换的共享边界。
7. 常用的图形显示接口包括________、________和________。
8. 计算机辅助工程包括________、________、________和 CAT。
9. 机器人属于计算机的________应用领域。
10. ________指使用很多处理器（作为单个机器的一部分）或者某一集群中组织的几台计算机（作为单个计算资源操作）组成的计算系统和环境。
11. ________研究如何把一个需要巨大计算能力的问题划分成许多小的部分，然后把它们分配给许多计算机进行处理，最后把这些计算结果综合起来得到最终结果。

三、简答题

1. 简述 CPU 的组成及其主要性能指标。
2. 简述高速缓存的作用及其原理。
3. 简述计算机的存储体系。
4. 简述计算机常用的输入和输出设备。
5. 简述计算机的应用领域。
6. 简述分布式计算的主要工作原理。

四、论述题

1. 请描述在购买计算机时，主要考虑的硬件及其性能指标。
2. 你考入大学，家里提供 5 000～5 500 元来为你购买计算机，请你根据自己的需要在进行市场调查后给出详细的配置、型号及配件报价，并给出做出此选择的理由。

04 第4章 计算机软件的基本思维

计算机除了硬件外，还必须与软件相结合才能工作。在计算机中，硬件是基础，软件是“灵魂”。本章讲述计算机软件以及与操作系统有关的基本思维。

4.1 软件系统概述

4.1.1 软件与硬件

计算机系统包括硬件和软件两部分。

硬件通常由电子器件和机电装置组成，是看得见、摸得到的实体，是计算机系统中各种设备的总称。

软件是为计算机运行服务的全部技术和各种程序、数据的集合，是计算机的“灵魂”。软件分为系统软件和应用软件。

硬件和软件的关系如下所述。

（1）硬件和软件互相依存，缺一不可。硬件是计算机的“躯体”，软件是计算机的“灵魂”。硬件只有通过软件才能发挥作用，而软件的功能最终必须由硬件来实现。计算机硬件建立了计算机应用的物质基础，而软件提供了发挥硬件功能的方法和手段，扩大其应用范围，改善人机界面，方便用户使用。没有配备软件的计算机称为“裸机”，毫无实用价值。

（2）硬件和软件无严格界限，有时候功能是等效的。计算机的某些功能既可以由硬件实现，也可以由软件来实现。一般来说，用硬件实现的造价高，运算速度快；用软件实现的成本低，速度较慢，但比较灵活，更新与升级换代比较方便。

（3）硬件和软件协同发展。硬件的发展可以促进软件发展，软件的发展也可以拉动硬件发展。硬件性能的提高，可以为软件的发展创造条件。反之，软件的发展对硬件提出更高的要求，促使硬件性能的提高，甚至产生新的硬件。

4.1.2 系统软件

系统软件是管理、监控计算机软、硬件资源，维护计算机运行，支持应用软件开发和运行的软件总和。

系统软件使计算机使用者和应用软件将计算机当作一个整体而不需要顾及底层硬件的细节。系统软件包括操作系统、语言处理程序、数据库管理系统、诊断程序和服务性程序等。

1. 操作系统

操作系统（Operating System，OS）是管理和控制计算机所有软件、硬件资源的程序，是直接运行在“裸机”上的最基本的系统软件，任何其他软件都必须在操作系统的支持下才能运行。它是人和计算机之间的接口，是系统软件的核心和基础，如图 4-1 所示。

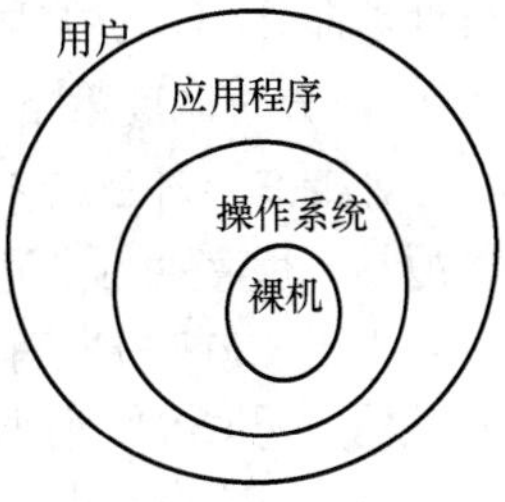

用户
应用程序
操作系统
裸机

图 4-1　操作系统的地位

常见的操作系统有 Windows、UNIX、OS/2、Linux、Mac OS 等。目前各种智能设备也装有操作系统，如 Android、iOS 等。

2. 语言处理程序

语言处理程序用于处理各种软件语言，它将人们编写的高级语言程序通过解释或编译生成计算机可以直接执行的目标程序。高级语言如 C、Pascal、C++、Java、Delphi 等，这些语言的语法、命令格式都各不相同。

3. 数据库管理系统

数据库管理系统（Database Management System，DBMS）是一种操纵和管理数据库的大型软件，用于建立、使用和维护数据库资源，它可以对数据库进行统一的管理和控制，以保证数据库的安全性和完整性。常用的数据库管理系统有 Foxpro、Access、DB2、Oracle、MySQL、SQL Server 等。

4. 诊断程序

诊断程序有时也称为查错程序，它的功能是诊断计算机各部件能否正常工作。有的诊断程序既可用于检测硬件故障，也可用于定位程序的错误。它是面向计算机维护的一种软件。例如，微型计算机加电后，一般先运行 ROM 中的一段自检程序，检查计算机系统是否正常，这段自检程序就是最简单的诊断程序。

5. 服务性程序

服务性程序是一类辅助性程序，它提供各种运行所需的服务，如用于程序的装入、链接、编辑和调试的装入程序、链接程序、编辑程序和调试程序，以及故障诊断程序、纠错程序等。

4.1.3　应用软件

应用软件是为了利用计算机解决某类问题而设计的程序的集合，是为满足用户不同领域、不同问题的应用需求而提供的软件。有些软件是为个人用户设计的，有些软件则是为企业应用设计的。

应用软件种类繁多，包括办公软件、图形图像、系统管理、文件管理、邮件处理、学习娱乐、即时通信、音频视频工具、浏览器等。

4.2　操作系统

操作系统是计算机软件的核心和基础，所有应用软件都必须工作在操作系统的基础上。操作系统的主要功能包括进程管理、存储管理、磁盘和文件管理、设备管理。

4.2.1　进程管理

进程是正在运行的程序实体，包括这个运行的程序中的所有系统资源，如 CPU、输入/输出设备、内存和网络资源等。同一个程序两次运行，会产生两个独立进程，图 4-2 所示为 Windows 任务管理器中的进程列表。进程管理的主要工作是进

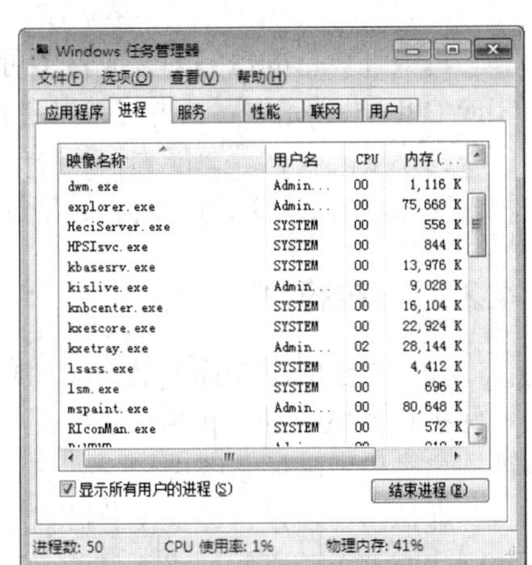

图 4-2　Windows 中的进程

行处理器分配，避免某一进程长期独占处理器，经常采用分时调度策略和多处理机调度策略。

1. 分时调度策略

处理器是计算机系统中最重要的资源。在现代计算机系统中，为了提高系统的资源利用率，CPU 将被某一程序独占。通常采用多道程序设计技术，允许多个程序同时进入计算机系统的内存并运行。

由于 CPU 资源有限，为了避免同一进程长时间独占 CPU，需要通过分配策略为每个申请 CPU 的进程分配 CPU，让每个进程都能执行。进程管理经常采用的分时调度策略如下所述。

系统将所有进程按先来先服务的原则排成一个队列。每个进程被分配一个时间段，称作它的时间片。如果在时间片结束时进程还在运行，则 CPU 将剥夺该进程的运行并分配给另一个进程。如果进程在时间片结束前阻塞或结束，则 CPU 立即切换到下一个进程。当进程用完它的时间片后，它被移到队列的末尾。这样可以保证就绪队列中的所有进程，在一定时间内，都能获得一定的处理器执行时间。

如图 4-3 所示，进程队列 p1、p2、p3、…、p*n*，每个时间片长度为 *t*，队列中的每个进程依次执行时间片。因为时间片 *t* 足够小，每个进程都感觉自己在独占 CPU。

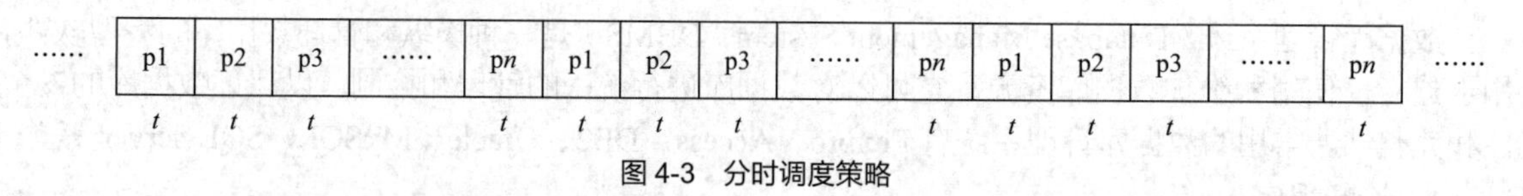

图 4-3 分时调度策略

2. 多处理机调度策略

当一个大任务的计算量很大，用单一 CPU 计算可能花费很长时间。此时可以采用多处理机协同工作缩短运算时间，如图 4-4 所示，多处理机调度策略如下所述。

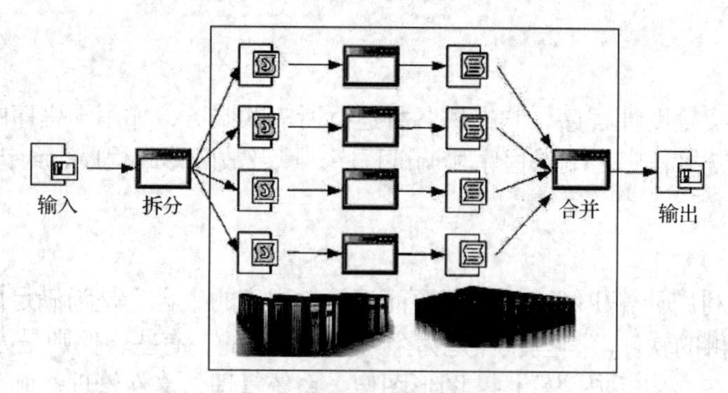

图 4-4 多处理机调度策略

将大计算量的任务划分成若干可由单一 CPU 计算的小任务，分配给相应 CPU 来执行。小任务被相应 CPU 执行完成后，再将结果合并处理，形成最终结果，返回用户。

为了提高整体计算能力，一台计算机可以采用双 CPU、多 CPU，一个 CPU 采用双内核或者多内核，采用并行计算的方式解决大型计算任务相关的问题，可以提高整体计算能力。

4.2.2 存储管理

存储管理的主要任务是分配和回收主存空间、提高主存利用率、扩充主存、对主存信息实现有效保护，为系统进程和用户进程提供运行所需的内存空间，同时保证各用户进程之间互不干扰，保证用户进程不破坏系统进程。

虚拟内存技术，使用部分硬盘空间作为虚拟内存，与实际内存一起构成一个远远大于实际内存空间的虚拟存储空间。当系统的实际内存空间耗尽时，将正在使用的数据存放在实际内存中，暂时不用的数据存放在虚拟内存中。在需要时，将虚拟内存中的数据交换回实际内存中，不用的数据交换到虚拟内存。

如果没有虚拟内存，当系统实际内存耗尽时，将不能再运行新程序。当系统的内存较少时，经常使用虚拟内存，频繁地交换数据会使得系统的整体性能显著下降。

虚拟存储区的容量与物理主存大小无关，仅受限于计算机的地址结构和可用磁盘容量。在 Windows 7 的“系统”窗口单击“高级系统设置”命令，打开“系统属性”窗口的“高级”选项卡，单击“性能”选项中的“设置”按钮，在“性能选项”窗口的“高级”选项卡中单击“虚拟内存”选项的“更改”按钮，在“虚拟内存”对话框中，使用硬盘的各个分区，设定虚拟内存的值，如图 4-5 所示。

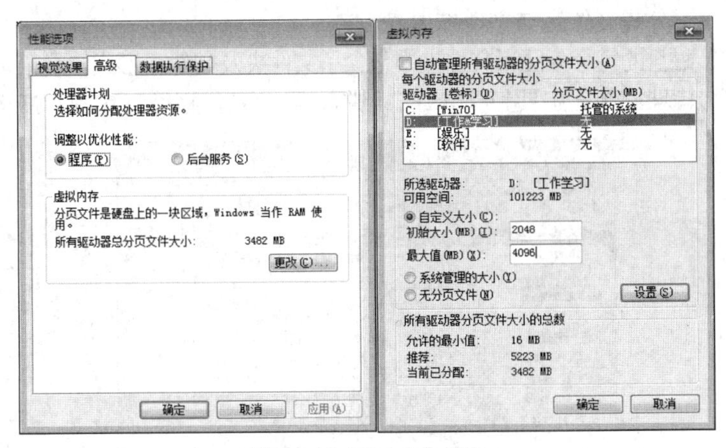

图 4-5　“虚拟内存”设定

4.2.3　磁盘和文件管理

磁盘和文件管理是操作系统的重要功能，是存储体系的重要组成部分。

文件是被赋予了名字的若干信息的集合，文件存储在外存的磁盘上，由操作系统负责管理。通过操作系统，人们可以通过文件名操作文件，而不需要关心文件的存取细节。

从第 3 章硬盘的结构可知，磁盘分为盘面、磁道和扇区，扇区是磁盘的一次读写的最小单位。

1. 分区与格式化

一个磁盘被划分成多个分区，如 C:、D:、E:等，如图 4-6 所示。每个分区在使用之前都需要格式化，为分区划分存储区域，包括保留扇区区域、文件分配表区域、根目录区域和数据区域，建立文件分配表和根目录。

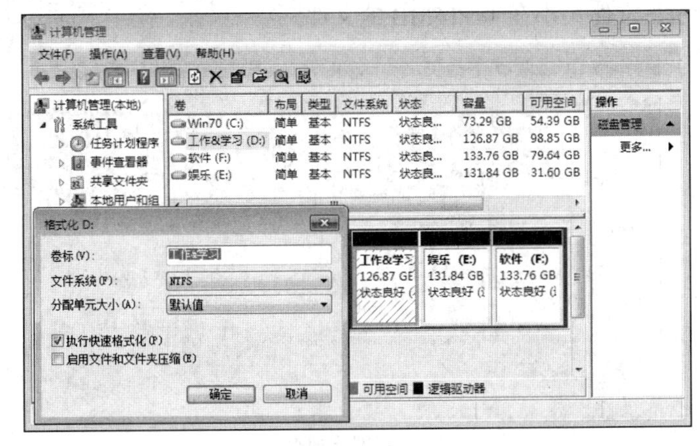

图 4-6　分区

2. 文件夹

文件夹用来记录磁盘上文件的文件名、文件大小、更新时间等重要信息。对应每个文件名，文件中都会指出该文件的开始簇块号。

完整的文件名包括文件名、文件扩展名和分隔点 3 部分。

（1）文件名：用来标识当前文件的名称，文件名中可以包括多个圆点分隔符。

（2）文件扩展名：经常用来标识文件格式，如文件名为“基础.docx”的文件扩展名是 docx，表示该文件是一个 Word 文档。

（3）分隔点：用于分隔文件名与文件扩展名。

在 Windows 中，磁盘的每个分区下文件夹中包含子文件夹及文件，形成树形结构，如图 4-7 所示。

文件夹和文件的管理操作，主要包括新建、删除、重命名、移动、复制、搜索等。

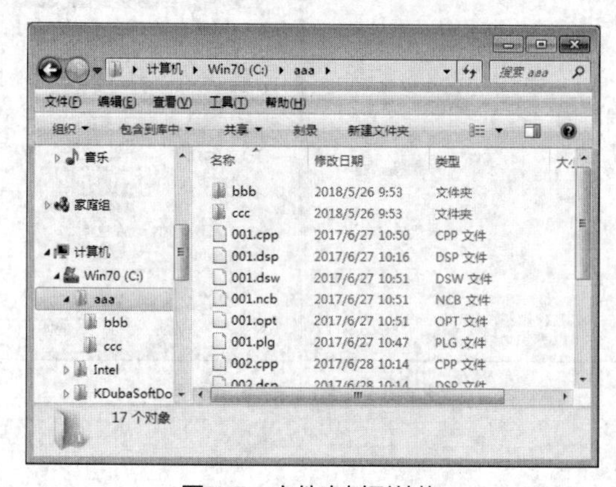

图 4-7 文件夹树形结构

一个磁盘分区中的文件和文件夹很多时，可以使用搜索的方法找到具有包括文件名、文件的修改日期、文件的大小的文件。

【例 4.1】 搜索文件名为“notepad.exe”，指定修改时间或者指定文件大小的文件。

（1）直接在窗口右上角的搜索框中输入文件名全称或部分，在指定范围内搜索文件。如图 4-8（a）所示，搜索文件名包括“notepad”的文件。

（2）单击搜索框，在其中单击“修改日期”选项，添加搜索筛选器，通过设定文件的改日期范围搜索文件。如图 4-8（b）所示，搜索修改日期在“2018/2/1”到“2018/2/23”之间的文件。

（3）单击搜索框，在其中单击“大小”选项，添加搜索筛选器，通过设定文件大小范围搜索文件。如图 4-8（c）所示，文件大小在 1～16MB 的文件。

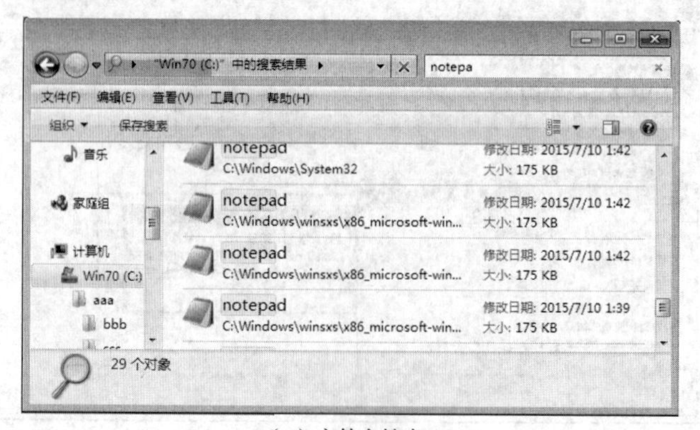

（a）文件名搜索

图 4-8 搜索文件

（b）日期范围搜索

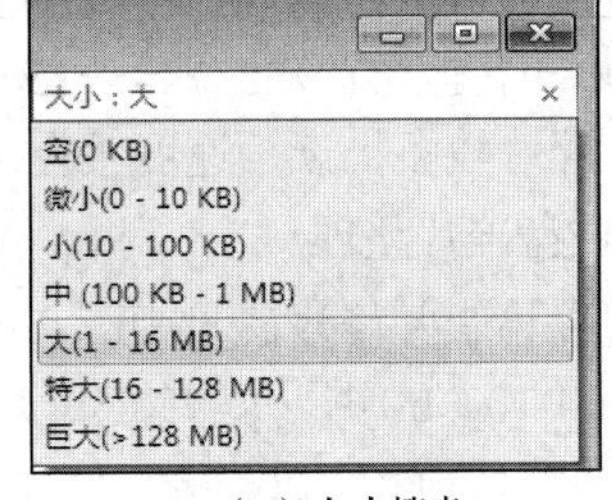

（c）大小搜索

图 4-8 搜索文件（续）

3. 路径

路径（Path）以分区符号开始，以“\”连接各级文件夹和文件名，可以指向一台计算机中的一个文件。

例如：路径“C:\WINDOWS\Notepad.exe”，唯一指向 C：分区下，“WINDOWS”文件夹下的记事本程序“Notepad.exe”。

4. 文件分配表

为了提高磁盘的访问速度、便于管理，操作系统将磁盘组织成一个个的簇块，每个簇块为 2^n 个连续扇区，每个簇块可以一次连续读写，如图 4-9 所示。

文件的信息分割成若干个簇块，写入磁盘的一个个簇块上。由于文件的变化和写入的先后次序不同，一个文件可能存放在连续或者不连续的簇块上。操作系统通过文件分配表（File Allocation Table，FAT）管理和操作文件。

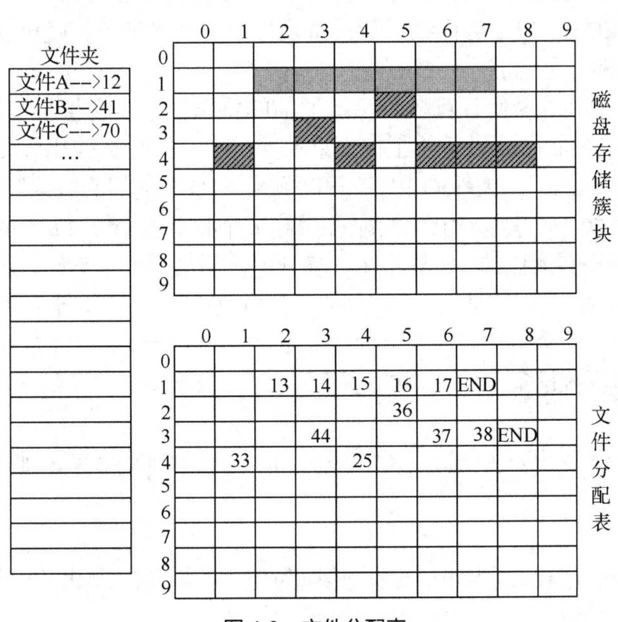

图 4-9 文件分配表

文件分配表是记录文件存储的簇块之间衔接关系的区域，如图 4-9 所示。磁盘的每个簇块对应

FAT 的一项，编号一一对应。FAT 表中的一项内容指出下一个簇块的编号。

“文件 A”的开始簇块号为 12，12 号簇块的下一个簇块是 13，依次类推。“文件 A”的簇块顺序是“12→13→14→15→16→17”，可见“文件 A”是连续存放的，读写速度较高。

“文件 B”的簇块顺序是“41→33→44→25→36→37→38”。“文件 B”不连续存放，碎片较多，读写速度较慢。

5. **磁盘查错和磁盘碎片整理**

磁盘查错功能可以检查并修复磁盘中存在的文件系统错误，恢复损坏的扇区。如图 4-10（b）所示，单击“开始检查”按钮，可以磁盘查错。

在 Windows 中，可以通过磁盘碎片整理，将文件中不连续簇块整理为连续簇块存放，从而提高文件的存取速度。如图 4-10 所示，单击“立即进行碎片整理”按钮，开始进行碎片整理。

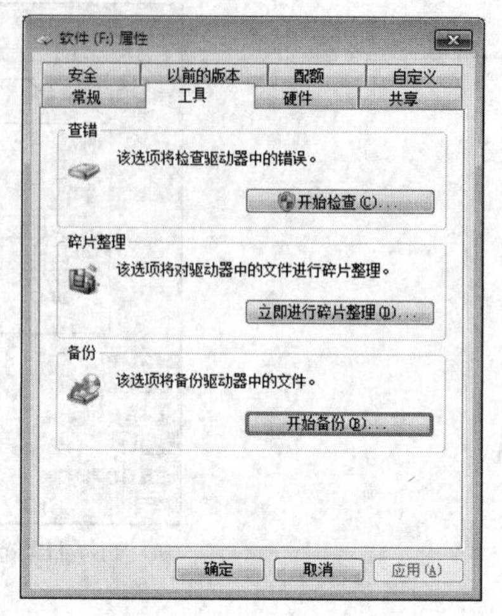

图 4-10　磁盘碎片整理

磁盘和文件的管理采用化整为零的基本思维，将磁盘划分为多个分区，每个分区划分为大量簇块，通过文件分配表保存文件的簇块顺序。每个簇块都很小，每个文件仅浪费最后一个簇块中剩余的空间，从而减少空间的浪费。

如果文件夹被破坏，则其中文件指向的簇块将被异常占用；如果文件分配表被破坏，则其中的文件将不能正常存取。

4.2.4 设备管理

设备管理是指计算机系统中除了 CPU 和内存以外的所有输入/输出设备的管理，为用户分配和回收外部设备，控制外部设备按用户程序的要求进行操作等。设备管理的首要任务是为这些设备提供驱动程序或控制程序，以使用户不必详细了解设备及接口的技术细节，就可以方便地操作这些设备。外部设备包括键盘、鼠标、显示器、硬盘、打印机等。

设备驱动程序，是一种可以使计算机和设备通信的特殊程序，它相当于硬件的接口，操作系统只有通过这个接口，才能控制硬件设备的工作。原则上，每一个输入/输出设备都会有对应驱动程序。驱动程序被比作“硬件的灵魂”“硬件的主宰”和“硬件和系统之间的桥梁”等。

分层的思维方法，将一个复杂的问题划分成若干个抽象层次，每个抽象层次都相对比较简单，易于求解。编制每一层相应的处理程序，实现相邻层之间的转换。操作系统在进行设备管理时，通过分层思维使得下一层向上一层屏蔽实现细节，上一层的开发不需要关心下一层的实现细节。

图 4-11 所示为操作系统设备分层管理的过程。

（1）高级语言层

操作系统调用应用程序，应用程序执行调用设备的逻辑 I/O 命令，如高级语言的库函数语句 printf("Hello World\n");。

（2）设备无关层

操作系统将语句 printf("Hello World\n"); 转换为与设备无关的 API（应用程序接口）函数，如 print()，API 函数用操作系统的抽象设备的操作指令来实现。

（3）设备相关层

操作系统将 API 函数转换为设备相关的标准操作指令。如显示器 open()、write()、close()命令。

```
print()
{    open();
     write();
     close();
}
```

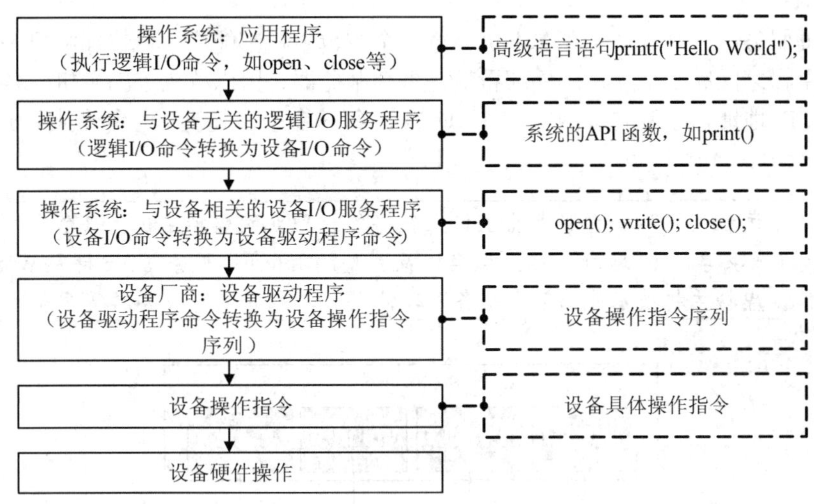

图 4-11　分层的设备管理思维

（4）设备驱动程序

操作设备与设备相关的操作指令，转换为设备驱动程序的设备控制指令，如显示器打开、显示器写入等。设备控制指令控制设备的机电动作，完成输入/输出任务。

4.3　操作系统的其他基本思维

4.3.1　虚拟机

虚拟机（Virtual Machine）指通过软件模拟的具有完整硬件系统功能的、运行在一个完全隔离环境中的完整计算机系统。当用户只有一台计算机硬件，而又经常需要使用不同操作系统时，可以使用虚拟机的方法在一台计算机中模拟出多个操作系统，如 Linux、Windows、Mac OS 等。

流行的虚拟机软件有 VMware、Virtual Box 和 Virtual PC 等，它们都能在 Windows 系统上虚拟出多个系统，图 4-12 所示为 VMware 虚拟的 Windows 8.1、Windows 7 和 Windows XP 操作系统虚拟机。

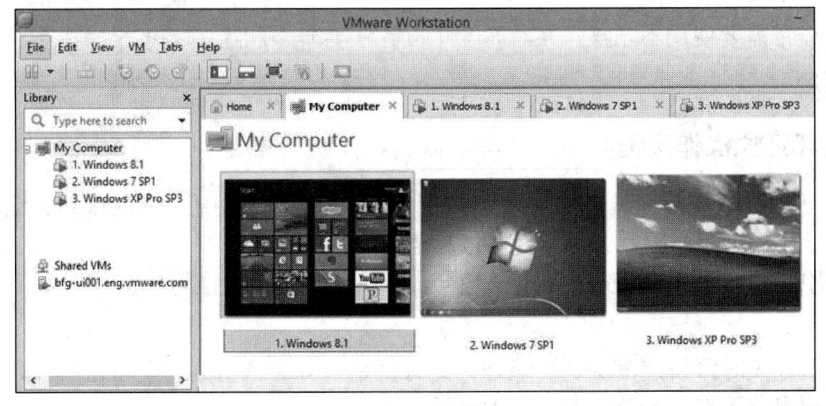

图 4-12　虚拟机

用户进入虚拟机系统后，可以在虚拟机中安装应用软件，进行各种操作，虚拟机系统与外部系统和其他虚拟机完全隔离，互不干扰。

4.3.2 虚拟主机

将一台物理服务器分割成多个逻辑主机，每一个逻辑主机都能像一台物理主机一样在网络上工作，各个逻辑主机之间完全独立，从外部看就是多个服务器，所以称为虚拟主机。各个用户拥有自己的系统资源（IP 地址、存储空间、内存、CPU 等），每一台虚拟主机和一台单独主机的表现完全相同，如图 4-13 所示。

提示

多个远程用户从一台服务器主机上获得各自独立的虚拟主机，每个虚拟主机拥有单独 IP 地址（或共享的 IP 地址）、独立域名以及完整的 Internet 服务器，支持 WWW、FTP、E-mail 等功能。虚拟主机技术能够节省服务器硬件成本，充分利用服务器硬件资源。

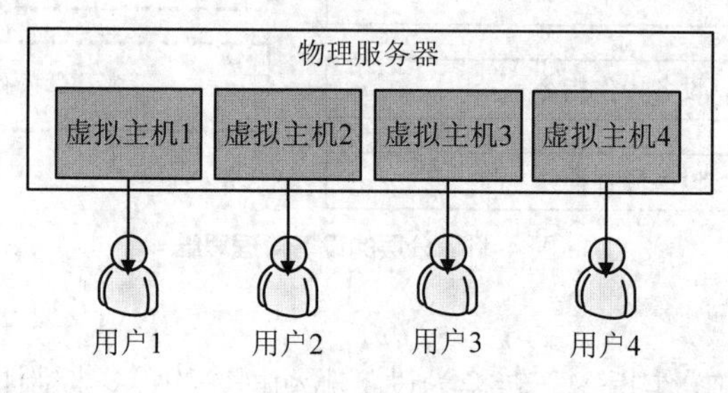

图 4-13　虚拟主机

4.3.3 单机多系统

单机多系统，指的是在一台计算机上安装多个操作系统，每个操作系统安装在一个独立分区中，后安装的系统不会覆盖前一个系统，系统之间不会冲突。

在启动计算机的时候，有一个多重启动的选择菜单，如图 4-14 所示。可以选择进入哪个操作系统。当前状态下，只有一个系统在运行，如果想要切换系统，那么需要重新启动并重新选择。

单机多系统，可以支持 Windows 的多个版本以及 Linux 操作系统等。

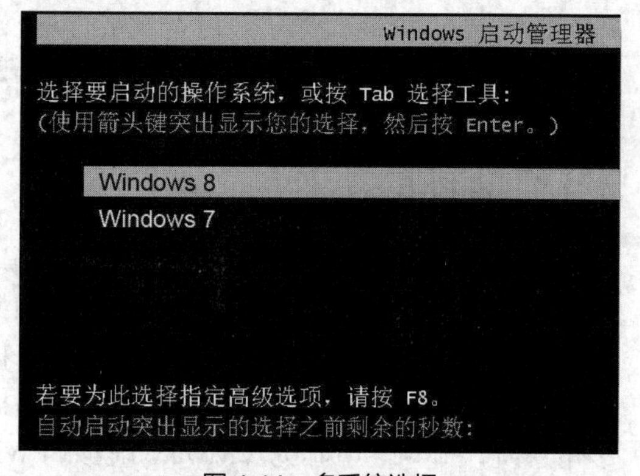

图 4-14　多系统选择

在工作中经常需要使用不同操作系统时，可以在一台计算机上安装多个操作系统，从而节省硬件成本。

4.3.4 备份和还原操作系统

Windows 等操作系统在初装时往往速度快、性能好，但是在使用一段时间后，因为系统资源不足、使用不当、中病毒等原因，会逐渐变慢，甚至无法使用。

备份和还原操作系统分区的方法，能够使得计算机回到表现最佳的状态。

1. **备份**

在操作系统初装时系统速度快、性能好，此时将系统分区备份为一个备份文件，将系统分区的所有状态和数据保存下来。备份的常用方法如下。

（1）使用 Windows 的备份工具，如图 4-15 所示，将系统分区备份为系统映像。备份映像可以保存在硬盘、光盘或网络位置上。

（2）使用 Ghost 工具将系统分区备份为一个文件，保存在硬盘或者光盘等位置。Ghost 工具如图 4-16 所示。

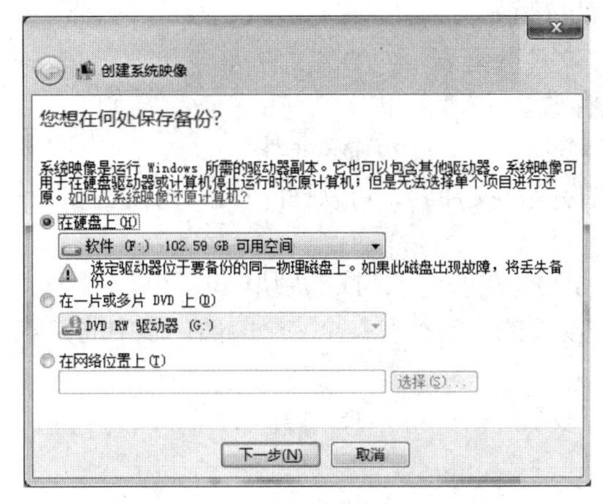

图 4-15　Windows 备份还原工具

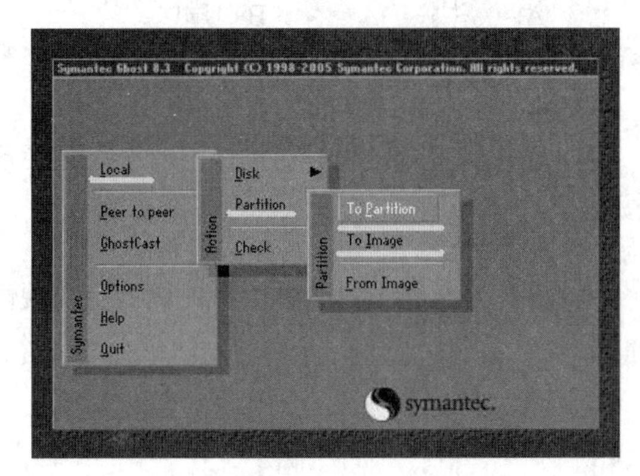

图 4-16　Ghost 工具

2. 还原

当系统显著变慢时，使用 Windows 备份和还原工具或者 Ghost 将以前所做的系统备份还原到系统分区中，使得系统分区还原到当时备份的状态，从而使得计算机回到最佳的运行状态。

提示

系统备份和还原，可以使得系统迅速地回到最佳运行状态，从而节省重新安装系统的时间，提高效率。

小结

本章讨论了软件与硬件的关系，操作系统的定义及其功能，虚拟机、虚拟主机、单机多系统等内容。通过本章的学习，读者可以理解计算机软件的基本思维。

习题

一、单项选择题

1. 以下关于硬件和软件关系的说法中，错误的是（　　）。

   A. 硬件和软件互相依存　　B. 软件和硬件无严格界限

   C. 硬件和软件协同发展　　D. 没有硬件，软件也可以执行

2. 操作系统是（　　）。

   A. 应用软件　　B. 系统软件　　C. 支撑软件　　D. 管理软件

3. 要使一台计算机能完成最基本的工作，则（　　）是必须的。

   A. 诊断程序　　B. 操作系统　　C. 图像处理程序　　D. 编译系统

4. 以下 4 种软件中，属于系统软件的是（　　）。

   A. Excel　　B. 财务软件　　C. Windows 7　　D. 编写的绘图程序

5. 在存储管理中通过（　　）技术来提高内存空间。

A. 文件管理　B. 虚拟内存　C. 分页存储管理　D. 分段存储管理

6. 在 Windows 中，搜索文件名的第一个字母为“netepad.exe”、扩展名为“exe”的文件时输入（　　）。

A. note　B. exe　C. notepad　D. n.exe

7.（　　）是记录文件存储的簇块之间衔接关系的区域。

A. 簇块　B. 扇区　C. 文件分配表　D. 文件夹

8.（　　）将文件的不连续簇块整理为连续簇块存放。

A. 磁盘碎片整理　B. 格式化　C. 分区　D. 搜索

9.（　　）以分区符号开始，以“\”连接各级文件夹和文件名，可以指向一台计算机中的一个文件。

A. 路径　B. 文件夹　C. FAT　D. 簇块

10.（　　）指通过软件模拟的具有完整硬件系统功能的、运行在一个完全隔离环境中的完整计算机系统。

A. 虚拟机　B. 虚拟主机　C. 多系统　D. 操作系统

二、填空题

1. ________为计算机运行服务的全部技术和各种程序、数据的集合。

2. ________是管理和控制计算机所有软件、硬件资源的程序。

3. 系统软件包括________、________、数据库管理系统、诊断程序和服务性程序等。

4. ________是正在运行的程序实体，并且包括这个运行的程序中占据的所有系统资源。

5. ________是被赋予了名字的若干信息的集合。

6. 在 Windows 中，磁盘的每个分区下文件夹中包含子文件夹及文件，形成________结构。

7. ________是一种可以使计算机和设备通信的特殊程序，它相当于硬件的接口，操作系统只有通过这个接口，才能控制硬件设备的工作。

8. 一台物理服务器分割成多个逻辑主机，每一个逻辑主机都能像一台物理主机一样在网络上工作，各个逻辑主机之间完全独立，从外部看就是多个服务器，所以称为________。

9. ________操作系统分区的方法，能够使得计算机回到表现最佳的状态。

三、简答题

1. 简述计算机硬件和软件的关系。

2. 什么是操作系统？

3. 简述分时调度策略。

4. 简述多处理机调度策略。

5. 简述虚拟内存技术。

6. 简述设备管理中分层的思维方法。

05 第5章 问题求解的基本思维

计算学科是利用计算机进行问题求解的相关技术和理论的学科，问题求解的核心是算法和系统。算法和系统都可以通过计算机语言表达为机器可以理解和执行的程序。本章介绍计算机语言、算法设计和程序设计等问题求解的基本思维。

5.1 计算机语言

计算机和人类之间的交流不能完全使用自然语言，而是需要借助计算机能够理解并执行的“计算机语言”。计算机语言是语法、语义与词汇的集合，它用来表达计算机程序。

程序是指某种程序设计语言编制的、计算机能够执行的指令序列，表达的是让计算机求解问题的步骤和方法。计算机通过执行程序，进行问题求解，扩展计算机的功能，方便人们使用计算机。

计算机语言的发展，就是人们为了更方便地编写程序解决复杂问题，提高人机交互的能力。计算机语言的发展过程经历了机器语言、汇编语言、高级语言和构件化语言四个阶段。

1. 机器语言

计算机的指令系统是指一组能够识别和执行的二进制编码表达的指令集合。使用二进制编码的指令编写程序的语言被称为机器语言。

早期的计算机编程就是直接编写二进制的机器语言指令序列，如图5-1所示。二进制的机器语言，不易于记忆、效率低下、不便于书写、容易出错。不同计算机的指令系统不同，使得机器指令编写的程序通用性较差。

2. 汇编语言

汇编语言使用助记符来代替机器语言的指令码，使机器语言符号化，从而提高编程效率。如加法表示为ADD，指令“ADD A, 9”的含义是将A寄存器中的数与9相加，并将结果存入A中。使用汇编语言的助记符编写的程序称为汇编语言源程序。

汇编语言源程序必须转换为机器语言程序才能够被计算机执行。汇编程序是一个编译器，用于将助记符与机器指令一一对应地翻译为机器语言程序，如图5-1所示。

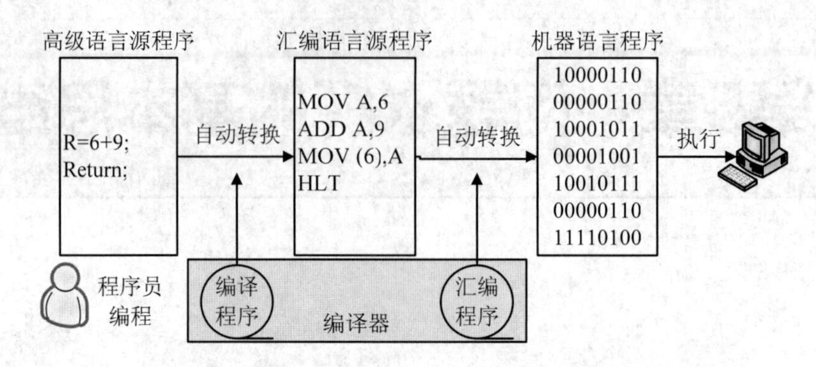

图 5-1　机器语言、汇编语言、高级语言的关系

不同计算机的指令系统不同，其助记符也不同，因此汇编语言源程序与计算机系统有关，程序设计人员需要深入了解计算机硬件，汇编语言程序的通用性较差。

3. 高级语言与编译器

虽然汇编语言编程已经比机器语言编程有了很大进步，但是，助记符书写的直观性差、程序的通用性差、编程烦琐。例如，一个简单的加法运算，需要编写多条语句。当问题变得越来越复杂时，汇编语言就很难满足需要，此时诞生了高级语言。

（1）高级语言

高级语言是类似于自然语言、以语句和函数为单位书写程序的编程语言。高级语言编写的程序称为高级语言源程序。

例如，语句“r = 6+ 9”表示“计算 6 + 9 的值，并将结果存入 r 中”，函数语句“a=sqrt(16)”表示“计算 16 的平方根，并将结果存入 a 中”。

高级语言比较接近自然语言，直观、通用、易学、易懂、编程效率高。高级语言与机器无关，编程者不需要理解机器的硬件结构，程序易于移植。

常用的高级语言有十几种，如 C、Basic、Pascal、Fortran、ADA、COBOL、PL/I 等。

（2）编译器

一条高级语言的语句，往往相当于汇编语言的几十条指令。如何将高级语言源程序翻译为机器可执行的机器语言呢？如图 5-1 所示，编译器能将高级语言源程序翻译为可执行的机器语言程序。

编译器先使用其编译程序将高级语言源程序转换为汇编语言源程序，再由汇编程序将汇编语言源程序转换为机器可执行的二进制语言程序。

因为高级语言接近自然语言，所以其翻译工作相当复杂，设计编译器时需要形式语言和代码优化等方面的知识，读者可以通过学习“形式语言与自动机”“编译原理”等课程获得。

4. 构件化语言

使用高级语言编程时，需要一条一条语句地书写程序，编程效率不高，在开发复杂的大规模程序时较为困难。就像一块砖一块砖地堆砌楼房时效率较低一样，如果采用建筑构件组装完成楼房，则效率较高。

构件化语言开发环境中的每一个构件都是由一系列语句完成的复杂程序，能够完成一定功能，如图 5-2 所示，Visual Basic（简称 VB）语言开发环境中包括按钮、文本框、标签等控件。构件化语言也是可视化的编程语言。

在使用构件化语言编写程序时，编程者只关心构件的布局、属性和功能，而不需要关心构件本身的实现细节，从而能够很容易地设计出复杂程序、完成复杂任务。例如，在使用 VB 语言编程时，编程者只要设定在窗体上文本框的位置、高、宽、背景色等，编写触发文本改变的事件后处理输入数据的程序代码。

构件化语言开发环境包括 Visual Basic、Visual C++、Delphi、.net 等。

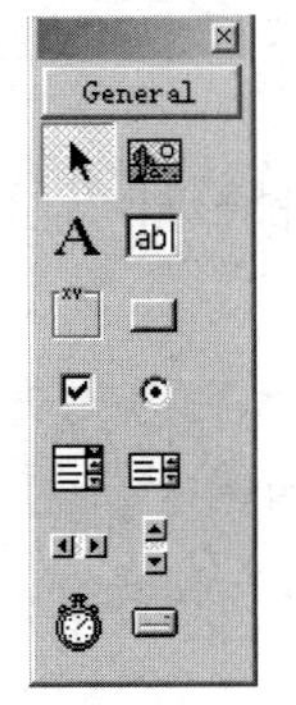

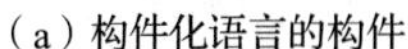

（a）构件化语言的构件

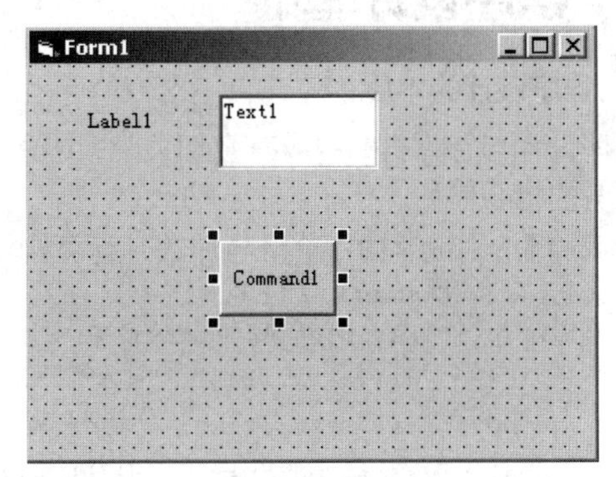

（b）编程示例

图 5-2　构件化的语言

5. 编程语言的分层结构

编程语言的分层结构思维是指以下层语言为基础，再定义一套能力更强的新语言和编译器。人们使用新语言高效率地编写程序，使用编译器将其编译成下层语言能识别的源程序，如图 5-3 所示，编译器将上级语言的源程序一层层向下翻译，直到最终得到机器语言程序，计算机就可以执行该程序了。

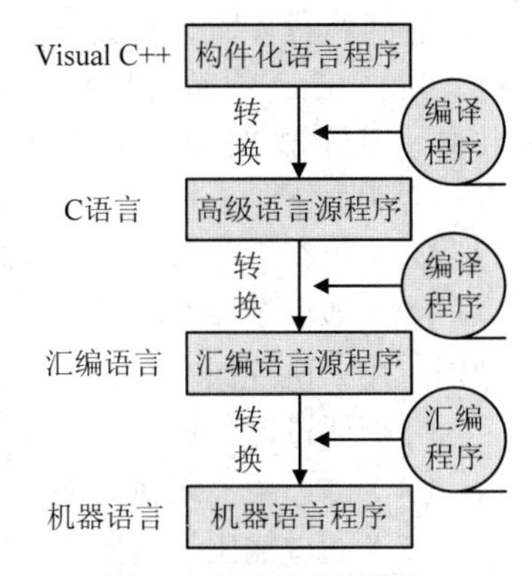

图 5-3　语言的分层结构

基于分层的思维模式，不断发展出新的编程语言，构件的功能越来越越强大，能够更加方便、快捷地开发复杂的系统。

越高级的编程语言其结构越复杂，执行效率越低，对计算机软件、硬件系统的性能要求越高。越低级的编程语言结构越简单，执行效率越高，对计算机软件、硬件系统的性能要求越低。例如，C 语言程序在早期的 DOS 系统中就可以运行，而 Visual C++程序必须在高性能的硬件和 Windows 操作系统上才能运行。

6. Java 虚拟机

Java 是一种面向对象的编程语言，它吸取了 C++语言的各种优点，摒弃了 C++中难以理解的一些概念，因此 Java 语言具有功能强大和简单易用的特点。Java 语言极好地实现了面向对象理论，允许程序员以优雅的思维方式进行复杂的编程。

Java 源程序编译后会生成.class 文件，称为字节码文件。Java 虚拟机（Java Virtual Machine，JVM）负责将字节码文件翻译成特定平台下的机器码然后运行。也就是说，只要在不同平台上安装对应的 JVM，就可以运行 Java 字节码文件，如图 5-4 所示。

Java 虚拟机有自己完善的硬体架构，如处理器、堆栈、寄存器等，还具有相应的指令系统。Java 虚拟机屏蔽了与具体操作系统平台相关的信息，使得 Java 程序只需要生成在 Java 虚拟机上运行的目标代码（字节码），就可以在多种平台上不加修改地运行。

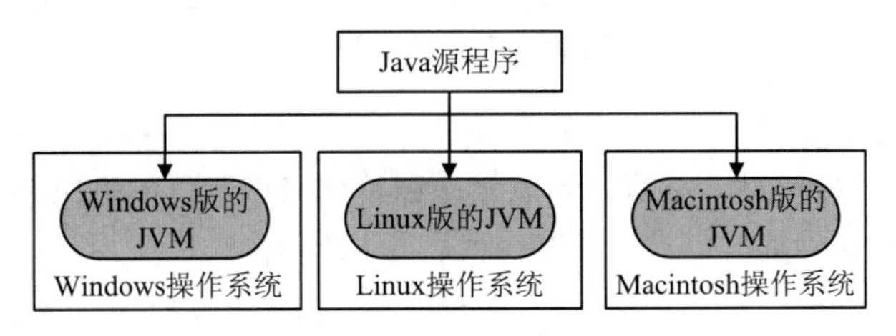

图 5-4　JVM 的多平台特性

5.2 程序设计基础

1. 程序设计的本质

程序设计与计算机的组成有密切关系，程序设计的本质是设计能够利用计算机的 5 个部件完成特定任务的指令序列。

【例 5.1】 用键盘输入价格与斤数，计算樱桃的总价。

```
Private Sub Command1_Click()
    Dim price As Single, number As Single, total As Single
    price = Val(Text1.Text)  '输入樱桃价格
    number = Val(Text2.Text)  '输入樱桃斤数
    total = price * number    '计算总价钱
    Text3.Text = total    '输出总价钱
End Sub
```

在运行程序时，在文本框 text1 中输入樱桃价格如“10”后，在文本框 text2 中输入樱桃斤数如“20”，按下“计算”按钮，计算并显示总价如“200”，程序的运行结果如图 5-5 所示。

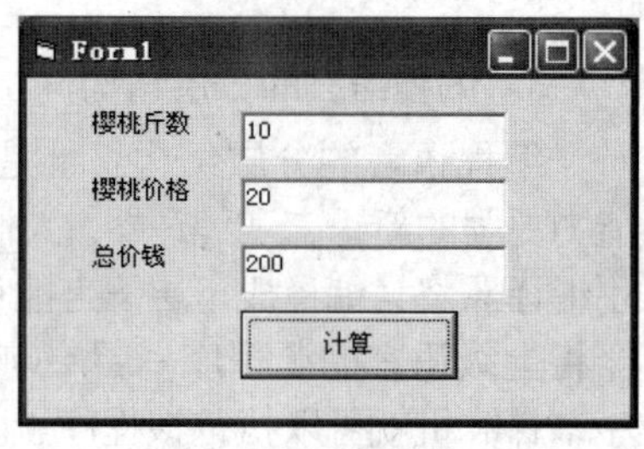

图 5-5 程序运行结果

说明如下。

（1）整个程序保存在计算机的存储器中。

（2）数据存储在存储器中。3 个变量 price、number 和 total，分别占用一块存储空间，用于存放价格、斤数和总价。

（3）通过键盘输入价格与斤数。

（4）由运算器来执行乘法，求出总价。

（5）通过输出设备显示程序执行的结果。

通过本例可见，一个程序离不开 5 个部件的配合。一个程序可以没有输入，但是一定要有输出才能知道程序的运行结果。

2. 常量

常量指在程序运行过程中值不能改变的量，通常是固定的数值或字符。

（1）数值型：40，-40，0，123.456。

（2）字符型："Hello wolrd! "。

（3）逻辑型：真为 True，假为 False。

3. 变量

在程序运行过程中，其值可以改变的量称为变量。如图 5-6 所示，变量占据内存中的一块存储单元，用来存放数据，存储单元中的数据可以改变。给存储单元起的名字，就是变量名。在存储单元中存放的数据就是变量的值。例如，变量 a 的值为 8，则 a 为变量名，8 为变量值。

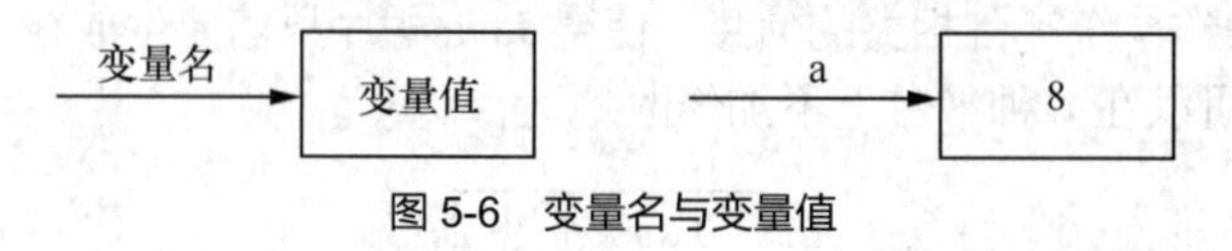

图 5-6 变量名与变量值

4. 算术运算符

算术运算符的作用是进行算术运算，用算术运算符将运算对象连接起来的表达式称为算术表达式。在 Visual Basic 中有 8 种基本算术运算符，如表 5-1 所示。

表 5-1　　　　　　　　　　　　算术运算符

运算符	含义	优先级	实例	结果
^	乘方	1	2^3	8
-	负号	2	-2	-2
*	乘	3	2*4	8
/	除	3	2/4	0.5
\	整除	4	6\4	1
Mod	取模	5	6 Mod 4	2
+	加	6	2+4	6
-	减	6	2-4	-2

将数学表达式 $\frac{(a+b)^4}{a(b+c)}$ 编写成 Visual Basic 表达式为(a + b) ^ 4 / (a * (b + c))。

5. 关系运算符

关系运算符用于比较两个操作数的关系，用关系运算符连接两个表达式称为关系表达式，如 a>b。若关系成立，则表达式值为 True（真），否则为 False（假）。

关系运算符的操作数可以是数值、字符串等数据。表 5-2 列出了 Visual Basic 语言提供的关系运算符。

表 5-2　　　　　　　　　　　　关系运算符

运算符	运算	关系表达式（a=5，b=6，c=7）
=	等于	a=b 值为 False；a+2=c 值为 True
>	大于	a>b 值为 False；a+b>c 值为 True
<	小于	3+a<6 值为 False；"ABC" <"ABc"值为 True
>=	大于等于	a*b>c 值为 True；"ABC" >="ABc"值为 False
<=	小于等于	12+c<=100 值为 True
<>	不等于	a<>b 值为 True；a><b 值为 True

6. 逻辑运算符

逻辑运算符用于对操作数进行逻辑运算，用逻辑运算符连接关系表达式或逻辑值称为逻辑表达式。逻辑表达式的结果为 True 或 False。逻辑运算符的含义和优先级如表 5-3 所示。

表 5-3　　　　　　　　　　逻辑运算符的含义和优先级

运算符	含义	优先级	说明	举例（a=10）	值
not	取反	1	操作数为 True，结果为 False，反之亦然	not (a<4)	True
and	与（并且）	2	两个操作数都为 True 时，结果才为 True	1<=a and a<6	False
or	或（或者）	3	两个操作数都为 False 时，结果才为 False	a<=1　or　a>=20	False
xor	异或	3	两个操作数逻辑值相同时，结果才为 False	a<=1　xor　a>=10	True

5.3 算法

编写程序之前，首先要找出解决问题的方法，并将其转换成计算机能够理解并执行的步骤，即算法。算法设计是程序设计过程中的一个重要步骤。

5.3.1 什么是算法

算法是解决一个问题所采取的一系列步骤。著名的计算机科学家尼古拉斯·沃斯（Niklaus Wirth）提出如下公式：

程序 = 数据结构 + 算法

其中，数据结构是指程序中数据的类型和组织形式。

算法给出了解决问题的方法和步骤，是程序的灵魂，决定如何操作数据，如何解决问题。同一个问题可以有多种不同算法。

5.3.2 算法举例

计算机程序的算法，必须是计算机能够运行的方法。理发、吃饭等动作计算机不能运行，而加、减、乘、除、比较和逻辑运算等是计算机能够执行的操作。

【例 5.2】 求 $1+2+3+4+\cdots+100$。

第一种算法是书写形如“$1+2+3+4+5+6+\cdots+100$”的表达式，其中不能使用省略号。这种算法太长，写起来很费时，且经常出错，不可行。

第二种算法是利用数学公式：

$$\sum_{n=1}^{100} n=(1+100)\times100/2$$

相比之下，第二种算法要简单得多。但是，并非每个问题都有现成的公式可用，如求 $100!=1\times2\times3\times4\times5\times\cdots\times100$，则没有简化的数学公式可用。

【例 5.3】 编写英里与千米转换程序，输入英里数，转换为千米数输出。

```
Step1: 输入miles（英里数）。
Step2: kms=0.62*miles。
Step3: 输出kms（千米数）。
Step4: 结束。
```

启发：

判断算法是否正确的方法：跟踪上述算法的执行过程，理解变量的作用、程序设计时可用的部件和功能，验证算法的正确性。

5.3.3 算法的表示

算法的表示方法有很多种，常用的有自然语言、伪代码、传统流程图、N-S 流程图等。

1. 自然语言

使用自然语言，就是使用人们日常生活中的语言描述算法。例如，求两个数的最大值，可以表示为：

如果 A 大于 B，那么最大值为 A，否则最大值为 B。

自然语言表示算法时拖沓冗长，容易出现歧义，因此不常使用。例如，自然语言在描述“陶陶告诉贝贝她的小猫丢了”时，到底是陶陶的小猫丢了还是贝贝的小猫丢了呢？就出现了歧义。

2. 伪代码

伪代码用介于自然语言和计算机语言之间的文字和符号来描述算法。例如，求两个数的最大值可以表示为：

if A 大于 B then 最大值为 A else 最大值为 B。

伪代码的描述方法比较灵活，修改方便，易于转变为程序，但是当情况比较复杂时，不够直观，而且容易出现逻辑错误。软件专业人员经常使用伪代码描述算法。

3. 传统流程图

流程图表示算法比较直观，它使用一些图框来表示各种操作，用箭头表示语句的执行顺序。传统流程图的常用符号如图 5-7（a）所示。将【例 5.3】英里与千米转换程序的算法描述为传统流程图，如图 5-7（b）所示。但是用传统流程图表示复杂的算法时不够方便，也不便于修改。

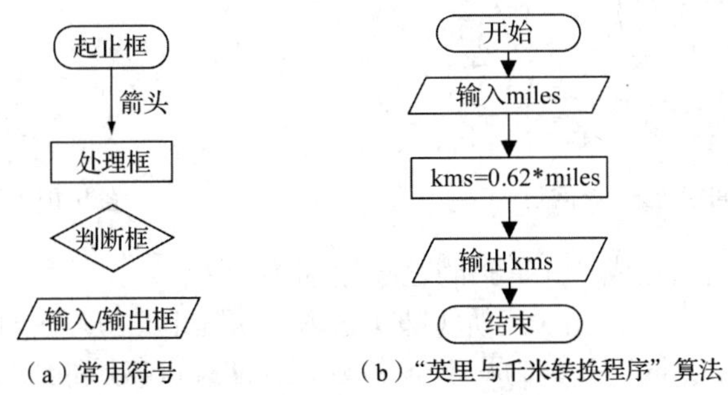

（a）常用符号　　（b）“英里与千米转换程序”算法

图 5-7　传统流程图

4. N–S 流程图

N-S 流程图又称盒图，其中所有结构都用方框表示。N-S 流程图绘制方便，避免了使用箭头任意跳转所造成的混乱，更加符合结构化程序设计的原则。它按照从上往下的顺序执行语句。

【例 5.4】 将英里与千米转换程序的算法描述为 N-S 流程图，如图 5-8 所示。

输入 miles
kms=0.62*miles
输出 kms

图 5-8 “英里与千米转换程序”算法

算法应该具有以下特性才可以正确执行。

（1）有穷性。算法经过有限次的运算就能得到结果，而不能无限执行或超出实际可以接受的时间。如果一个程序需要执行 1000 年才能得到结果，基本就没有实际意义了。

（2）确定性。算法中的每一个步骤都是确定的，不能含糊、模棱两可。算法中的每一个步骤不应当被解释为多种含义，而应当十分明确。例如，描述“小王递给小李一件他的衣服”，这里，衣服究竟是小王的，还是小李的呢?

（3）输入。算法可以有多个输入，也可以没有输入。

（4）输出。算法必须有一个或多个输出，用于显示程序的运行结果。

（5）可行性。算法中的每一个步骤都是可以执行的，都能得到确定的结果，而不能无法执行。例如，用 0 作为除数就不能执行。

5.3.4　算法类问题

所谓算法类问题是指那些可以由算法解决的问题。如求解一元二次方程的根，求两个整数的最大公约数等。计算学科中有许多著名的算法类问题，如哥尼斯堡七桥问题、旅行商问题等。

算法类问题求解的第一步是数学建模。数学建模是一种基于数学的思维方式，运用数学的语言和方法，通过抽象和简化建立对实际问题的描述和定义数学模型。将现实世界的问题抽象成数学模型，可以发现其本质以及能否求解，找到求解问题的方法和算法。

【例 5.5】 哥尼斯堡七桥问题，如图 5-9 所示，寻找走遍这 7 座桥并最后返回原点且只允许每座桥走过一次的路径。

数学建模：去除哥尼斯堡七桥问题的无关语义，将其抽象成由节点和连接节点的边构成的图，如图 5-10 所示。由图可见，哥尼斯堡七桥问题的本质是从任一节点开始，经过每条边一次且仅一次的回路问题。

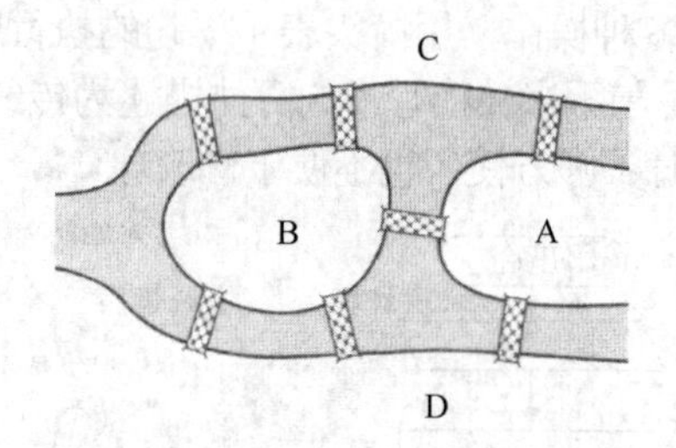

图 5-9　哥尼斯堡七桥问题

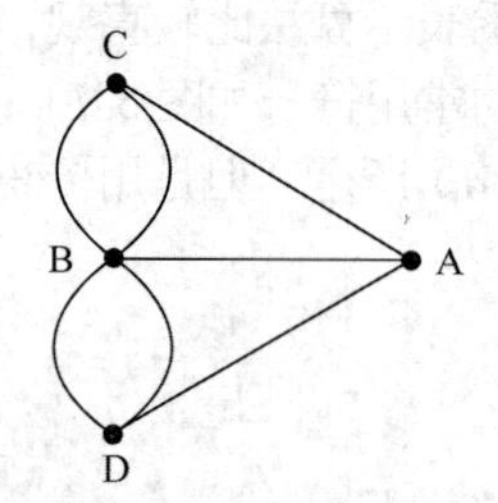

图 5-10　哥尼斯堡七桥问题抽象图

大数学家欧拉把它转化成“一笔画问题”，推断如下：

除了起点以外，当一个人由一座桥（边）进入一块陆地（节点）时，他同时也由另一座桥离开此节点。所以每行经一点时，计算为两座桥（或线），从起点离开的线与最后回到开始点的线也计算两座桥，因此每一个陆地与其他陆地连接的桥数必为偶数。

七桥问题所构成的图中，没有一个节点含有偶数条边，所以哥尼斯堡七桥问题无解。

【例 5.6】 旅行商问题（Traveling Salesman Problem，TSP），如图 5-11 所示，给定一系列城市和每对城市之间的距离，求解一条最短路径，使一个旅行商从某个城市出发访问每个城市且只能在每个城市逗留一次，最后回到出发的城市。

TSP 是最有代表性的组合优化问题，有很多实际应用，如机器在电路板上钻孔的问题、快递员送货路线问题、城市间路网建设问题等。

TSP 抽象的数学模型如下：

假定有 n 个城市，记为 $C=\{c_1, c_2, \cdots, c_n\}$，任意两个城市 c_i 和 c_j 之间的距离为 $d_{c_i c_j}$。TSP 问题的本质是寻找城市的访问顺序，$T=\{t_1, t_2, \cdots, t_n\}$，其中 $t_i \in C$，求 $\min\sum_{i=1}^{n} d_{t_i t_{i+1}}$，其中 $t_{n+1}=t_1$。

采用遍历策略，求出 TSP 中所有可能路径及其总里程，从中选出总里程最短的路径，如图 5-12 所示，4 个城市的 TSP，出发城市为 A，如图 5-12 所示，其求解空间为 $\Omega=\{\ \{A,B,C,D\},\{A,B,D,C\},\{A,C,B,D\},\{A,C,D,B\},\{A,D,B,C\},\{A,D,C,B\}\}$，可见共有 3×2×1=6 条可选路径，其中最短路径为 $\{A,B,C,D\}$和$\{A,D,C,B\}$，最短距离为 12。

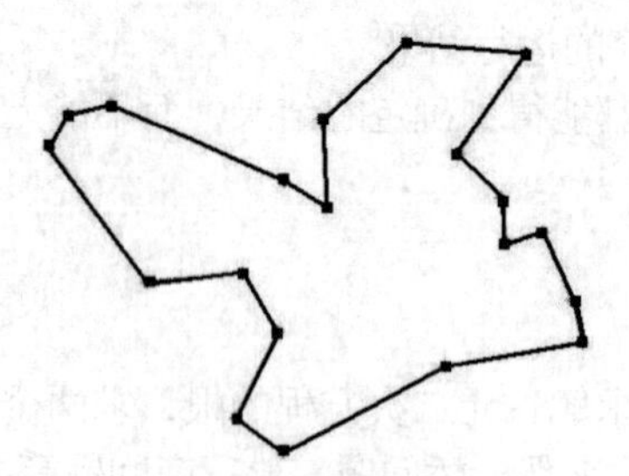
图 5-11　旅行商问题

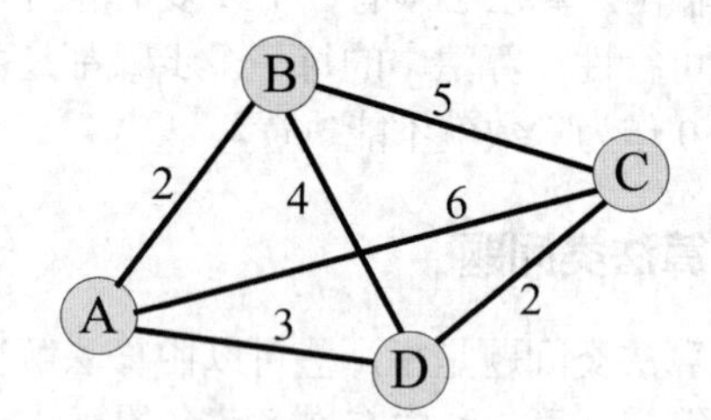

图 5-12　TSP 抽象的图

遍历策略对于小规模的 TSP 是有效的，但是对于大规模的 TSP 则不可行。n 个城市的组合路径数为$(n-1)\times(n-2)\times\cdots\times2\times1=(n-1)!$。例如，求解 4 个城市的 TSP，其组合路径为 3×2×1=6 条，20 个城市的 TSP 组合路径为$19!=1.216\times10^{17}$。随着城市数目的增长，其组合路径数呈组合爆炸式增长，即组合路径数以阶乘方式急剧增长，以至于无法计算。

对于这类难以求解的问题，可以寻找在时间上可行的简化求解方法。目前已经出现了很多求解策略，包括贪心算法、分治法、动态规划、启发式算法等。

本节以贪心算法策略为例，概述 TSP 求解的方法。贪心算法策略的基本思想是，一定做出当前状况的最好选择，以免将来后悔。求解 TSP 的贪心算法为“从一个城市开始，每次选择下一个城市的时候，只考虑当前状况下最好的选择”。

根据贪心算法的策略，图 5-13 所示的 TSP 的解为路径{A,B,D,C}，其总距离为 14。贪心算法求得的并非最优解，而是可行解。可行解与最优解相比，差距不大，已经足够短。但是求解时间在可以接受的时间范围内，具有现实意义。

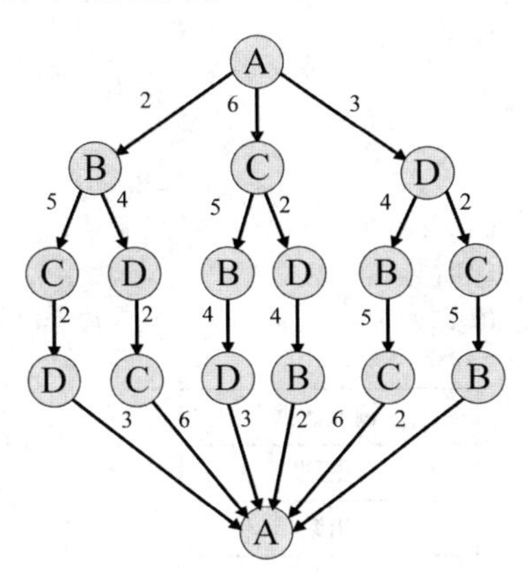

路径	距离
ABCDA	12
ABDCA	14
ACBDA	18
ACDBA	14
ADBCA	14
ADCBA	12

图 5-13　TSP 的解空间

5.3.5　算法分析

对于求解一个问题的算法，需要分析其正确性和复杂性。

1. 算法的正确性

算法的正确性是指问题求解的过程、方法是否正确，输出结果是否正确。

算法的正确性相对易于分析，只要考察计算的结果就可以了。例如，TSP 的贪心算法在可以接受的有限的时间内可以求得可行解，说明算法是正确可行的。

2. 算法的复杂性

除了算法的正确性外，还需要考虑算法的复杂性。算法的复杂性包括时间复杂性和空间复杂性。

（1）算法的时间复杂性

算法的时间复杂性，指的是算法运行所需的时间。如果一个问题的规模为 n，算法运行的时间记为 $T(n)$。

我们常用 O 记法表示算法的时间复杂性。O 表示其量级，如 $n^2+2n+3=O(n^2)$，表示当 n 足够大时，表达式的左边约等于 n^2。

求解 TSP 的贪心算法的时间复杂度为 $O(n^3)$，是可以求解的。

如果算法的时间复杂度为 $O(2^n)$，当 n 很大时计算机就无法处理了。

（2）算法的空间复杂性

算法的空间复杂性，指的是算法在执行过程中所占用的存储空间的大小，用 $S(n)$表示。

5.4　算法设计

1966 年，Bohra 和 Jacopini 提出结构化程序设计方法的 3 种基本结构，包括顺序结构、选择结构和循环结构。已经证明，用 3 种基本结构可以组成解决所有编程问题的算法。数组（线性表）是一种可以连续存储多个数据的数据结构。本节将介绍顺序结构、选择结构、循环结构以及数组的算法设计。

5.4.1 顺序结构

顺序结构按照语句的先后顺序执行程序，它是程序设计中最简单的控制结构。顺序结构是结构化程序设计中最简单的控制结构，它一般包括输入、处理和输出 3 个步骤，其传统流程图如图 5-14（a）所示，其 N-S 流程图如图 5-14（b）所示。

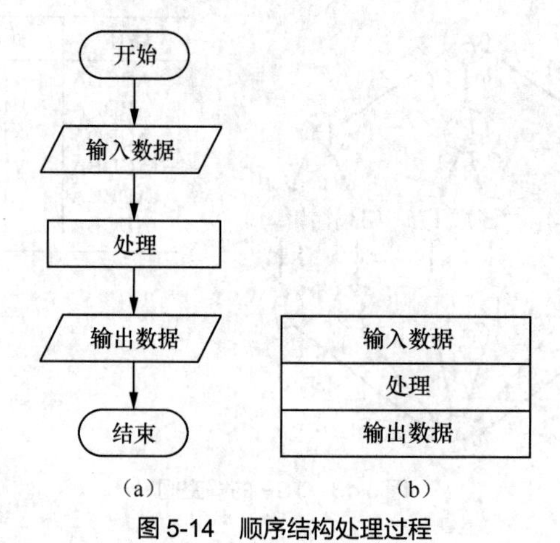

图 5-14 顺序结构处理过程

【例 5.7】 设计算法，输入三角形的 3 条边长 a、b 和 c，求三角形的面积。

（1）分析。根据数学知识，在已知三角形的 3 条边时可以使用海伦公式来求其面积，即

$$s = \frac{a+b+c}{2}$$

$$area = \sqrt{s(s-a)(s-b)(s-c)}$$

（2）算法设计。根据前述分析，要计算三角形面积需要先输入三角形的 3 条边长，然后利用海伦公式计算面积。求三角形面积算法的传统流程图如图 5-15（a）所示，其 N-S 流程图如图 5-15（b）所示。

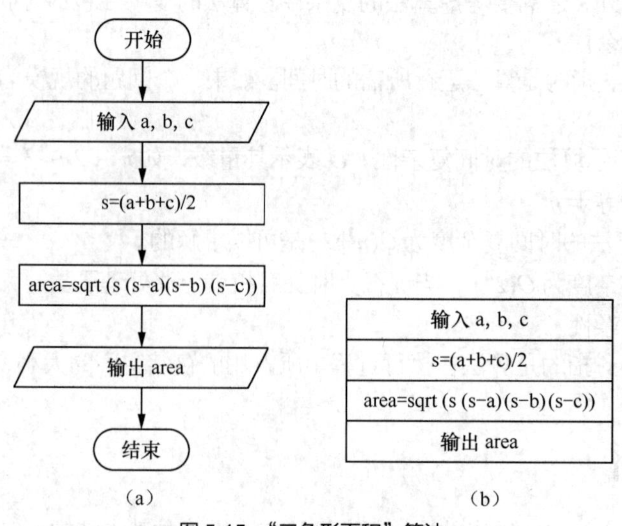

图 5-15 “三角形面积”算法

【例 5.8】 求解鸡兔同笼问题。已知笼子中鸡和兔的头数总共为 h，脚数总共为 f，问鸡和兔各有多少只？

（1）分析。设鸡和兔分别有 x 和 y 只，则可列出方程组 $\begin{cases} x+y=h \\ 2x+4y=f \end{cases}$。经过数学推导，方程组可以转化为公式 $\begin{cases} x=(4h-f)/2 \\ y=(f-2h)/24 \end{cases}$ 或 $\begin{cases} x=(4h-f)/2 \\ y=h-x \end{cases}$。

根据数学知识，任何一对 h 和 f，都能计算出相应的 x 和 y，x 和 y 值的取值范围是实数。在现实世界中，鸡和兔的只数只能为大于或等于 0 的整数。因此，如果所得 x 或 y 带小数部分或者小于 0，那么这一对 h 和 f 就不是正确的解。

（2）算法设计。根据前述分析，求解鸡兔同笼问题算法的 N-S 流程图如图 5-16 所示。

输入 h，f
x=(4h-f)/2
y=h-x
输出 x,y

图 5-16 “鸡兔同笼问题”算法

5.4.2 选择结构

选择结构用于判断给定的条件，根据判断的结果来控制程序的流程。本节通过几个问题的算法设计，介绍选择结构的算法设计和描述方法。

【例 5.9】 输入 a、b 值，输出其中较大的数。

解决该问题的主要步骤如下。

（1）输入变量 a 和 b。

（2）如果 a>b 为真，则转入（3），否则转入（4）。

（3）输出 a，转入（5）。

（4）输出 b，转入（5）。

（5）结束。

解决该问题算法的传统流程图如图 5-17（a）所示，其 N-S 流程图如图 5-17（b）所示。

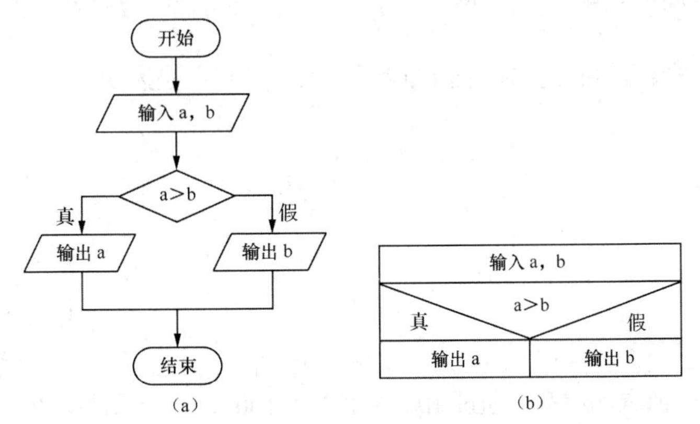

图 5-17 “求二变量最大值”算法

【例 5.10】 输入 x，求函数 $f(x)=\begin{cases} x, & x<1 \\ 2x-1, & 1\leqslant x<10 \\ x^2+2x+2, & x\geqslant 10 \end{cases}$ 的值。

分析如下。

（1）首先判定 $x<1$ 条件，如果为真则结果为 x；否则判定 $1\leqslant x<10$ 条件，如果为真则结果为 $2x-1$；否则结果为 x^2+2x+2。

（2）如果 $x<1$ 为假，那么在判断第二个条件 $1\leqslant x<10$ 时，并不需要判断条件 $1\leqslant x$。

（3）如果前两个条件都为假，那么第三个条件 $x>10$ 就一定为真，因此第三个条件可以不做判断。

解决该问题算法的传统流程图如图 5-18（a）所示，其 N-S 流程图如图 5-18（b）所示。

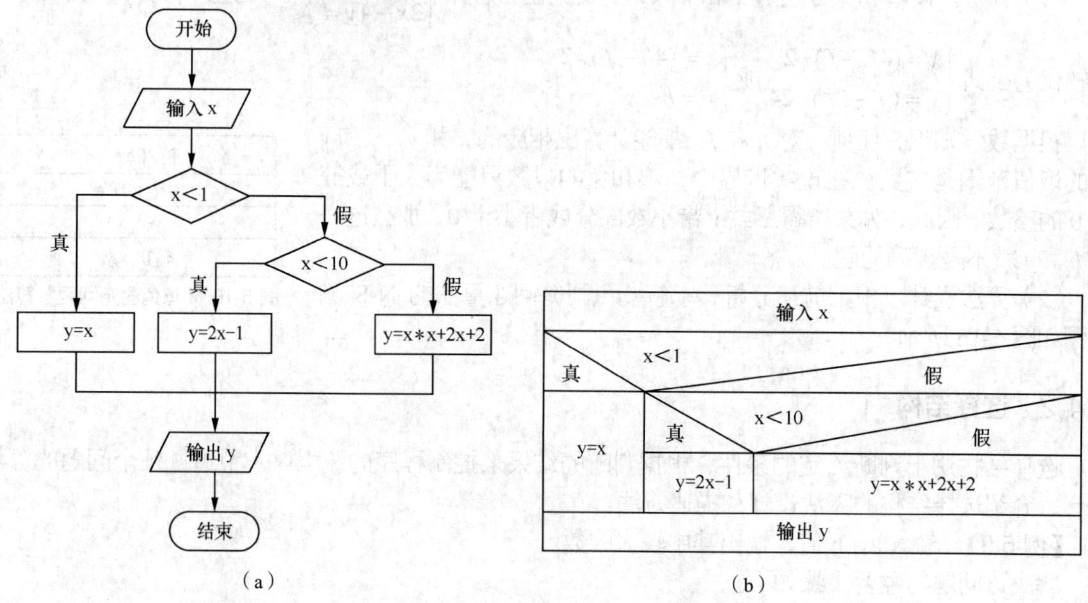

图 5-18 “分段函数”优化算法

5.4.3 循环结构

循环结构是用于实现同一段程序多次执行的一种控制结构。本节通过几个问题的算法设计，介绍循环结构算法设计。

【例 5.11】 求 100!，即 1×2×3×…×100。

分析如下。

求 100！很难写出一条语句描述 100 个数的乘法，其算法可以描述如下。

Step1: p=1。

Step2: i=2。

Step3: p=p×i。

Step4: i=i+1。

Step5: 如果 i<=100，那么转入 Step3 执行。

Step6: 输出 p，算法结束。

p	1		i	2

图 5-19 变量示意

其中 p 和 i 是变量，它们各占用一块内存，如图 5-19 所示。变量可以被赋值，也可以取出值参加运算。通过循环条件“i<=100”，使得乘法操作执行 99 次。

此算法的传统流程图如图 5-20（a）所示，其 N-S 流程图如图 5-20（b）所示。

【例 5.12】 输入整数 n，求 1×2×3×…×n，即 n!。

Step0: 输入 n。

Step1: p=1。

Step2: i=2。

Step3: p=p*i。

Step4: i=i+1。

Step5:　如果 i<=n，那么转入 Step3 执行。

Step6: 输出 p，算法结束。

只要将图 5-20（b）所示的流程图，加上“输入 n”步骤，并将循环的条件“i<=100”改为“i<=n”即可，算法如图 5-20（c）所示。

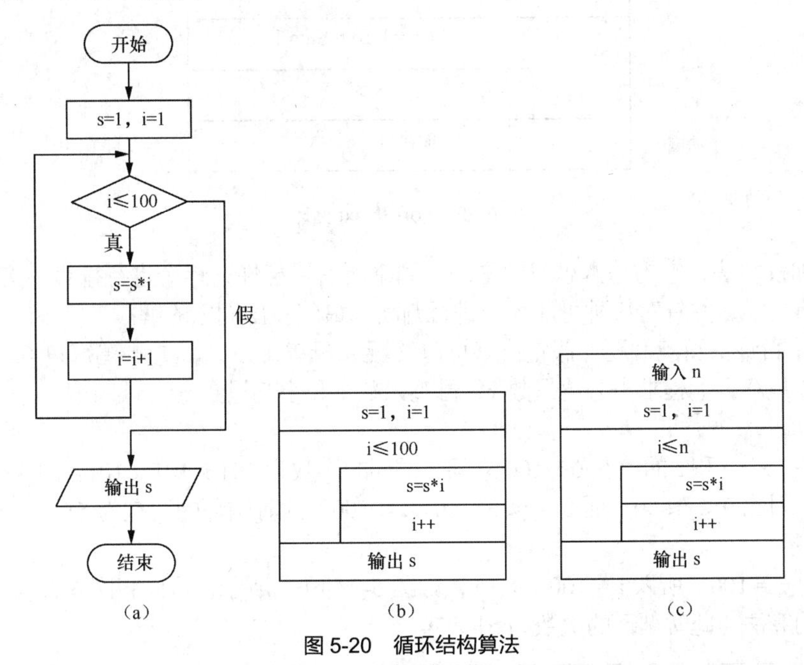

图 5-20　循环结构算法

For…Next 循环是计数型循环，主要用于循环次数已知的情况，它的本质是当型循环。For…Next 循环的一般形式为：

```
For <循环变量>=<初值> To <终值>  [Step  <步长>]
    <语句序列>
    [Exit For]  '退出循环
Next [循环变量]
```

说明如下。

（1）For…Next 循环的执行流程如图 5-21 所示，循环变量为 i。

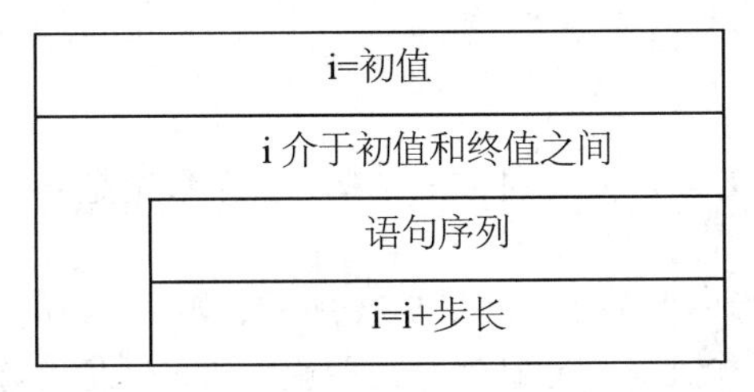

图 5-21　For…Next 循环

（2）Step 值可以为正数或负数，如果 Step 值省略，则默认为 1。

（3）For…Next 循环的条件是，循环变量介于初值和终值之间。当 Step 为正数时，终值应该比初值大，才会进入循环；当 Step 为负数时，终值应该比初值小，才会进入循环。

（4）语句 Exit For 可以退出当前循环，并继续执行后边的语句。

（5）Next 后边的[循环变量]可以省略。

求解 $n!$的问题也可以用图 5-22 所示的方法描述。

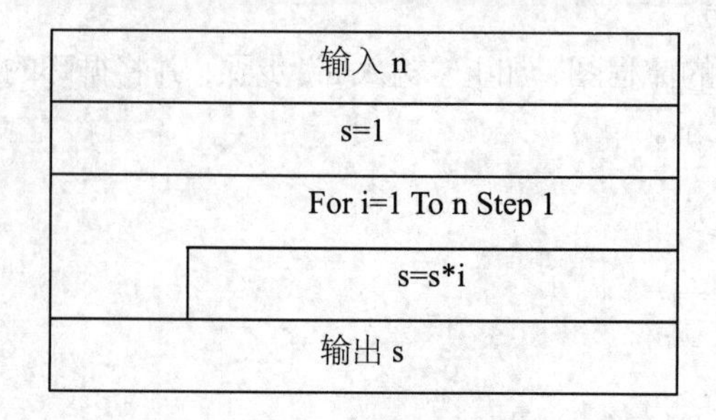

图 5-22　For…Next 循环

穷举法又称枚举法，它的基本思路就是一一列举所有可能性，逐个进行排查。穷举法的核心是找出问题的所有可能，并针对每种可能逐个进行判断，最终找出问题的解。

【例 5.13】 百钱买百鸡问题。假定公鸡每只 2 元，母鸡每只 3 元，小鸡每只 0.5 元。现有 100 元，要求买 100 只鸡，编程求出公鸡只数 x、母鸡只数 y 和小鸡只数 z。

分析如下。

采用穷举法，x、y 和 z 的值在 0～100 之间，循环的次数为 $101 \times 101 \times 101$。因为公鸡每只 2 元，母鸡每只 3 元，因此 $0 \leqslant x \leqslant 50$，而 $0 \leqslant y \leqslant 33$，$0 \leqslant z \leqslant 100$，此时循环的次数为 $51 \times 34 \times 101$，算法如图 5-23（a）所示。

因为 $x + y + z = 100$，所以 $z = 100 - x - y$，如图 5-23（b）所示，可以将图 5-23（a）所示算法一改为二重循环的算法，此时循环的次数为 51×34。

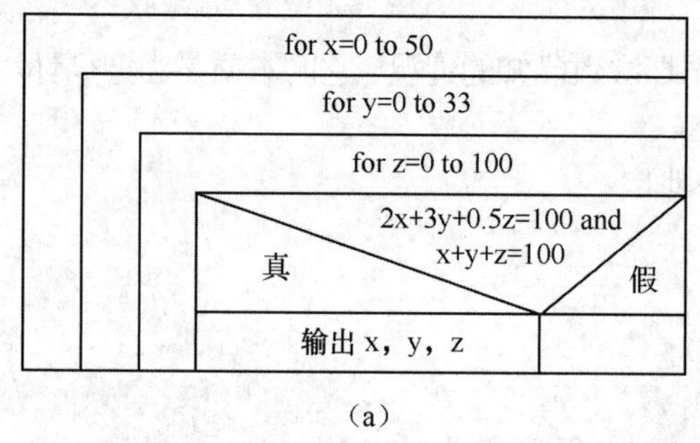

（a）

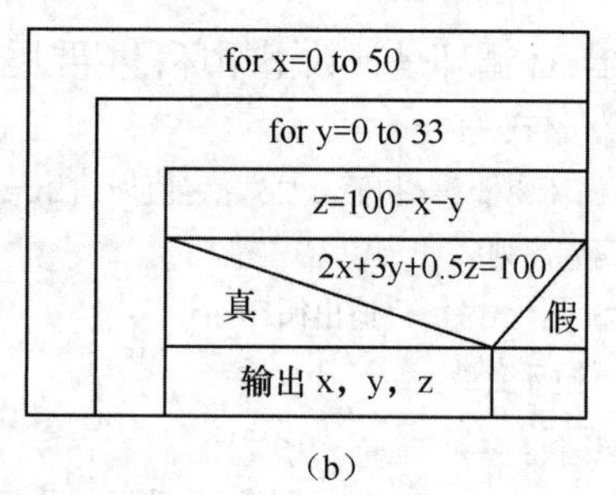

（b）

图 5-23　“百钱买百鸡”算法

5.4.4　数组

数组，也称线性表（Linear List），是一种数据结构，一个数组是 n 个具有相同特性的数据元素的有限序列。

数组的相邻元素之间存在着序偶关系，如图 5-24 所示，如用（a[0]，…，a[i−1]，a[i]，a[i+1]，…，a[n−1]）表示一个顺序表。每一个元素实际就是一个变量，可以赋值、输入、输出或参加各种运算。

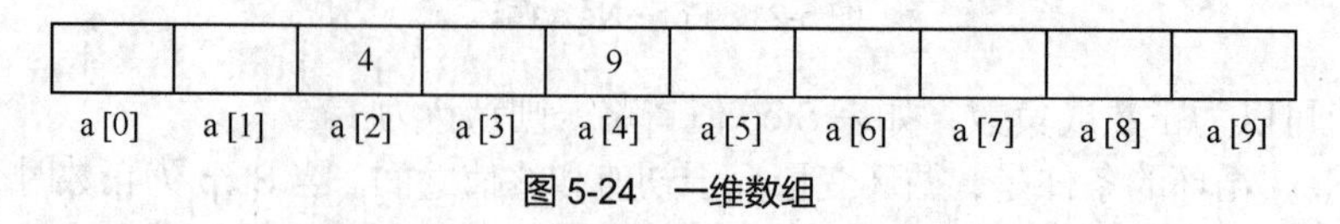

图 5-24　一维数组

数组的处理实际上就是处理数组元素的过程，按顺序对每个数组元素进行处理的过程称为数组的遍历，其算法如图 5-25 所示。假设数组有 M 个元素，则其下标从 0～M−1。

说明如下。

（1）图 5-25（a）所示循环从 a[0]～a[M−1]顺序遍历并处理数组中的每个元素。

（2）图 5-25（b）所示循环从 a[M−1]～a[0]倒序遍历并处理数组中的每个元素。

（3）可以对元素 a[i]进行赋值、输入、输出、计算或判断等处理。

（4）遍历过程应该灵活使用，遍历不一定从 0～M−1，也可以从中间的某元素开始或到某元素结束；每次循环的变化不一定是 1 或−1，也可以是 2、3 或−2、−3 等。

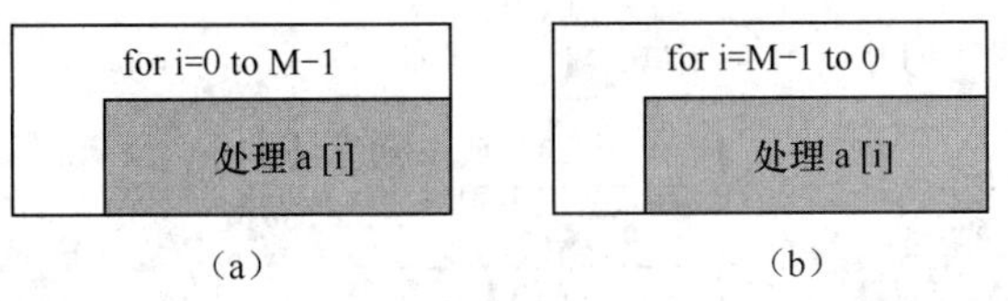

图 5-25 “遍历数组”算法

1. 搜索

在数组中，查找满足条件的所有元素，并求和、计数等。

算法设计：遍历数组元素的过程中，判断每个元素是否满足条件，如满足条件则做出处理。

【例 5.14】 一维数组中查找满足条件（元素能被 4 整除）的所有元素，统计个数，求和及其平均值。

分析如下。

（1）在遍历一维数组所有元素的过程中，判断每个元素是否满足条件，如满足条件则处理 a[i]，算法如图 5-26 所示。

（2）在遍历过程中，数组元素满足条件时使得 n++，并输出 a[i]，并求其和 s=s+a[i]，算法如图 5-27 所示。

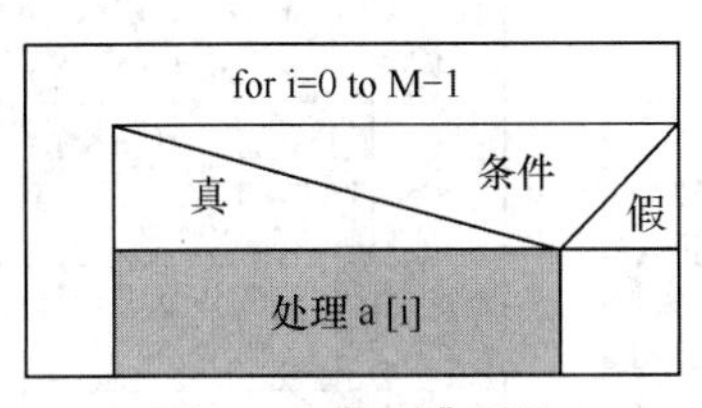

图 5-26 “查找”算法

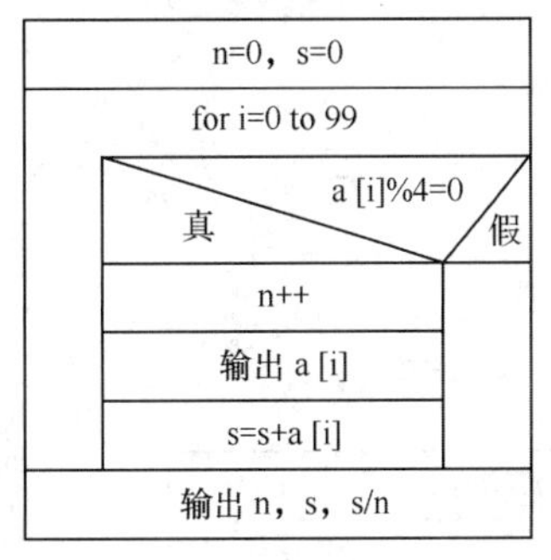

图 5-27 查找统计算法

2. 求最大值

【例 5.15】 求一维数组中 100 个元素的最大值。

分析如下。

算法的基本思想是使用变量 max，先将第 0 个元素赋给 max，即 max=a[0]；然后遍历整个数组，max 与每一个元素比较，如果 max<a[i]，则使得 max=a[i]，这样可以保证 max 中存放的是最大的数。算法如图 5-28 所示。

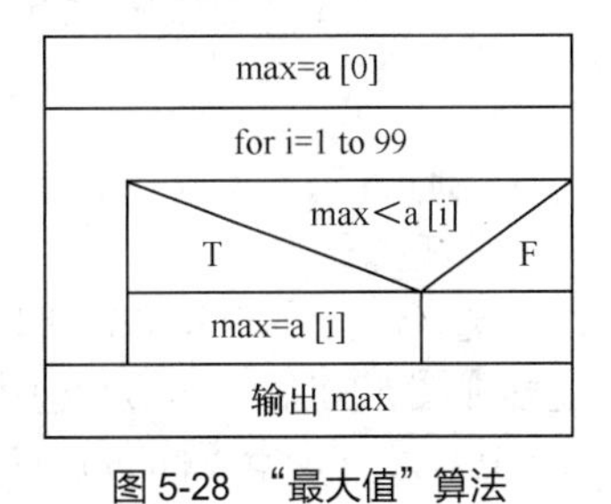

图 5-28 “最大值”算法

3. 排序

排序是最常见的问题，其本质是对一组对象按照某种规则进行有序排列的过程。在计算科学中，排序是许多复杂问题求解的基础，如数据库查询、数据挖掘等，通过排序可以有效降低问题求解算法的执行时间。

【例 5.16】 用“起泡法”把一维数组的 n 个元素按从小到大的顺序排列并输出。

分析如下。

（1）起泡法排序的基本思想是依次比较数组中两个相邻的元素，如果 a[j]>a[j+1]，则将两个元素交换，使得前边的元素小于等于后边的元素。这样的比较要经过 n−1 趟，如图 5-29 所示。

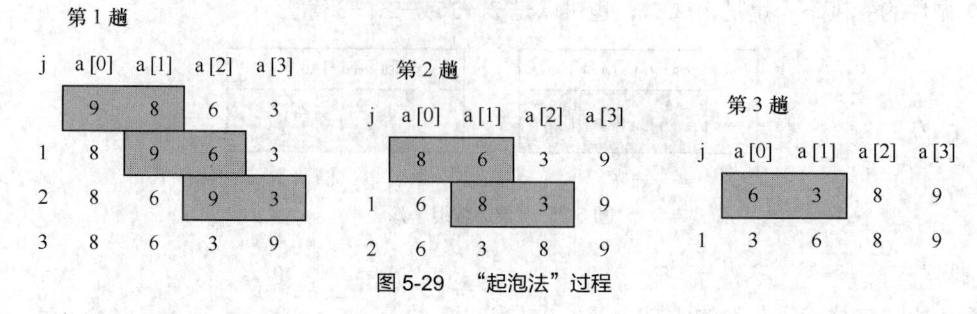

图 5-29 “起泡法”过程

（2）第 1 趟使得 a[n−1]最大，共比较 n−1 次；第 2 趟使得 a[n−2]最大，共比较 n−2 次；第 i 趟使得 a[n−i]最大，共比较 $n-i$ 次。

（3）第 i 趟比较的算法如图 5-30（a）所示，比较遍历从 a[0]～a[n−1−i]。外部套上一层循环控制 n−1 趟比较，算法如图 5-30（b）所示。分析可得 n 个元素的一维数组起泡法排序交换次数为 $n\times(n-1)/2$。

（4）在排序过程中，有可能进行到第 i 趟时就已经完成排序，此时后续的排序比较过程中不再有交换。因此，只要某一趟没有交换发生，就可以结束排序，从而减少比较次数，优化的算法如图 5-30（c）所示。此时，最坏情况下 n 个元素的排序交换次数为 $n\times(n-1)/2$。

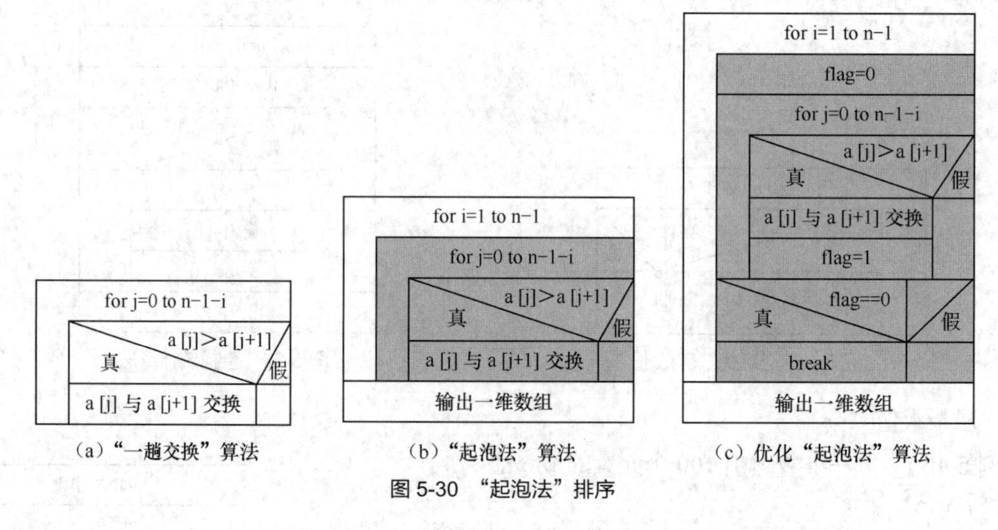

图 5-30 “起泡法”排序

【例 5.17】 用选择法把一维数组的 n 个元素按从小到大的顺序排列并输出。

分析如下。

选择法排序的基本思想是在一维数组中找出最小元素，并将最小元素与最前边的元素交换，其过程如图 5-31 所示。第 0 趟从 a[0]～a[n−1]找最小元素下标 min，a[0]与 a[min]交换；第 1 趟从 a[1]～a[n−1]找最小元素下标 min，a[1]与 a[min]交换；第 i 趟从 a[i]～a[n−1]找最小元素下标 min，a[i]与 a[min]交换。比较共进行 n−1 趟。

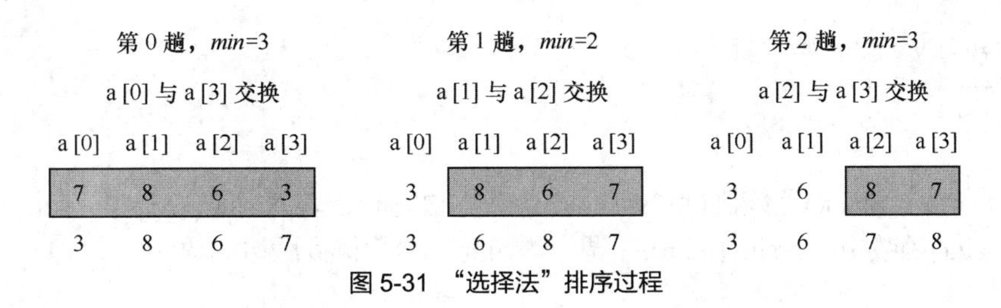

图 5-31　“选择法”排序过程

其中第 *i* 趟找出一个最小元素下标的算法如图 5-32 所示，遍历从 a[i]～a[n−1]。选择法排序的算法如图 5-33 所示。

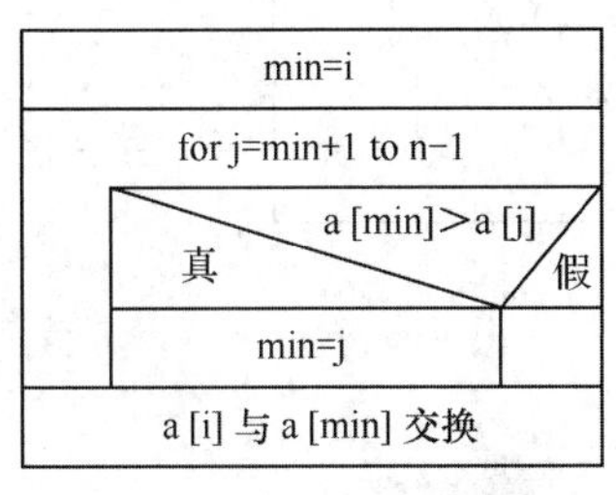

图 5-32　“一趟交换”算法

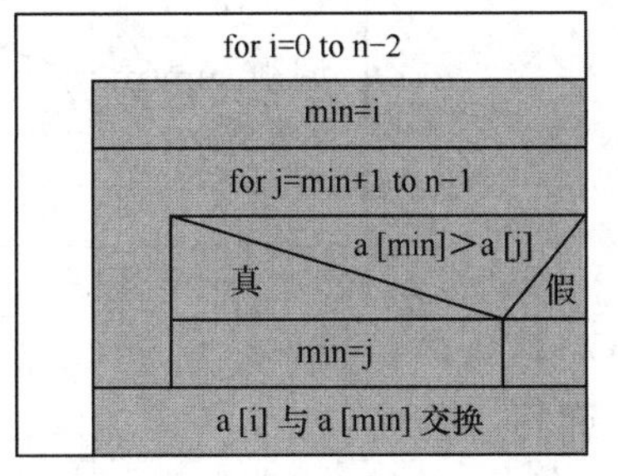

图 5-33　“选择法”算法

起泡法和选择法排序算法的比较：起泡法排序每轮依次比较两个相邻元素，如果前大后小则交换；而选择法排序则每轮次找到最小值，做一次交换。两种算法的时间复杂度都为 $O(n^2)$ 。

快速排序：从序列中任意取出一个元素作为中心，所有比它小的都放在左侧，比它大的都放在右侧，形成左右两个序列；再对各子序列重新选择中心元素并依照此规则调整；直到每个子序列只剩下一个元素。

排序问题的解决方法还有插入排序、桶排序、基数排序、堆排序等。

5.5　函数与递归

5.5.1　函数

函数是由多条语句组成的能够实现特定功能的程序段，函数可以对程序进行模块化。

在实际编程时，一个算法可能非常复杂，程序可能有几万行，编写时容易出错且调试困难。模块化程序设计后，将大问题逐步细化，分解成很多具有独立功能的模块，这些模块相互调用，实现代码重用，能够简化程序设计过程。

函数一般包括函数名、参数、返回值和函数体四个部分。

【例 5.18】 输入两个变量，使用函数计算两个变量的和。

```
int sum(int x, int y)
{
      int z;
      z=x+y;
      return z;
}
main()
{
      int s,m,n;
      printf("请输入两个整数");
```

```
    scanf("%d%d",&m,&n);
    s=sum(m,n);
    printf("和为 %d",s);
}
```

如图 5-34 所示，main()函数执行“s=sum(m, n);”语句时，转入 sum(x, y)中，sum ()函数执行完毕时，返回 main()函数中“s=sum(m, n);”调用语句处，继续执行后边的语句。

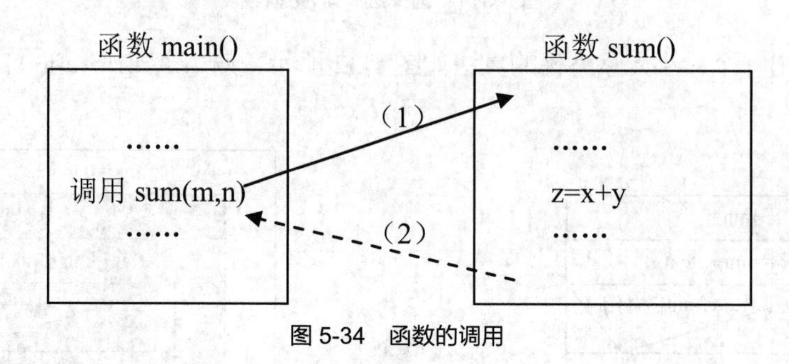

图 5-34　函数的调用

5.5.2　递归

递归是一种重要的计算思维模式，既是抽象表达的一种手段，也是问题求解的重要方法，如图 5-35 所示，是使用递归的方法绘制的图形。

在生活中有一个递归故事：“从前有座山，山里有座庙，庙里有个老和尚在讲故事，故事是（从前有座山，山里有座庙，庙里有个老和尚在讲故事，故事是（从前有座山，山里有座庙，庙里有个老和尚在讲故事，故事是（……）））”。

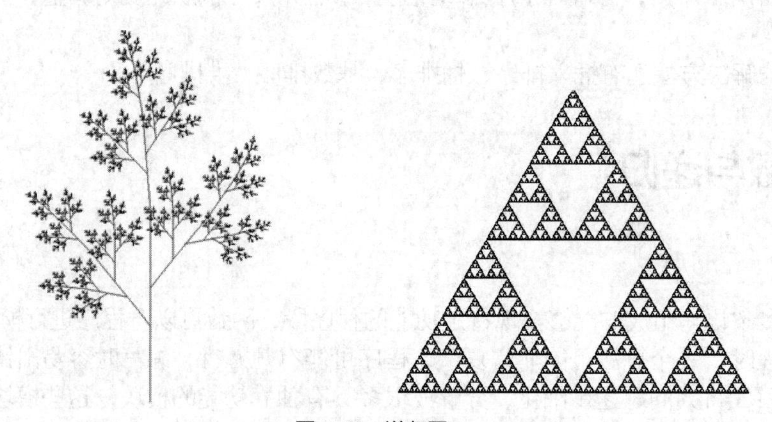

图 5-35　递归图

递归算法的基本思想是将一个大规模的复杂问题，层层转换为一个与原问题相同但是规模较小问题来求解，函数调用函数本身、高阶调用低阶。如果问题的规模用自然数 n 来表示（n 被称为阶数），将问题表示为递归函数 f(n)，先转换为 f(n−1)，f(n−1)转换为 f(n−2)，如此直到某一阶可以通过简单步骤计算得出结果时为止。

使用递归的方法进行问题求解的基础是构造递归函数。

【例 5.19】　用递归算法求 n!。

分析如下。

（1）观察可知：$n!= n\times(n-1)!$，$(n-1)!= (n-1)\times(n-2)!$，…，$3!=3\times2!$，$2!=2\times1!$，$1!=1$。

（2）n!可以表示为以下分段函数

$$n!=\begin{cases}1 & ,n=0,1\\ n\times(n-1)\times\cdots\times 2\times 1 & ,n>1\end{cases}$$

（3）假设 fact(n)用于计算 $n!$，$n!=\begin{cases}1 & ,n=0,1\\ n\times(n-1)! & ,n>1\end{cases}$ 则递归函数 fact(n)表示为

$$fact(n)=\begin{cases}1 & ,n=0,1\\ n\times fact(n-1) & ,n>1\end{cases}$$

其中 n=0 或 1 是递归的结束条件，当 n>1 时，继续递归调用。

```
Private Sub Command1_Click()
   Text1.Text = fact(10)
End Sub
Function fact(n As Integer) As Double        '递归函数 fact()
   Dim s As Double
   If n = 0 Or n = 1 Then
      s = 1
   Else
      s = n * fact(n - 1)  '递归调用 fact()
   End If
   fact = s
End Function
```

递归过程可以总结为以下两个阶段。

① 回推阶段：$n!\to(n-1)!\to(n-2)!\to(n-3)!\to\cdots\to 3!\to 2!\to 1!$。要求 $n!$，从左向右依次回推，直到求 1!=1。

② 递推阶段：$n!\leftarrow(n-1)!\leftarrow(n-2)!\leftarrow(n-3)!\leftarrow\cdots\leftarrow 3!\leftarrow 2!\leftarrow 1!$。求得 1!，再从右向左，依次递推，直到求出 $n!$。

【例 5.20】 汉诺（Hanoi）塔问题是这样的问题，有 3 根柱子 A、B 和 C，开始 A 柱上有 64 个盘子，从上到下，依次大一点，如图 5-36 所示，把所有盘子移到 C 柱上，要求：盘子必须放在 A、B 或 C 柱上，一次只能移动一个盘子，大盘子不能放在小盘子上边。

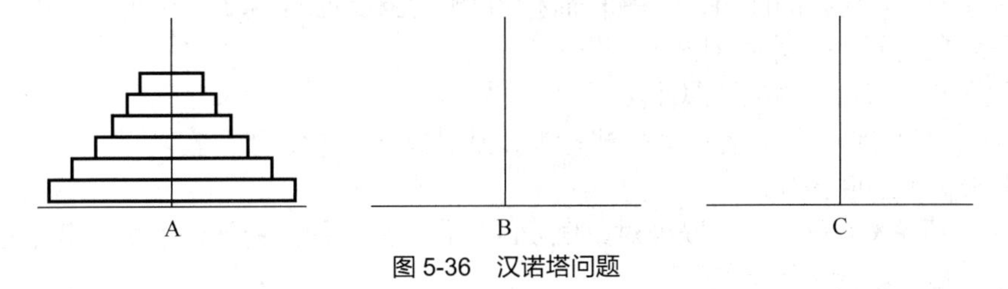

图 5-36　汉诺塔问题

分析如下。

经过实验可知，当盘子为 n 个时，需要 2^n-1 次移动盘子。

3 个盘子→7 次；4 个盘子→15 次；5 个盘子→31 次；6 个盘子→63 次；64 个盘子→$2^{64}-1$ 次。

将 n 个盘子从 A 移动到 C 的问题，递归过程归纳如下。

（1）如果将 n 个盘子从 A，通过 B 移动到 C，计作函数 Hanoi(n，a，b，c)。

（2）递归函数过程如下。

if　n = 1　then　　直接从 A 移动到 C，计作函数 move (a，c)。

if　n>1　then　将 n−1 个盘子从 A 通过 C 移到 B，计作函数 Hanoi(n−1，a，c，b)，第 n 个盘子从 A 移到 C，计作函数 Move (a，c)，再将 n−1 个盘子从 B 通过 A 移到 C，计作函数 Hanoi(n−1，b，a，c)。

例如，使用 VB 语言编写的汉诺塔程序如下。

```
Private Sub Command1_Click()
  Call Hanoi(5, "a", "b", "c")
End Sub
Private Sub Hanoi(n As Integer, a As String, b As String, c As String)   '递归函数 Hanoi()
      If n > 1 Then
          Call Hanoi(n - 1, a, c, b)
          Call Movem(a, c)     ' 第 n 个盘子从 a 移动到 c
          Call Hanoi(n - 1, b, a, c)
      Else
          Call Movem(a, c)
      End If
End Sub
Private Sub Movem(x As String, y As String)
     Print x, "-->", y
End Sub
```

5.6 程序设计

Visual Basic 是 Microsoft 公司推出的以 Basic 语言为基础，以事件驱动为运行机制的可视化编程语言。它提供了开发 Windows 程序的快速方法。本节将以 Visual Basic 为例，介绍程序设计的一般方法。

5.6.1 类和对象

对象是实体的逻辑模型，一个实体就是一个对象。如一辆汽车、一个气球、一部计算机等。

类是将多个对象共有的特征抽取出来，形成这些对象的抽象模型。类是对象的抽象，而对象是类的实例。

对象包括属性、方法和事件。

（1）属性：属性是对象的性质，即用来描述和反映对象特征的参数。不同类的对象有不同属性，同一类的不同对象的同一个属性可以有不同值。

例如，汽车有排气量、颜色等属性。

（2）方法：对象自身可以进行的动作或行为，是对象自身包含的功能。

例如，打开车灯、鸣笛等。

（3）事件：预先设置好的，可以被对象触发的动作。只要用户设计好了某个事件的代码，对象在响应了该事件后，就会执行相应代码。

例如，给汽车加装了遥控钥匙，则按下遥控钥匙的开锁键，触发汽车的开锁动作，打开汽车。

5.6.2 Visual Basic 编程

Visual Basic 的类、对象、属性和事件过程。

（1）类：Visual Basic 中类可以由系统提供。例如，工具箱中的标准控件类，如图 5-37（a）所示。

（2）对象：用户在窗体上放置一个控件就是创建该控件类的一个对象，图 5-37（b）所示为在窗体上绘制的文本框、标签和命令按钮等。

（3）属性：Visual Basic 中的对象都有自己的属性，常见的属性有标题（Caption）、名称（Name）、字体（Font）等，图 5-37（c）所示为属性窗口。

（4）事件过程：为对象的事件编写程序，如 Click、DblClick 等，如图 5-38 所示。

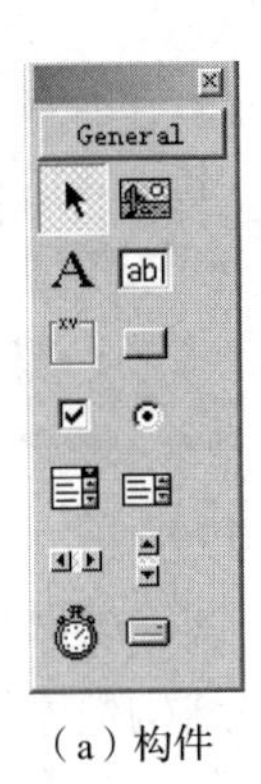

（a）构件

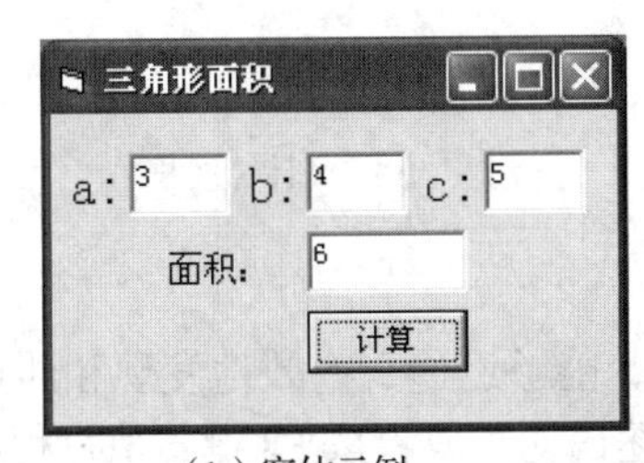

（b）窗体示例

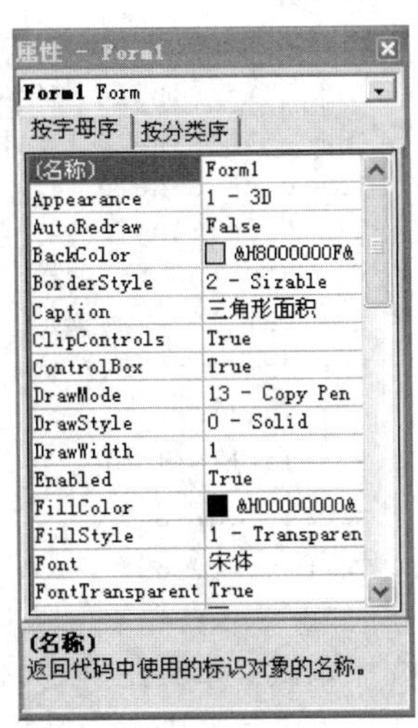

（c）属性窗口

图 5-37　Visual Basic 编程

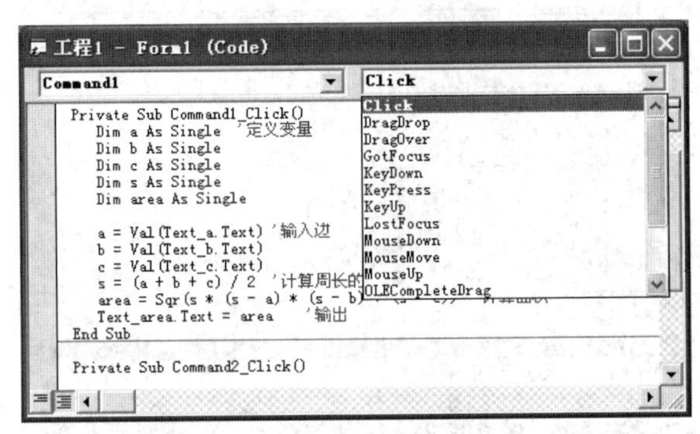

图 5-38　事件代码

【例 5.21】 编写程序，输入三角形的三条边长 a、b 和 c，求三角形的面积。

求三角形面积算法的流程图如图 5-39 所示。

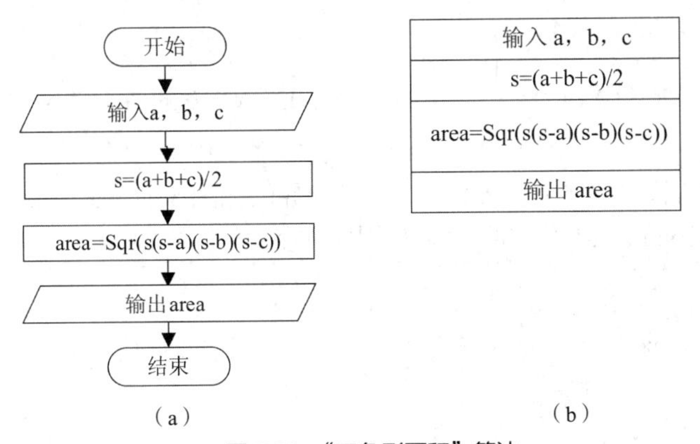

图 5-39　“三角形面积”算法

在 Visual Basic 中新建工程，设计界面如图 5-37（b）所示，包括窗体 Form1（Caption="三角形面积"）、Lable1（Caption="a:"）、Lable2（Caption="b:"）、Lable3（Caption="c:"）、Lable4（Caption="面积:"）、Text_a（输入 a）、Text_b（输入 b）、Text_c（输入 c）、Text_Area（输出 area）、Command1（计算）。编写程序如下：

```
Private Sub Command1_Click()
    Dim a As Single  '定义变量
    Dim b As Single
    Dim c As Single
    Dim s As Single
    Dim area As Single
    a = Val(Text_a.Text) '输入边，并转换为数字
    b = Val(Text_b.Text)
    c = Val(Text_c.Text)
    s = (a + b + c) / 2  '计算周长
    area = Sqr(s * (s - a) * (s - b) * (s - c))  '计算面积
    Text_area.Text = area    '输出
End Sub
```

程序调试：掌握正确的调试程序方法，能够迅速、有效地发现和纠正程序错误。调试程序的常用办法：逐语句（执行菜单命令“调试→逐语句”或者按F8键）执行程序，观察循环结构程序的控制流程。并使用本地窗口，观察变量的变化，如图5-40所示。

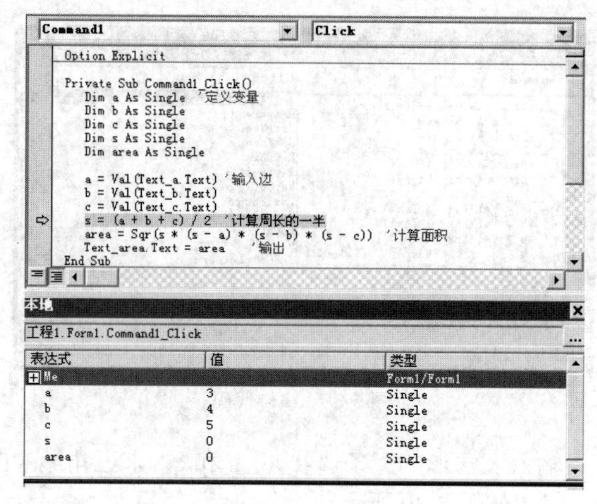

图5-40 程序调试

【例5.22】 输入x，求函数 $f(x)=\begin{cases} x, & x<1 \\ 2x-1, & 1\leqslant x<10 \\ x^2+2x+2, & x\geqslant 10 \end{cases}$ 的值。

求解分段函数的流程图如图5-41（a）所示，设计界面如图5-41（b）所示，包括Text_x（输入x）、Text_y（输出y）、Command1（计算）。编写程序如下：

```
Private Sub Command1_Click()
    Dim x As Single, y As Single
    x = Val(Text_x.Text)    '输入
    If x < 1 Then          '计算
        y = x
    ElseIf x < 10 Then
        y = 2 * x - 1
    Else
        y = x * x + 2 * x + 2
    End If
    Text_y.Text = y     '输出
End Sub
```

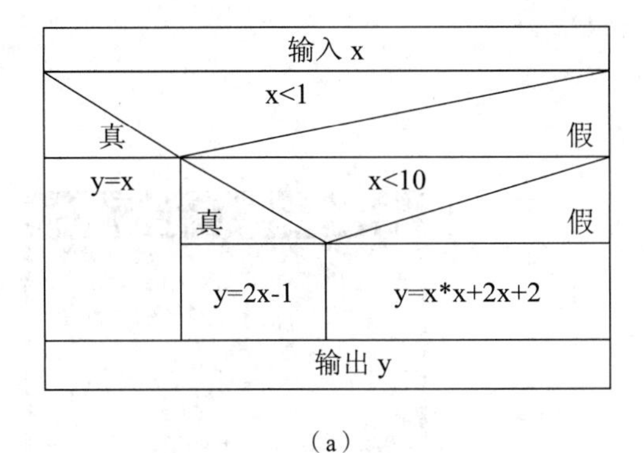

（a）

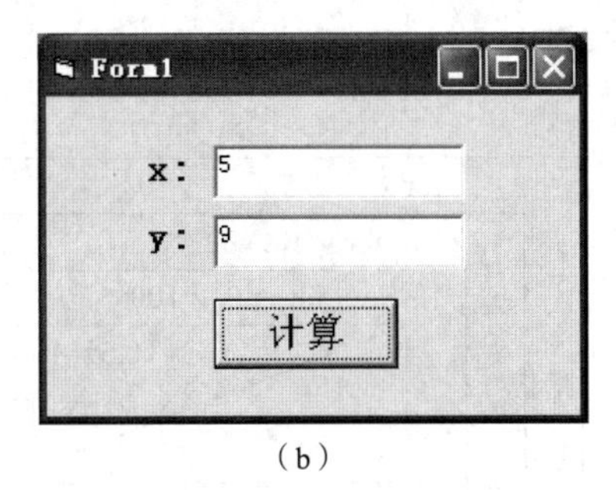

（b）

图 5-41　分段函数

【例 5.23】 编写程序，输入变量 n，求 *n*!。

算法如图 5-42（a）所示，设计界面如图 5-42（b）所示，包括 Text_n（输入 n）、Text_s（输出 n!）。编写程序如下：

```
Private Sub Command1_Click()
    Dim n As Integer
    Dim s As Double
    n = Val(Text_n.Text)     '输入
    s = 1
    i = 1
    While i <= n     '循环条件
        s = s * i
        i = i + 1
    Wend              '循环结尾
    Text_s.Text = s
End Sub
```

【例 5.24】 百钱买百鸡问题。假定公鸡每只 2 元，母鸡每只 3 元，小鸡每只 0.5 元。现有 100 元，要求买 100 只鸡，编程求出公鸡只数 *x*、母鸡只数 *y* 和小鸡只数 *z*。

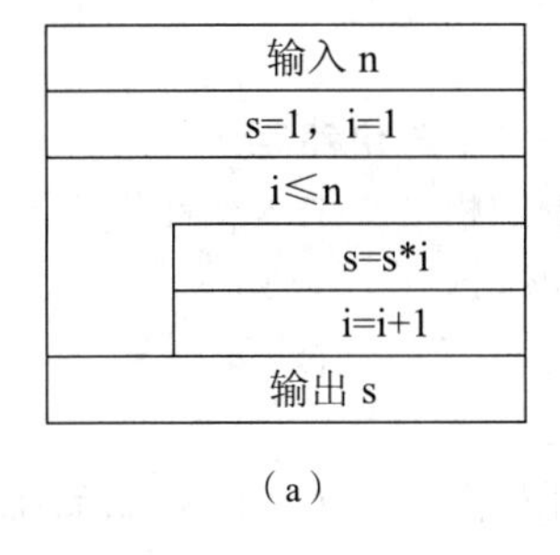

（a）

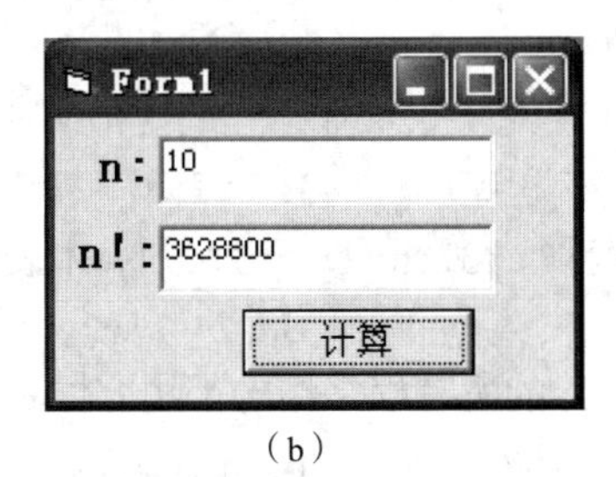

（b）

图 5-42　求 n 的阶乘

采用穷举法的算法如图 5-43 所示，设计界面如图 5-44 所示，编写程序如下：

```
Private Sub Command1_Click()
    Dim x As Integer, y As Integer, z As Integer
    Print "公鸡", "母鸡", "小鸡"     '输出标题行
    For x = 0 To 50
        For y = 0 To 33
            For z = 0 To 100
                If x + y + z = 100 And 2 * x + 3 * y + 0.5 * z = 100 Then
                    Print x, y, z
                End If
```

```
        Next
      Next
    Next
End Sub
```

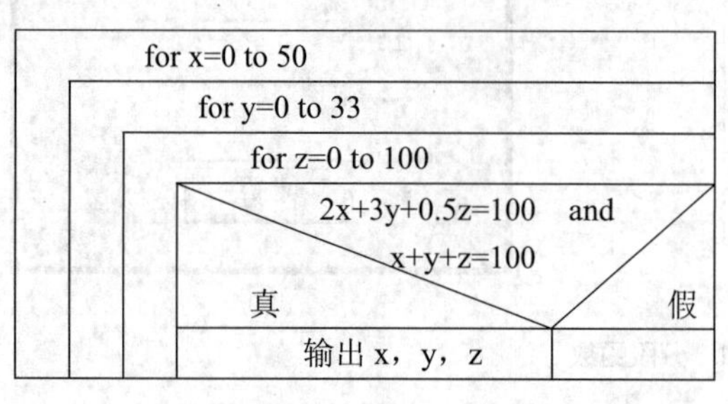

图 5-43 “百钱买百鸡”算法

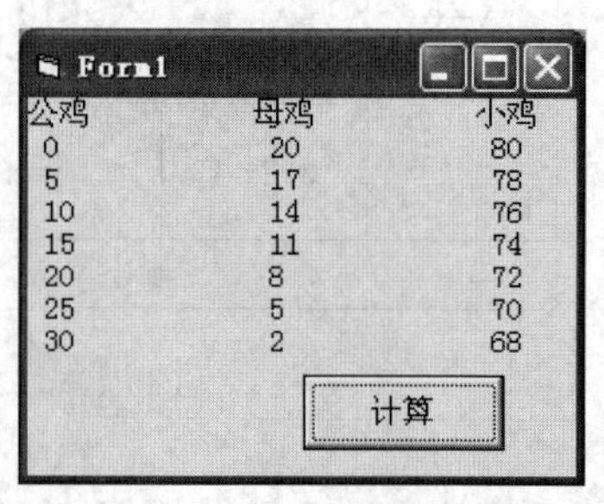

图 5-44 百钱买百鸡问题的解

小结

本章讨论了计算机语言，程序设计基础、算法和算法设计、函数与递归以及程序设计等内容。通过本章的学习，读者可以理解问题求解的基本思维。

习题

一、单项选择题

1. 使用二进制编码的指令编写程序的语言是（　　）。

   A. 机器语言　　B. 汇编语言　　C. 高级语言　　D. 构件化语言

2. （　　）是类似于自然语言、以语句和函数为单位书写程序的编程语言。

   A. 机器语言　　B. 汇编语言　　C. 高级语言　　D. 构件化语言

3. （　　）指在程序运行过程中值不能改变的量。

   A. 常量　　B. 变量　　C. 数组　　D. 函数

4. （　　）负责将 Java 语言的字节码文件翻译成特定平台下的机器码然后运行。

   A. 汇编程序　　B. 编译程序　　C. Java 虚拟机　　D. 构件化语言

5. 假如变量 a=3，b=2，c=1，则算术表达式 a^2\(b+c)的值是（　　）。

   A. 1　　B. 2　　C. 3　　D. 4

6. （　　）的所有程序结构都用方框表示。

   A. 自然语言　　B. 伪代码　　C. 传统流程图　　D. N-S 流程图

7. （　　）用于判断给定的条件，根据判断的结果来控制程序的流程。

   A. 顺序结构　　B. 选择结构　　C. 循环结构　　D. 递归

8. （　　）是用于实现同一段程序多次执行的一种控制结构。

   A. 顺序结构　　B. 选择结构　　C. 循环结构　　D. 递归

9. 使用遍历策略求解 TSP 时，5 个城市的组合路径数为（　　）。

   A. 5　　B. 15　　C. 32　　D. 120

10. （　　）是将多个对象共有的特征抽取出来，形成这些对象的抽象模型。

    A. 对象　　B. 类　　C. 属性　　D. 方法

二、填空题

1. 计算机语言的发展过程经历了________、________、________和构件化语言四个阶段。
2. ________能将高级语言源程序翻译为可执行的机器语言程序。
3. 在程序运行过程中，其值可以改变的量称为________。
4. ________是解决一个问题所采取的一系列步骤。
5. 算法的复杂性包括________和空间复杂性。
6. 结构化程序设计方法的 3 种基本结构包括________、________和________。
7. ________是由多条语句组成的能够实现特定功能的程序段，函数可以对程序进行模块化。

三、简答题

1. 简述将高级语言源程序编译为机器语言可执行程序的过程。
2. 简述编程语言的分层结构。
3. 简述算法要能够正确执行时应该具有的特性。
4. 简述求解 TSP 的贪心策略基本思想。
5. 简述递归算法的基本思想。

四、算法设计

1. 设计算法，输入圆柱的半径 r 和高 h，求圆柱体积和圆柱表面积。
2. 设计算法，输入梯形的上底、下底和高，计算并输出面积。
3. 设计算法，输入华氏温度值 F，求摄氏温度 C，其公式为 $C=\frac{5}{9}(F-32)$。
4. 设计算法，求解二元一次方程组 $\begin{cases}A_1X+B_1Y=C_1\\A_2X+B_2Y=C_2\end{cases}$ 的解，要求输入系数 A_1、B_1、C_1、A_2、B_2 和 C_2。
5. 设计算法，输入 x，求函数 $f(x)=\begin{cases}2x-1, & x<0\\2x+10, & 0\leqslant x<10\\2x+100, & 10\leqslant x<100\\x^2, & x\geqslant 100\end{cases}$ 的值。
6. 设计算法，输入 a 和 b 的值，按公式 $y=\begin{cases}\cos a+\cos b, & a>0,\ b>0\\\sin a+\sin b, & a>0,\ b\leqslant 0\\\cos a+\sin b, & a\leqslant 0, b>0\\\sin a+\cos b, & a\leqslant 0,\ b\leqslant 0\end{cases}$ 计算 y 值。
7. 设计算法，输入噪声强度值，根据表 5-4 所示内容输出人体对噪声的感觉。

表 5-4 噪声强度表

噪声强度/dB	感觉
≤50	安静
51～70	吵闹，有损神经
71～90	很吵，神经细胞受到破坏
91～100	吵闹加剧，听力受损
101～120	难以忍受，呆一分钟即暂时致聋
120 以上	极度聋或全聋

8. 设计算法，计算$\sum_{x=1}^{20}(2x^2+3x+1)$。

9. 设计算法，计算$\pi=2\times\frac{2^2}{1\times3}\times\frac{4^2}{3\times5}\times\frac{6^2}{5\times7}\times\cdots\times\frac{(2n)^2}{(2n-1)\times(2n+1)}$，$n\leqslant1\,000$。

10. 设计算法，求解搬砖问题：36块砖36人搬，男一次搬4块，女一次搬3块，2个小儿一次抬1块，要求1次搬完。问需男、女和小儿各多少人？

11. 设计算法，输出1 000以内所有的勾股数。勾股数是满足$x^2+y^2=z^2$的自然数。例如，最小的勾股数是3、4、5。（为了避免3、4、5和4、3、5这样的勾股数的重复，必须保持$x<y<z$）

12. 设计算法，计算100个元素的一维数组，分别统计其中≥90的个数，并求和与平均值。

13. Fibonacci数列1、1、2、3、5、8、13、21…是一个无穷数列，构造递归函数求其第n项的值。

五、编程题

1. 编写程序，输入长方体的三条边长a、b和c，求其体积、表面积。

2. 编写程序，输入噪声强度值，根据表5.4所示内容输出人体对噪声的感觉。

3. 编写程序，求解搬砖问题：36块砖36人搬，男一次搬4块，女一次搬3块，2个小儿一次抬1块，要求1次搬完。问需男、女和小儿各多少人？

06 第6章　计算机网络的基本思维

当今社会已经进入信息时代，信息存储离不开计算机，而信息的交流离不开计算机网络。网络技术是计算机和通信技术相结合的产物，它的发展推动了信息技术的革命。本章讲述计算机网络的基本思维。

6.1　网络概述

1．网络的定义

利用通信设备和传输介质，将具有独立功能的计算机连接起来，在软件（操作系统、协议等）的支持下，实现计算机之间的资源共享、信息交换和分布式处理的系统，称为计算机网络。图 6-1 所示为简单的网络结构。

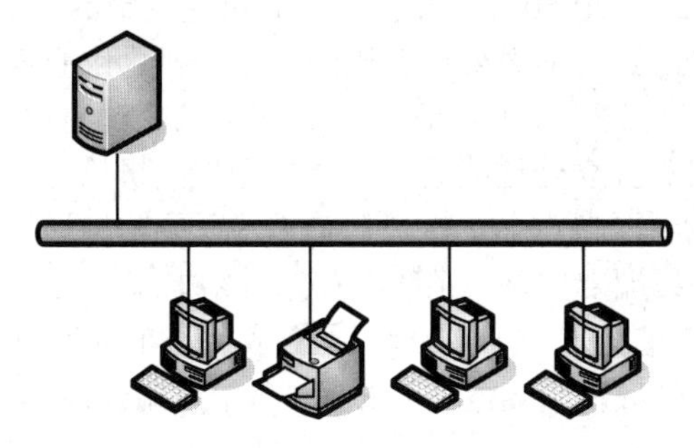

图 6-1　网络结构示意图

2．网络的主要功能

网络的功能包括三个方面：资源共享、信息交换和分布式处理。随着信息技术的发展和网络的迅速普及，网络日益深入社会的科研、教育、生活、娱乐等各个领域，几乎无所不在。

（1）资源共享。信息资源包括软件、硬件和数据资源。通过网络，用户可以共享网络中的各种软件资源，如应用软件、工具等；可以共享各种硬件设备如打印机、存储设备（如硬盘空间）等，节省开支，提高效率；还可以共享各种数据资源，如数据库、数据文件、图片、影像等。

（2）信息交换。信息交换是指网络节点之间的通信。通过计算机网络进行信息交流，已经成为信息交换的重要途径，如电子邮件、QQ、微信、网站等。

（3）分布式处理。一台计算机的处理能力是有限的，不能按期完成大规模的处理任务。若将一个大的任务分配给网络中的若干台空闲计算机并行处理，可以均衡网络中各计算机的负载，提高处理问题的实时性。使用计算机网络的分布式处理功能，可以处理军事、天文、气象等领域需要大量计算资源的任务。

提示

计算机网络实现了计算机与计算机之间的连接；Internet 实现了网络与网络之间的连接；Web 页实现了文档之间的连接；电子邮件实现了人与人之间的信息交换；目前，电子商务、电子政务、网络游戏以及 QQ、微信等各种交流的工具已经渗透到人类生活的各个方面，社会生活日益虚拟化、网络化。网络社会的人们用网络化的思维思考、解决实际问题，进行各种创新创业活动。

3. 网络的发展历史

半自动地面环境（Semi-Automatic Ground Environment，SAGE）防空系统是由北美防空司令部自 20 世纪 50 年代后期至 20 世纪 80 年代使用的一套自动化追踪、拦截敌军飞行器，尤其是轰炸机的指挥系统，如图 6-2 所示。北美防空司令部信息处理中心的多台大型计算机，通过通信设备接收各地雷达探测到的飞机方位、距离和高度信息，经过加工处理计算出飞机的航向、速度和位置，并判别是否是入侵的敌机。

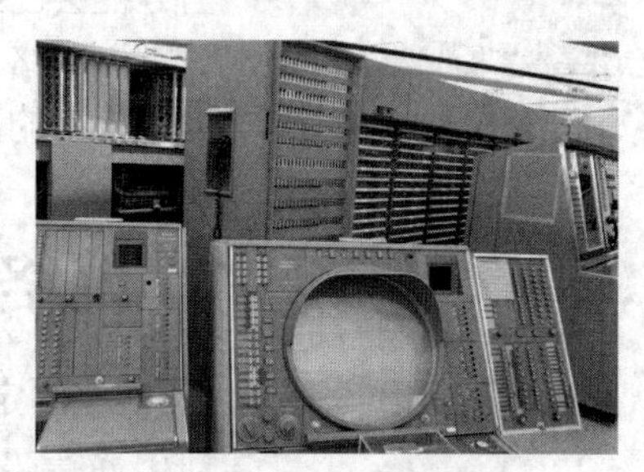

图 6-2　SAGE 防空系统

这种计算机与通信技术相结合的尝试，使得计算机网络的出现成为可能。

网络的发展历史包括终端联机系统、计算机网络、标准化的网络和 Internet 四个阶段。

（1）终端联机系统。20 世纪 60 年代早期，计算机主机昂贵，而通信线路和通信设备的价格相对便宜。为了共享主机资源、进行信息处理，出现以单主机为中心连接远程终端形成联机系统，如图 6-3 所示。一台主机中安装有多用户的分时操作系统，按照时间片将 CPU 分配给各个终端，执行各终端的程序。终端本身没有独立处理能力，它共享远程主机的计算资源，所以这还不是真正意义的计算机网络。联机系统的主要缺点：主机负荷较重，既要承担通信工作，也要承担数据处理工作；通信线路的利用率低，各终端要独享一条线路；这种结构属于集中控制，可靠性低。

20 世纪 60 年代由美国航空公司与 IBM 公司合作开发的航空订票处理系统 SABRE-1 投入使用，它是由一台中央计算机与分散在全美范围的 2 000 多个终端连接组成，后来地理范围还延伸至欧洲、澳大利亚和日本。

（2）计算机网络。现代意义上的计算机网络是从 1969 年美国国防部高级研究计划管理署（Advanced Research Projects Agency，ARPA）建立的一个名为 ARPAnet 的网络开始的。该网络把美国的几个军事和科研用的计算机主机连接起来。起初，ARPAnet 只连接美国西海岸的 4 个节点，分别是加利福尼亚州立大学洛杉矶分校、斯坦福研究院、加利福尼亚州立大学圣巴巴拉分校、犹他州大学的 4 台大型计算机，以电话线为主干网络，如图 6-4 所示。后来逐步发展到 15 个节点、60 个节点，每个节点都是具有独立功能的计算机，节点越来越多，地理范围也越来越广。

（3）标准化的网络。网络发展的初期，各厂商如 IBM、DEC 等纷纷制定自己的网络技术标准，这些标准只在本公司的网络上有效。在网络通信市场上这种各自为战的现象不利于网络之间互连互通，也不利于网络的发展和推广。1977 年，国际化标准组织（International Organization for Standardization，ISO）成立了 TC97（计算机与信息处理标准化委员会）下属的 SC16（开放系统互联分技术委员会），在研究各厂商网络技术标准的基础上，制定了开放系统互联（Open System Interconnection，OSI）参考模型，旨在实现各种计算机网络之间的互连。今天，几乎所有计算机网络厂商的产品都遵守 OSI 模型，这种标准化促进了网络技术的繁荣和发展。

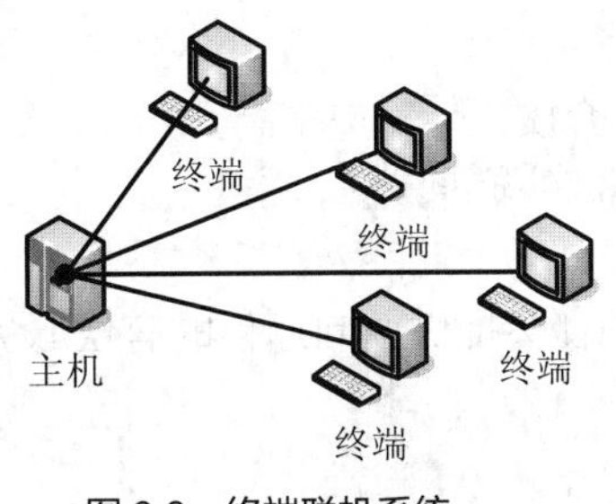

图 6-3　终端联机系统

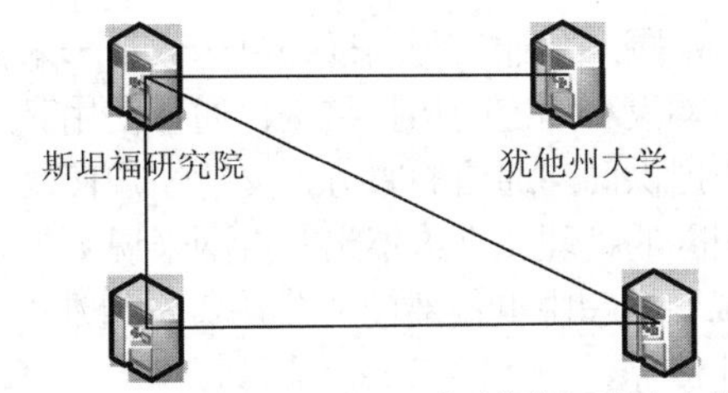

图 6-4　ARPAnet

（4）Internet。从 20 世纪 80 年代开始，Internet 将世界各地的各种类型的网络连接起来，从而形成了大规模的互联网。在这个网络中实现了全球范围的跨越地域和时间的电子邮件、WWW、文件传输等数据业务。

6.2　网络分类

计算机网络可以从网络地理范围、网络使用范围和网络拓扑结构等角度进行分类。

6.2.1　从网络地理范围划分

最常见的网络分类方法是以网络地理范围进行分类，分为局域网、城域网和广域网。

1. 局域网

局域网（Local Area Network，LAN）一般是指在半径几千米范围内连接计算机系统组成的计算机网络，如一间宿舍、一个办公室、一栋建筑、一所学校等。局域网的特点如下所述。

（1）覆盖地理范围较小，在相对独立的范围内互连。

（2）使用专门的传输线路，可靠性高，通信延迟时间短，数据传输率高（10Mbit/s～100Gbit/s）。

（3）建网、维护以及扩展等较容易，系统灵活性高。

2. 城域网

城域网（Metropolitan Area Network，MAN）是在一个半径 5～50km 的城市范围内建立的计算机通信网，网中传输时延较小，主要采用光纤传输，速率在 100Mbit/s 以上。

城域网作为城市的骨干网，用于连接城市中不同地点的主机、局域网等，如图 6-5 所示。城域网可以实现高速上网、视频点播、视频通话、网络电视、远程教育、远程会议等功能。

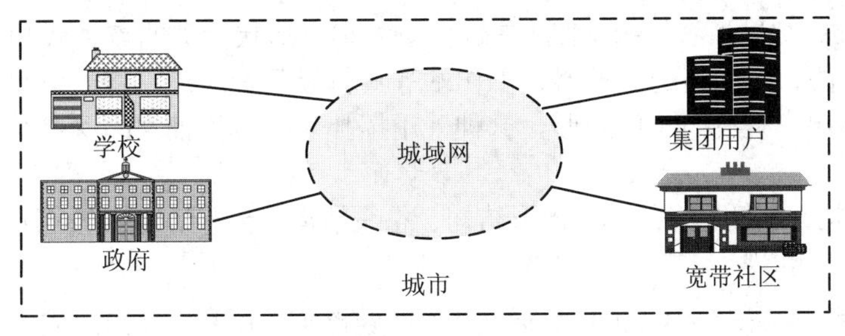

图 6-5　城域网

3. 广域网

广域网（Wide Area Network，WAN）覆盖半径为几十千米乃至几千千米，连接多个城市或国家，甚至横跨几个洲的网络，形成国际化的远程网络。广域网具有与局域网不同的特点。

（1）覆盖范围广、通信距离远，可达数千千米甚至全球。

（2）广域网没有固定的拓扑结构，通常使用高速光纤作为传输介质，传输速率高。

（3）主要提供面向通信的服务，支持用户使用计算机进行远距离的信息交换。

（4）广域网的管理和维护相比局域网来说更为困难。

（5）广域网一般由电信部门或公司负责组建、管理和维护，向社会提供面向通信的有偿服务、流量统计和计费等。

6.2.2 从网络使用范围分类

从网络使用范围的角度，网络可分为公用网和专用网。

1. 公用网

公用网（Public Network）是由网络服务提供商组建、管理，供公共用户使用的通信网络。公用网经常用于广域网的构造，如我国的电信、联通、广电等通信网络。

2. 专用网

专用网（Private Network）是由用户部门自己组建、管理的网络，这种网络不向本部门以外的部门和个人提供服务，如军队、铁路、银行等系统拥有各自的专用网。

由于投资成本较高，用户部门也可以租用公共通信网络，使用虚拟专用网络技术（Virtual Private Network，VPN），在 VPN 管道中进行加密通信，形成专用网，实现安全的远程访问，如图 6-6 所示。VPN 技术广泛应用于银行、企业、学校、政府等领域。

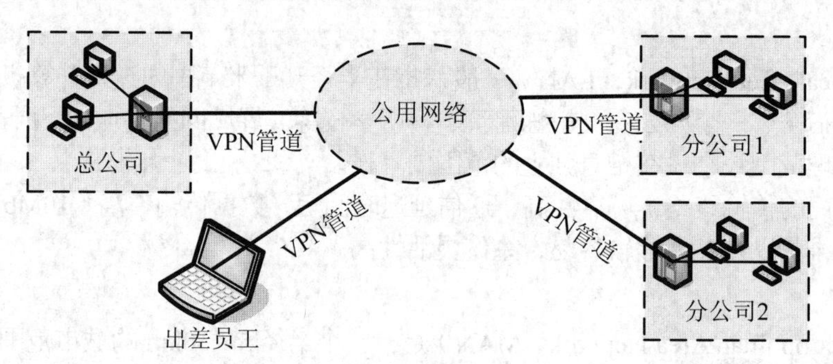

图 6-6　VPN 虚拟专用网络

6.2.3 从网络拓扑结构划分

拓扑（Topology）从图论演变而来，是研究与大小、形状无关的点、线和面特点的方法。如果使用拓扑学的方法，将网络的服务器、工作站等具体设备看成点，将通信线路看成线，那么网络就被抽象成以点和线组成的几何图形。这种采用拓扑学的方法抽象的网络结构称为网络的拓扑结构。

网络的拓扑结构，包括星形结构、树形结构、总线结构、环形结构、全互连结构和不规则结构。

1. 星形结构

星形结构的网络是由一个中心节点 S 通过点对点链路连接所有从节点组成，如图 6-7（a）所示，任意两个节点之间的通信必须通过中心节点 S 完成。例如，A 节点向 B 节点发送信息时，必须先将信息发送到中心节点 S，然后再由中心节点 S 转发到节点 B。

星形结构的优点是组网容易，控制相对简单，单个节点故障影响小，故障容易检测和隔离。缺点是对中心节点的依赖性大，如果中心节点出现故障，则整个网络会瘫痪。星形网络是目前建设局域网时最常用的拓扑结构。

2. 总线结构

总线结构的网络是以一条高速的公共传输介质连接若干节点组成的网络，如图 6-7（b）所示。总线结构的网络结构简单、容易实现、易于扩展。

总线网络的所有节点都通过总线以“广播”的方式发送数据，由一个节点发出的信息可被网络上所有的节点接收。当同时有两个以上的节点发送数据时，将发生冲突，造成传输失败。因此必须采用某种介质访问控制规程来分配信道，保证同一时间只有一个节点传送信息。在总线网络中，节点越多冲突的概率越大，因此总线的负载能力有限。当节点的个数超出总线的负载能力时，网络的速率会显著下降。

3. 树形结构

树形结构的网络采用分层结构将各个节点连接成树形，如图 6-7（c）所示。在树形结构中，只有上下节点间进行数据交换。它的优点是布线简单，管理、维护方便，缺点是资源共享能力差，可靠性低。

树形结构经常用在具有分级行政机构的网络中，如在一所大学中形成以网络中心为根节点，各学院为下一级分支，各部门为再下一级分支的树形结构网络。

4. 环形结构

环形结构的网络中每个节点仅与两侧节点相连，通过通信线路将各节点连接成一个闭合的环路，如图 6-7（d）所示。数据在环路中单向流通，每个节点转发信息。环形网络一般采用光纤或同轴电缆作为传输介质，传输速率高，距离远。环形网络主要用在城域网等高速骨干网络上。

5. 全互连结构

全互连结构的网络中的每个节点与网络中的其他所有节点都通过线路连接，如图 6-7（e）所示。例如，5 个节点的网络，每个节点需要 4 条线路，总共需要 10 条（即 $n\times(n-1)/2$）线路。当节点增加时，网络的复杂性将迅速增长。

这种网络结构的优点是通信速率高；缺点是网络连接复杂，建网成本高，只适合在节点数少、距离近的环境下使用。

6. 不规则结构

在广域网中，根据节点间的距离、信息的流量，决定在节点间是否建立连接。某些节点之间可以不必直接连接，其通信可以通过其他节点转发。因此在广域网中，节点之间会形成不规则结构的网络，如图 6-7（f）所示。

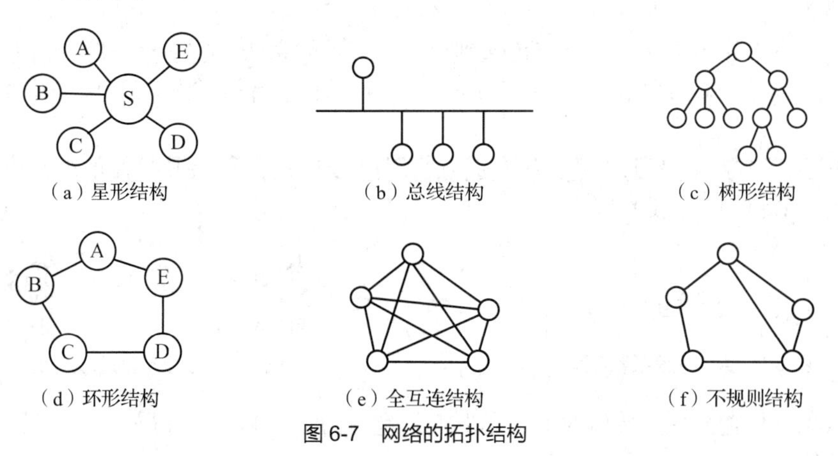

图 6-7　网络的拓扑结构

【例 6.1】 某高校的网络结构如图 6-8 所示，分析该网络的拓扑结构。

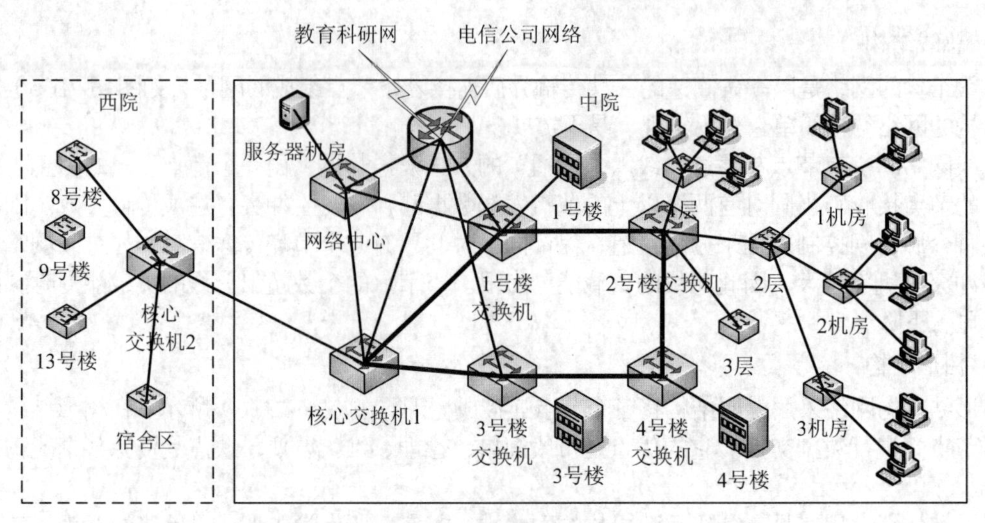

图 6-8　某高校网络结构

（1）中院的 1 号楼、2 号楼、3 号楼、4 号楼和核心交换机 1 组成一个环形拓扑结构的高速骨干网络。

（2）中院的各个楼宇中的各楼层组成多个树形拓扑结构网络，如 2 号楼的下一级为各层楼的交换机，2 层的下一级为 3 个机房，机房的交换机组成星形拓扑结构网络。

（3）中院的路由器、核心交换机 1、网络中心交换机和 1 号楼交换机组成了全互连结构网络。

（4）西院的核心交换机 2 和各个楼层组成树形结构网络。

6.3　数据通信技术

数据通信技术实现计算机与计算机之间、计算机与终端之间的数据传递，是实现复杂结构的网络的基础。本节简要介绍数据通信技术的基础知识，以便读者更好地理解计算机网络。

1. 数据通信

数据是有意义的实体，涉及事物的形式。信息是数据的内容或解释。

模拟数据在某个区间内以连续变化的值的形式出现，如声音或视频等。数字数据以离散值的形式出现，如整数、文本等。

数据通信系统是将数据从一个节点传递到另一个节点的系统，它包括信源、信道、信宿三个要素，如图 6-9 所示。信源是通信中信息的产生和发送方；信道是信息传输过程中的载体；信宿是信息的接收方。

如图 6-10 所示，用户 A 通过电话机向远方的用户 B 说话，此时用户 A 的电话机是信源，电话线是信道，用户 B 的电话机是信宿。

图 6-9　数据通信系统模型　　　　图 6-10　数据通信系统举例

信号是数据在传输介质上传输时的表示形式，也称为数据的电子编码、电磁编码。信号包括模拟信号和数字信号。

模拟信号是在一定的数值范围内可以连续取值的信号，是一种连续变化的电信号，如图 6-11 所示。

数字信号是一种离散的脉冲序列，如图 6-12 所示。如果以恒定的正电平和 0 电平分别表示二进制的 1 和 0，这种脉冲信号可以在介质上传输。

图 6-11　模拟信号　　图 6-12　数字信号

2. 数据编码

在数据传输时，发送方需要将数据编码为适合在信道中传输的信号，接收方接收到信号后将其还原为数据。数据编码方法可以分为数字信号编码和模拟信号编码。

（1）数字信号编码。数字信号编码是将二进制数据用不同电平或电压极性表示，形成矩形脉冲信号的编码方式。常用的方法有非归零编码、曼彻斯特（Manchester）编码和差分曼彻斯特编码。图 6-13 所示为数据 01001011 对应的三种数字信号编码的示意图。

① 非归零编码：高电平信号代表 1，低电平信号代表 0。非归零编码最简单，也容易实现。但是非归零编码在信源和信宿间必须进行时钟同步，如果同步时钟出现误差，将导致传输出差错。

② 曼彻斯特编码：每个码元分为前后两部分，电平前高后低为 1，反之为 0。每次跳变都表示为一个时钟，当两端的同步时钟出现误差时，可以发现并进行校准。

③ 差分曼彻斯特编码：码元中间电平跳变作为同步时钟；每个码元开始的边界处发生跳变代表为 0，无跳变为 1。

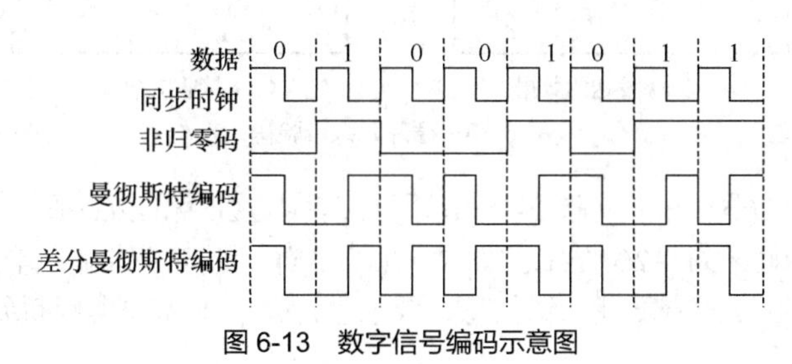

图 6-13　数字信号编码示意图

（2）模拟信号编码。模拟信号编码是将二进制数据转换为模拟信号进行传输的编码方式。将数据转换成模拟信号的过程称为调制，将模拟信号转换为数字信号的过程称解调。调制的方式主要有调幅、调频和调相。图 6-14 所示为数据 010010 对应的三种模拟信号编码方法的示意图。

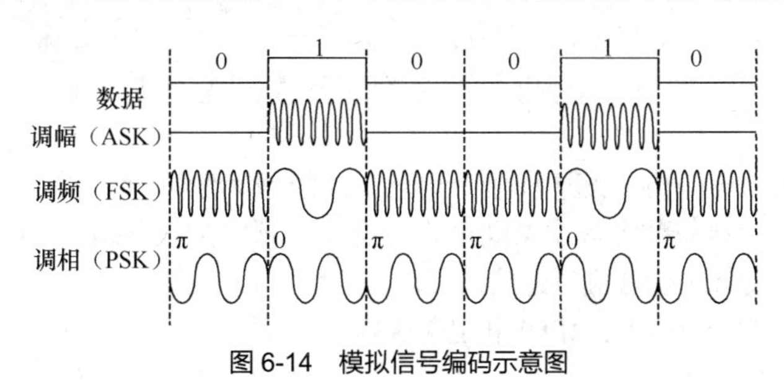

图 6-14　模拟信号编码示意图

① 调幅（幅移键控，Amplitude Shift Keying，ASK）：在一个同步周期中，载波振幅随二进制数据变化。如 0 对应无载波输出，1 对应有载波输出。

② 调频（频移键控，Frequency Shift Keying，FSK）：在一个同步周期中，载波频率随二进制数据变化。如 0 对应频率 f_1，1 对应频率 f_2。

③ 调相（相移键控，Phase Shift Keying，PSK）：在一个同步周期中，载波初始相位角随数字信

号变化，如 1 对应相位角 0° ，而 0 对应相位角 180° 。

3. 差错控制

在数据传输过程中，受信道内外的干扰，不可避免地发生接收数据与发送数据不一致的现象，这称为差错。通信系统必须具有检测差错和纠正差错的差错控制功能。

差错控制的核心是在发送数据中加入能够在目的地检查或纠正传输差错的冗余编码。能自动检测出错误的编码是检错码；能自动检测并纠正差错的编码是纠错码，因为纠错码的数据冗余太大，实际使用较少。

采用检错码，一旦发现差错，则重传数据，可获得较高的传输效率。常用的检错码有奇偶校验码和循环冗余校验（Cyclic Redundancy Check，CRC）码。

（1）奇偶校验码。奇偶校验码是最常用的检错码。其原理是在 7 位数据后增加 1 位，使 1 的个数为奇数（奇校验）或偶数（偶校验）。在目的地，根据 1 的数目为奇数或偶数，判断传输有无差错。

奇偶校验码只能检查 1 位或奇数个位的差错，如果发生偶数个位的差错，则检测不出。

例如，原始数据=1001011，若采用奇数校验，则加入校验位后传输的 8 位信号是 11001011。当接收到 8 位信号是 11001010 时，可以确定传输错误；当接收到 8 位信号是 11000010 时，则可能仍然错误地判断为传输正确。

（2）循环冗余校验码。循环冗余校验把发送数据看成多项式 $f(x)$，发送方用双方约定的多项式 $g(x)$ 除 $f(x)$，得到余数多项式 $r(x)$，即 $r(x)=\mathrm{mod}(f(x),g(x))$。发送方发送 $f(x)+r(x)$，如图 6-15（a）所示。

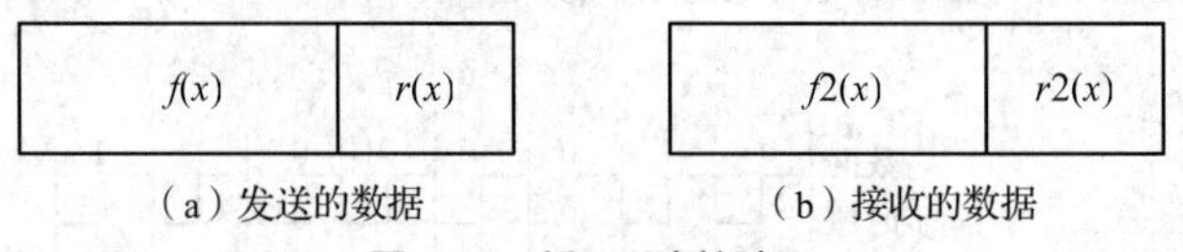

图 6-15　循环冗余校验码

接收方接收到数据 $f2(x)+r2(x)$，如图 6-15（b）所示，其中 $f2(x)$ 和 $r2(x)$ 都可能出错。用 $g(x)$ 除 $f2(x)$，得到余数多项式 $r'(x)$，即 $r'(x)=f2(x)/g(x)$。如果 $r2(x)=r'(x)$，则判断传输无差错，否则有差错。如果判断传输出现差错，则给发送方反馈出错信息，要求重传，而不需要再判断到底是哪里出错。

6.4　网络协议、体系结构和操作系统

6.4.1　网络协议

网络协议是指为了使网络中的计算机之间能够正确传输信息而制定的关于信息传输的规则、约定与标准。

通信双方必须按照同样的协议发送和接收信息，才能正确地进行数据通信。就像中、英、法三种语言，对话者必须使用同一种语言才可以正确交流。计算机接入网络，安装了网卡及其驱动程序后，需要安装相关的协议，才能够进行通信。

常用的网络协议有 TCP/IP、NetBEUI 和 IPX/SPX。

1. TCP/IP

TCP/IP（Transmission Control Protocol/Internet Protocol，传输控制协议/互联网协议）是 Internet 的基本协议，它是 Internet 的基础。

2. NetBEUI

NetBEUI（NetBIOS Extend User Interface，NetBIOS 用户扩展接口）协议是规模小但效率高的协议，一般用在结构简单的小型局域网上。

3. IPX/SPX

IPX/SPX 是 Novell 公司用在其 NetWare 局域网的通信协议。IPX（Internet Packet eXchange Protocol，互联网包交换协议）是它使工作站的应用程序能够在互联网上发送和接收数据包；SPX（Sequenced Packet eXchange Protocol，顺序包交换协议）是提供面向连接的传输服务，在通信用户之间建立并使用应答进行差错检测和恢复。

6.4.2 网络体系结构

网络协议的设计相当复杂，在设计协议时普遍采用层次结构模型，把复杂问题分解为若干简单、易于处理的问题。在协议层次结构中，每层都以前一层为基础，相邻层之间有通信约束的接口。下一层为上一层提供服务，上一层是下一层的用户。

网络层次结构模型与各层协议的集合称为网络体系结构。体系结构是抽象的概念，而实现是指能够运行的一些硬件和软件。国际标准化组织（ISO）制定了 OSI（Open System Interconnection，开放系统互联）参考模型，开放是指只要遵循 OSI 标准，一个系统就可以与位于世界上任何地方、同样遵循同一标准的其他任何系统进行通信；系统则是计算机、外设、终端、传输设备、人员以及相应软件的集合。

OSI 是 7 层结构的模型，如图 6-16 所示。网络中各节点（如主机 A 和主机 B）具有相同的层次结构；不同节点的同一层功能相同；同一节点内相邻层之间通过接口通信；每一层可以使用下层提供的服务，并向其上层提供服务；不同节点的同等层通过协议来实现对等层之间的通信。

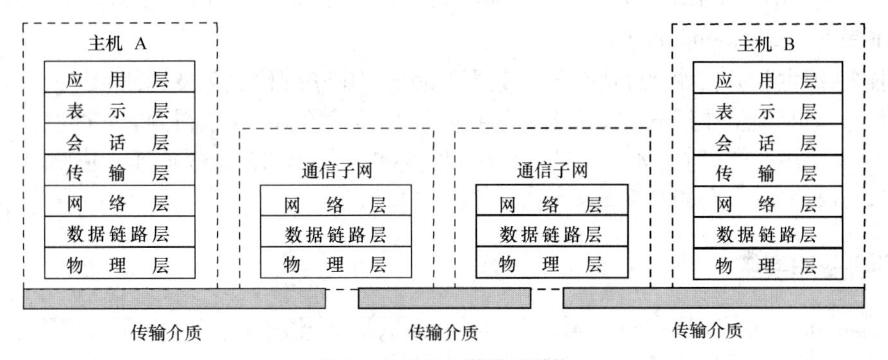

图 6-16 OSI 网络体系结构

例如，主机 A 的进程 P1，向主机 B 的进程 P2 发送数据。应用层为数据加上控制信息交到表示层，表示层再加上本层控制信息交到会话层，依此类推，直到物理层把比特流发送到传输介质上传输。比特流经过复杂的通信子网的转发，最后到达主机 B。主机 B 从物理层开始，逐层剥去控制信息，直到应用层，主机 B 的进程 P2 获得原始数据。

这个过程如同为了完成某项工作或任务，甲地的 A 给乙地的 B 写信传输信息 X。

1. 物理层（Physical Layer）

利用传输介质为通信节点之间建立、管理和释放物理连接，将比特信号在两点间透明传输，为数据链路层提供数据传输服务。

如同邮车通过公路将信件转发到下一个邮局。

2. 数据链路层（Data Link Layer）

在物理层服务的基础上，数据链路层在通信实体之间建立数据链路连接，传输以帧（Frame）为单位的数据包；采用差错控制与流量控制方法，使有差错的物理线路变成无差错的数据链路。

如同信件在邮局间转发时，由管理员负责安排邮车、管理线路。

3. 网络层（Network Layer）

通过路由选择算法为数据分组在通信子网中选择最适当的路径；为数据在节点之间传输创建逻辑链路；实现拥塞控制、网络互连等功能。

如同邮局根据距离、路况、堵车等情况，选择将信件转寄到下一个邮局，直到信件到达目的地的邮局。

4. 传输层（Transport Layer）

向用户提供可靠的端到端（End-to-End）服务；处理数据包错误、数据包次序，以及其他一些关键传输问题；传输层向高层屏蔽下层数据通信的细节，是计算机通信体系结构中关键的一层。

如同信件投入邮筒后，邮差检查信封书写是否规范，将信件交给邮局；乙地邮局的邮递员根据信封的收信人地址和姓名将信投递到 B 手中。

5. 会话层（Session Layer）

负责维护两个节点之间的传输链接，确保点到点传输不中断；管理数据交换。

如同 A 将信纸放入信封，写上收件人地址、姓名和发件人地址、姓名；B 收到信后，检查信封，看信件是不是寄给本人的。

6. 表示层（Presentation Layer）

用于处理在两个通信系统中交换信息的表示方式，进行数据格式变换、数据加密与解密、数据压缩与恢复等。

如同 A 将信息 X 写在信纸上，加上抬头和结尾；B 打开信封，阅读信件。

7. 应用层（Application Layer）

为应用软件提供服务，如文件服务器、数据库服务、电子邮件服务及其他网络软件服务。

如同为了完成某项工作任务，A 需要写信将内容 X 传输给 B；B 获得内容 X 完成工作。

OSI 参考模型并不是一个标准，而是一个在制定标准时使用的概念性框架，用来协调进程间通信标准的制定，各种产品只有和 OSI 的协议相一致时才能互连。

6.4.3 网络操作系统

网络操作系统不仅要管理本机资源，还应具有提供网络服务的功能，包括管理网络中的共享资源，提供文件服务、数据库服务、打印服务、通信服务、信息服务、分布式目录服务、网络管理服务、Internet/Intranet 服务等。

目前常用的网络操作系统有 UNIX/Linux、Windows NT/2000/2003/2007 的 Server 版等。

6.5 网络硬件设备

网络的硬件设备包括网络主体设备、网络传输介质和网络连接设备三部分。

6.5.1 网络主体设备

网络主体设备也称为主机（Host），包括服务器（Server）和客户机（Client），如图 6-17 所示。

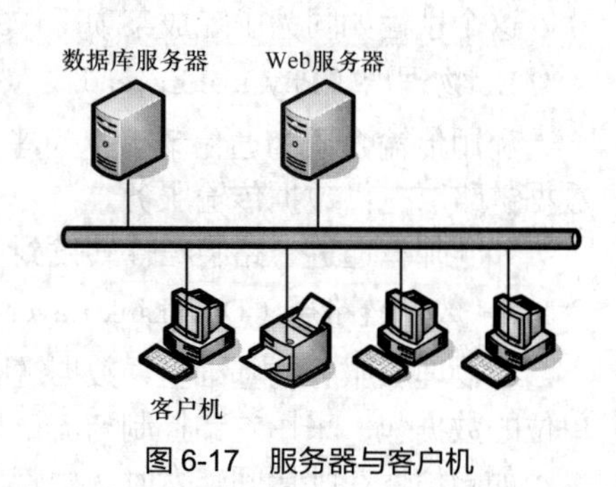

图 6-17 服务器与客户机

1. 服务器

服务器运行网络操作系统，提供共享资源，进行网络控制。

按照其功能可以分为文件服务器、域名服务器、打印服务器、通信服务器、数据库服务器、Web 服务器等。服务器一般要求运算速度快、并行处理的能力强、存储容量大、网络传输速率高。

2. 客户机

客户机就是用户接入网络的计算机，可以共享网络资源，进行信息交流。

6.5.2 网络传输介质

传输介质是指在通信中数据传输的载体，是网络中数据发送者和接收者之间的物理路径。传输介质分为有线介质和无线介质两大类。常见的有线介质有双绞线、同轴电缆和光纤等，无线传输介质包括无线电波、红外线、激光等。

1. 传输速率

（1）波特率。用于说明在单位时间传输了多少个码元，它用单位时间内载波调制状态改变的次数来表示，其单位为波特（Baud）。

在数字通信中，用时间间隔相同的符号来表示数字，这个符号称为码元，这个时间间隔称为码元长度。每个码元可以表示一个二进制数、八进制数、十进制数、十六进制数等。

图 6-18 所示的电磁光谱图，按照从左到右的顺序为低频波、无线电（AM、FM、TV）、微波、红外、可见光，频率越来越高，可以调制的波特率也就越来越高，各自适合在对应的介质中传输。

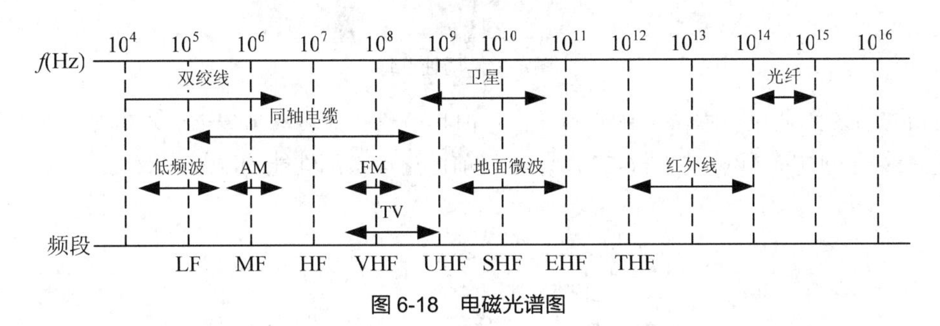

图 6-18　电磁光谱图

（2）比特率。线路中每秒传输的有效二进制位数，称为比特率，其单位是 bit/s（Bit Per Second），一般网络的传输速率的单位为 kbit/s、Mbit/s、Gbit/s 等。

在线路的传输过程中，如果每个码元只有两种状态即 1 和 0，此时波特率=比特率。

经常还会看到单位 KB/s（KByte Per Second），指的是每秒传输的千字节数，1KB/s=8Kbit/s。

常说的某家庭安装 10M 宽带，一般指的是 10Mbit/s。因为 1Byte=8bit，所以该宽带最大下载速率约为 1.25MB/s。

2. 有线传输介质

（1）双绞线。双绞线（Twisted Pair，TP）是综合布线工程中最常用的传输介质之一，由两根具有绝缘保护层的铜导线按一定密度互相绞在一起，每一根导线在传输中辐射出来的电波会被另一根线上的电波抵消，可有效降低信号干扰的程度。实际使用时，一般由多对双绞线一起包在一个绝缘电缆套管里，如图 6-19 所示。与其他传输介质相比，双绞线在传输距离、信道宽度和数据传输速度等方面均受到一定限制，但价格较为低廉。

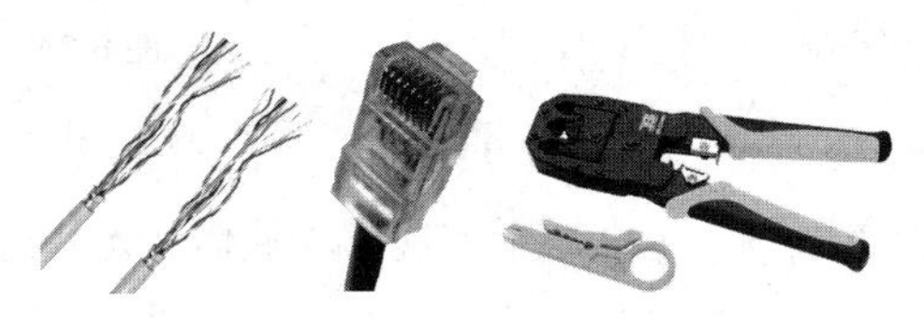

图 6-19　双绞线、RJ45 接口、压线钳

双绞线常用节连接交换设备，组织星形网络，如图 6-20 所示。

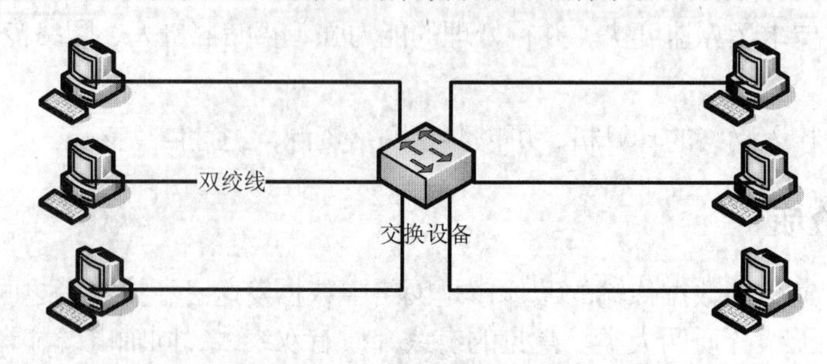

图 6-20　双绞线组织星形网络

（2）同轴电缆。同轴电缆（Coaxial Cable）的内芯是单股实心铜线（内导体），外包一层绝缘材料（绝缘层），再外层是金属屏蔽线组成的网状导体（外导体），具有屏蔽作用，最外层是绝缘层（外部保护层），如图 6-21 所示。其中铜芯和外部网状导体构成一对同轴导体。常用的同轴电缆有两类：50Ω和 75Ω的同轴电缆。

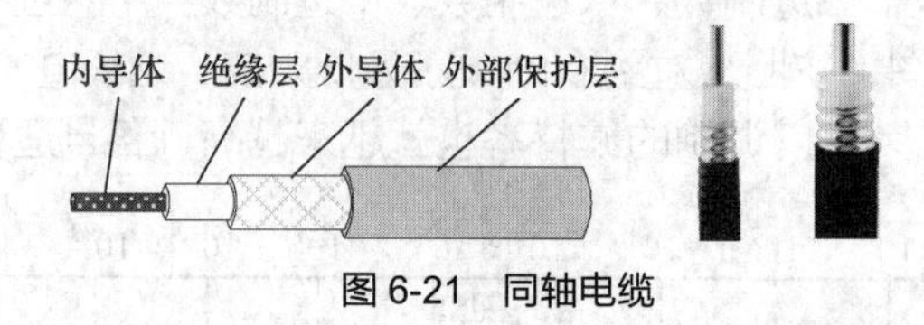

图 6-21　同轴电缆

同轴电缆具有高速率、高抗干扰性的优点，但是价格比双绞线贵得多，在网络发展的早期广泛用于组建总线结构的局域网，如图 6-22 所示，目前已逐渐被高性能的双绞线取代。

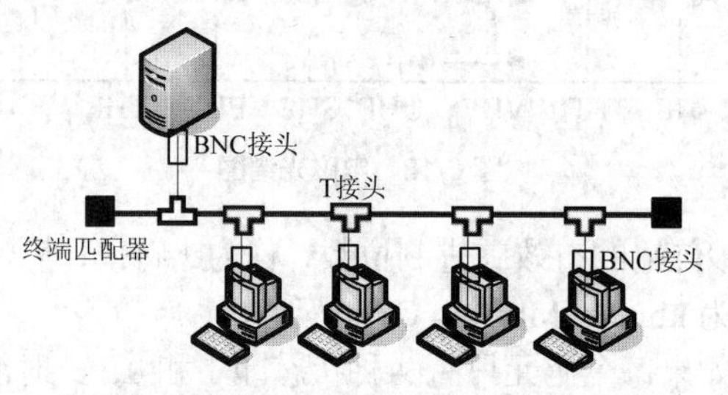

图 6-22　同轴电缆组织的总线结构的网络

（3）光纤。光纤的中心为一根玻璃或透明塑料制成的光导纤维，周围包裹保护材料，如图 6-23 和图 6-24 所示。光缆由多根光纤组成。光纤以光脉冲的形式传输信号，具有频带宽、电磁干扰小、传输距离远、损耗低、重量轻、抗干扰能力强、保真度高、性能可靠等优点。随着技术的进步，光纤的成本也在逐步下降。

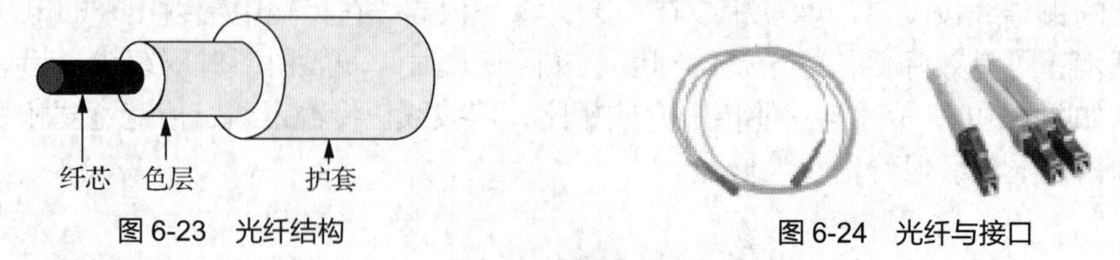

图 6-23　光纤结构

图 6-24　光纤与接口

3. 无线传输介质

无线传输不受固定地理位置限制，可以用于实现移动通信和无线通信。无线传输的介质包括无线电波、红外线和激光等。

（1）无线电波。无线电波是指在自由空间（包括空气和真空）传播的电磁波，它有两种传播方式：一是电波沿着地表面向四周直接传播，如图 6-25 所示；二是靠大气层中的电离层折射进行传播，如图 6-26 所示。信息调制后可加载在无线电波上，传输电报、蜂窝电话和广播信号等。

无线局域网（Wireless LAN，WLAN）在室内或室外空间中使用无线电波作为通信介质，使得各种可移动的计算机和设备能随时随地接入网络，不需要连接有线介质，从而满足人们移动上网的需要，如图 6-27 所示。无线电波的速率可达 5～54Mbit/s，无线设备覆盖的最大距离通常为 300m，若属于半开放性空间或有隔离物的区域，则一般为 35～50m，若借用外接天线，传播距离可以达到几十千米。

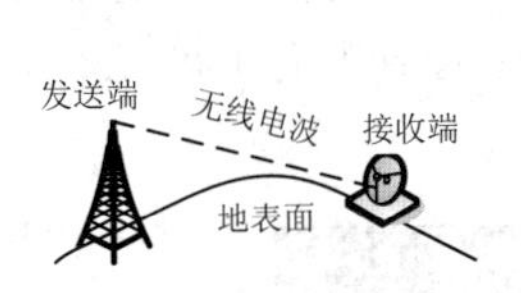

图 6-25　无线电波沿地面直接传播

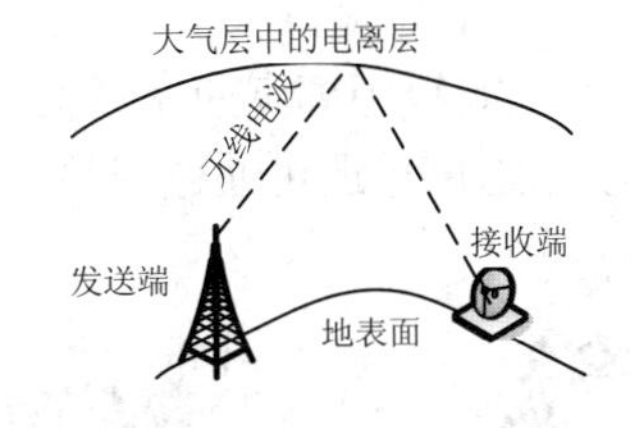

图 6-26　无线电波靠电离层折射传播

图 6-27　无线局域网

蓝牙是一种支持设备间短距离通信（一般 10m 内）的无线电通信技术，它工作在 2.4GHz 频段，数据传输速率为 1Mbit/s。主要是在汽车、移动电话、无线耳机、笔记本电脑、计算机之间进行无线通信。蓝牙技术能够简化设备间的通信，使得数据传输更加高效，如图 6-28 所示，汽车和手机、手机和手机之间是通过蓝牙进行通信的。

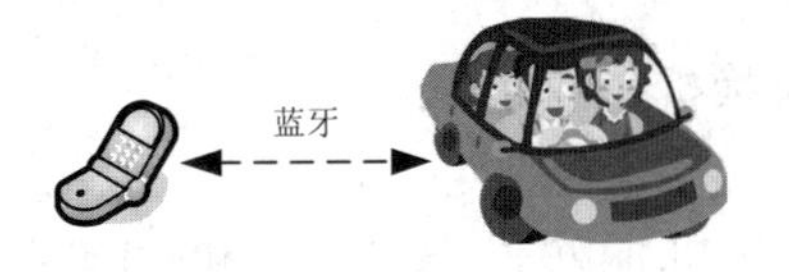

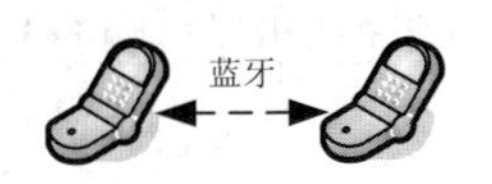

图 6-28　蓝牙连接

通过蓝牙实现手机 A 和 B 之间的连接，一般分为以下几步。

① 手机 A 开启蓝牙功能，设定为“对其他蓝牙设备可见”。

② 手机 B 开启蓝牙功能，设定为“对其他蓝牙设备可见”，搜索到手机 A。

③ 手机 A 和手机 B 确认配对的密钥，选择配对对方的手机。

④ 手机 A 和手机 B 通过蓝牙连接传输文件、照片、音频、视频、电话簿等数据。

（2）红外线通信。红外线是波长介于微波与可见光之间的电磁波，它不能穿透障碍物（如墙壁）。红外线通信使用不可见的红外线光源传输数据，被广泛用于室内短距离通信。例如，家家户户使用的电视机、空调等设备的遥控器就是通过红外线进行遥控的，手机之间也可以通过红外线连接传输数据，如图 6-29 所示，计算机、手机、移动设备等都可以通过红外线连接传输数据。

红外线通信是一种廉价、近距离、无线、低功耗、保密性强的通信方案，主要用于近距离的无线数据传输，也可以用于近距离的无线网络接入。

常用的红外线数据传输标准有两种：SIR（Slow Infrared）和 FIR（Fast Infrared）。SIR 最大传输速率为 115.2kbit/s，而 FIR 的传输速率可达 4Mbit/s。

（3）激光通信。除了可以在光纤中使用光传输数据以外，激光也可以在空气或太空中传输数据。激光是一种新型光源，具有亮度高、方向性强、单色性好、相干性强等特征。激光通信系统的两端都需要发送端和接收端，如图 6-30 所示。

激光通信的带宽高、容量大、不受电磁干扰、不怕窃听，设备的结构轻便、价格经济。但是激光在空气中的传播衰减快，受天气影响大；激光束有极高的方向性，瞄准困难。

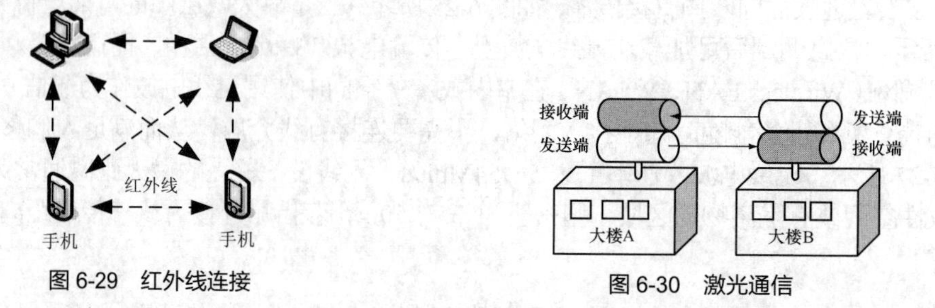

图 6-29 红外线连接　　图 6-30 激光通信

如图 6-31 所示，激光通信主要用在地面间短距离高速率通信，短距离内传送高清视频信号；也可用于导弹引导的数据传输，地面间的多路通信；还可通过卫星进行全球通信和星际通信。

图 6-31 星地激光通信

6.5.3 网络连接设备

常用的网络连接设备包括网络适配器、交换机和路由器等。

1. 网络适配器

网络适配器（Network Interface Card，NIC），也叫网卡，承担计算机与网络之间交换数据的任务，要把计算机接入网络，必须在计算机的插槽中插入网卡，网卡包括有线网卡和无线网卡。

图 6-32（a）所示为有线网卡，有线网卡包括 RJ45、BNC、AUI 和光纤接口。RJ45 连接双绞线，BNC 连接细同轴电缆，AUI 连接粗同轴电缆，光纤接口用于连接光纤。有线网卡一般速率为 10Mbit/s 或 100Mbit/s，此外还有 10/100Mbit/s 的自适应网卡，光纤网卡则更快。

无线网卡用于连接无线局域网，计算机、手机、平板电脑等经常内置无线网卡，也可以使用 USB 接口的无线网卡，如图 6-32（b）所示。

（a）有线网卡　　（b）USB 无线网卡

图 6-32 网卡

网卡的物理地址（也叫 MAC 地址）是保存在网卡中的全球唯一地址，通常由网卡生产厂烧入网卡的 EPROM 中。物理地址由 48bit（6 字节）的十六进制数组成，如 E8-9A-8F-F3-20-2D。不同的厂商通过申请唯一的厂商代码（第 0～23 位），并自行分派第 24～47 位，来保证各厂商所造的所有网卡的物理地址唯一。在局域网中，人们使用广播方式发送数据，通过物理地址来识别主机。

如图 6-33 所示，在局域网中，三台计算机网卡的物理地址不同。PC1 发送数据帧给 PC3，数据帧封装了源地址和目的地址。数据帧广播到局域网后，局域网中的所有网卡都可以接收到。只有 PC3 的网卡在接收到数据帧后，检测发现目的地址与本网卡的物理地址相同，接收并处理这个数据帧，并且知道这个数据帧是 PC1 发送的。其他计算机则抛弃该数据帧。

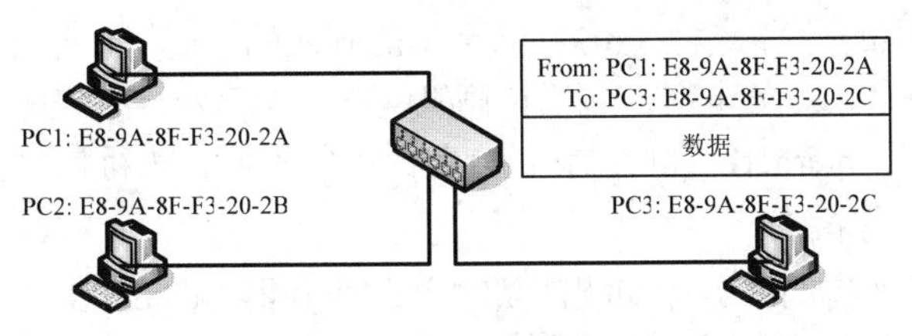

图 6-33　网卡的物理地址

2. 交换机

交换机也称为交换式集线器，如图 6-34 所示。它工作在 OSI 参考模型的数据链路层，它能根据发送数据包的源地址和目的地址，接通源端口与目的端口电路，为接入交换机的任意两个网络节点提供独享的信号通路。交换机中可以同时存在多条通路，彼此独立，即使工作繁忙时每一对传输通路都可以获得较高速率。

如图 6-35 所示，8 接口交换机的每个接口包括一对输入和输出线路，接口 1 和接口 6 连接、接口 2 和接口 4 连接、接口 3 和接口 5 连接，共有三对独享的数据传输通路，传输完毕后连接将断开。交换机常见的有 10Mbit/s、100Mbit/s、自适应 10/100Mbit/s、1 000Mbit/s 等。

图 6-36 所示为使用交换机组织的星形结构的网络。

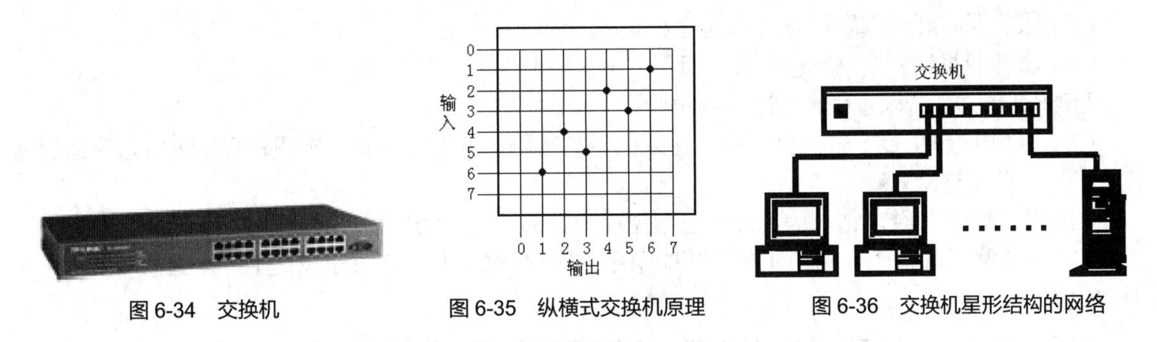

图 6-34　交换机　　图 6-35　纵横式交换机原理　　图 6-36　交换机星形结构的网络

3. 路由器

路由器（Router）是在广域网中进行数据包转发的设备，工作在 OSI 参考模型的网络层。在广域网中，路由器接收并存储数据包，根据信道速率、拥塞等情况自动选择路由，以最佳路径将数据包从源 IP 地址向目的 IP 地址转发数据包，如图 6-37 所示，数据包从计算机 192.168.61.1 发送到计算机 192.168.62.2，数据包转发的路径为子网 1→R1→R2→R3→子网 2，也可以走其他路径，如子网 1→R1→R2→R5→R3→子网 2，或者子网 1→R1→R4→R5→R3→子网 2。

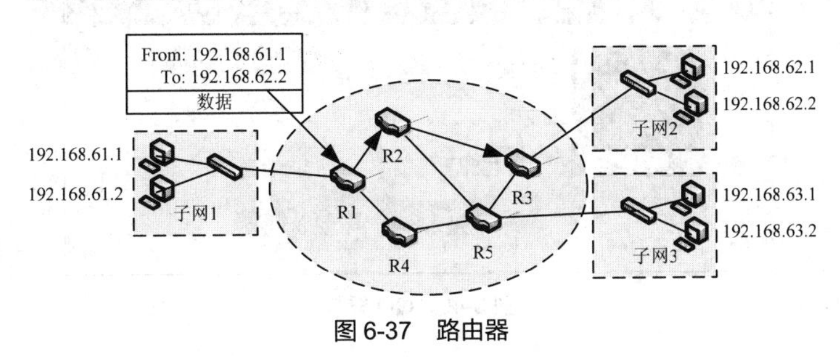

图 6-37　路由器

6.6 Internet 概述

1. 什么是 Internet

因特网（Internet）是指把世界各地已有的各种网络，如计算机网络、电话网、有线电视网等连接起来，组成的国际范围的网络，如图 6-38 所示。Internet 的核心协议是 TCP/IP。

Internet 网络结构复杂，业务丰富，包括计算机网络、电话网、有线电视网等。用户在世界的任何地方，以任何方式接入 Internet，都可以访问丰富的网络资源，进行信息交流。

2. 客户机/服务器工作模式

在 Internet 中，几乎所有的服务和功能都以客户机/服务器（Client/Server，C/S）模式作为工作模式，如图 6-39 所示。客户机/服务器模式包括以下过程。

图 6-38　Internet 示意图

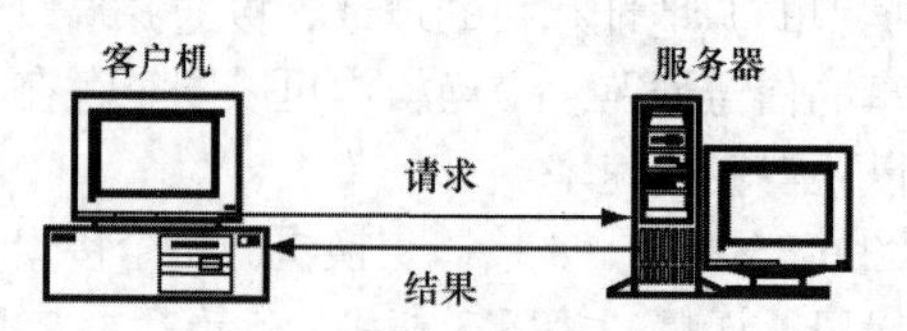

图 6-39　客户机/服务器模式

（1）客户机向服务器发出服务请求。

（2）服务器收到请求后，对请求进行处理。

（3）服务器将处理结果传送给客户机。

【例 6.2】 QQ 登录过程，如图 6-40 所示。

（1）客户机上的 QQ 软件打开后，输入账号和密码，单击“登录”按钮，将登录信息传输到远程服务器，请求登录。

（2）服务器接收登录请求信息后，在数据库中查询，判断账号和密码是否正确。

（3）如果账号和密码正确，则向客户端返回结果，客户端进入 QQ；否则返回错误结果，提示“密码错误”。

图 6-40　QQ 登录

6.7　IP 地址、端口号与域名

6.7.1　IP 地址

1. IP 地址

每个物理网络内部都使用物理地址（MAC 地址）识别计算机。MAC 长度为 48bit，它不包含位置信息，只用于区别局域网内部的计算机。

IP 地址是标识计算机在 Internet 中位置的唯一地址。在 Internet 中，不允许有两台计算机的 IP 地址相同。

IP 地址长 32bit，分为 4 字节，每个字节对应 0～255 的十进制整数，数字间用“.”隔开。例如，210.31.133.209 是一个正确的 IP 地址。采用这种编址方法，总共有 43 亿多个 IP 地址。

2. IP 地址的分层结构

IP 地址采用分层结构管理，包括网络地址和主机地址两部分。网络地址表明主机所在网络的 Internet 地址，因此 IP 地址中包含了位置信息，网络中的每一台主机获得一个主机地址。

网络号不空而主机号为 0 的是网络地址，如 210.31.133.0。

【例 6.3】 图 6-41 所示描述了主机 1 向主机 4 发送数据包的操作过程。

主机 1 的网络地址为 210.31.133.0，主机地址为 2；主机 4 的网络地址 210.31.111.0，主机地址为 3。主机 1 向主机 4 发送数据包时，目的地址 210.31.111.3 的网络地址为 210.31.111.0，路由器根据网络地址可知网络的位置，从而决定网络的路由。

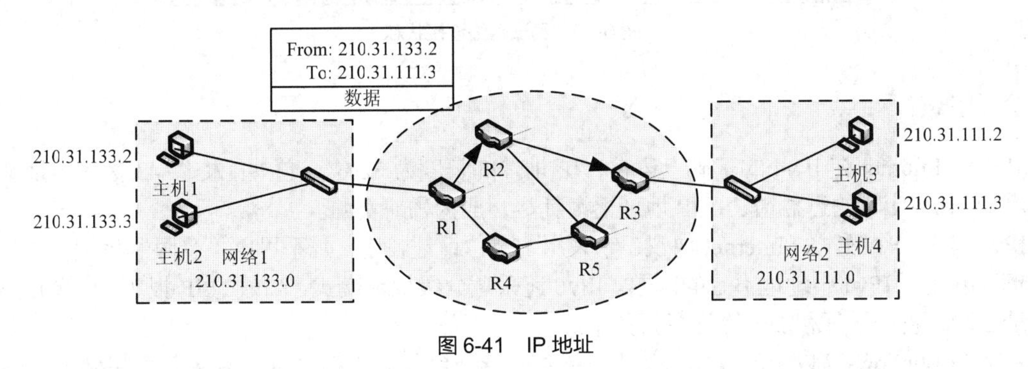

图 6-41　IP 地址

一台计算机可以同时拥有多个 IP 地址。例如，一台计算机连接在校园网中，配置的 IP 地址为 210.31.133.209。如果该计算机同时还通过拨号接入 Internet，则 ISP（Internet Service Provider，互联网服务提供商）还将为其分配一个动态 IP 地址。此时，该计算机处于两个网络中，拥有两个不同的 IP 地址。

3. 特殊 IP 地址

（1）127.0.0.1 是本机地址，主要用于测试本计算机的连接是否正常。在 Windows 系统中，这个地址有一个别名是“Localhost”。主机向该地址发送数据，协议软件会立即返回，不进行任何网络传输。

（2）因为可用的 IP 数量有限，不可能给企业、单位、家庭内部的每台计算机都分配一个公网的 IP 地址。此时可以采用私有地址，如 10.x.x.x、172.16.x.x～172.31.x.x、192.168.x.x。

在使用无线路由器组织的局域网中，路由器使用 192.168.1.1 作为默认地址，则其他主机的地址为 192.168.1.x。

私有网络独立于外部互连，因此可以随意使用私有 IP 地址，私有地址不会与外部公共地址冲突。使用私有地址的私有网络在接入 Internet 时，要使用地址翻译（Network Address Translation，NAT）

将私有地址翻译成公用合法地址。

4. ping 命令

ping 命令用于检测本机到目的 IP 主机之间的网络是否连通，以及主机之间的连接速率。ping 命令的格式为：

ping 目的主机 IP 地址　或　域名

ping 命令向目的主机发送 32 字节消息，并计算目的主机的响应时间。默认情况下，重复 4 次，响应时间低于 400ms 为正常，否则网络速度较慢。如果返回“Request timed out”信息，则说明连接不到目的主机。

【例 6.4】 使用 ping 命令，测试本计算机的网络连接的 TCP/IP 配置是否正常。

在“开始”菜单的“运行”框中输入“CMD”命令，打开 MS-DOS 窗口，输入命令“ping 127.0.0.1”，如图 6-42 所示。如果响应时间和字节数都正常，则说明本机的网络连接的 TCP/IP 配置正常。

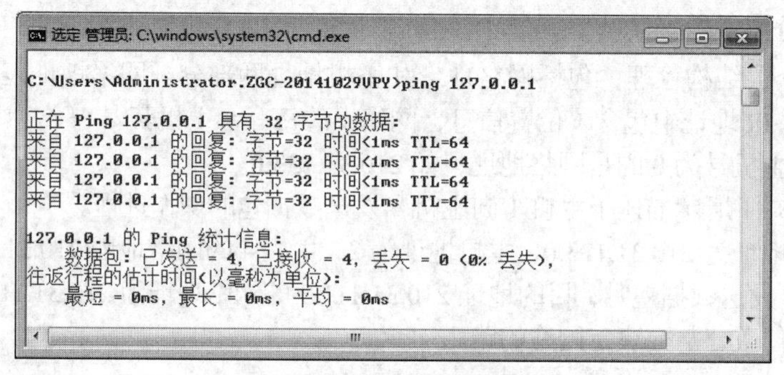

图 6-42　测试网络连接状态

6.7.2 IPv6

现有的 Internet 在 IPv4 的基础上运行，IP 地址的长度为 32 位，总共能提供 43 亿多个地址。但是随着 Internet 应用的迅猛增长，IP 地址逐渐耗尽，成为稀缺资源。

IPv6 是下一个版本的 Internet 协议，它采用 128 位地址长度，几乎可以不受限制地提供 IP 地址，从而彻底解决了 IPv4 中地址不足的问题。IPv6 还采用分级地址模式、高效的 IP 报头、服务质量、主机地址自动配置、认证和加密等许多新技术。

目前在 Windows 7 以上的操作系统上，网络连接已经开始支持 IPv6，如果计算机处于支持 IPv6 的网络上，就可以使用 IPv6 了。

6.7.3 端口号

一台拥有 IP 地址的主机可以提供许多服务，如 Web 服务、FTP 服务、SMTP 服务等，这些服务通过同一个 IP 地址来实现。因为 IP 地址与网络服务的关系是一对多的关系，所以显然不能只靠 IP 地址来实现。

在 Internet 中，通过“IP 地址+端口号”来区分不同服务。如 TCP/IP 的服务端口号的范围是从 0 到 65 535。

TCP 和 UDP（User Datagram Protocol，用户数据报协议）是 OSI 模型中传输层的协议，TCP 通过检验、序列号、确认应答、重发控制、连接管理以及窗口控制等机制实现可靠的有连接传输。UDP 不提供复杂的控制机制，利用 IP 提供面向无连接的通信服务，常被用于让广播和细节控制交给应用的通信传输。

知名端口就是众所周知的端口号，范围从 0～1023，这些端口号一般固定分配给一些服务，常用的端口号如下。

（1）80：HTTP（超文本传输协议）网页服务端口（TCP）。

（2）20、21：FTP（文件传输协议）服务端口（TCP）。

（3）23：Telnet（远程登录协议）服务的端口（TCP）。

（4）25：SMTP（简单邮件传输协议）服务的端口（TCP）。

（5）135：RPC（远程过程调用）服务端口（TCP）。

（6）4000：QQ 端口（UDP）。

一个服务在使用默认的端口号时可以省略端口号，也可以指定其他端口号；当服务使用其他端口号时，必须指定端口号。指定端口号的方法是在地址后面加上冒号“:”（半角），再加上端口号。例如：

地址“http://csie.tust.edu.cn:8080”，服务器端使用 8080 作为 WWW 服务的端口号。

地址“http://csie.tust.edu.cn:80/ccbs”，指定 WWW 服务的端口号的默认端口号为 80。

地址“http://csie.tust.edu.cn/ccbs”，省略 WWW 服务的端口号，默认端口号为 80。

【例 6.5】 通过设置，配置本机的静态 IP 地址。

操作步骤如下。

（1）在“网络和共享中心”中，双击“更改适配器”命令，再双击“本地连接”图标，打开“本地连接属性”对话框，如图 6-43 所示。

（2）选中“Internet 协议版本 4（TCP/IPv4）”选项，单击“属性”按钮，打开“Internet 协议版本 4（TCP/IPv4）属性”对话框，如图 6-44 所示，单击“使用下面的 IP 地址”选项，可以设定静态的 IP 地址、子网掩码、默认网关和 DNS 服务器地址。

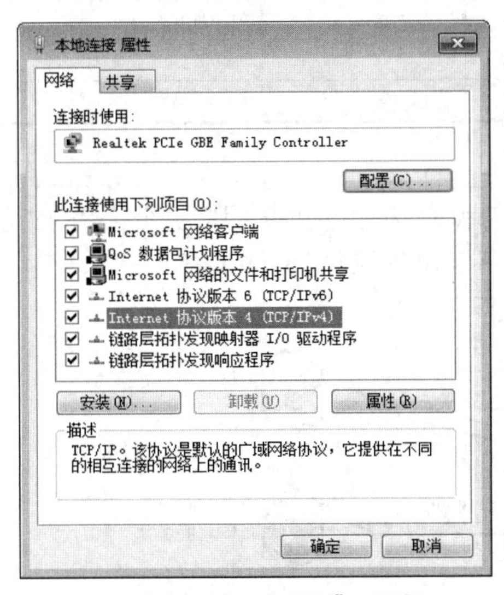

图 6-43 “高级 TCP/IP 设置”对话框

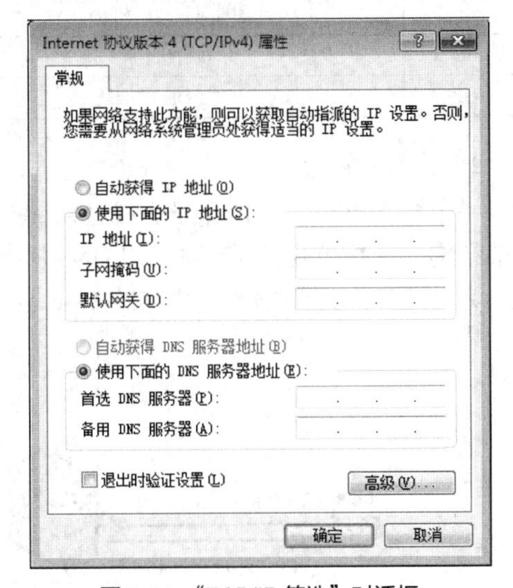

图 6-44 “TCP/IP 筛选”对话框

6.7.4 DNS 域名

1. 域名

数字格式的 IP 地址难以记忆和识别，从 1985 年开始采用域名管理系统（Domain Name System，DNS），使用域名来指向 IP 地址。

域名采用层次型树状结构，如图 6-45 所示。域名分为多个层次，每个层次都管理其下级内容。一台主机的域名，以圆点“.”分隔，从右到左域的范围逐渐缩小。一级域名为地理域名，如国家（地区）；二级域名为机构域名，表示组织或部门；三级以下域名为网络名、主机域名等。域名的分层结构为：

分机名.主机域名.机构域名.地理域名

例如：

www.tust.edu.cn 为中国域名，cn 表示中国，edu 表示教育机构，tust 表示天津科技大学，主机域名为 www。

www.cctv.com 为国际域名，com 表示商业机构，cctv 表示中央电视台，主机域名为 www。

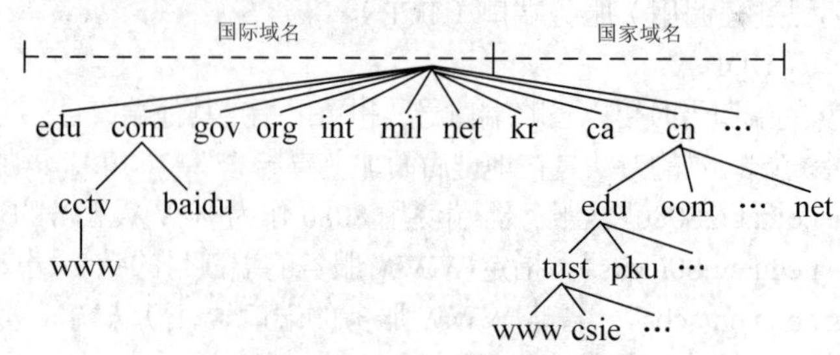

图 6-45　域名的分层结构

表 6-1 所示为一些非国家的顶级域、国家的顶级域及其含义。

表 6-1　非国家的顶级域、国家（地区）顶级域

域	含义	域	含义
com	商业机构	org	非商业或教育的其他机构
net	网络机构	int	国际组织
gov	美国部分政府机构	cn	中国
edu	教育机构	ca	加拿大
mil	非保密军事机构	au	澳大利亚

2. 域名的解析

一个域名指向一个 IP 地址，域名系统（DNS）负责管理域名与 IP 地址的对应关系。对应域名的分层结构，每一级域名都有对应的 DNS 服务器，保存域名与 IP 地址的映射表。

域名到 IP 地址的解析过程如图 6-46 所示，具体过程如下所述。

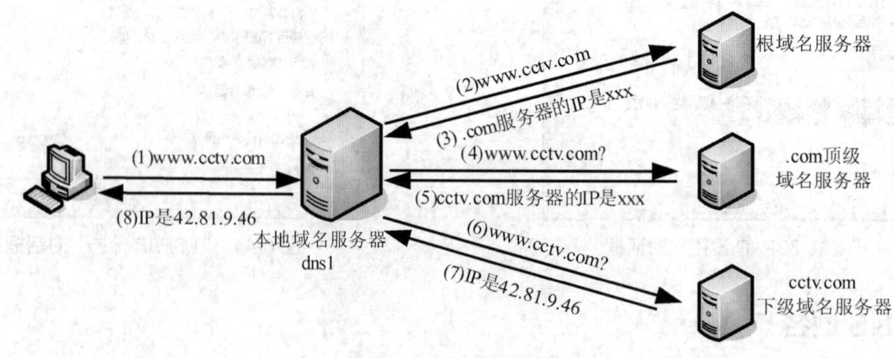

图 6-46　域名解析过程

（1）客户机提出域名解析请求，并将该请求发送给本地的域名服务器 dns1。

（2）当 dns1 收到请求后，先查询本地缓存，如果有该域名的记录，则本地域名服务器直接将查询的 IP 返回给客户机。

（3）如果本地缓存中没有该记录，那么 dns1 就把请求发给根域名服务器，根域名服务器再返回给 dns1 一个所查询域（根的子域）的顶级域名服务器的 IP 地址。

（4）dns1 再向上一步返回的顶级域名服务器发送请求，接收请求的服务器查询自己的缓存，如果没有该记录，则返回主域名服务器相关的下级域名服务器的 IP 地址。

（5）重复第（4）步，直到找到正确的记录。

（6）dns1 把返回的结果保存到缓存，以备下一次使用，同时将结果返回给客户机。

【例 6.6】 使用 ping 命令，测试域名 www.cctv.com 对应的 IP 地址。

打开 MS-DOS 窗口，输入命令“ping www.cctv.com”，如图 6-47 所示，域名 www.cctv.com 对应的 IP 地址为 42.81.9.46。

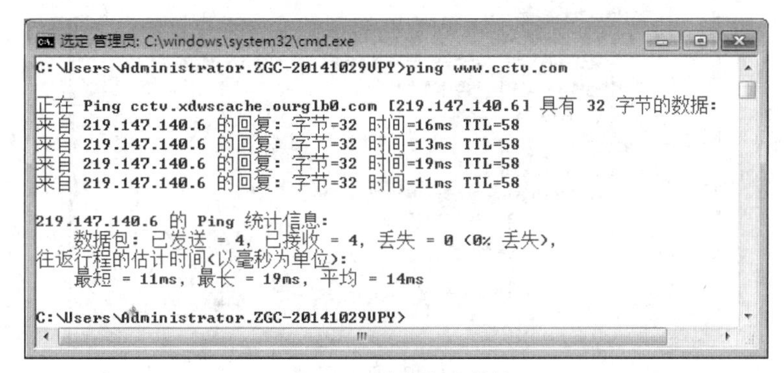

图 6-47　域名的 IP 地址

6.7.5 网络查错

当计算机不能正常访问 Internet 时，原因可能是计算机的 TCP/IP 协议栈出错、网卡出错、网络连接被禁用、防火墙设置、物理线路问题、DNS 服务器地址出错等。

【例 6.7】 计算机不能正常访问 Internet 时，如何进行查错。

查错的过程如下所述。

（1）使用命令尝试连接本地回环地址，命令为“ping 127.0.0.1”。如果失败，说明 TCP/IP 协议栈出错，此时需要重新安装 TCP/IP。

（2）使用命令尝试连接局域网中的其他计算机的 IP 地址，如命令“ping 192.168.1.102”。如果失败，说明网卡出错或者网络连接被禁用，打开“网络和共享中心”窗口，检查网卡和网络连接的状况，如图 6-48 所示。

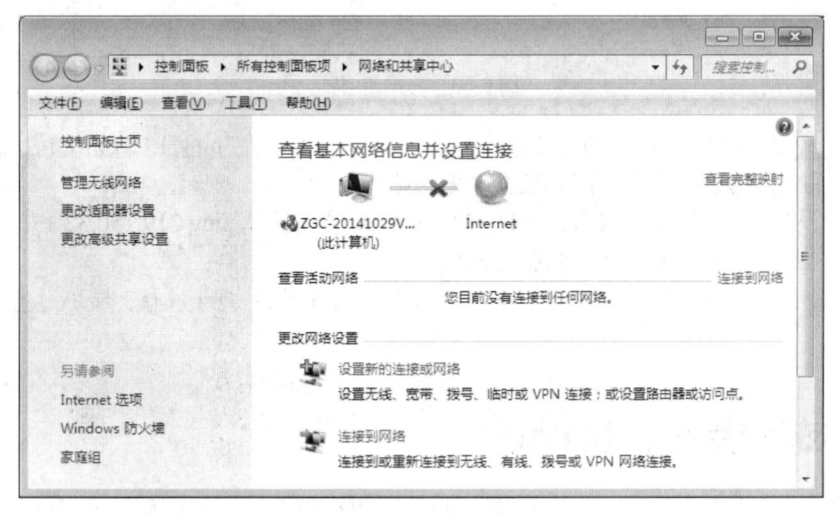

图 6-48　网络连接

（3）检查本计算机的防火墙设置。在控制面板中，打开 Windows 防火墙，单击“打开或关闭 Windows 防火墙”命令，如图 6-49 所示，设置启用或关闭防火墙，是否阻止所有传入连接等。

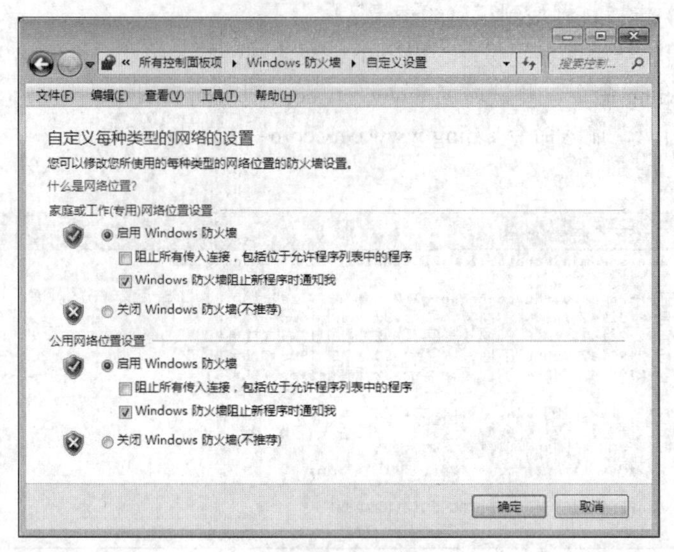

图 6-49　防火墙

（4）ipconfig /all 命令，用于查看本计算机的网络的配置信息，包括网卡的物理地址、IP 地址、网关地址、DNS 服务器地址等，如图 6-50 所示。

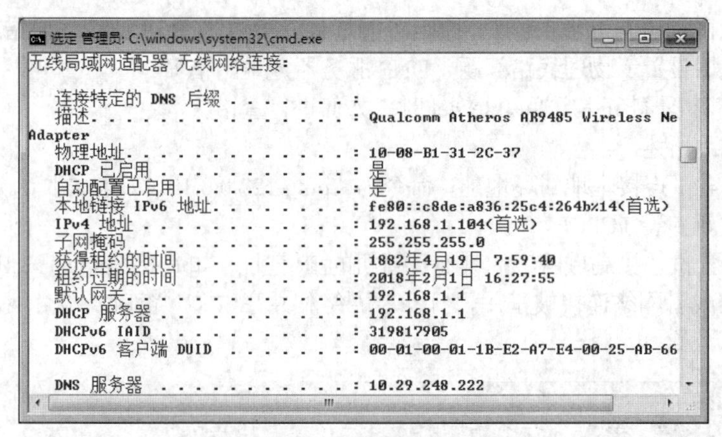

图 6-50　IP 配置信息

（5）使用命令尝试连接默认网关（Default Gateway），如命令“ping 192.168.1.1”。如果失败，说明计算机到网关之间的连接出错，需要检查物理线路。

（6）使用命令尝试连接域名服务器（DNS Servers），如命令“ping 219.150.32.132”。如果失败，说明域名服务器地址设置错误或者域名服务器出错。

（7）当不能访问远程网站时，还可能是因为路由器设置了 IP 地址过滤、域名过滤等，需要进行相应设置。

6.8　局域网接入 Internet

在了解网络的相关知识后，以组建局域网并接入 Internet 为例，说明局域网组网的方法。

【例 6.8】组建一个通过无线路由器连接 3 台台式计算机、多台笔记本电脑和手机的办公室网络。该网络通过宽带访问互联网，台式计算机采用双绞线连接，笔记本电脑、手机可以采用无线网连接，网络结构如图 6-51 所示。

1. 选购硬件设备

（1）无线路由器是带有无线覆盖功能的路由器，如图 6-52 所示，它主要用于用户上网和无线覆盖。无线路由器可以看作一个转发器，将宽带网络信号通过天线转发给附近的无线网络设备，如笔记本电脑、手机、平板电脑等。无线路由器一般也提供多个 RJ45 接口，用一根 100Mbit/s 双绞线连接无线路由器的 Internet 接口或者宽带网的调制解调器的接口，另一端连接计算机。

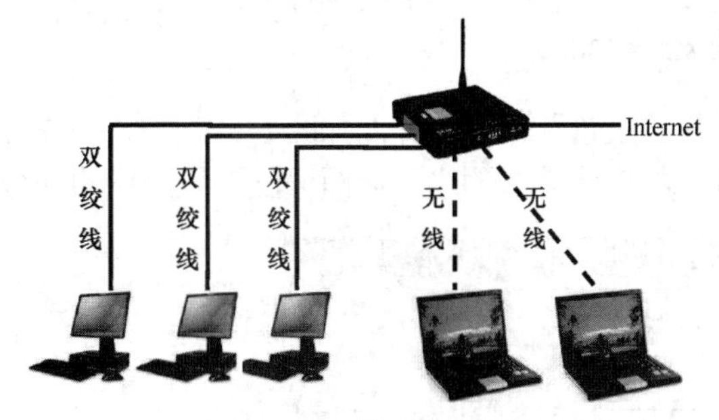

图 6-51　无线局域网结构图

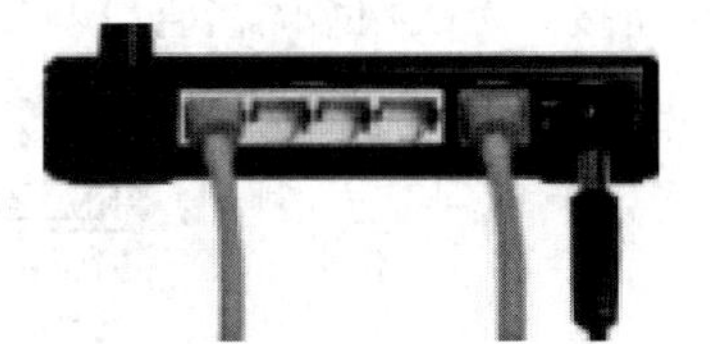

图 6-52　无线路由器接口

（2）用 100Mbit/s 双绞线 3 根，将路由器与台式计算机和 Internet 接口连接。

2. 无线路由器的设置

无线路由器可以使用浏览器进行管理，一般访问管理界面的地址是 http://192.168.1.1。

输入管理界面的地址，显示登录界面，如图 6-53 所示，默认用户名为“admin”,密码为“admin”。打开管理界面，如图 6-54 所示，显示路由器的连接状态。

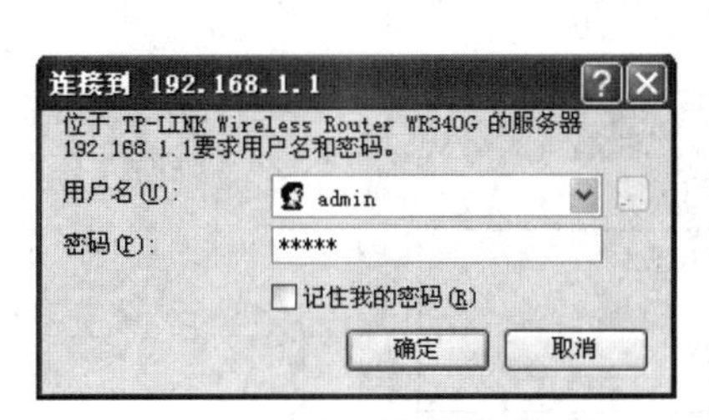

图 6-53　路由器管理登录窗口

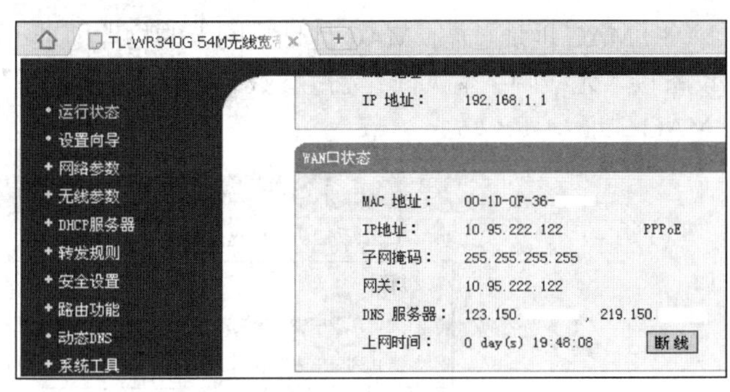

图 6-54　路由器状态

（1）设置互联网连接方式。执行“设置向导”命令，开始设置向导。

① 选择上网方式，如“ADSL 虚拟拨号（PPPoE）”，如图 6-55 所示。

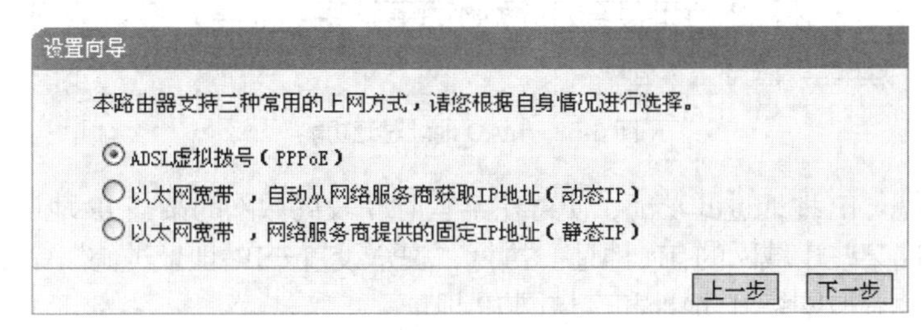

图 6-55　选择上网方式

② 设定上网账号和口令。输入网络服务运营商提供的上网账号和口令，如图 6-56 所示。在“下一步”界面中，单击“完成”按钮，完成设置向导。

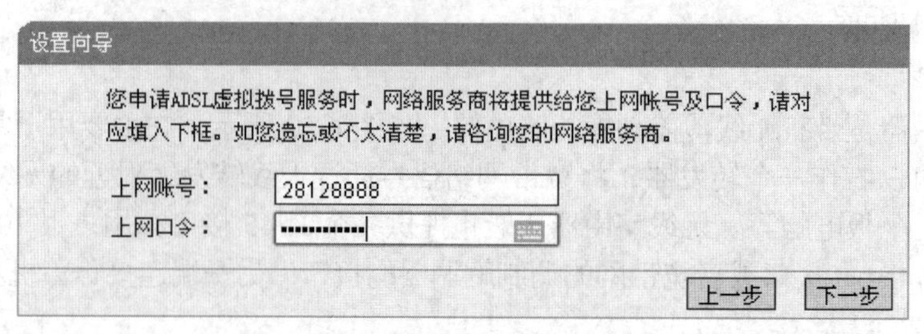

图 6-56　设定上网账号和口令

（2）无线网络的基本设置。执行“无线参数→基本设置”命令，界面如图 6-57 所示，设置客户端设备接入无线网络的密码。只有知道密码的设备才能接入无线网络，从而保证无线网络的安全。

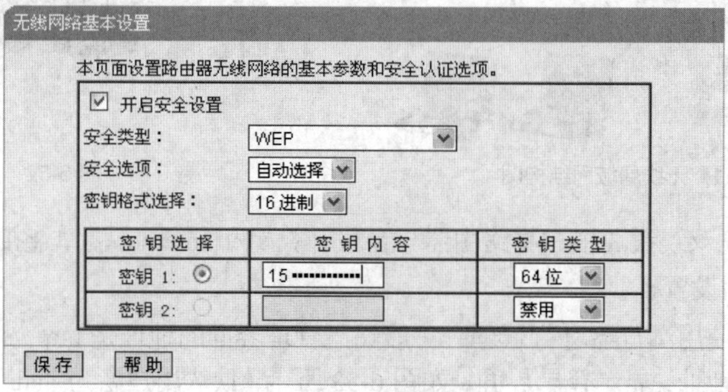

图 6-57　无线网络基本设置

（3）MAC 地址过滤。MAC 地址是网卡的物理地址，可以通过设置允许或者禁止某些 MAC 地址的设备接入无线网络。执行“无线参数→MAC 地址过滤”命令，界面如图 6-58 所示，设定接入设备的 MAC 地址及其密码。

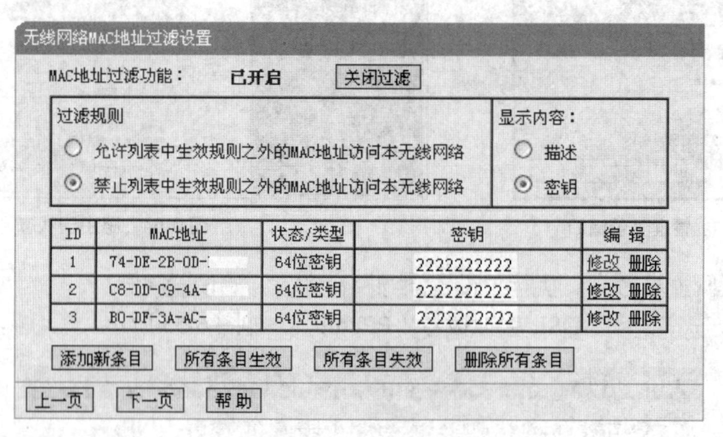

图 6-58　MAC 地址过滤功能

（4）IP 地址过滤。IP 地址过滤功能，使得在某些时间段局域网的某些 IP 地址允许或禁止访问网络，允许或禁止访问某些广域网的 IP 地址。执行“安全设置→IP 地址过滤”命令，界面如图 6-59 所示，设置时间段、局域网络 IP 地址和广域网 IP 地址。

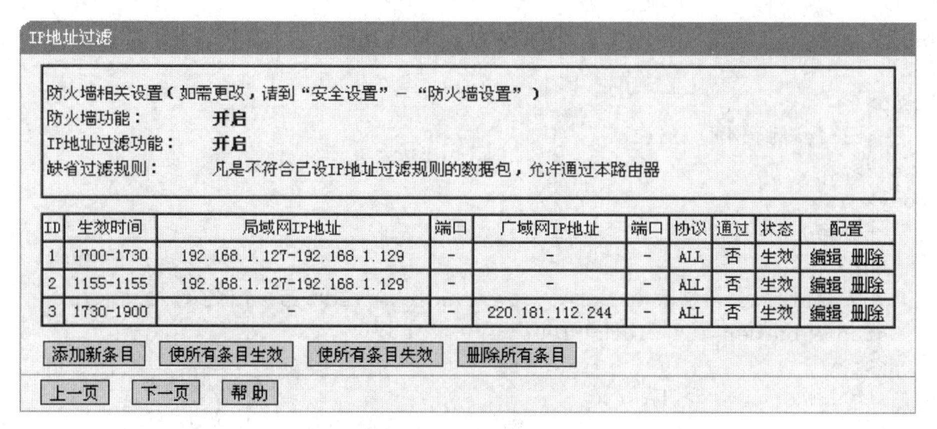

图 6-59　IP 地址过滤

（5）域名过滤。域名过滤使得在某些时间段允许或者禁止访问某些域名。执行“安全设置→域名过滤”命令，界面如图 6-60 所示，设置时间段和外网的域名。

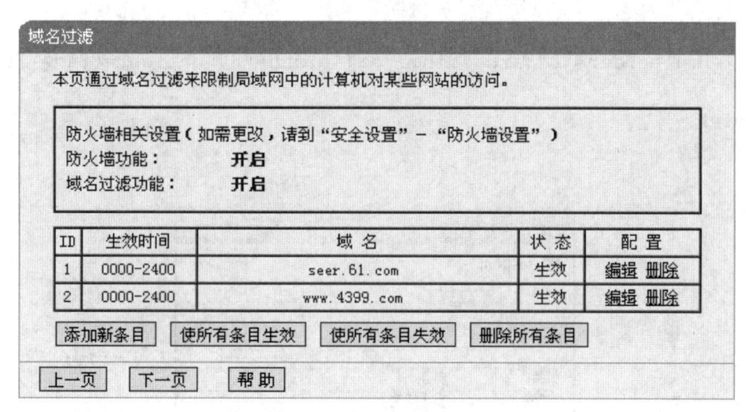

图 6-60　域名过滤

6.9　WWW 服务

6.9.1　WWW

1. WWW 概念

万维网（World Wide Web，WWW）是 Internet 的一种信息服务方式，它的工作基础是超文本传输协议（Hypertext Transfer Protocol，HTTP），通过客户机和服务器彼此发送消息的方式工作。WWW 服务的信息资源以许多 Web 页为构成元素。

2. 超文本标记语言

超文本文件是指在文本文件中加入图片、声音等多媒体信息，通过超级链接指向其他资源。在 Internet 中，Web 页面就是超文本文件，可以通过超级链接在 Web 页之间切换。

超文本标记语言（Hyper Text Markup Language，HTML）通过标记符号来标记网页的各个部分，常用标记的含义如表 6-2 所示。HTML 文档被称为网页，HTML 文档的扩展名为.htm 或者.html。

可以使用记事本（Notepad.exe）编写 HTML 代码，也可以使用 Dreamweaver 通过可视化的方法设计网页，使用各种 Web 浏览器浏览 Web 页。

【例 6.9】 使用文本编辑器将以下代码保存为 eg060x.htm，显示结果如图 6-61 所示。

```
<html>
    <head>
        <title>例子网页</title>
    </head>
    <body>
        <h3>第一个网页</h2>
        <hr>
        <p><font face="楷体_GB2312" size=4 color="red">第一个例子</font></p>
        <table border="1" width="100%">
        <tr>
        <td>链接</td><td>内容</td>
        </tr>
        <tr>
          <td>文字</td><td><a href="02.htm">超级链接</a></td>
        </tr>
        <tr>
          <td>图片</td>
          <td><img border="0" src="ding.jpg" width="84" height="84"></td>
        </tr>
        </table>
    </body>
</html>
```

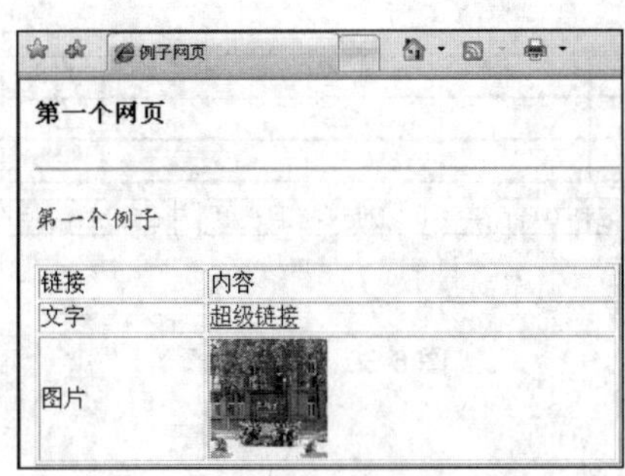

图 6-61 网页效果

表 6–2 常用的 HTML 标记

标记	意义	举例
<html>…</html>	定义 HTML 文档	
<head>…</head>	定义 HTML 头部	
<body>…</body>	HTML 主体标记	
<p>…</p>	分段	
 	换行	
<hr>	画水平线	
<b>…</b>	粗体字显示	<b>第一个网页</b>
<hn>…</hn>	n 级标题显示	<h2>第一个网页</h2>
<font>…</font >	字体	<font face="楷体_GB2312" size=6 color="red">
<img src="…">	加载图片	<img src="ABC.JPEG">
<a href="…">	超级链接	<a href="http://www.cnnic.net.cn">
<table>…</table>	用于定义表格	
<tr>…</tr>	定义表格行	
<td>…</td>	定义单元格	

3. 网页访问过程

网页保存在 Web 服务器上安装的 Web 服务程序（如 Windows 2008 Server 的 IIS）指定的文件夹下，客户端浏览器向 Web 服务器的 Web 服务程序提出网页请求，Web 服务程序找到网页后，向客户端发送网页查询结果，客户端浏览器显示网页，其过程如图 6-62 所示。

图 6-62 网页访问过程

6.9.2 URL 地址

全球统一资源定位（Uniform Resource Locator，URL）是 Internet 上所有资源统一且唯一的地址定位方法。一个完整的 URL 地址由资源类型、存放资源的主机域名或 IP 地址和资源路径文件名三部分组成，如图 6-63 所示，以“/”作为域名、路径、文件名之间的分隔符号。这里的资源不一定是 Web 页，它也可能是图片、声音、电影、程序等文件。

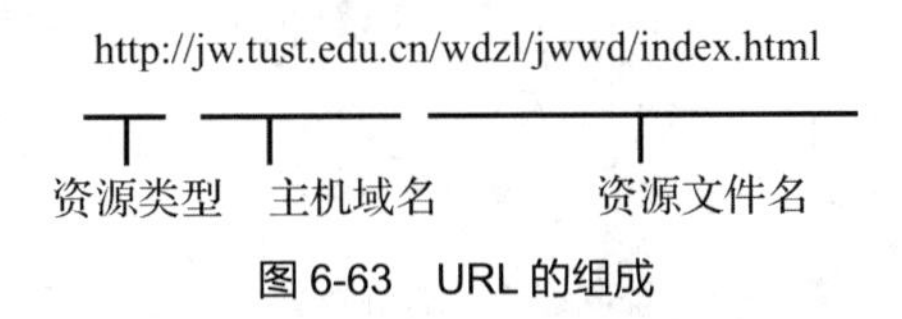

图 6-63 URL 的组成

除了 HTTP 以外，URL 地址还可以使用其他资源类型，包括 FTP、Telnet、mailto、E-mail、News 等。

6.10 电子邮件

电子邮件（E-mail）是一种快捷、简单、廉价的通信手段，它是使用最广泛的 Internet 基本服务之一。发信人将电子邮件发送到邮件服务器，放在收信人的邮箱中，收信人可以随时上网读取电子邮件。电子邮件不仅可以传输文字，还可以附上图像、声音、程序等文件。

电子信箱就是在邮件服务器中申请的账号，它是电子邮件地址的唯一标识。电子邮件的地址格式为：用户名@邮件服务器域名。使用电子信箱时还需要拥有密码。

例如，两个电子邮件地址分别为 naj@tust.edu.cn、ccbs2011@sina.com。

电子邮件的发送过程如图 6-64 所示。

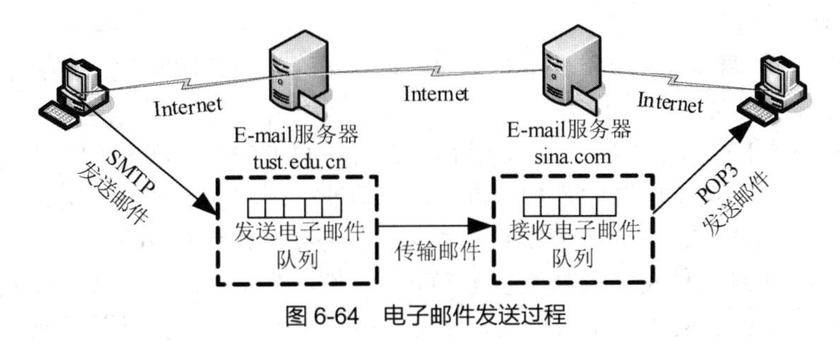

图 6-64 电子邮件发送过程

（1）发送方通过 Web 浏览器或者邮件客户端编写电子邮件，其中包括收件人的电子邮件地址。使用简单邮件传输协议（Simple Mail Transfer Protocol，SMTP）将邮件发送到 SMTP 服务器。

（2）SMTP 服务器检查收件人地址，将邮件传送到收件人信箱的服务器。

（3）接收方的邮件服务器将邮件保存在该收件人的信箱内，等待用户查阅。

收件人可以通过两种方式查看自己的邮件。

（1）通过 Web 浏览器，输入邮箱的域名，通过账号和密码登录进入邮箱，查看邮件。

（2）通过邮件客户端，以自己的信箱账号和密码连接邮件服务器，请求接收邮件。收件人通过邮局协议（Post Office Protocol Version 3，POP3）或者交互式邮件存取协议（Internet Mail Access Protocol，IMAP）读取邮件或将邮件保存到本机。

6.11 FTP 与文件的上传和下载

文件传输协议（File Transfer Protocol，FTP）用于在 Internet 中进行文件传输。FTP 服务器提供文件上传和下载服务。FTP 是 TCP/IP 中应用层的一个协议。

用户可以使用命令行方式、资源管理器、Web 浏览器或者客户端连接 FTP 服务器，通过账户和密码登录。如果服务器允许匿名登录，则不需要账户和密码。登录服务器后，就可以上传和下载文件了。

1. FTP 的工作过程

FTP 的工作过程如图 6-65 所示。

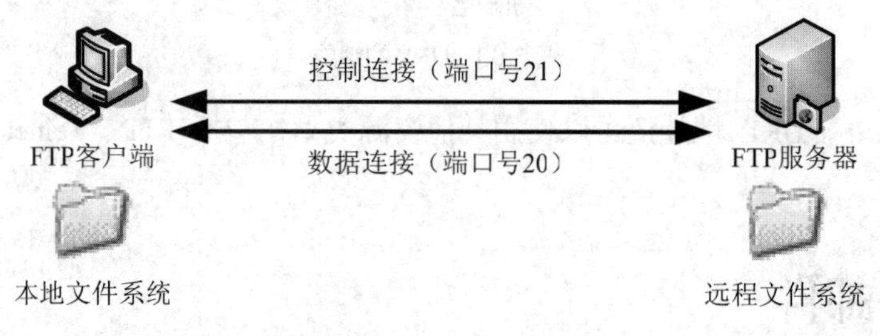

图 6-65　FTP 工作原理

（1）用户启动客户端与 FTP 服务器的会话，建立客户机与服务器之间的 TCP 控制连接（端口号 21）。

（2）客户端通过控制连接（端口号 21）发送用户账号、密码、操作目录、上传和下载文件的命令等。

（3）当客户端要求上传或下载文件时，FTP 建立数据连接（端口号 20），在该数据连接上传送数据文件，文件传送完毕时关闭数据连接。

2. FTP 客户端软件

可以使用 FTP 客户端工具来上传和下载文件。在网络连接意外中断时，它能通过断点续传功能继续传输剩余部分，从而节省时间和费用。

LeapFTP 是常用的 FTP 客户端工具。使用 LeapFTP 进行 FTP 操作的过程如下。

（1）创建站点。在站点管理器中添加站点，设定地址、用户名、密码、默认的本地路径。

（2）选择需要连接的 FTP 站点，连接到远程 FTP 服务器，如图 6-66 所示。

图 6-66 的左侧为本地文件夹，右侧为远程 FTP 服务器文件夹。把文件和文件夹从左侧窗口拖到右侧窗口，就可以上传；把文件和文件夹从右侧窗口拖到左侧窗口，就可以下载。此外，还可以创建、删除和移动服务器上的文件夹和文件。

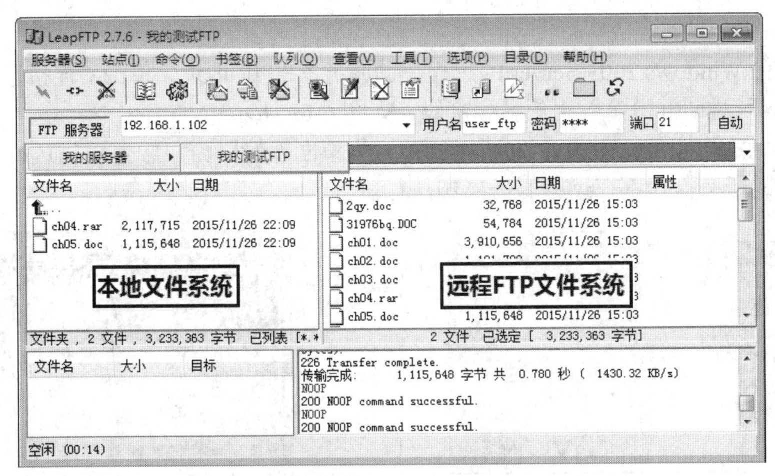

图 6-66　LeapFTP 工具

6.12　远程登录与远程桌面

远程登录（Telnet）和远程桌面是指客户端计算机登录到远程服务器，成为服务器的远程终端，经常用于管理远程服务器。

1. Telnet

用户在 Windows 的 MS-DOS 方式下通过 Telnet 命令建立与远程 Telnet 服务器的连接，登录到远程主机；本机操作或者发出的命令，将在远程服务器上执行。Telnet 是一种 TCP/IP 的应用层协议，默认端口号为 23。

（1）在一台计算机中，打开 MS-DOS 方式窗口，输入命令“telnet 192.168.1.102”，连接上 Telnet 服务器，如图 6-67 所示。

（2）输入用户名“user_telnet”，口令“1111”，登录 Telenet 服务器。此后在该窗口中输入的命令将会传输到服务器端的文件系统中执行。

图 6-67　Telnet 操作

2. Windows 远程桌面

Windows 7 和 Windows 2003 Server 等操作系统的远程桌面连接功能也是一种类似于 Telnet 的远程登录服务。

为了安全起见，一般服务器默认关闭远程桌面连接服务。当需要提供远程桌面连接时，可以开启远程桌面连接。

（1）在一台计算机中，执行“附件→远程桌面连接”命令，打开“远程桌面连接”对话框，如

图 6-68 所示。

（2）输入一台 Windows 2003 Server 的远程桌面服务器的 IP 地址，单击“连接”按钮，在弹出的“登录到 Windows”对话框中输入用户名和密码，如图 6-69 所示。

（3）单击“确定”按钮，在图 6-70 所示的“远程桌面连接”窗口中登录到远程服务器。此时，在该窗口中进行的所有操作都在远程服务器中执行。

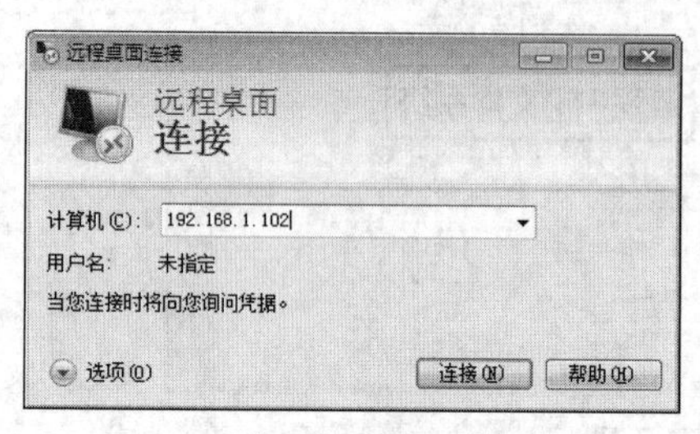

图 6-68 “远程桌面连接”对话框

图 6-69 “登录到 Windows”对话框

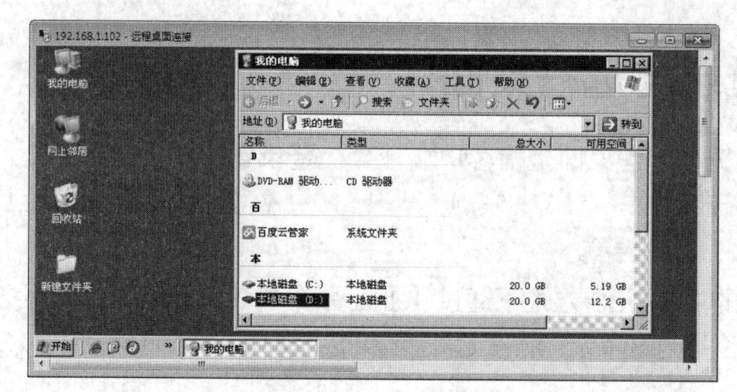

图 6-70 远程桌面操作

黑客一旦掌握了本计算机的账号和口令，通过 Telnent 或者远程桌面连接登录到本计算机，就可以进行各种破坏活动，并窃取机密。因此，除非必须开启 Telnent 服务或者远程桌面服务，否则应该禁用本计算机的 Telnet 服务和远程桌面服务。

6.13 信息检索

信息检索是指根据个人或组织的需要，借助于检索工具从信息集合中找出所需信息的过程。在浩如烟海的信息资源中检索出自己需要的信息，是当代大学生必备的基础技能。

文献信息主要包括：专著、报纸、期刊、会议录、汇编、学位论文、科技报告、技术标准、专利文献、产品样本、中译本、手稿、参考工具、检索工具、档案、图表、古籍、乐谱、缩放胶卷等。

计算机信息资源以数字的方式将图形、文字、声音、影像等信息存储在光电介质上，通过计算机或具有类似功能的设备阅读。目前，计算机信息资源主要以文档（Document）或数据库（DataBase）等数字方式存储在计算机中。

6.13.1 光盘数据库检索系统

光盘数据库通常是指 CD-ROM 数据库。CD-ROM 光盘具有存储能力强、介质成本低、数据可靠、便于携带等特点。光盘配合计算机和相应的软件构成了光盘检索系统。国内外著名的光盘数据库有以下 3 种。

1. 科学引文索引和社会科学引文索引

美国《科学引文索引》(Science Citation Index，SCI)是由美国科学情报社(Institute for Scientific Information，ISI)出版的世界著名的综合性检索期刊。SCI 收录了全世界出版的数、理、化等自然科学各学科的核心期刊(SCI 的光盘版和印刷版)和扩展版期刊(Web 版，SCI-Expanded)8000 多种。ISI 通过其严格的选刊标准和评估程序挑选刊源，而且每年略有增减，从而做到收录的文献能全面覆盖世界最重要和最有影响力的研究成果。

社会科学引文索引(Social Science Citation Index，SSCI)是美国科学情报社(ISI)著名的三大引文索引(SCI、SSCI 和 A&HCI)之一，它收录了全世界 3 000 多种著名的社会科学期刊。

2. EI

美国工程索引光盘数据库(Engineering Index Compendex Plus)，即 Compendex 数据库，是印刷本 *The Engineering Index*(工程索引，EI)的光盘版。该光盘收录了自 1970 年以来的工程索引信息，囊括世界范围内有关工程的各个分支学科，专业覆盖应用物理、光学技术、航空航天、计算机等领域，收录的每篇文献都包括文献著录信息和文摘等信息。

3. 科学文摘光盘数据库

科学文摘光盘数据库，简称 INSPEC 数据库。它由英国电气工程师协会(The Institute of Electrical Engineers，IEE)与德国卡尔斯鲁厄信息中心联合编辑发行。INSPEC 光盘数据库从 1989 年至今，按季度更新记录，覆盖物理学、计算机技术等领域。

6.13.2 联机信息检索系统

联机检索(Online Retrieval)是用户利用检索终端，通过通信线路与系统的主机连接，与系统实时对话，从检索中心获取所需信息的过程。国内常用的检索网站有中国知网 CNKI、万方数据知识服务平台、维普期刊数据库等。下边以中国知网 CNKI 为例说明联机检索的用法。

CNKI 工程是以实现全社会知识资源传播共享与增值利用为目标的信息化建设项目，由清华大学、清华同方发起，始建于 1999 年 6 月。CNKI 采用自主开发并具有国际领先水平的数字图书馆技术，建成了世界上全文信息量规模最大的“CNKI 数字图书馆”，为全社会知识资源高效共享提供最丰富的知识信息资源和最有效的知识传播与数字化学习平台。个人用户可以通过购买 CNKI 卡使用数据库，按单篇文献计价结算，具体操作步骤如下。

(1)打开中国知网主页，如图 6-71 所示。在其中输入检索关键字，如“熊聪聪”，将列出检索结果。

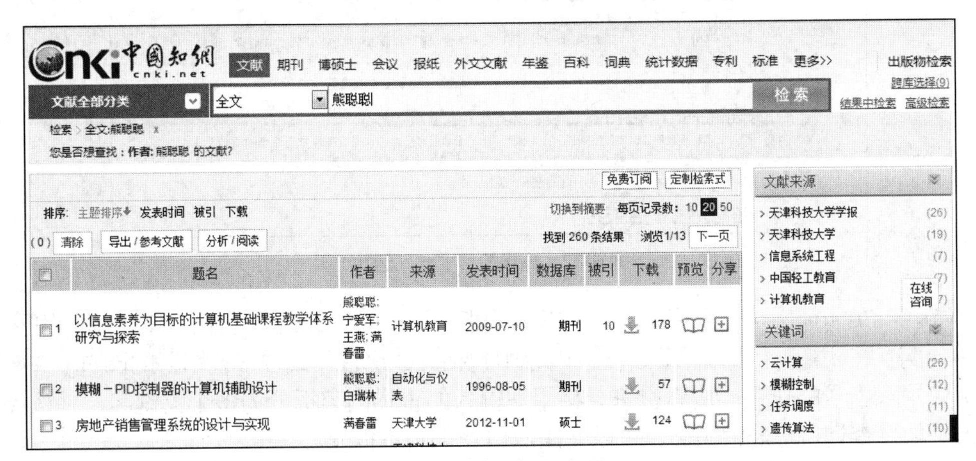

图 6-71　中国知网主页

（2）在检索结果列表中单击一条检索结果的超级链接，打开文献相关信息页面。单击“CAJ 下载”或“PDF 下载”超级链接，下载该文献的 CAJ 版或 PDF 版，在本地计算机上使用相应工具阅读原文。

6.13.3 网络信息检索

现在，互联网已经渗透到社会生活的各个方面，提供各种信息服务，而在数以亿计的信息中寻找对自己有用的信息，并不是一件容易的事。搜索引擎（Search Engine）是根据一定的策略、运用特定的计算机程序从互联网上搜集信息，在对信息进行组织和处理后，为用户提供检索服务，将用户检索的相关信息展示给用户的系统。

搜索引擎的主要工作原理如下。

（1）获取网页

搜索引擎通过爬虫程序，从一个网页 A 开始检索，沿着其中的超级链接，找到另一个网页 B，再沿着 B 中的超级链接，找到另一个网页，如此继续获取更多网页，并将网页存入数据库中。

（2）用户搜索

搜索引擎一般通过关键词获取网页，用户输入关键词，搜索引擎在数据库中搜索，找到与关键词匹配的网站，通过特殊算法计算关联程度，将搜索到的网页进行排序输出给用户。

百度是目前国内最大的商业化全文搜索引擎，其功能完备、搜索精度高，每天完成数亿次的搜索。百度搜索引擎使用高性能的网络爬行程序，它能自动搜索、下载互联网中的网页信息。

通常直接在搜索栏输入关键词就可以完成检索，但是这样往往会有几十万条检索结果，不够准确。为了提高检索的准确性，可以采用百度搜索的高级用法。

（1）百度支持高级检索语法，如“+”（与运算）、“–”（非运算）、“|”（或运算）。

【例 6.10】 使用百度搜索的高级检索语法，搜索相应内容。

具体操作如下所述。

① 关键字“C 语言+宁爱军”（或者是“c 语言　宁爱军”），表示内容同时包括“宁爱军”和“C 语言”的网页，如图 6-72 所示。

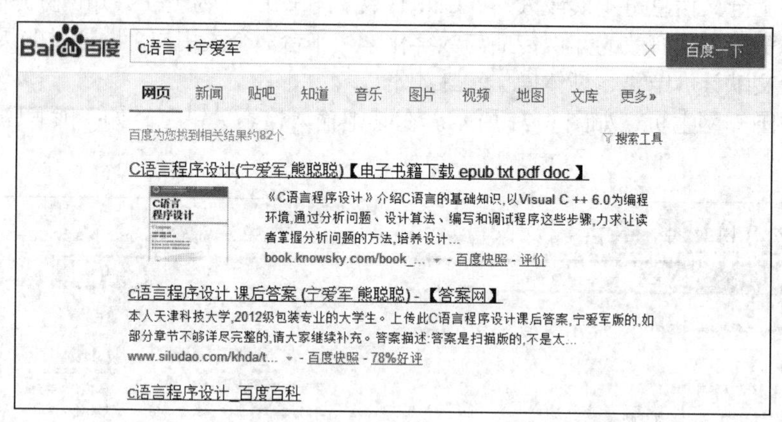

图 6-72　高级检索“与”运算

② 关键字“C 语言　-宁爱军”，表示内容中包括“C 语言”但是不包括“宁爱军”的网页。

③ 关键字“C 语言　|宁爱军”，表示内容中包括“C 语言”或“宁爱军”的网页。

（2）使用双引号的作用。搜索引擎会将用户输入的查询内容拆分为多个关键字，并按照多个关键字查询。如果查询目标非常明确，可以使用双引号强制不拆分。

【例 6.11】 使用双引号和书名号搜索相应内容。

具体操作如下所述。

关键字“"C 语言程序设计宁爱军"”或者“《C 语言程序设计宁爱军》”，表示搜索网页时不断开关键字，如图 6-73 所示。

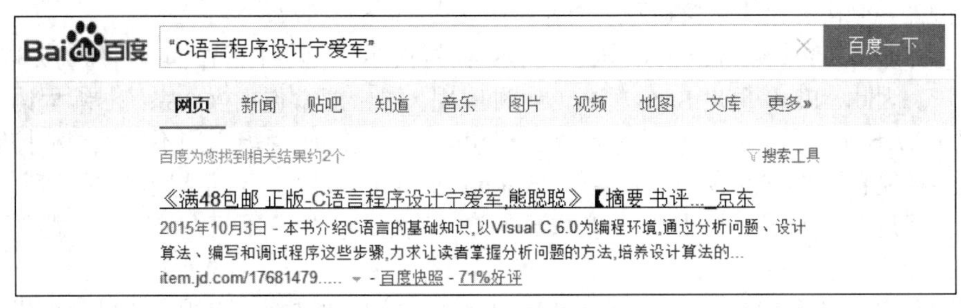

图 6-73　双引号搜索

6.14　云计算与物联网

继个人计算机、互联网之后，云计算（Cloud Computing）被看作第三次信息技术浪潮，它给人们的生活方式、生产方式及社会商业模式带来了根本性改变。物联网技术（The Internet of Things）重塑了物物之间的关系，特别是加快了物体间的信息通信及信息共享，物联网可以看作是云计算平台的一个具体实现。

6.14.1 云计算

云计算是通过互联网以服务的方式提供动态、可伸缩的、虚拟化的、资源的计算模式。云计算的思想是在 20 世纪 60 年代由麦卡锡提出，是指把计算能力作为一种像水、电、煤气一样的公用事业提供给用户的理念。它意味着计算能力也可以作为一种商品进行流通，取用方便、费用低廉。云计算模式应用实例如图 6-74 所示。

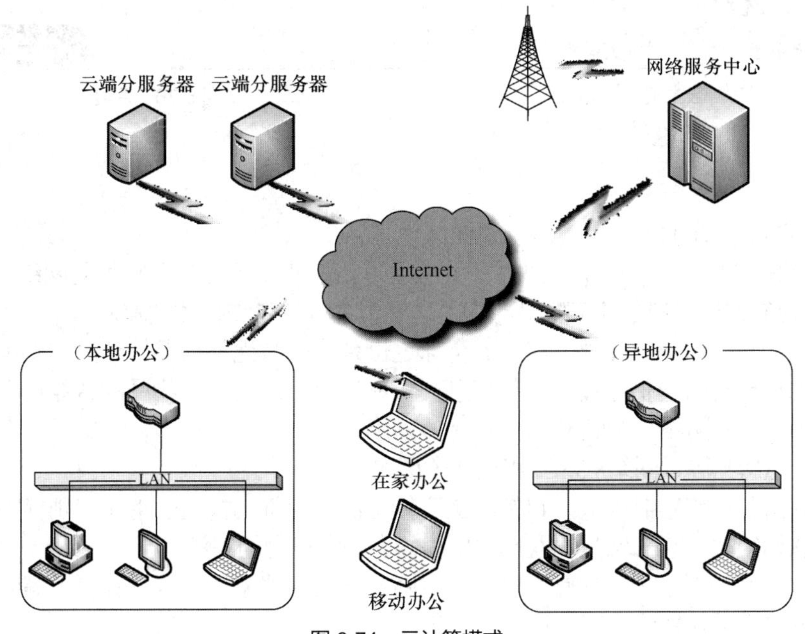

图 6-74　云计算模式

云计算包括软件即服务、平台即服务及基础架构即服务 3 种服务模式。

（1）软件即服务（Software as a Service，SaaS）。一种通过 Internet 提供软件的模式，用户无须购买软件，而是向提供商租用软件。消费者使用应用程序，但并不掌控操作系统、硬件或运作的网络基础架构。例如，金山云杀毒、360 云杀毒等。

（2）平台即服务（Platform as a Service，PaaS）：将软件研发的平台作为一种服务，以 SaaS 的模式提交给用户。因此，PaaS 也是 SaaS 模式的一种应用。平台通常包括操作系统、编程语言的运行环境、数据库和 Web 服务器，用户在此平台上部署和运行自己的应用。用户不能管理和控制底层的基础设施，只能控制自己部署的应用。云主机（Cloud Hosting）是在一台主机上虚拟出多个独立主机，能够实现单机多用户，如图 6-75 所示，客户端计算机使用云主机，不管在哪个客户端都可以获得自己的个性化桌面。

（3）基础架构即服务（Infrastructure as a Service，IaaS）：通过网络向用户提供计算机（物理机和虚拟机）、存储空间、网络连接、负载均衡、防火墙等基本计算资源，用户在此基础上部署和运行各种软件，包括操作系统和应用程序。消费者掌控运行应用程序的环境（也拥有主机部分掌控权），但并不掌控操作系统、硬件或运作的网络基础架构。例如，百度云中提供网盘、分享、手机备份等功能。图 6-76 所示为百度云，云盘可以存储文档、通信录、短信、相册等。用户使用电子邮件、手机号码等注册云账户，可以获得 2TB 的存储空间。

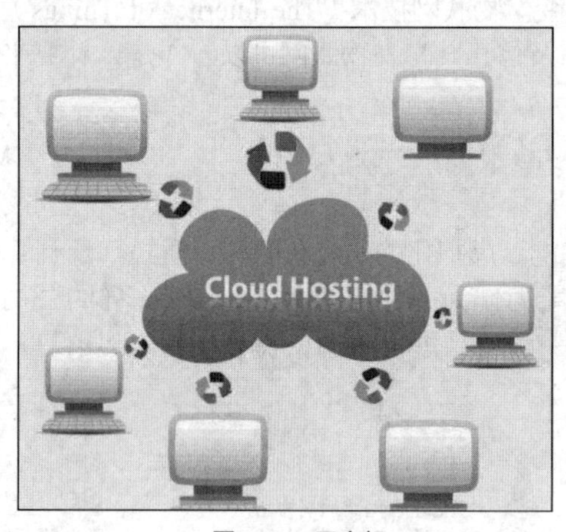

图 6-75　云主机

图 6-76　百度云

6.14.2　物联网

物联网是指物物相连的互联网，有以下两层意思。

① 物联网的核心和基础仍然是互联网，是在互联网基础上的延伸和扩展的网络。

② 用户端延伸和扩展到了任何物品与物品之间，进行信息交换和通信。

物联网是通过射频识别、红外感应器、全球定位系统、激光扫描器等信息传感设备，按约定的协议，把任何物品与互联网相连接，进行信息交换和通信，以实现对物品的智能化识别、定位、跟踪、监控和管理的一种网络。物联网架构如图 6-77 所示。

物联网可分为感知层、网络层和应用层 3 个层次。

（1）感知层由各种传感器组成，包括温湿度传感器、二维码标签、射频识别标签和读写器、摄像头、GPS 等感知终端。感知层是物联网识别物体、采集信息的来源。

（2）网络层由各种网络，包括互联网、广电网、网络管理系统、云计算平台等组成，是整个物联网的中枢，负责传递和处理感知层获取的信息。

（3）应用层是物联网和用户的接口，它与行业需求结合，实现物联网的智能应用。

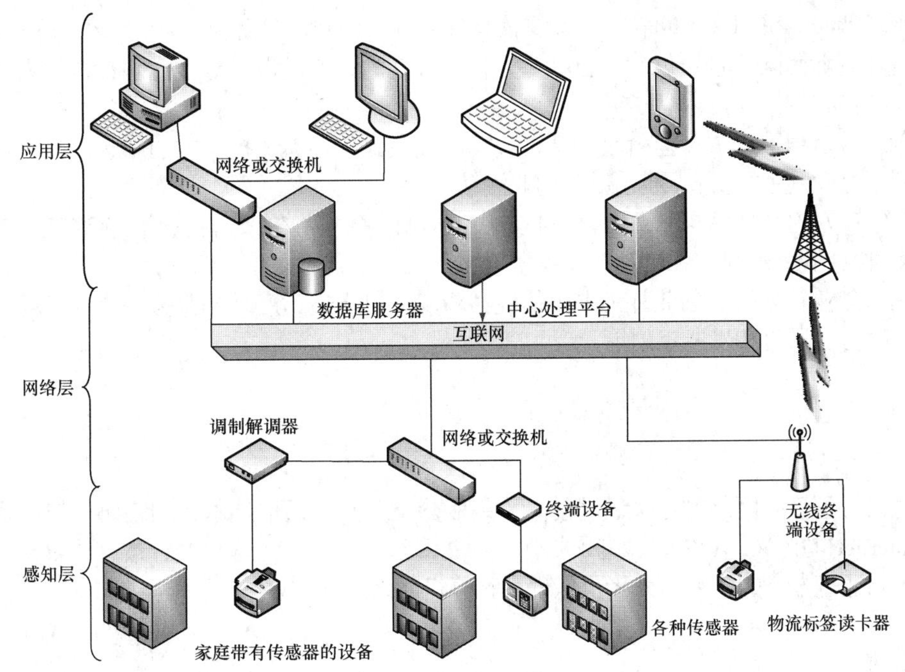

图 6-77　物联网构架

物联网把感应器潜入和装备到电网、铁路、桥梁、隧道、公路、建筑、供水系统、大坝、汽油管道等各种物体中，然后将“物联网”与现有的互联网整合起来，实现人类社会与物理系统的整合。在这个整合的网络中，存在能力超级强大的中心计算机群（云计算），能够对整合网络内的人员、机器、设备和基础设施实施实时的管理和控制，人类能以更加精细和动态的方式管理生产和生活，从而实现“智慧地球”。

6.15　互联网+创新创业

“互联网+”是互联网思维的进一步实践成果，推动经济形态不断地发生演变，从而带动社会经济实体的生命力，为改革、创新、发展提供广阔的网络平台。

通俗地说，“互联网+”就是“互联网+各个传统行业”，但这并不是简单的两者相加，而是利用信息通信技术以及互联网平台，让互联网与传统行业进行深度融合，创造新的发展生态。

常说的“互联网+”的范围：互联网+教育、互联网+农业、互联网+医疗、互联网+交通、互联网+餐饮服务、互联网+旅游等。

图 6-78 所示为互联网+创新创业的成功案例，包括互联网+电子商务，如京东商城、淘宝网；互联网+交通，如摩拜单车。

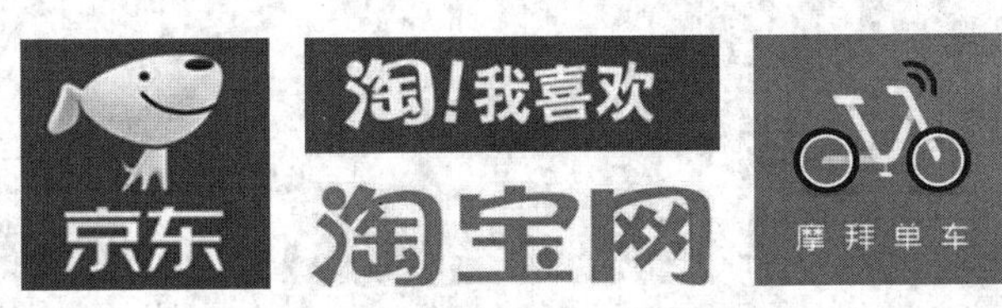

图 6-78　互联网+案例

大学生参与到创新创业，需要注意创新创业的一般过程。

（1）创新创业想法。了解工作、学习、生活的环境，了解市场需求，产生创新创业的想法。

（2）市场调研。采用调查问卷、市场测试等各种方法，分析项目的可行性、盈利前景等。

（3）组建创业团队。创业仅凭一己之力是很难成功的，所以需要寻找志同道合的人，组建创业团队。

（4）创新。从根本来说创业就是创新，包括商业模式的创新、技术的创新、产品设计开发等。应该注意利用互联网+的思维开展创新和创业活动。

（5）营销：好的产品需要出去，营销的方法包括团队营销、价值营销、渠道营销、市场营销等，可以采用多种营销手段使产品得到推广。

（6）撰写创业计划书。创业计划书中需要写清楚项目概述、产品和服务特色、市场、竞争、管理、团队、财务、风险和发展规划等。

小结

本章讨论了计算机网络的定义、功能，网络的分类，数据通信技术，网络协议与体系结构，网络硬件，Internet 的定义，WWW、电子邮件、FTP 和远程登录与远程桌面，信息检索，云计算与互联网等内容。通过本章的学习，读者可以理解计算机网络的基本思维。

实验

一、实验目的

1. 掌握 ping 命令、ipconfig 命令的用法方法。
2. 掌握 FTP、远程桌面的使用。
3. 掌握云盘的使用。

二、实验内容

1. 测试网络的常用工具

（1）单击“开始→运行”命令，打开“运行”对话框，输入“cmd”后，单击“确定”按钮，打开 MS-DOS 命令窗口。

（2）命令窗口输入“ipconfig/all”命令后按 Enter 键，显示本机的网络配置参数，获取本计算机的物理地址、IP 地址、默认网关地址、DNS 服务器地址，如图 6-79 所示。

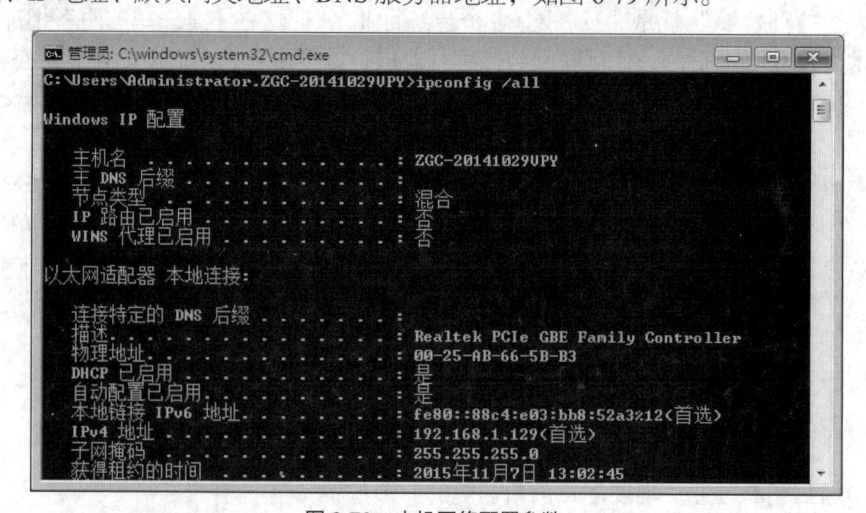

图 6-79　本机网络配置参数

（3）ping 本地回环地址 127.0.0.1。

（4）ping 测试本机与默认网关地址之间能否连通。

（5）ping 测试本计算机能否连接域名服务器。

（6）使用“ping”命令，测试能否正常连接 www.cctv.com。

2. FTP 的使用

打开资源管理器，连接教师指定的 FTP 地址或者自己搜索到的 FTP 地址，上传或者下载文件。

3. 远程登录和远程桌面

在安装 Windows7 系统的计算机 A 上，用鼠标右键单击“计算机”图标执行“属性”命令，在“系统”窗口中单击“远程设置”命令，在“系统属性”对话框的“远程”选项卡中，选中“允许运行任意版本远程桌面的计算机连接”选项。

在计算机 B 上，执行“附件→远程桌面连接”命令，连接计算机 B 后，进行远程操作。

4. 云存储

（1）输入云盘的共享地址，访问共享的学习资源。

（2）录入教师提供的科大云盘共享地址，下载学习资源。

（3）访问 pan.tust.edu.cn，录入本人科大账号，上传或下载文件。

5. 创新创业计划书

自己寻找创新创业机会，撰写创新创业计划书。

习题

一、单项选择题

1. 为了共享主机资源、进行信息处理，以单主机为中心连接远程终端形成的是（　　）。

A. 终端联机系统　B. 计算机网络　C. 标准网络　D. Internet

2. 在一栋教学楼中建设的网络，可以称为（　　）。

A. 广域网　B. 局域网　C. 城域网　D. 资源子网

3. 覆盖范围为几十千米甚至几千千米，通信线路一般由电信运营商提供的网络是（　　）。

A. 局域网　B. 城域网　C. 广域网　D. 资源共享

4. 由用户部门自己组建、管理，不向本部门以外的部门和个人提供服务的网络是（　　）。

A. 广域网　B. 局域网　C. 专用网　D. 公用网

5. 由一个中心节点 S 通过点对点链路连接所有从节点组成的网络拓扑结构是（　　）。

A. 总线结构　B. 星形结构　C. 环形结构　D. 树形结构

6. 每个节点仅与两侧节点相连，通过通信线路将各节点连接成一个闭合的环路的网络拓扑结构是（　　）。

A. 总线结构　B. 星形结构　C. 环形结构　D. 树形结构

7. 信息传输过程中的载体称为（　　）。

A. 信源　B. 信道　C. 信宿　D. 信息

8. 能自动检测出传输错误的是（　　）。

A. 曼彻斯特编码　B. 非归零编码　C. 纠错码　D. 检错码

9. OSI 参考模型将网络的层次结构划分为（　　）。

A. 三层　B. 四层　C. 五层　D. 七层

10. 用于描述线路的传输速度的单位 bit/s 的含义是（　　）。

A. byte per second　B. 每秒字节数

C. baud per second　　D. bit per second

11. 网络的下载速度为1MB/s，相当于（　　）。

A. 2Mbit/s　　B. 4Mbit/s　　C. 8Mbit/s　　D. 16Mbit/s

12. 运行网络操作系统、提供共享资源、进行网络控制的是（　　）。

A. 工作站　　B. 终端　　C. 服务器　　D. 客户机

13. 常用来组建星形网络的有线传输介质是（　　）。

A. 双绞线　　B. 同轴电缆　　C. 激光　　D. 光纤

14. 网络发展的早期广泛用于组建总线结构的局域网的有线传输介质是（　　）。

A. 双绞线　　B. 同轴电缆　　C. 激光　　D. 光纤

15. 芯线由光导纤维组成，可以传输光信号的传输介质是（　　）。

A. 双绞线　　B. 同轴电缆　　C. 激光　　D. 光纤

16. 网络适配器的RJ45接口是连接（　　）的。

A. 光纤　　B. 双绞线　　C. 粗同轴电缆　　D. 细同轴电缆

17. 在局域网中，使用（　　）来识别主机。

A. 物理地址　　B. IP地址　　C. 地理位置　　D. 距离

18. 网卡的物理地址是由（　　）位的十六进制数组成的。

A. 8　　B. 16　　C. 48　　D. 64

19. Internet采用的核心协议是（　　）。

A. CDMA　　B. HTML　　C. TCP/IP　　D. SMTP

20.（　　）是Internet中标识计算机位置的唯一地址。

A. MAC地址　　B. IP地址　　C. URL地址　　D. DNS地址

21. 以下选项中，（　　）是正确的IP地址。

A. 210.31.132.132　　B. 210.258.1.1

C. 210.-1.-1.1　　D. 258.1.1.1

22. 经常用来表示本机地址的IP地址是（　　）。

A. 192.168.1.1　　B. 10.1.1.1　　C. 172.16.1.1　　D. 127.0.0.1

23. ping命令的主要作用是（　　）。

A. 检测网络是否连通　　B. 监控TCP/IP网络

C. 检测IP具体配置信息　　D. 查看计算机内存

24. ipconfig命令的主要功能是（　　）。

A. 进行网络设置　　B. 进行IP设置

C. 检查网络连接的配置信息　　D. 管理账号

25. 一台主机提供的多个服务可以通过（　　）来区分。

A. IP地址　　B. 端口号　　C. DNS　　D. 物理地址

26. DNS的作用是（　　）。

A. 将域名与IP地址进行转换　　B. 保存主机地址

C. 保存IP地址　　D. 保存电子邮件

27. 域名与IP地址的关系是（　　）。

A. 一个域名可以对应多个IP地址　　B. 一个IP地址可以对应多个域名

C. 域名和IP地址没有关系　　D. 域名与IP地址一一对应

28. DNS域名后缀中的cn表示（　　）。

A. 国际域名　　B. 中国　　C. 商业组织　　D. 教育组织

29. 域名 www.tust.edu.cn 是中国的一个（　　）域名。
A. 军事组织　B. 政府组织　C. 商业组织　D. 教育组织
30. WWW 服务的作用是（　　）。
A. 文件传输　B. 收发电子邮件　C. 远程登录　D. 信息浏览
31. WWW 服务基于（　　）协议。
A. SMTP　B. HTTP　C. Telnet　D. FTP
32. 以下扩展名中，表示网页的是（　　）。
A. html　B. jpg　C. txt　D. mp3
33. WWW 的众多资源采用（　　）进行组织。
A. 菜单　B. 命令　C. 超级链接　D. 地址
34. 以下 HTML 语言的标记中，表示超级链接的是（　　）。
A. <a href="…">…</a>　B. <td>…</td>
C. <p>…</p>　D. <img src="…">
35. URL 的作用是（　　）。
A. 定位主机的地址　B. 定位网络资源的地址
C. 域名与 IP 地址的转换　D. 电子邮件的地址
36. 以下选项中，（　　）是正确的 URL 地址。
A. http://csie.tust.edu.cn/ccbs　B. http://sie.tust.edu.cn\ccbs
C. http//csie.tust.edu.cn/ccbs　D. http://csie.tust.edu.cn\ccbs
37. 以下 E-mail 地址格式中，正确的是（　　）。
A. 服务器域名@用户名　B. 用户名@服务器域名
C. 用户名@密码　D. 密码@用户名
38. 发送电子邮件的传输协议是（　　）。
A. SMTP　B. HTTP　C. Telnet　D. FTP
39. 等待阅读的电子邮件，保存在（　　）。
A. 接收者的计算机中　B. 电子邮件服务器上
C. 发送者计算机中　D. 路由器中
40. 电子邮件的“别针”图标表示（　　）。
A. 带有病毒　B. 带有附件　C. 转发的邮件　D. 新邮件
41. FTP 服务的作用是（　　）。
A. 文件传输　B. 收发电子邮件　C. 远程登录　D. 信息浏览
42. 匿名 FTP 服务的含义是（　　）。
A. 访问不需要用户名和密码　B. 可以随意读写
C. 服务不能使用　D. 访问需要用户名和密码
43. 远程登录服务器和客户端计算机的关系是（　　）。
A. 客户端远程控制服务器　B. 服务器远程控制客户端
C. 客户端属于服务器的一部分　D. 服务器比客户端功能简单
44. （　　）是由美国科学情报社出版的世界著名的综合性检索期刊。
A. SCI　B. SSCI　C. EI　D. INSPEC
45. （　　）是通过互联网以服务的方式提供动态、可伸缩的、虚拟化的、资源的计算模式。
A. 云计算　B. 物联网　C. FTP　D. 远程登录

二、填空题

1. 计算机网络的主要功能包括________、________和________。
2. 计算机网络经历了________、________、________和 Internet 的发展过程。
3. 按照地理范围的大小，可以把计算机网络________、________和________。
4. 从网络使用范围的角度，可以把网络分为________和________。
5. 网络服务提供商组建、管理，供公共用户使用的通信网络是________。
6. 以一条高速的公共传输介质连接若干节点组成的网络拓扑结构是________。
7. 采用分层结构将各个节点连接成树状的网络拓扑结构是________。
8. 数据通信系统包括________、________和________三个要素。
9. 数据传输中的编码方法分为________和模拟信号编码。
10. 常用的检错码有________和________。
11. 为了使计算机之间能够正确传输信息而制定的关于信息传输的规则、约定与标准称为______。
12. 在协议层次结构中，下一层为上一层提供_______，上一层是下一层的_______。
13. 网络传输介质分为______和______。
14. 网络主体设备也称为主机（Host），包括______和______。
15. 网络的带宽为 10Mbit/s，其最大的下载速度约为______MB/s。
16. 有线传输介质包括______、______和光纤等。
17. 无线传输介质包括______、______和______等。
18. 在广域网中，______根据信道速率、拥塞等情况自动选择路由，以最佳路径将数据包从源 IP 地址向目的 IP 地址转发数据包。
19. 在 Internet 中，几乎所有服务和功能都以_______模式作为工作模式。
20. IP 地址由_______和_______两部分组成。
21. 在 MS-DOS 方式中，能测试本机能否连接 192.168.1.1 的命令是__________。
22. 域名 www.tust.edu.cn 中的 edu 表示_______机构，cn 表示_______。
23. 在 HTML 语言中，表示文件名为“ding.jpg”的图片的标记是_______。
24. 在 HTML 语言中，表示指向 http://www.tust.educn 文字为“科技大学”的超级连接的的标记是_______。
25. _______是美国科学情报社（ISI）著名的三大引文索引之一，它收录了全世界 1 700 多种著名的社会科学期刊。
26. 物联网可分为______、______、和应用层三个层次。

三、简答题

1. 简述计算机网络的定义及其功能。
2. 简述 VPN 的工作原理。
3. 简述图 6-80 所示的网络的拓扑结构。
4. 简述循环冗余校验（CRC）码的工作过程。
5. 简述网络体系结构的分层思维。
6. 简述在局域网络中传输数据时，通过网卡的物理地址识别主机的过程。
7. 简述交换机的主要工作过程。
8. 简述路由器的中存储转发的思维方法。
9. 简述客户机/服务器工作模式的工作过程。
10. 简述在 Internet 中，主机 1 向主机 2 发送数据包的过程。

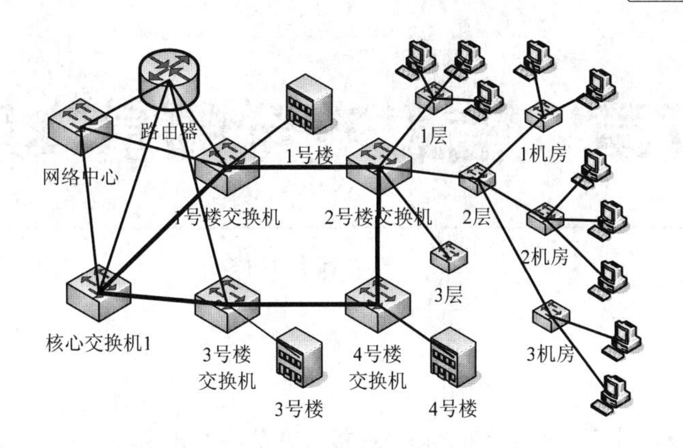

图 6-80　网络拓扑结构

11. 简述 DNS 域名解析的过程。

12. 简述当计算机不能正常访问 Internet 时的查错过程。

13. 简述无线路由器包括的网络安全设置及其功能。

14. 请编写图 6-81 所示的网页的 HTML 片段，超级链接指向 http://www.tust.edu.cn，图片的名字为“ding.jpg”。

文字	超级链接
图片	

图 6-81　网页片段

15. 简述电子邮件发送和接收的过程。

16. 简述 FTP 的工作过程。

17. 简述远程登录（Telnet）的功能。

18. 简述“互联网+”创新创业思维的含义。

四、论述题

1. 叙述使用一台无线路由器连接 3 台台式计算机、2 台笔记本电脑和多台手机组成局域网，以及共享 Internet 带宽的操作过程。

2. 叙述互联网+创新创业的一般过程。

07 第7章 信息安全的基本思维

随着计算机和网络技术的发展，信息技术越来越深入人类生活的各个领域，同时信息和信息系统的安全问题也日趋严重。本章主要介绍信息安全的相关问题，信息安全的防护技术以及知识产权、信息道德与法规等信息安全的基本思维。

7.1 信息安全概述

7.1.1 信息安全的含义

信息安全包括信息和信息系统的安全两个方面的含义。

1. **信息的安全**

信息的安全主要包括保证数据的保密性、真实性和完整性，避免意外损坏或丢失以及非法用户的窃听、冒充、欺骗等行为；保证信息传播的安全，防止和控制非法、有害信息的传播，维护社会道德、法规和国家利益。信息安全的信息包括以下 3 个方面。

（1）需要保密的信息。信息被信息窃取者非法窃取、利用，从而造成各种损失，如图 7-1 所示。

图 7-1 信息泄露

常见的需要保密的信息有以下 3 类。

① 个人信息，如姓名、身份证号、个人住址、电话号码、照片等个人信息，这些信息需要对外人保密。个人账号和密码，如银行卡号、QQ 账号、支付宝账号等信息，应该对所有外人保密。

② 各种企业、事业、机关单位等需要保密的信息，如商业机密、技术发明、财务状况等。

③ 各种有关国家安全的信息，如政府、科研、经济、军事等需要保密的信息。

（2）需要防止丢失或损坏的信息。有一些数据一旦损坏或丢失，将会造成损失。如手机中的电话号码簿、照片和其他重要数据，计算机中的数据文档，数据库中的重要数据等。

（3）需要防止冒充和欺骗的信息。如个人身份、QQ 号、微信账号、银行卡信息、电话号码、组织单位的身份信息等。

【例 7.1】 信息安全事件案例 1。

2013 年 6 月曝光的美国“棱镜门”事件，如图 7-2 所示。美国国家安全局（NSA）的“棱镜”计划（PRISM）通过监视、监听民众的电话通话和民众的网络活动掌握个人的隐私信息。该计划还监听了多个国家的领导人、政府部门、银行等数据通信。

图 7-2 “棱镜”计划

【例 7.2】 信息安全事件案例 2。

2005 年，同学录网站 5460（见图 7-3）发生信息泄露，造成 9 000 多万注册用户的资料泄露，包括用户的实名、电话、单位、单位地址、家庭地址、照片等。5460 网站声称这些资料被黑客非法窃取。

【例 7.3】 信息安全事件案例 3。

假冒网上银行、网上证券网站，骗取用户账号密码并实施盗窃，如图 7-4 所示。犯罪分子建立了域名和网页内容都与真正的网上银行系统、网上证券交易平台极为相似的网站，引诱用户输入账号、密码等信息，进而通过真正的网上银行、网上证券系统或者伪造银行储蓄卡、证券交易卡盗窃资金。

图 7-3　5460 网站

图 7-4　网络诈骗

2. 信息系统的安全

信息系统的安全是指保证信息处理和传输系统的安全，它重在保证系统正常运行，避免因系统故障而对系统存储、处理和传输的信息造成破坏和损失，避免信息泄露、干扰他人。

信息系统的安全主要包括计算机机房的安全、硬件系统的可靠运行和安全、网络的安全、操作系统的安全、应用软件的安全、数据库系统的安全等。

7.1.2　信息安全的风险来源

信息安全的风险主要包括非法授权访问、假冒合法用户身份、破坏数据、干扰系统的正常运行、病毒破坏、通信线路窃听等。信息安全的威胁，主要来源于信息系统自身的缺陷、人为的威胁与攻击以及物理环境的缺陷。

1. 信息系统自身的缺陷

信息系统自身的安全问题包括硬件系统、软件系统、网络和通信协议的缺陷等。

（1）信息系统的安全隐患来源于设计疏忽，存在缺陷和漏洞。

① 硬件系统，包括计算机硬件系统和网络硬件系统的缺陷。

例如，硬盘故障、电源故障或主板芯片的故障等，引起的数据丢失、系统崩溃等严重安全问题。

② 软件系统，包括操作系统、应用软件、数据库管理系统等。

在 Windows 操作系统、浏览器、Office 等软件中，人们不断发现各种安全漏洞，并被黑客或病毒攻破，造成网络系统瘫痪或数据的损失。Windows 操作系统、智能手机的 Android 系统等随着使用时间的推移，遗留的垃圾会越来越多，系统也会越来越慢，需经常清理才能保证使用。

（2）信息系统的安全隐患还可能来自于生产者主观故意。

假如厂商在计算机的 CPU、主板、网卡、其他控制芯片或者网络中的交换机、路由器等设备中内置了陷阱指令、病毒指令，并设有激活办法和无线接收指令机构，就可以通过有线网络或者无线的方式激活指令，从而造成内部机密信息外泄，或者导致计算机系统崩溃、网络瘫痪等后果。

【例 7.4】 信息安全事件案例 4。

1991 年，海湾战争爆发前，美国情报部门获悉，伊拉克从法国购买了一种用于防空系统的新型打印机，准备通过约旦首都安曼偷运到巴格达。美国在安曼的特工人员偷偷把一套带有病毒的同类芯片换装到这种打印机里，从而通过打印机使病毒侵入了伊拉克军事指挥中心的主机。据称，微机芯片是美国马里兰州米德堡国家安全局设计的，病毒名为 AFgl。当美国领导多国部队发动“沙漠风暴”行动、空袭伊拉克时，美军用无线遥控装置激活了隐藏的病毒，致使伊拉克的防空系统陷入了瘫痪。

2. 人为因素

人为因素主要包括内部攻击和外部攻击两大类。

（1）内部攻击。指系统内合法用户故意、非故意操作造成的隐患或破坏。

例如：①内部人员与外部人员勾结犯罪，泄露数据等；②口令管理混乱，因口令泄露造成的安全隐患等；③内部人员违规操作，造成网络或站点拥塞，甚至系统瘫痪等；④内部人员误操作，造成硬盘分区格式化、文件或数据丢失等；⑤盗取设备，即盗取笔记本电脑、智能手机、复印机或单位的备份，获取重要信息。

（2）外部攻击。指来自系统外部的非法用户的攻击。

例如，通过搭线或截获辐射窃取或篡改传输数据；冒充授权用户身份、冒充系统组成部分，或者利用系统漏洞侵入系统，窃取数据、破坏系统安全；通过植入木马或病毒程序，窃取或篡改数据。

3. 物理环境

物理环境的安全问题，主要包括自然灾害、辐射、电力系统故障、蓄意破坏等造成的安全问题。

例如，地震、水灾、火灾、雷击、有害气体、静电等对计算机系统的损害；电力系统停电、电压突变，导致系统损坏及死机造成的数据丢失；人为偷盗或破坏计算机系统设备。

7.1.3 信息安全等级保护

信息安全等级保护是指对国家安全、法人和其他组织及公民的专有信息以及公开信息和存储、传输、处理这些信息的信息系统分等级实行安全保护，对信息系统中使用的信息安全产品实行按等级管理，对信息系统中发生的信息安全事件分等级响应、处置。其中包括美国的 TCSEC 标准、中国的信息安全标准、通用准则 CC、英国的 BS7799 标准和国际信息技术安全标准等。

我国《信息安全等级保护管理办法》规定，国家信息安全等级保护坚持自主定级、自主保护的原则。信息系统的安全保护等级应当根据信息系统在国家安全、经济建设、社会生活中的重要程度，信息系统遭到破坏后对国家安全、社会秩序、公共利益以及公民、法人和其他组织的合法权益的危害程度等因素确定。将信息系统的安全保护等级分为五级，如表 7-1 所示。某软件的信息系统安全等级保护备案证明如图 7-5 所示。

表 7-1　　信息系统安全保护等级

保护等级	公民、法人和其他组织的合法权益	社会秩序和公共利益	国家安全
第一级	损害	不损害	不损害
第二级	严重损害	损害	不损害
第三级		严重损害	损害
第四级		特别严重损害	严重损害
第五级			特别严重损害

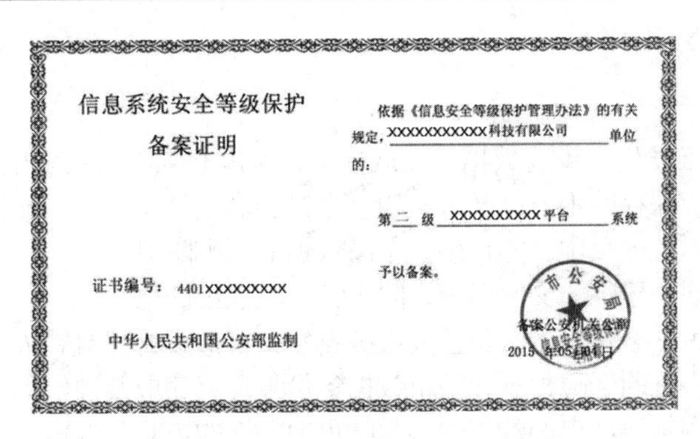

信息系统安全等级保护

备案证明

依据《信息安全等级保护管理办法》的有关规定，XXXXXXXXXXX科技有限公司单位的：

第二级 XXXXXXXXXX平台系统

予以备案。

证书编号：4401XXXXXXXXXX

中华人民共和国公安部监制

备案公安机关(公章)

2015 年 05 月 01 日

图 7-5　信息系统安全等级保护备案证明

7.2　信息安全防范措施

为了消除信息系统的安全隐患，降低损失，提高安全意识，采取很多安全防范措施，主要包括数据备份、双机热备份、数据加密、数字签名、身份认证、防火墙、补丁程序、提高物理安全等。

7.2.1　数据备份

金融、证券、政府机关以及各种企业都广泛依赖信息系统处理其业务，一旦数据丢失，后果将不堪设想。

数据备份是为了预防操作失误或系统故障导致的数据丢失，而将全部或部分数据从主机的硬盘复制到其他存储介质的过程，如图 7-6 所示。当原始数据被误删除、破坏，硬盘损坏，计算机系统崩溃，甚至整个机房或建筑遭到毁灭时，仍然可以通过备份尽可能地恢复数据，将损失降到最低。

备份需要考虑备份的时机、存储介质和安全 3 个要素。

1.　备份的时机

每次备份都要花费一定的时间和成本。人们经常根据数据的重要程度考虑数据备份的频率，一般越重要的数据备份的间隔越短。

例如，个人智能手机上的电话簿、照片等数据每周或者每月备份即可；小公司的数据每天备份即可；金融、证券等部门的每一笔数据都不允许丢失，每次数据发生变化时都要备份。

2.　备份的存储介质

数据备份离不开存储设备和介质，如本地硬盘、光盘、移动硬盘、移动存储设备等。

在网络中，用户可以设置专门的备份服务器，将网络中其他计算机和服务器的数据同步备份到备份服务器中，如图 7-7 所示。

此外还可以通过 Internet 进行网络备份。例如，百度云可以将计算机中的数据，手机中的电话簿、照片等文件备份到网络云盘中。

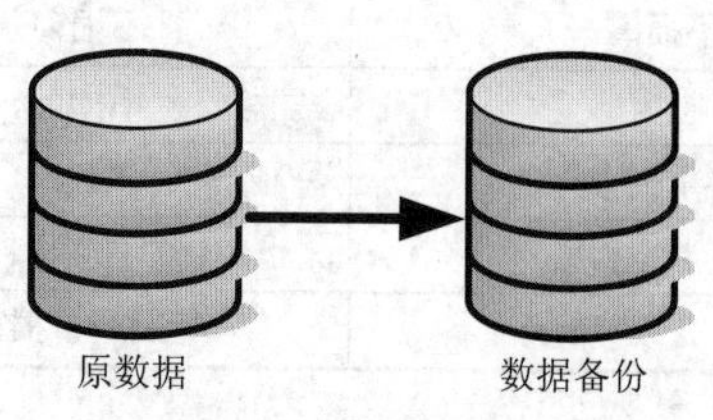

图 7-6 数据备份

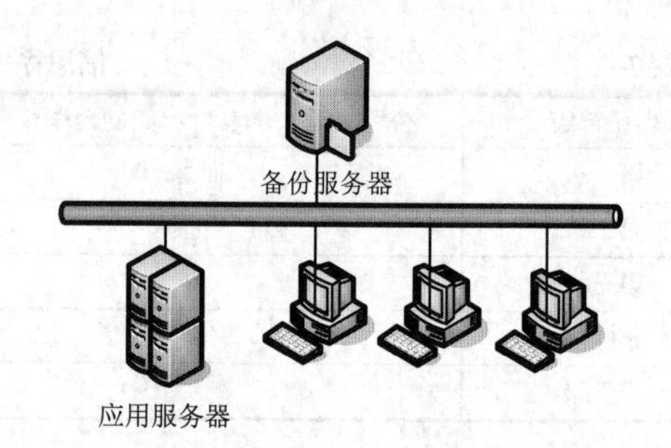

图 7-7 备份服务器

3. 备份的安全

备份主要用于在灾难发生时恢复数据，降低损失，所以必须将备份安全存放。用户可以根据数据的重要程度，决定备份保存的地方以及采取的安全措施。

（1）将备份保存在本地硬盘中，防止硬盘中原数据的误删除等。

（2）将备份保存在同一建筑的文件柜中，防止计算机系统的损坏。

（3）将备份保存在另一个建筑中，防止火灾等自然灾害造成的建筑毁灭。

（4）将备份保存在银行的保险柜里，防止数据备份被恶意窃取及建筑物毁灭等。

（5）通过网络保存在其他城市的数据中心，防止地区性的灾难和战争等。

4. 备份的操作

备份的操作过程如下所述。

（1）可将数据从本地硬盘中复制到本地硬盘、光盘、移动硬盘、移动存储设备中，妥善保存。

（2）将数据通过 Internet 上传到远程的存储空间中，如百度云盘，如图 7-8 所示。在手机上安装百度云管家，将手机上的电话号码簿和图片备份到百度云盘。

（3）使用 Ghost 工具，如图 7-9 所示，将某个磁盘分区（如 Windows 系统盘 C:）备份为一个文件。当 Windows 无法正常工作时，可以使用此备份还原 Windows 系统盘 C:。

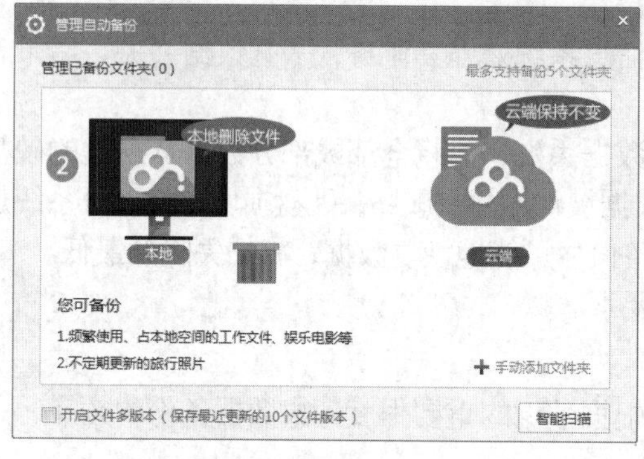

图 7-8 百度云的备份

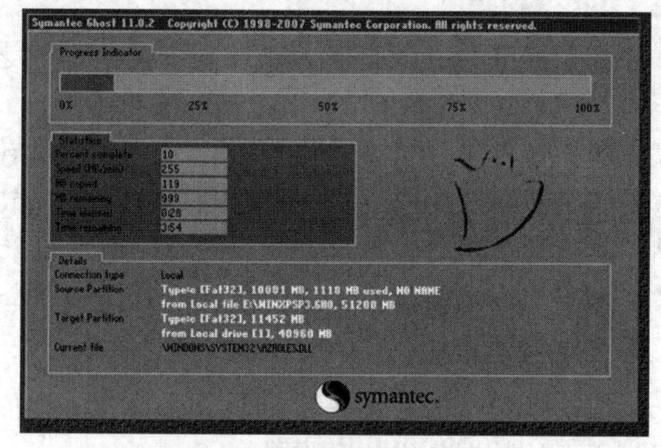

图 7-9 Ghost 备份分区

（4）使用 Windows 的备份和还原工具。

① 双击“控制面板→备份和还原”图标，打开备份和还原窗口。

② 单击“设置备份”超级链接，打开“设置备份”对话框，如图 7-10 所示，选择备份的保存位置，可以是本硬盘的某个分区、网络上或其他移动存储设备上，单击“下一步”按钮。

③ 选中“让我选择”选项，由用户选择备份内容，单击“下一步”按钮。

④ 如图 7-11 所示，选中“包括驱动器 Win 70（C:）的系统映像”选项，备份 Windows 系统盘。当 Windows 无法正常工作时，可以使用此备份进行还原，也可以选择其他文件或者文件夹。

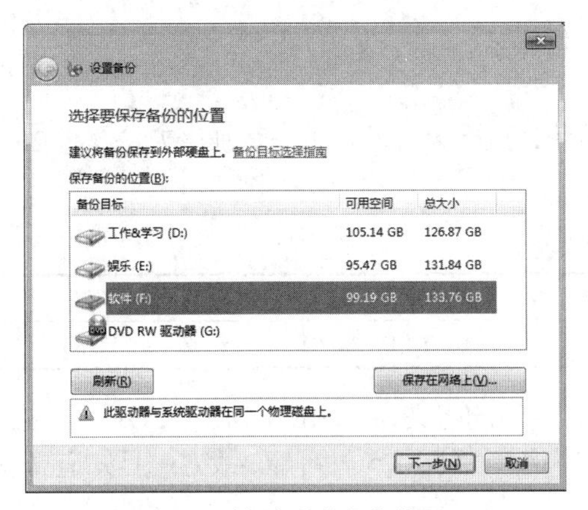

图 7-10　选择备份的保存位置

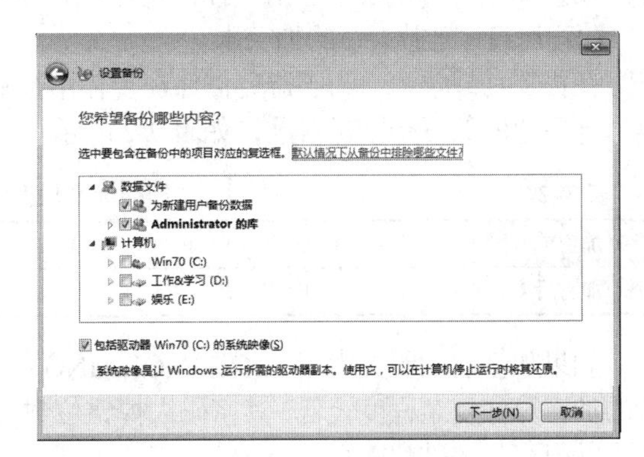

图 7-11　要备份的内容

⑤ 单击“下一步”按钮，开始备份。

当需要“还原”备份的数据时，操作步骤如下。

① 单击“备份和还原→选择要从中还原文件的其他备份”命令，选择要还原的备份文件。

② 单击“下一步”按钮，选中“选择此备份中的所有文件”选项及“在原始位置”选项，单击“还原”按钮，就可以将数据还原到原始位置。

7.2.2　双机热备份

在金融、保险等业务连续性要求极高的行业中，如果服务器出现故障，要求在最短的时间内排除故障、恢复工作或者保证系统连续工作，此时可以采用双机热备份。

双机热备份是一种软硬件结合的容错应用方案。由两台服务器系统和一个外接共享磁盘阵列及相应的双机热备份软件组成，如图 7-12 所示（或者主从服务器中各自采用磁盘阵列，如图 7-13 所示）。操作系统和应用程序安装在两台服务器的本地系统盘上，整个网络系统的数据通过磁盘阵列集中管理和进行数据备份，用户数据集中存放在共享磁盘阵列中。在主服务器出现故障时，备份服务器主动替代主机工作，保证网络服务不间断。

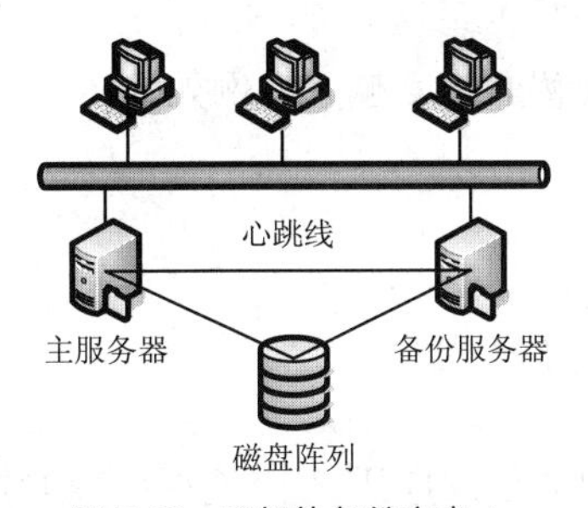

图 7-12　双机热备份方案 1

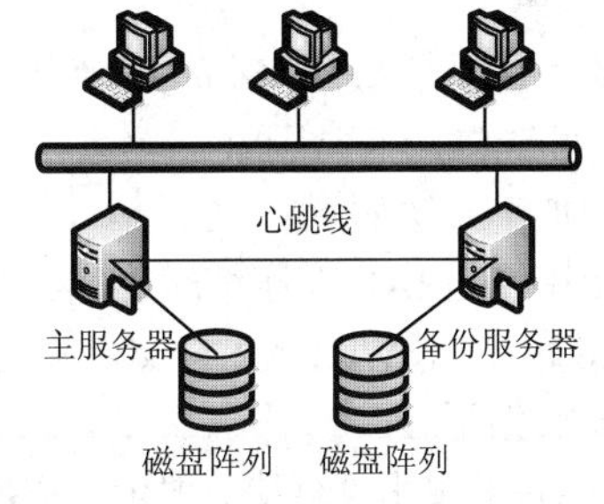

图 7-13　双机热备份方案 2

双机热备份系统采用“心跳”方法保证主从服务器之间的联系。主从服务器之间相互按照一定的时间间隔发送通信信号，表明各自的运行状态。一旦“心跳”信号表明主服务器发生故障，或者备用服务器无法收到主服务器的“心跳”信号，则系统的管理软件认为主机系统发生故障，此时主服务器停止工作，将系统资源转移到备份服务器上，备份服务器替代主服务器工作，以保证服务不间断。

7.2.3　数据加密

数据加密是将明文加密成密文后进行传输和存储，它主要用于防止信息在传输和存储过程中被非法用户阅读。加密技术包括对称密钥体系和非对称密钥体系。

【例 7.5】 凯撒大帝的加密术。

在古罗马战争中，为了避免信件在传输中被敌方截获，凯撒大帝设计了一套加密方法，将 26 个字母与后边的第 *n* 个字母对照，如表 7-2 所示。

表 7-2　凯撒大帝加密字母对照表 1

加密前	A	B	C	D	E	F	G	H	I	J	K	L	M	N	O	P	Q	R	S	T	U	V	W	X	Y	Z
加密后	D	E	F	G	H	I	J	K	L	M	N	O	P	Q	R	S	T	U	V	W	X	Y	Z	A	B	C

如果加密前的明文为“GOOD MORNING”，那么加密后的密文为“JRRG PRUQLQJ”。凯撒大帝的加密算法复杂程度较低，其密码去掉错位数为 0 的特例，只剩下 25 种可能。敌方一旦知道算法，就可以很容易地破解密文。

为了提高算法的复杂度，可以考虑将对照表中的字母的对应关系打乱，从而提高加密算法的复杂度，如表 7-3 所示。

表 7-3　凯撒大帝加密字母对照表 2

加密前	A	B	C	D	E	F	G	H	I	J	K	L	M	N	O	P	Q	R	S	T	U	V	W	X	Y	Z
加密后	J	D	B	F	H	I	K	E	L	M	O	G	P	Q	R	X	S	U	N	V	W	Y	T	Z	A	C

1. 对称密钥体系

传统加密技术的工作模式是对称密钥体系，如图 7-14 所示，加密和解密使用相同密钥。在数据发送端使用密钥和加密算法，将原始明文加密成密文；密文传送到目的地，接收方使用同一密钥和解密算法将密文还原成原始明文。如果在传输过程中，攻击者截获密文，但是没有密钥，则不能容易地阅读文件。

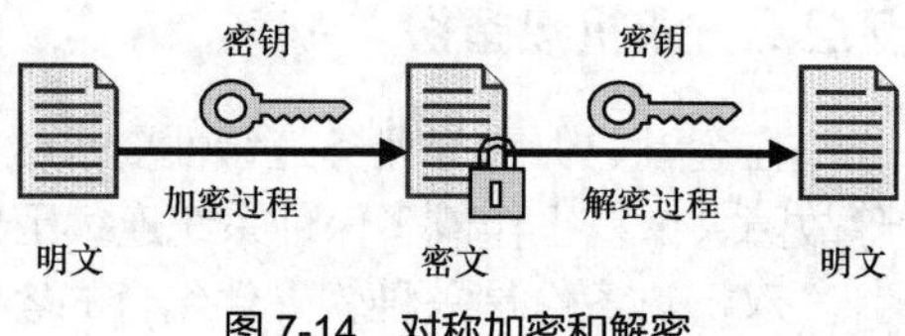

图 7-14　对称加密和解密

在这种工作方式下，密码需要从发送者传送到接收者。在传输密码的过程中，有可能被攻击者截获。加密的算法不变，而密钥不断变化。因此，解密者可以通过各种破解密码的算法算出密码，得到原文。

密码的长度决定破解密码的困难程度。位数越多，则破解的难度越大。例如，128 位的密码，有 2^{128} 种可能，破解非常困难。

常用的加密方法如下。

（1）使用 WinRAR 在压缩时加密，加密和解密的密码相同。

【例 7.6】 使用 WinRAR 将文件夹压缩并设置解压缩的密码。

操作步骤如下。

① 鼠标右键单击文件夹，执行“添加到压缩文件”菜单命令，打开“压缩文件名和参数”对话框，如图 7-15 所示。

② 单击“设置密码”按钮，打开“输入密码”对话框，如图 7-16 所示。输入密码并确认，如果选中“加密文件名”选项，则打开时看不到压缩包中的文件名。此时返回到“压缩文件名和参数”窗口，单击“确定”按钮，完成文件的压缩。

③ 双击加密的压缩包，将显示“输入密码”对话框，输入正确的密码后才可以解压缩文件。

（2）使用 Windows 的 NTFS 的加密。用户以 Windows 的账号 User1 登录进入 Windows 中，加密 NTFS 磁盘分区中的文件夹后，只有加密操作账号 User1 才能读写和解密该文件夹，其他账号不能读写和解密该文件夹。如果重新安装 Windows 操作系统，即使设置相同的账号也不能读写该文件夹。

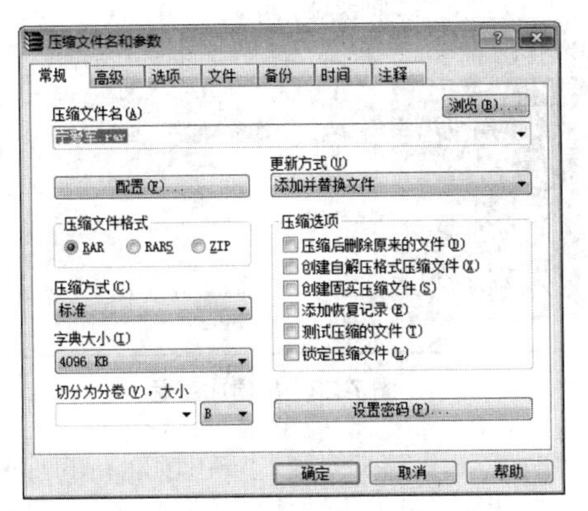

图 7-15 “压缩文件名和参数”对话框

图 7-16 输入密码

【例 7.7】 使用 Windows 系统中的 NTFS 加密文件夹。

加密文件夹操作过程如下。

① 用鼠标右键单击文件夹，执行“属性”命令，打开“属性”对话框，如图 7-17 所示。单击“高级”按钮，打开“高级属性”对话框，如图 7-18 所示。

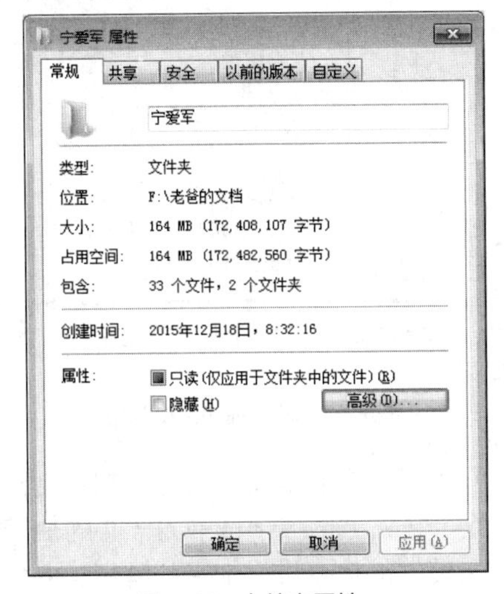

图 7-17 文件夹属性

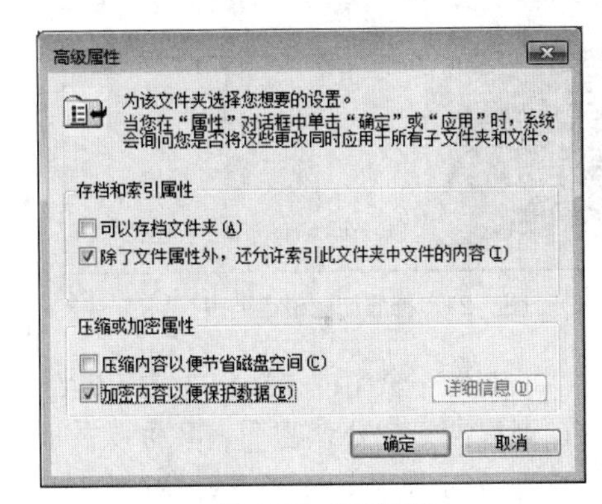

图 7-18 高级属性

② 选中“加密内容以便保护数据”选项，单击“确定”按钮。在“确认属性更改”对话框中，选择“将更改应用于该文件夹、子文件夹和文件”选项，单击“确定”按钮开始加密。

③ 加密后的文件夹和文件的名字显示为绿色。此时只有加密操作的用户账号才能读写和解密该文件夹。

（3）使用加密软件，如神盾加密、加密大师等。使用神盾加密软件，设定一个加密账号和密码，为该账号分配一块或者多块加密空间，每一块空间分配一个驱动器号。当关闭神盾加密软件时，该分区消失；当登录神盾加密软件时，该分区显示。

【例 7.8】 使用神盾加密软件，分配一个加密空间。

使用神盾加密软件创建加密分区的操作如下。

（1）打开神盾加密工具，单击“创建用户”按钮，输入用户名和密码，创建用户，如图 7-19 所示。

（2）输入用户名和密码，单击“登录”按钮，成功登录后，打开“创建新的加密磁盘”窗口，如图 7-20 所示，选择在某个分区申请指定空间大小，单击“创建”按钮，创建加密盘。

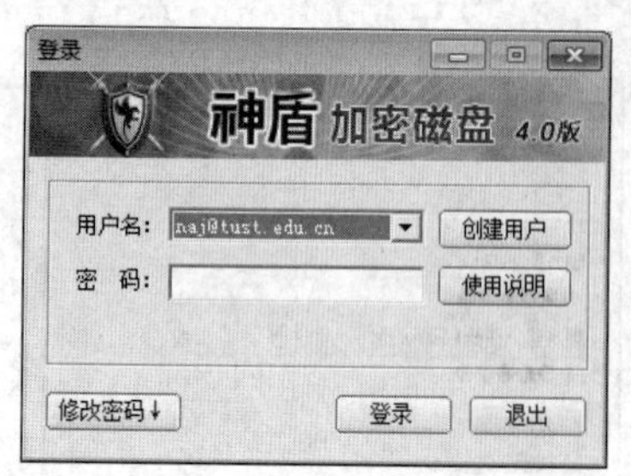

图 7-19 神盾加密软件创建用户

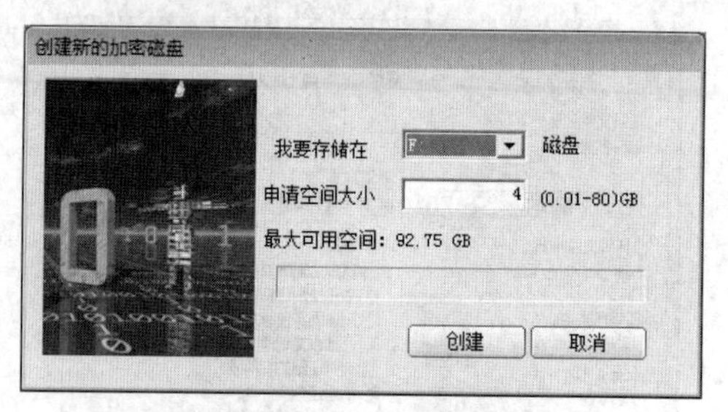

图 7-20 创建加密盘

（3）打开“神盾加密磁盘列表”对话框，如图 7-21 所示。单击“创建”按钮创建新的加密磁盘；单击“删除”按钮，删除选中的加密磁盘；单击“打开”按钮，可以在 Windows 的资源管理器中打开加密磁盘。

2. 非对称密钥体系

非对称密钥体系是指加密和解密使用不同密钥的方法，如图 7-22 所示。接收方有一对密钥，即公开密钥和私有密钥。信息的发送方使用接收方的公开密钥加密明文，而接收方使用自己的私有密钥解密，且任何人不能使用公钥解密密文。在这种方式下，不需要传输接收方的私有密钥，攻击者很难获得接收方的私钥，所以安全性更高。在非对称加密中使用的主要算法有 RSA、Elgamal、背包算法、Rabin 等。

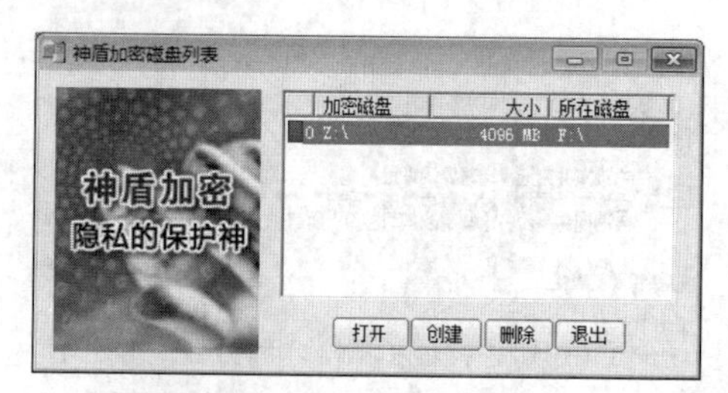

图 7-21 神盾加密磁盘列表

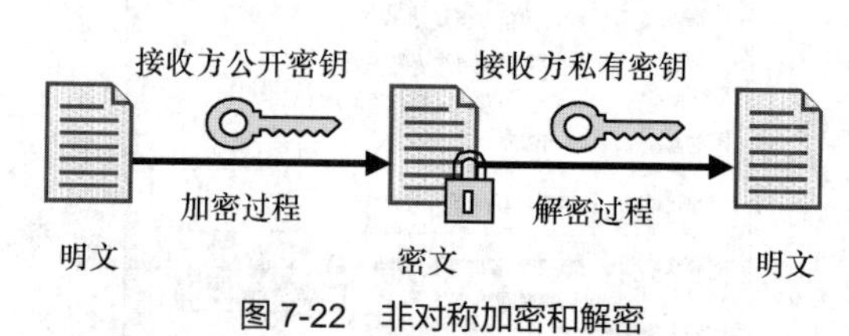

图 7-22 非对称加密和解密

数字证书是一个由证书授权机构（CA）签发的包含公开密钥拥有者信息、公开密钥的文件，最简单的证书包含一个公开密钥、名称以及证书授权中心的数字签名。以数字证书为核心的加密技术（加密传输、数字签名、数字信封等安全技术）可以对网络上传输的信息进行加密和解密、数字签名和签名验证，确保网上传递信息的机密性、完整性及交易的不可否认性。

中国的证书颁发机构包括：中国金融认证中心（简称 CFCA）、上海市数字证书认证中心（简称 CTCA）、天津市电子认证中心等。CA 认证中心一般可以提供域名证书、代码签名证书、个人证书、单位证书、VPN 证书等，个人、企业、单位等都可以申请并下载数字证书。

HTTPS（Hyper Text Transfer Protocol over Secure Socket Layer，即安全超文本传输协议）由 Netscape 开发并内置于浏览器中，对数据进行加密和解密操作，并返回网络上传送回的结果。HTTPS 是以安全为目标的 HTTP 通道，其中加入了 SSL 层，用于进行安全的 HTTP 数据加密传输，用户还可以确认发送者身份。

HTTPS 协议和 HTTP 协议的区别主要为以下 4 点。

（1）HTTPS 需要到 CA 申请证书，一般免费证书很少，需要交费。

（2）HTTP 是超文本传输协议，信息是明文传输；HTTPS 是具有安全性的 SSL 加密传输协议。

（3）HTTP 和 HTTPS 使用的是完全不同的连接方式，使用的端口也不一样，前者是 80，后者是 443。

（4）HTTP 的连接很简单，是无状态的；HTTPS 协议是由 SSL+HTTP 协议构建的可进行加密传输、身份认证的网络协议，比 HTTP 协议更安全。

HTTPS 广泛用于万维网上安全敏感的通信，如交易支付方面，如图 7-23 所示。在线购物时，IE、FireFox 等安全浏览器使用扩展验证（EV）SSL 证书的地址栏，地址栏临近的区域还会显示网站所有者的名称和颁发证书 CA 机构名称（如京东商城），客户可以确认该网站身份可信。信息传递安全可靠，可以防止被钓鱼网站欺骗，可以防止数据在传输过程中被窃听。

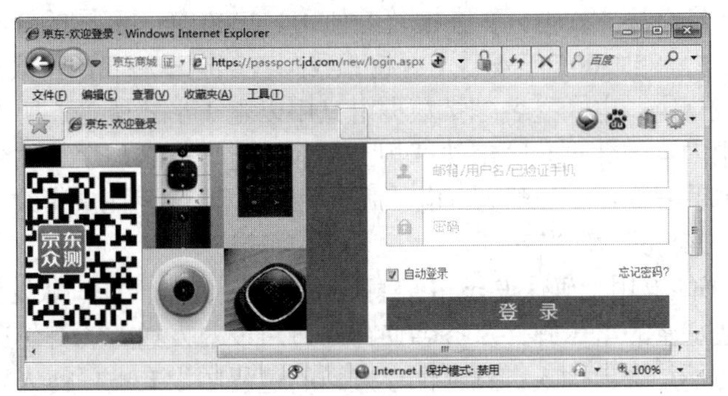

图 7-23　HTTPS 安全网页

用户使用鼠标右键单击网页，执行“属性”命令打开“属性”对话框，如图 7-24 所示。单击“证书”按钮，打开“证书”对话框，如图 7-25 所示，可以查看证书的常规信息、详细信息和证书的路径，还可以选择安装下载的证书。

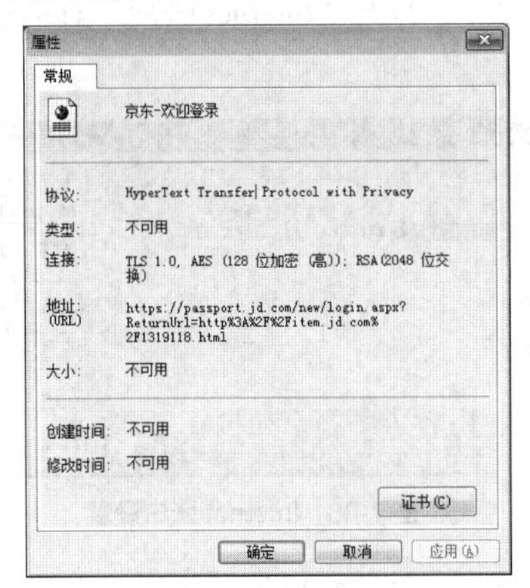

图 7-24　网页属性

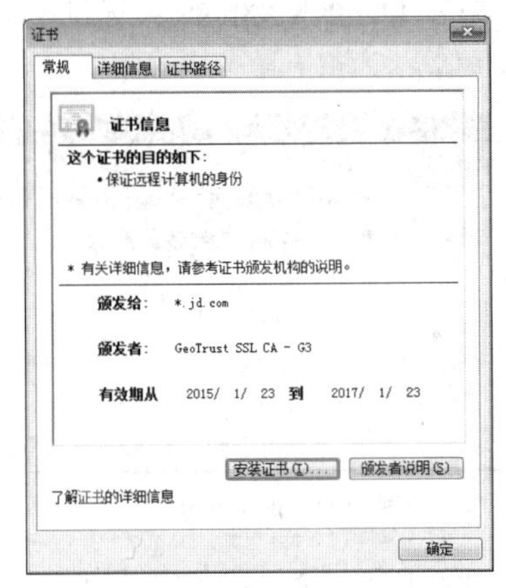

图 7-25　“证书”对话框

7.2.4　数字签名

数字签名采用颁发者（CA）颁发的数字证书，针对法律文件或商业文件等保证信息传输的完整性、发送者的身份认证，防止交易中的抵赖发生。数字签名的工作模式如图 7-26 所示，其工作过程如下所述。

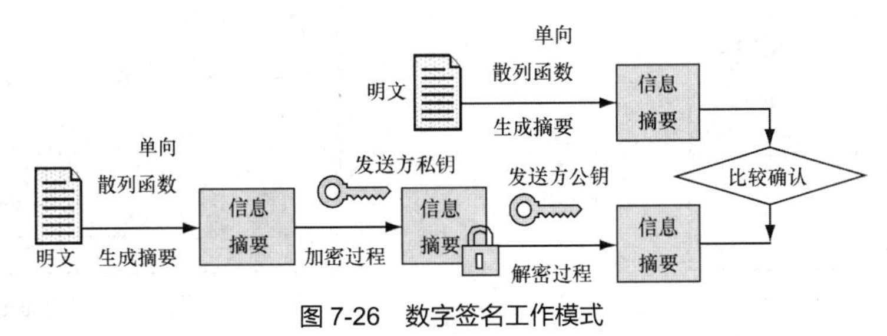

图 7-26　数字签名工作模式

（1）发送方使用单向散列函数计算明文，生成信息摘要。使用自己的私有密钥加密信息摘要。

（2）将明文和加密的信息摘要一起发送。

（3）接收方使用相同的单向散列函数计算收到的明文，生成信息摘要。用发送方的公开密钥解密信息摘要。

（4）将两个摘要进行比较，如果相同则可以确定明文就是发送方发出的。

在我国，数字签名具有法律效力，正在被普遍使用。2000 年，我国的合同法首次确认了电子合同、电子签名的法律效力。自 2005 年 4 月 1 日起，我国首部电子签名法正式实施。

电子签名法中明确规定：电子签名是指数据电文中以电子形式所含、所附用于识别签名人身份并表明签名人认可其中内容的数据。这部法律规定可靠的电子签名与手写签名或者盖章具有同等的法律效力，消费者可用手写签名、公章的“电子版”、秘密代号、密码或指纹、声音、视网膜结构等安全地在网上“付钱”“交易”及“转账”。

【例 7.9】 数字证书能够用于确保 E-mail 信息的保密性、完整性和确认发信方身份的真实性。使用数字证书发送签名或加密的电子邮件。签名使得对方可以对发送方的身份进行验证，以保证这封邮件确实由其发出，而不是来自他人，且邮件在发送的过程中没有被任何人篡改；加密使发送方的邮件在传输过程中不会被除了接收方以外的任何人看到。

（1）在某个数字证书认证中心，用户 A 填写提交个人 E-mail 证书申请表和个人身份证明材料，申请并下载证书。成功安装证书后，在 IE 的“工具→Internet 选项→内容→个人证书”中，可以看到该证书，如图 7-27 所示。

（2）打开 Outlook Express，执行“工具→账号”菜单命令，打开“Internet 账户”对话框，如图 7-28 所示。

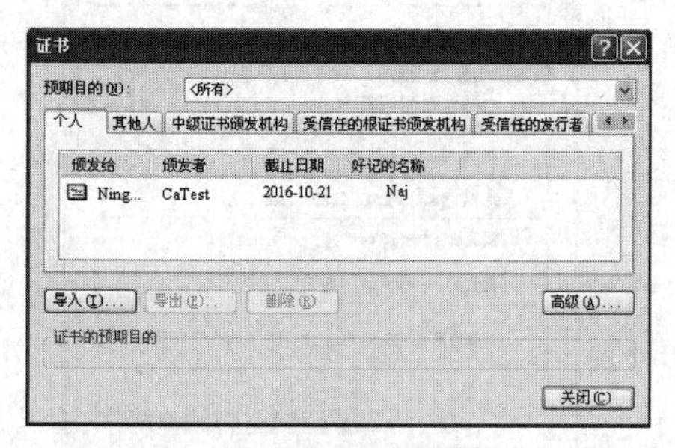

图 7-27　IE 中的证书

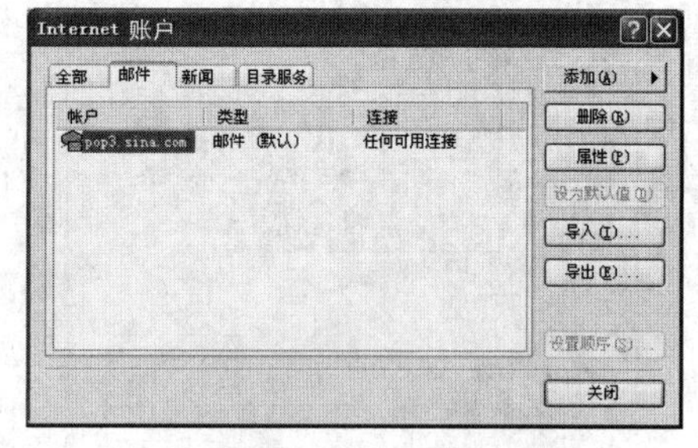

图 7-28　Internet 账户设置

（3）选中账户，单击“属性”按钮，打开“属性”对话框，如图 7-29 所示。

（4）分别单击签署证书和加密首选项的“选择”按钮，弹出选择数字证书对话框，选中安装的个人电子邮件证书，如图 7-30 所示，单击“确定”按钮。

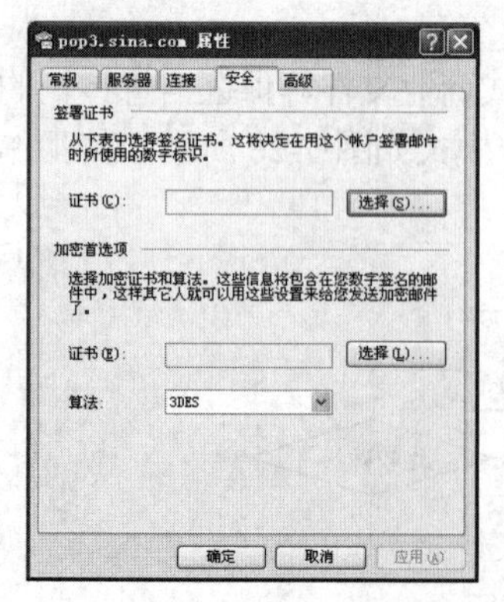

图 7-29　账户属性

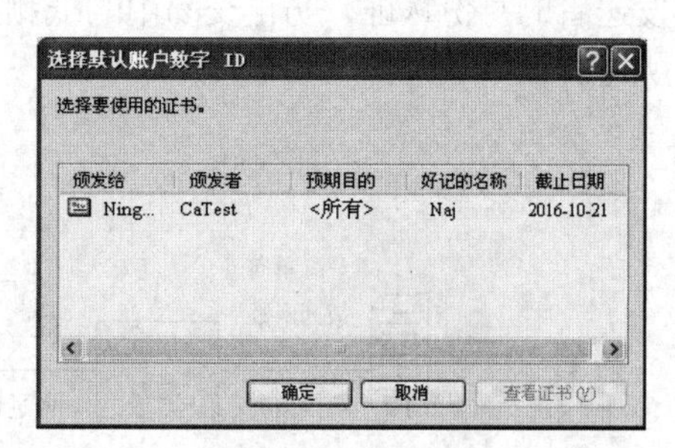

图 7-30　选择证书

（5）用户 A 在写邮件时，如图 7-31 所示，单击“签名”按钮，可以在电子邮件中加入用户 A 的数字签名，收件人可以通过数字签名确认用户 A 的身份。

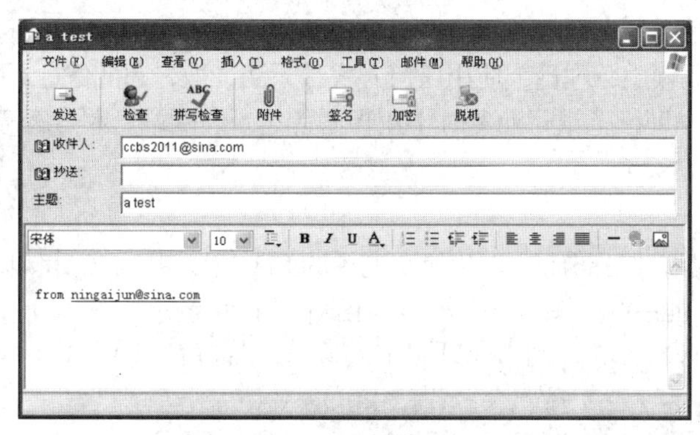

图 7-31　写邮件

（6）收件人在收到用户 A 的电子邮件后，可以将用户 A 的证书添加到通信簿中。此后，在给用户 A 发 E-mail 时，只要单击“加密”按钮，就可以使用用户 A 的公钥给用户 A 发加密的电子邮件了。

7.2.5　身份认证

身份认证是指证实主体的真实身份与其所声称的身份是否相符的过程。身份认证是访问控制的前提，用于防止假冒身份的行为，对信息安全极为重要。

身份认证的常用方法有口令认证、USB Key、持证认证和生物识别等。

1．口令认证

（1）用户名和口令认证。如电子邮箱、BBS、购物网站、操作系统等。

不安全的口令有以下几种类型。

① 位数较少的密码，比较容易被破解，如 123、abc。

② 密码是一个简单的英文单词或者汉字拼音音节，容易被密码字典穷举破解，如 hello、tianjin 等。

③ 密码只有一个字符集，如只使用小写字母、大写字母、数字字符、标点符号集之一。

④ 以下密码都不安全：本人或亲人的生日、用户名与密码相同、规律性太强的密码（如 111111、123456、aaaaaa），在所有场合使用同一个密码、长时间使用同一个密码。

安全的密码应该是与本人的身份信息内容无关，基本无规律，位数足够长，由小写字母、大写字母、数字字符和标点符号集组合而成，使密码的穷举空间足够大，难以被穷举破解。

（2）电子口令卡。网上银行给用户的网银账号派发电子口令卡，如图 7-32 所示，以矩阵形式显示口令。在登录网站时，首先要输入网银账号和登录口令，然后显示口令卡的矩阵位置编号，用户在本人所持的口令卡上找到对应位置的口令填写在“口令卡密码”输入框中，如图 7-33 所示，从而证明本人的网上银行身份。

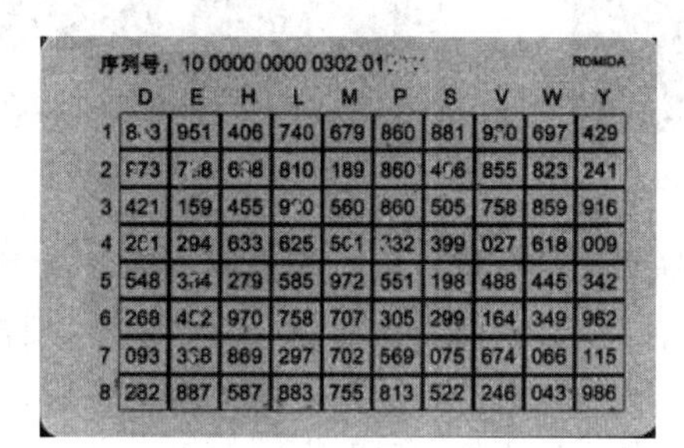

图 7-32　电子口令卡

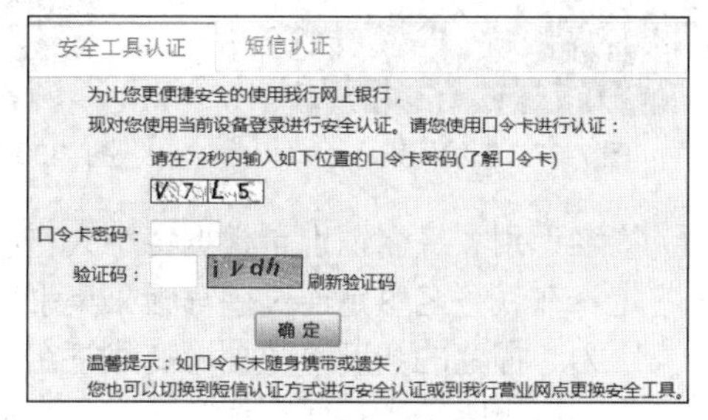

图 7-33 输入口令卡密码

2. USB Key

USB Key 是一种 USB 接口的硬件设备。它内置单片机或智能卡芯片，有一定的存储空间，可以存储用户的私钥以及数字证书，利用 USB Key 内置的公钥算法实现对用户身份的认证，如图 7-34 所示。由于用户私钥保存在密码锁中，理论上使用任何方式都无法读取，因此保证了用户认证的安全性。

拥有 USB Key，在办理网上银行业务时不用担心黑客、假网站、木马病毒等各种风险，USB Key 可以保障网上银行的资金安全。

3. 持证认证

通过个人持有的物品，如身份证、军官证、电话的 SIM 卡、银行 IC 卡、门禁卡等进行身份认证。图 7-35 所示为身份证认证系统，图 7-36 所示为门禁卡认证系统。

持证认证时，如果证件丢失，则不能证明本人身份，若持有别人的证件有可能会仿冒身份。

图 7-34 USB Key

图 7-35 身份证

图 7-36 门禁卡

4. 生物识别

生物识别依据人类自身固有的生理和行为特征进行身份认证。生物特征与生俱来，多为先天性的，如指纹、视网膜、人脸等。行为特征是习惯使然，多为后天形成，如笔迹、步态等。

生物识别的优点是无法仿冒，缺点是较昂贵、不够稳定、识别率较低。

（1）指纹识别。指纹是指人的手指末端的正面皮肤上凹凸不平所产生的纹线，具有终身不变性和唯一性。每个人的指纹不同，就是同一人的十指之间，指纹也有明显区别，因此指纹可用于身份鉴定，如图 7-37 所示。指纹识别通过比较不同指纹的细节特征点来进行鉴别。

（2）手掌几何识别。手掌几何识别是通过测量使用者的手掌和手指的物理特性来进行识别，不仅性能好，而且使用比较方便，其准确性可以非常高，如图 7-38 所示。手形读取器使用的范围很广，且很容易集成到其他系统中，因此成为许多生物特征识别项目中的首选技术。

（3）视网膜识别。视网膜是眼睛底部的血液细胞层，视网膜识别技术要求激光照射眼球的背面以获得视网膜特征的唯一性，如图 7-39 所示。

图 7-37 指纹识别

图 7-38 手掌几何识别

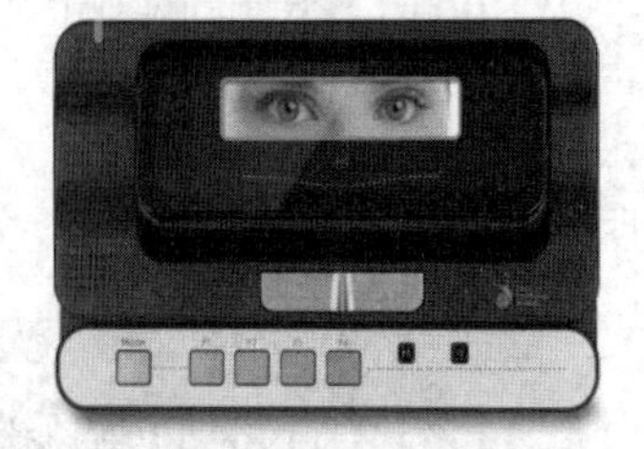

图 7-39 视网膜识别

（4）签名识别。签名识别是根据每个人自己独特的书写风格进行鉴别，分为在线签名鉴定和离线签名鉴定。在线签名鉴定通过手写板采集书写人的签名样本，除了采集书写点的坐标外，有的系统还采集压力、握笔的角度等数据。离线签名鉴定通过扫描仪输入签名样本，离线签名比较容易伪造，识别的难度也比较大。而在线签名由于有动态信息，不容易伪造，目前识别率也可以达到一个满意的程度。

（5）面部识别。面部识别是使用摄像头等装置，以非接触的方式获取识别对象的面部图像。计算机系统在获取图像后与数据库图像进行比对后完成识别过程，如图 7-40 所示。面部识别是基于生物特征的识别方式，与指纹识别等传统的识别方式相比，具有实时、准确、高精度、易于使用、稳定性高、难仿冒、性价比高和非侵扰等特性，较容易被用户接受。

（6）静脉识别。静脉识别系统实时采取静脉图，运用先进的滤波、图像二值化、细化手段对数字图像提取特征，采用复杂的匹配算法同存储在主机中静脉特征值进行比对匹配，从而对个人身份进行鉴定，如图 7-41 所示。

图 7-40　面部识别

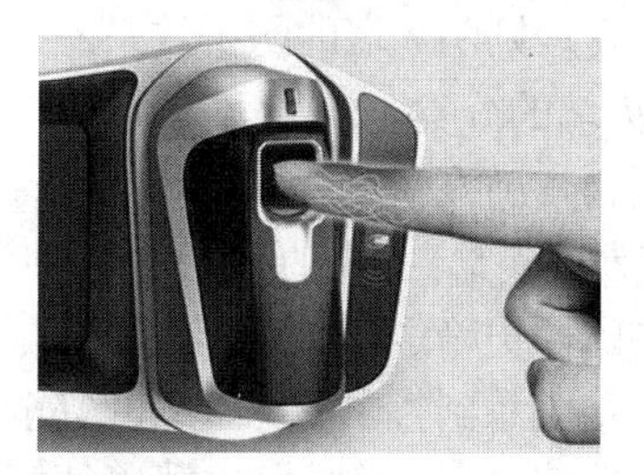

图 7-41　静脉识别

7.2.6　防火墙

防火墙指的是一个由软件和硬件设备组合而成，在内部网和外部网、专用网与公共网、计算机和它所连接的网络之间构造的保护屏障，如图 7-42 所示。

防火墙的本质是允许合法而禁止非法数据往来的安全机制，防止非法入侵者侵入网络、盗窃信息或者破坏系统安全。防火墙是在两个网络通信时执行的一种访问控制尺度，它能允许用户“同意”的人和数据进入用户的网络，同时将用户“不同意”的人和数据拒之门外，最大限度地阻止网络中的黑客来访问用户的网络。

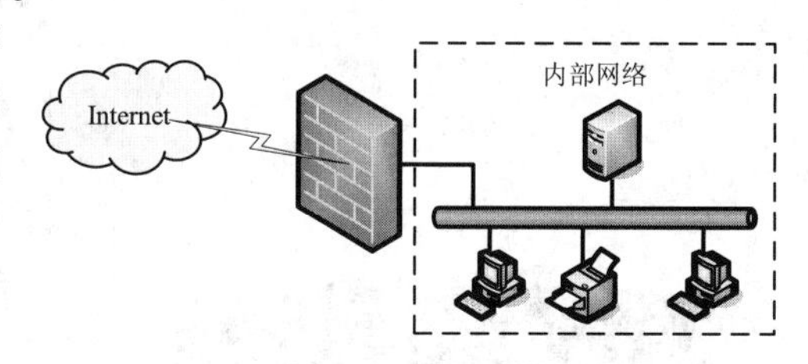

图 7-42　防火墙

1. 防火墙的功能

防火墙的主要功能如下所述。

（1）网络安全的屏障。防火墙能极大地提高一个内部网络的安全性，通过过滤不安全的服务来降低风险。

（2）强化网络安全策略。通过以防火墙为中心的安全方案配置，将所有安全软件（如口令、加密、身份认证、审计等）配置在防火墙上。与将网络安全问题分散到各个主机上相比，防火墙的集中安全管理更经济、更有效。

（3）监控网络存取和访问。如果所有的访问都经过防火墙，那么防火墙就能记录下这些访问并做出日志记录，同时也能提供网络使用情况的统计数据。

（4）防止内部信息的外泄。通过利用防火墙对内部网络的划分，可以实现内部网重点网段的隔离，从而限制局部重点或敏感网络安全问题对全局网络造成的影响；还可以隐蔽那些内部网络服务细节，如 DNS 服务等，避免引起外部攻击者的兴趣。

2. 防火墙的缺陷

防火墙并不能解决所有安全问题，它存在以下局限性。

（1）防火墙不能防范全部威胁。防火墙只能防范已知威胁，不能自动防范最新的威胁。

（2）防火墙一般不能防范内部主动发起的攻击。防火墙对外部具有严格的访问控制，但是对内部发起的攻击却无能为力。

（3）防火墙只能防范通过它的连接。例如，在内部网络中，计算机通过拨号网络接入 Internet，则防火墙不能防范。

（4）防火墙本身可能出现安全漏洞和受到攻击。因为防火墙自身的硬件和软件也可能存在漏洞，所以也可能遭受攻击。

（5）防火墙不能防止感染了病毒的软件和文件的传输。防火墙一般不具备杀毒功能，通常也不能阻止病毒的传播和入侵。

（6）防火墙规则设定复杂，必须由专业的安全人员来管理。过滤数据的规则是防火墙的核心，规则配置不合理则防火墙的防护效果差、运行效率低，甚至成为网络瓶颈。

3. 防火墙的分类

防火墙包括硬件防火墙和软件防火墙两类。

（1）硬件防火墙。硬件防火墙是指把防火墙程序做到芯片里，由硬件执行这些功能，以减少 CPU 的负担，使路由更稳定，如图 7-43 所示。硬件防火墙是保障内部网络安全的一道重要屏障，它的安全和稳定直接关系到整个内部网络的安全。

（2）软件防火墙。软件防火墙单独使用软件系统来完成防火墙功能，将软件部署在系统主机上，其安全性较硬件防火墙差，同时占用系统资源，在一定程度上影响系统性能。它一般用于单机系统或者个人计算机，很少用在计算机网络中。图 7-44 所示为瑞星个人防火墙，它可以拦截钓鱼欺诈网站、拦截木马网页、拦截网络入侵、拦截恶意下载、进行家长控制等。

图 7-43 硬件防火墙

图 7-44 瑞星个人防火墙

【例 7.10】 Windows 自带的防火墙。

（1）双击控制面板中的“Windows 防火墙”图标，打开 Windows 防火墙窗口，如图 7-45 所示。

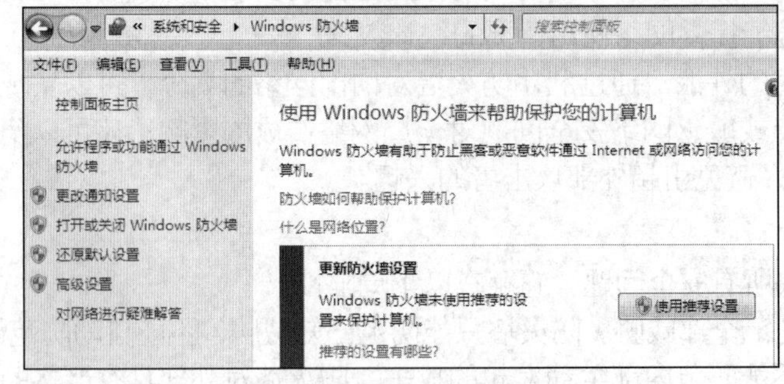

图 7-45 Windows 防火墙

（2）单击左侧“打开或关闭 Windows 防火墙”命令，弹出“自定义每种类型的网络的设置”窗口，如图 7-46 所示。其中可以启用或者关闭公用网络（即 Internet 外网）和内部网络的防火墙。

当启用 Windows 防火墙时，如果选中“阻止所有传入连接”选项，则 Windows 将不能访问网络。

（3）在 Windows 防火墙窗口中单击左侧“允许程序或功能通过 Windows 防火墙”命令，打开“允许程序通过 Windows 防火墙通信”窗口，如图 7-47 所示。在其中可以设定某些程序或功能是否允许访问内部网络或者公用网络。

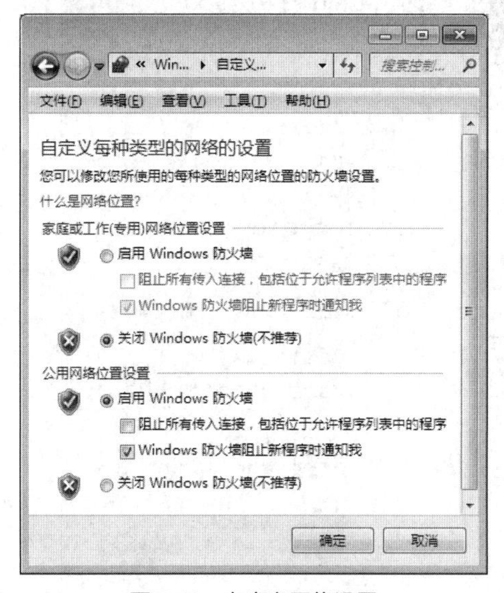

图 7-46　自定义网络设置

图 7-47　设置允许程序通过防火墙

7.2.7　漏洞、后门、补丁程序和安全卫士

1. 漏洞

漏洞是在硬件、软件和协议的具体实现或系统安全策略上存在的缺陷，使得攻击者能够在未授权的情况下访问或破坏系统。漏洞可能来自软件设计的缺陷或编码错误，也可能来自业务处理过程的设计缺陷，如 Windows 的漏洞、手机的二维码漏洞、Android 应用程序的漏洞等。

漏洞很容易造成信息系统被攻击或控制，重要资料被窃取，用户数据被篡改，系统被作为入侵其他主机系统的跳板等。例如，网站因安全漏洞被入侵，网站用户数据泄露，网站功能遭到破坏而中止乃至服务器本身被入侵者控制。

2. 后门程序

后门程序一般是指那些绕过安全控制而获取对程序或系统访问权的程序。在软件的开发阶段，程序员常常会在软件内创建后门程序以便修改和维护程序。如果在发布软件之后仍然存在后门程序，那么很容易被黑客当成漏洞进行攻击。

3. 补丁程序

补丁程序是为了提高系统的安全，软件开发者编制并发布的专门修补软件系统在使用过程中暴露的漏洞的小程序。

例如，Microsoft 公司为 Windows、IE、Office 等软件设置了 Windows Update 站点，提供漏洞的补丁下载和更新。执行 Windows Update 命令，就可以打开该站点。

4. 安全卫士

由于漏洞、补丁经常发布和更新，普通用户管理较为困难，此时可以通过金山卫士、360 安全卫士等工具帮助自己管理。

金山卫士是一款功能强大、效果好、受用户欢迎的安全软件，如图 7-48 所示，它包括计算机全面体检、系统优化、垃圾清理、木马查杀、修复漏洞、垃圾和痕迹清理、软件管理等功能。金山卫士是免费的，可以在金山网站下载。

图 7-48　金山卫士

7.2.8　提高物理安全

除了采取前述安全措施以外，还需要注意提高计算机和网络的物理安全性，如图 7-49 所示，包括门禁系统、监控系统、消防系统、机房专用空调（CRAC）、不间断电源（UPS）、防静电地板等。

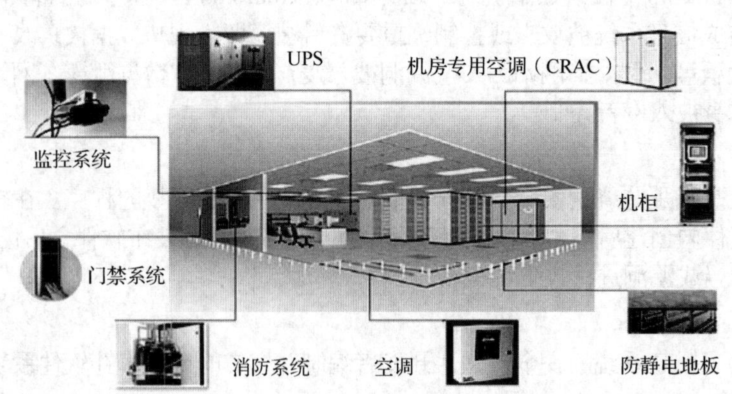

图 7-49　机房安全

1. 加强环境的安全保卫

即使安全措施做得再好，若有人为毁坏或者盗窃计算机及存储设备，那么所有安全措施都将失效。例如，虽然完善的 Windows 安全策略可以防范来自网络的威胁，但是如果入侵者盗窃计算机系统或硬盘，就可以轻易获得数据。

此时需要加强环境的安全保卫，可以考虑安装门禁系统、钢铁栅栏、红外线报警装置、摄像头、设立保安等。

2. 加强防灾抗灾能力

地震、火灾、爆炸、水灾、辐射等灾害可能造成网络、计算机系统的安全问题，必须注意防范。

（1）提高楼宇防震级别，固定各种设备防止倾倒，预防地震造成的损失。

（2）使用阻燃、隔热材料装修机房，使用对电气设备无害的灭火设备和材料，增加机房抗火灾的能力。

（3）选择好机房的地理位置、高度，防止洪水等灾害，加强机房的屋顶防水、地面渗水的预防措施，保持室内的温度、湿度控制在一定范围内。

（4）机房灭火时，一旦采用干粉或其他灭火介质，存放的精密设备可能会被毁坏和污染；如果使用二氧化碳灭火，那么因为“冷击”作用，也会严重破坏设备。在机房灭火时，可以采用七氟丙烷气体灭火器。七氟丙烷气体灭火器采用七氟丙烷气体来迅速灭火，该气体不含水分，不会残留在设备的表面或内部，在规定的灭火浓度下对人体完全无害，也不会造成“冷击”效果。

3. 使用不间断电源和防静电地板

为了防止电力系统突然停电、电压突变，导致系统损坏、数据丢失，可以安装不间断电源（Uninterrupted Power Supply，UPS）。当正常的交流供电突然中断时，将不间断电源的蓄电池输出的直流电变换成交流电持续供电，保证系统正常工作。

由于种种原因而产生的静电，不仅会使计算机在运行时出现随机故障、误动作或运算错误，而且还可能会导致某些元器件被击穿和毁坏。防静电地板又叫作耗散静电地板，当它接地或连接到任何较低电位点时，能够使电荷耗散。

4. 物理隔离

对网络的信息安全有许多措施，如防火墙、防病毒系统等，对网络进行入侵检测、漏洞扫描等。由于技术的复杂性与有限性，无法满足某些机构（如军事、政府、金融等）的高度安全要求。涉密网络不能把机密数据的安全完全寄托在用概率作判断的防护上。

物理隔离是指内部网络不直接或间接地连接公共网络，其目的是保护路由器、工作站、网络服务器等硬件实体和通信链路免受人为破坏和搭线窃听等攻击。当内部网和公共网物理隔离，就能绝对保证内部网络不受来自互联网的黑客攻击。物理隔离为重要机构划定了明确的安全边界，使得网络的可控性增强，便于内部管理。例如，政府机关、军事部门建立不与公共网络物理连接的内部专用网络。

7.3　计算机病毒和木马

7.3.1　病毒概述

1. 计算机病毒的定义

计算机病毒是一种人为设计的计算机程序，能够自我复制和传播，能破坏计算机系统、网络和数据。

2. 计算机病毒的特点

（1）人为编写。计算机病毒是人为编写的，结构精巧、具有破坏性的程序段。编写病毒的目的主要包括表现或证明自身能力，恶作剧或发泄不满情绪，纪念某人或某事，政治、军事、民族或宗教需要等。

（2）破坏性。病毒分为良性病毒和恶意病毒。良性病毒不直接破坏系统或数据，而是播放一段音乐或显示信息等恶作剧。恶意病毒则故意损伤、破坏系统或数据。

（3）可传播性。病毒进行自我复制，通过某种渠道从一个文件或一台计算机传播到另一个文件或另一台计算机，进行大量的传播和扩散。病毒的传播渠道主要包括 U 盘、光盘、硬盘、网络等。

（4）潜伏性。计算机病毒的体积一般很小，为几百字节到几千字节，不易被发现。植入的病毒并不会立刻发作，而是经过一段时间后进行大量传播。当病毒发作的条件满足时，才触发病毒程序模块，显示发作信息、破坏系统和数据。病毒发作的条件包括系统时钟到达某个特定时间，病毒自带的计数器到达某个数值，或者用户进行特定操作等。

（5）顽固性。有的病毒很难一次性清除，使一些被病毒破坏的系统、文件和数据很难被恢复。

（6）变异性。很多计算机病毒都能在短时间内发展出多个变种，使病毒的发现和清除更加困难。

3. 病毒的危害

病毒会造成计算机资源的损失和破坏。病毒不但会造成资源和财富的巨大浪费，而且有可能造成社会性的灾难。计算机病毒的主要危害如下所述。

（1）病毒直接破坏计算机数据信息。大部分病毒在发作时直接破坏计算机的数据，主要手段有格式化磁盘、改写文件分配表和目录区、删除文件或者改写文件、破坏 CMOS 设置等。

如磁盘杀手病毒（Disk Killer），在硬盘染毒后累计开机 48 小时的时候触发，屏幕上显示提示（Warning! Don't turn off power or remove diskette while Disk Killer is Prosessing!）改写硬盘数据。

（2）占用磁盘空间。寄生在磁盘上的病毒总会非法占用一部分磁盘空间。

引导型病毒占据磁盘引导扇区，把原来的引导区转移到其他扇区，也就是引导型病毒覆盖一个磁盘扇区。被覆盖的扇区数据永久性丢失，无法恢复。

一些文件型病毒传染速度很快，在短时间内感染大量文件，每个文件都不同程度地加长，造成磁盘空间的严重浪费。

（3）抢占系统资源。大多数病毒都常驻内存，必然会抢占一部分系统资源。病毒抢占内存，导致内存减少，一部分软件不能运行。病毒还会抢占中断，干扰系统运行。

（4）影响计算机运行速度。病毒进驻内存后不但干扰系统运行，还影响计算机速度，主要表现在以下方面。

① 病毒为了判断传染触发条件，总要监视计算机的工作状态。

② 有些病毒为了保护自己，会对静态病毒和动态病毒进行加密，这将使计算机额外执行很多指令。

③ 病毒在进行传染时同样要插入非法的额外操作。

（5）计算机病毒错误与不可预见的危害。计算机病毒在编写或修改时会存在不同程度的错误，从而造成不可预见性的后果。

（6）计算机病毒的兼容性对系统运行的影响。病毒的编制者一般不会在各种计算机环境（如机型和操作系统版本）下测试病毒，因此病毒的兼容性较差，常常导致死机等异常情况。

（7）计算机病毒给用户造成严重的心理压力。计算机用户往往将一些“异常”当成病毒，而采取各种措施防治病毒。计算机病毒给人们造成了巨大的心理压力，极大地影响了计算机的使用效率，由此带来的无形的损失是难以估量的。

4. 病毒分类

按照病毒保存的媒体，病毒可以分为网络病毒、文件病毒、引导型病毒和混合型病毒。

（1）网络病毒：通过计算机网络传播感染网络中的可执行文件。

（2）文件病毒：感染计算机中的文件（如 COM、EXE、DOC 等）。

（3）引导型病毒：感染启动扇区（Boot）和硬盘的系统引导扇区（MBR）。

（4）混合型病毒：上述 3 种情况的混合型。例如，用多型病毒（文件病毒和引导型病毒）感染文件和引导扇区两个目标，这样的病毒通常都具有复杂的算法，它们使用非常规的办法侵入系统，同时使用了加密和变形算法。

按照病毒传染的方式可分为驻留型病毒和非驻留型病毒。

（1）驻留型病毒：感染计算机后，把自身的内存驻留部分放在内存（RAM）中，这一部分程序挂接系统调用并合并到操作系统中，处于激活状态，一直到关机或重新启动。

（2）非驻留型病毒：在得到机会激活时并不感染计算机内存，一些病毒在内存中留有小部分，但是并不通过这一部分传染。

按照病毒破坏的能力，可以分为无害型、无危险型和危险型。

（1）无害型：除了传染时减少磁盘的可用空间外，对系统没有其他影响。

（2）无危险型：这类病毒仅仅是减少内存、显示图像、发出声音等。

（3）危险型：这类病毒在计算机系统操作中造成严重影响。

7.3.2 病毒的传播途径

目前计算机病毒的主要传播途径有以下几种。

（1）硬盘、U 盘、光盘等存储介质。在相互借用、复制文件时传播病毒。

（2）网络。网络传输和资源共享已经成为病毒的重要传播途径。例如，服务器、E-mail、Web 网站、FTP 文件下载、共享网络文件和文件夹。

（3）盗版软件、计算机机房和其他共享设备，也是重要的病毒传播途径。

7.3.3 病毒防治

病毒防治主要包括预防病毒感染、检查和清除病毒两个基本途径。

1. 预防病毒感染的措施

预防病毒传播的主要方法是切断病毒的传染途径，包括以下几种。

（1）对新购置的计算机系统、软件，使用杀毒软件检查已知病毒。

（2）在其他计算机上使用 U 盘时，务必注意写保护。如果要复制别人的数据，则必须使用杀毒软件查毒。

（3）在计算机上安装杀毒软件，定期更新病毒代码，全面查杀病毒。

（4）经常更新系统软件和应用软件，使用补丁程序弥补操作系统的漏洞和缺陷。

（5）了解最新的病毒预警信息，以便尽早采取措施。

（6）注意查看电子邮件的标题，不随便打开来历不明的电子邮件。

2. 病毒检查和清除

检查和清除系统病毒的方法主要有使用专用病毒查杀工具、杀毒软件等。

（1）专用病毒查杀工具。杀毒软件公司会开发一些查杀新病毒的专门工具，这些工具可以在各公司网站免费下载。

例如，瑞星公司的 RavRedlof.exe 工具，专门查杀红色结束符（Redlof）病毒；Symantec 公司的 Fixnimda.com 工具，专门查杀尼姆达（Worms.Nimda）病毒。图 7-50 所示为病毒“熊猫烧香”的专杀工具界面。

（2）杀毒软件。杀毒软件能根据病毒特征信息，检查和清除已知病毒。而对于新出现的未知病毒，杀毒软件则无能为力。

通过向病毒库中不断加入新的病毒特征码，使得杀毒软件可以查杀新病毒。因此，用户必须经常更新杀毒软件的病毒库。

常见的杀毒软件有 Symantec 公司的 Norton Antivirus、瑞星公司的瑞星、金山公司的金山毒霸等。图 7-51 所示为金山毒霸的工作界面。

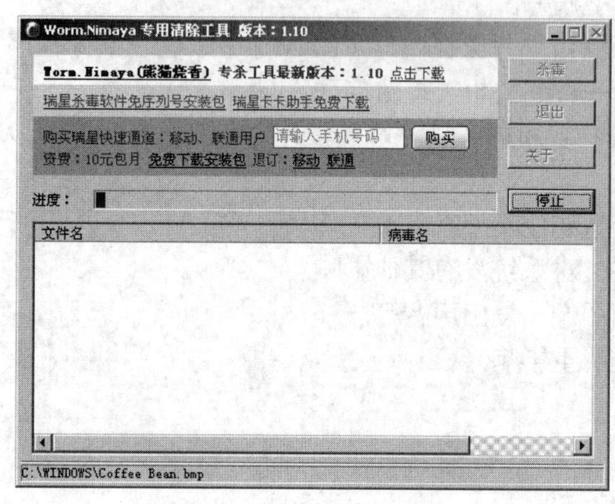

图 7-50 “熊猫烧香”专杀工具

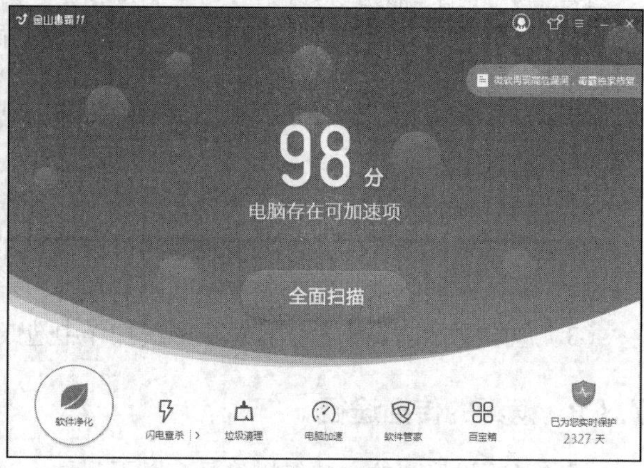

图 7-51 金山毒霸杀毒软件

目前的杀毒软件，一般具有以下功能。

① 扫描和清除文件、文件夹或整个驱动器中的病毒。

② 在系统启动时，自动检查系统文件和引导记录的病毒。

③ 实时监控打开的程序，以及计算机系统中任何可能的病毒活动。

④ 实时扫描从 Internet 下载的文件。

⑤ 通过 Internet 自动更新病毒库，并升级程序。

⑥ 提供防火墙功能。

7.3.4 对病毒的态度

病毒日益成为信息安全的主要威胁，只要计算机系统之间存在交流，相互间就有可能传播病毒。但是人们不能因为惧怕感染病毒而拒绝交流。

只要采取有效的防护措施、加强管理，就可以降低病毒感染的机会。同时还要做好数据备份工作，保证在受到病毒攻击时，能够将损失减到最小。

7.3.5 木马

木马（Trojan）程序是目前比较流行的病毒，与一般病毒不同，它不会自我繁殖，也并不“刻意”地去感染其他文件，它通过将自身进行伪装吸引用户下载执行，向施种木马者提供打开被种者计算机的门户，使施种者可以任意毁坏、窃取被种者的文件，甚至远程操控被种者的计算机。

一个完整的木马程序包括服务端和客户端两部分，如图 7-52 所示。被植入木马的计算机是服务端，而黑客利用客户端进入运行

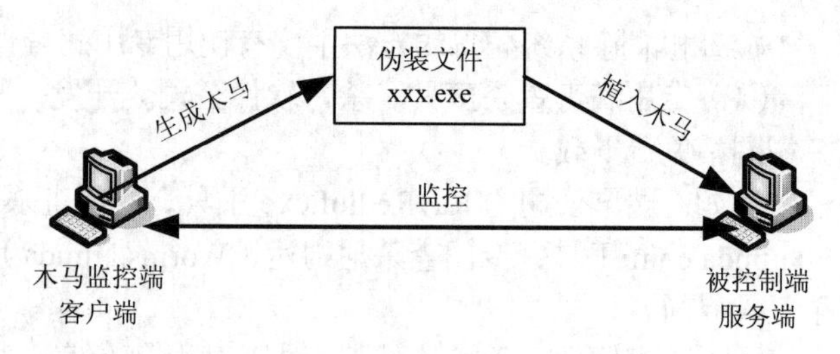

图 7-52 木马程序入侵过程

了木马程序的计算机。运行了木马程序的服务端后，会产生一个容易迷惑用户的名称的进程暗中打开端口，向指定地点发送数据（如游戏密码、QQ 密码、网银密码等），黑客甚至可以利用这些端口进入被控制的计算机。

木马不会自动运行，它是暗含在某些用户感兴趣的文档中，是用户下载时附带的。当用户运行文档程序时，木马才会运行。

1. 常见的木马

（1）网游木马。网络游戏木马通常采用记录用户键盘输入等方法获取用户的密码和账号，并发送给木马的作者。

（2）网银木马。网银木马是针对网上交易系统编写的木马病毒，其目的是盗取用户的卡号、密码，甚至安全证书。此类木马的种类、数量虽然比不上网游木马，但它的危害更加直接，受害用户的损失更加惨重。随着我国网上交易的普及，受到外来网银木马威胁的用户也在不断增加。

（3）下载类。这种木马程序的体积一般很小，其功能是从网络上下载其他病毒程序或安装广告软件。由于体积很小，下载类木马更容易传播，传播速度也更快。

（4）代理类。用户感染代理类木马后，会在本机开启 HTTP、SOCKS 等代理服务功能。黑客把受感染的计算机作为跳板，以被感染用户的身份进行黑客活动，达到隐藏自己的目的。

（5）FTP 木马。FTP 木马打开被控制计算机的 21 号端口（FTP 的默认端口），使每一个人都可以用一个 FTP 客户端程序，不用密码就连接到受控制端计算机，进行最高权限的上传和下载，窃取受害者的机密文件。

（6）通信软件类。即时通信软件如 QQ、微信等，用户群十分庞大。常见的即时通信类木马一般有以下 3 种。

① 发送消息型：通过即时通信软件自动发送含有恶意网址的消息，如“武汉男生 2005”木马。

② 盗号型：主要目标是即时通信软件的登录账号和密码。

③ 传播自身型：通过 QQ、微信等聊天软件发送自身进行传播。

（7）网页单击类。网页单击类木马会恶意模拟用户单击广告等动作，在短时间内产生数以万计的单击量。

2. 木马查杀

目前，金山毒霸、360 杀毒软件、瑞星杀毒软件等杀毒软件都可以查杀木马。

7.4 黑客与计算机犯罪

1. 黑客

黑客（Hacker）起源于 20 世纪 70 年代美国麻省理工学院的实验室。当时聚集在那里的大批电气工程师和计算机革新者，研究或开发出许多具有开创意义的产品和技术，营造出良好的文化氛围，逐渐形成了独特的黑客文化。

现在，黑客一般指一些编程高手、计算机入侵与破坏者。他们以进入他人防范严密的计算机系统为乐趣，闯入敏感禁区或网络盗取信息资源，进行恶作剧、人身攻击、破坏网络安全甚至从事犯罪活动。

黑客构成了一个复杂的群体，Internet 上有很多黑客网站介绍黑客手法、提供黑客工具、出版黑客书籍和杂志，使人们可以很容易地学会网络攻击的方法。

用户可以使用防火墙、安全检测、扫描工具、网络监控工具等技术防范黑客行为；加强管理员和用户的安全防范意识，防范攻击；经常备份文件，以降低攻击损失。

2. 计算机犯罪

随着计算机应用领域的不断扩大，计算机系统广泛应用在包括军事、情报、科学技术、金融、商业、政府等各个领域。犯罪分子攻击和破坏计算机系统，严重威胁着国防、经济、政治、科技、社会生活等各个方面的安全。

计算机犯罪是指故意对计算机系统实施侵入或破坏，利用计算机实施有关金融诈骗、盗窃、贪污、挪用公款、窃取国家秘密或其他犯罪行为的总称。计算机犯罪主要包括以下5种类型。

（1）网络入侵，散布破坏性病毒、逻辑炸弹或者放置后门程序的犯罪。

（2）网络入侵，偷窥、复制、更改或者删除计算机信息的犯罪。

（3）网络诈骗、教唆犯罪。

（4）网络侮辱、诽谤与恐吓的犯罪。

（5）网络色情传播的犯罪。

计算机犯罪具有智能性、隐蔽性、复杂性、跨国性、匿名性等特点，另外由于犯罪分子低龄化和内部人员多，导致犯罪的损失大、对象广泛、发展迅速、涉及面广、社会危害性巨大。

预防计算机犯罪应该从以下几个方面着手。

（1）进行网络道德教育。

（2）加强网络安全管理。

（3）依法规范网络经营、完善网络法律体系。

（4）严厉打击计算机网络犯罪行为。

7.5 信息社会的道德与法规

1. 信息社会的道德

社会信息道德是指在信息领域中调整人们相互关系的行为规范、社会准则和社会风尚。它的主要内容是诚实守信、实事求是；尊重人、关心人；己所不欲，勿施于人；在信息传递、交流、开发利用等方面服务群众、奉献社会，同时实现自我。

信息道德是信息化社会最基本的伦理道德之一，是社会公德、职业道德、家庭美德的重要组成部分。

Internet上的各种信息量巨大，信息传播速度快，因此我们必须树立良好的信息道德观和信息意识，有选择、有舍弃地获取和使用信息。以下几点就是我们需要遵守的道德准则。

（1）不阅读、不复制、不传播、不制作暴力及色情等有害信息，不浏览黄色网站。

（2）不制作或故意传播病毒，不散布非法言论。

（3）尊重他人权利，不窃取密码，不非法侵入他人计算机；未经他人同意，不偷看或删改他人计算机数据、文件或设置。

（4）不使用盗版软件，不剽窃他人作品。

（5）注意防止病毒或黑客侵害，善于保护自己。

2. 信息法规

为了维护广大群众的利益，保障正常的生活秩序和工作环境，保障国家利益，近年来我国陆续制定了一批与信息活动相关的法律法规。具体内容可查阅相关网站。

小结

本章讨论了信息安全的含义、风险来源，信息安全的防范措施，计算机病毒和木马，黑客与计算机犯罪的相关内容，以及信息社会的道德和法规等内容。通过本章的学习，读者可以理解信息安全的基本思维。

实验

一、实验目的

1. 熟悉备份和还原的过程。
2. 掌握加密方法。
3. 熟悉防火墙的使用和配置。
4. 熟悉安全卫士的使用。
5. 熟悉杀毒软件的使用。

二、实验内容

1. 备份和还原（参考 7.2.1 小节）

（1）下载安装“一键 Ghost”软件，将 Windows 操作系统的系统盘 C：备份，并尝试使用备份文件来还原 C：分区。

（2）使用 Windows 自带的“备份和还原”工具，将 Windows 下的某个文件夹备份，并尝试使用备份进行还原。

（3）注册百度云账号，在手机下载百度云管家，备份手机上的电话号码簿和照片。

2. 文件夹加密（参考 7.2.3 小节）

（1）使用 WinRAR 压缩软件，将计算机上的某个文件夹压缩，并设定压缩密码。

（2）使用 Windows 的 NTFS 加密方法，将某个文件夹加密，以保护该文件夹中的数据。

（3）访问电子商务网站（京东商城），单击“登录”链接后，查看访问协议 HTTPS 的变化。

3. 防火墙（参考 7.2.6 小节）

（1）下载并安装瑞星个人防火墙，检查计算机的安全性，进行防火墙规则的设定，拦截钓鱼欺诈网站、拦截木马网页、拦截网络入侵、拦截恶意下载、家长控制等。

（2）启用 Windows 操作系统自带的防火墙，设定允许通过防火墙的程序和功能。

4. 使用安全卫士（参考 7.2.7 小节）

下载并安装金山毒霸或者 360 安全卫士，扫描并修复计算机漏洞、清理垃圾、升级软件、优化开机速度等。

5. 使用杀毒软件（参考 7.3.3 小节）

下载并安装金山毒霸或者 360 杀毒软件或者瑞星杀毒软件，升级病毒库，查杀计算机中的病毒和木马。

习题

一、单项选择题

1. 以下选项中，（　　）是不需要保密的信息。

   A. 身份证号码　　B. 银行卡密码　　C. 电话号码　　D. 网站地址

2. 以下选项中，（　　）不属于信息系统的安全。

   A. 硬件系统　　B. 个人信息　　C. 通信系统　　D. 软件系统

3. 以下选项中，（　　）不属于硬件系统的缺陷。

   A. 操作系统漏洞　　B. 硬盘故障
   C. 电路设计问题　　D. 网络设计缺陷

4. 以下说法中，（　　）不是信息安全的主要风险来源。

   A. 硬件系统的安全隐患　　B. 软件系统的安全隐患

C. 天气因素　　　　　　　　　　　　　　D. 人为因素

5. 为了能在数据损坏时恢复数据，可以使用（　　）方法。

A. 数据备份　　B. 数据加密　　C. 数字签名　　D. 防火墙

6. 金融、证券等部门的每一笔交易记录都不允许丢失，对数据要（　　）。

A. 随时备份　　B. 每天备份　　C. 每月备份　　D. 每年备份

7. Windows 自带的“备份和还原”工具，可以进行（　　）。

A. 数据加密　　　　　　　　　　　　　　B. 数据的备份和还原

C. 双机热备份　　　　　　　　　　　　　D. 防病毒

8. 使用（　　）工具，将 Windows 的某个磁盘分区备份，并在适当的时候还原。

A. Ghost　　B. Format　　C. Office　　D. Diskcopy

9. 要保证系统连续工作，可以采用（　　）。

A. 备份　　B. 双机热备份　　C. 加密　　D. 防火墙

10.（　　）协议内置于浏览器中，对数据进行加密和解密操作，并返回网络上传送回的结果。

A. FTP　　B. HTTP　　C. HTTPS　　D. SMTP

11. 防止文件在存储或传输过程中被非法用户阅读的方法是（　　）。

A. 数据备份　　B. 数据加密　　C. 数字签名　　D. 防火墙

12. 在 Windows 系统中的 NTFS 加密文件夹时，使用的是（　　）。

A. Windows 账号　　B. 加密口令　　C. 电子邮件　　D. 微信账号

13. 为确认信息发送者的身份，防止发送者抵赖、防止他人修改的方法是（　　）。

A. 数据备份　　B. 数据加密　　C. 数字签名　　D. 防火墙

14. 以下选项中，（　　）用于设置口令最安全。

A. 生日　　　　　　　　　　　　　　　　B. 姓名

C. 电话号码　　　　　　　　　　　　　　D. 足够长度的各种符号搭配

15.（　　）是依据人类自身固有的生理和行为特征进行身份认证。

A. 口令认证　　B. 持证认证　　C. 生物识别　　D. USB Key

16.（　　）是指通过比较不同指纹的细节特征点来进行鉴别。

A. 指纹识别　　B. 手掌几何识别　　C. 虹膜识别　　D. 签名识别

17.（　　）使用摄像头等装置，以非接触的方式获取识别对象的面部图像，计算机系统在获取图像后与数据库图像进行比对完成识别过程。

A. 指纹识别　　B. 手掌几何识别　　C. 虹膜识别　　D. 面部识别

18. 保护网络不被非法入侵，并过滤非法信息的方法是（　　）。

A. 数据备份　　B. 防火墙　　C. 数据加密　　D. 数字签名

19. 以下说法中，错误的是（　　）。

A. 防火墙能防范所有恶意代码　　　　　　B. 防火墙不能防范全部威胁

C. 防火墙不能防范不通过它的连接　　　　D. 应该正确地设定防火墙规则

20. 以下选项中，（　　）不是防火墙的功能。

A. 网络安全的屏障　　　　　　　　　　　B. 强化网络安全策略

C. 防范病毒　　　　　　　　　　　　　　D. 监控网络存取和访问

21.（　　）是在硬件、软件和协议的具体实现或系统安全策略上存在的缺陷。

A. 漏洞　　B. 后门　　C. 补丁　　D. 安全卫士

22.（　　）是为了提高系统的安全，由软件开发者编制并发布的专门修补软件系统在使用过程中暴露的漏洞的小程序。

A. 漏洞　　B. 后门　　C. 补丁　　D. 安全卫士

23. 以下选项中，(　　) 可以用于扑灭机房火灾。

A. 水　　B. 干粉灭火器

C. 二氧化碳灭火器　　D. 七氟丙烷气体灭火器

24. 计算机病毒产生的原因是 (　　)。

A. 用户程序有错误　　B. 人为制造

C. 计算机系统软件有错误　　D. 计算机硬件故障

25. 以下选项中，(　　) 不属于计算机病毒的特点。

A. 潜伏性　　B. 破坏性　　C. 免疫性　　D. 变异性

26. 以下关于计算机病毒的说法，正确的是 (　　)。

A. 计算机病毒对人体有害

B. 计算机病毒可以通过人体传播

C. 计算机病毒能引起计算机故障、破坏计算机数据和程序

D. 计算机病毒不破坏计算机硬件

27. 计算机病毒不能通过 (　　) 途径传播。

A. 打开来历不明的电子邮件　　B. 使用别人的 U 盘

C. 复制别人的文件　　D. 从键盘输入数据

28. 目前使用的防病毒软件的作用是 (　　)。

A. 查出任何已感染的病毒　　B. 查出并消除任何已感染的病毒

C. 消除任何已感染的病毒　　D. 查出已知的病毒，消除部分病毒

29. 以下关于计算机病毒的叙述中，正确的是 (　　)。

A. 反病毒软件可以查、杀任何病毒

B. 计算机病毒是一种被破坏了的程序

C. 反病毒软件必须随着新病毒的出现而升级，提高查、杀病毒的能力

D. 感染过计算机病毒的计算机具有对该病毒的免疫性

30. 以下选项中，(　　) 不符合信息社会道德。

A. 诚实守信、实事求是，尊重人、关心人

B. 己所不欲，勿施于人

C. 在信息传递、交流、开发利用等方面服务群众、奉献社会，同时实现自我

D. 在网络中，可以随意攻击诋毁他人，而不受制裁

二、填空题

1. 信息安全包括________和________的安全两个方面的含义。
2. 信息安全的威胁主要来源于________、________和物理环境的缺陷。
3. 数据备份需要考虑备份的________、________和________三个要素。
4. 双机热备份系统采用“________”方法保证主从服务器之间的联系。
5. 使用以下凯撒大帝对照表，将“GOOD MORNING”字符串加密后的密文是________。

加密前	A	B	C	D	E	F	G	H	I	J	K	L	M	N	O	P	Q	R	S	T	U	V	W	X	Y	Z
加密后	J	D	B	F	H	I	K	E	L	M	O	G	P	Q	R	X	S	U	N	V	W	Y	T	Z	A	C

6. 加密技术包括________和________两个体系。
7. 在非对称密钥体系中，加密者使用接收方的________加密明文，而接收方使用自己的________解密，任何人不能使用公钥解密密文。

8. ________是一个经证书授权机构（CA）签发的包含公开密钥拥有者信息以及公开密钥的文件。

9. 数字签名采用颁发者（CA）颁发的________，针对法律文件或商业文件等，保证信息传输的完整性、发送者的身份认证、防止交易中的抵赖发生。

10. ________是指证实主体的真实身份与其所声称的身份是否相符的过程。

11. ________是根据每个人自己独特的书写风格进行鉴别。

12. ________在内部网和外部网之间、专用网与公共网、计算机和它所连接的网络之间构造的保护屏障。

13. ________是一种人为设计的计算机程序，能够自我复制和传播，能破坏计算机系统、网络和数据。

14. 按照病毒保存的媒体，病毒可以分为________、________、引导型病毒和混合型病毒。

15. 病毒防治主要包括________________、________________两个基本途径。

16. 一个完整的木马程序包含________和________两部分。

17. 被植入木马的计算机是________，而黑客利用________进入运行了木马的计算机。

18. 现在，________一般指一些编程高手、计算机入侵与破坏者。

三、简答题

1. 简述信息安全的含义。
2. 简述信息系统安全的风险来源。
3. 为了预防在硬盘损坏时丢失重要数据，应该采取哪些措施？主要考虑哪些因素？
4. 简述数据备份的含义、作用及其需要考虑的 3 个要素。
5. 为了保证银行的服务器在损坏时仍然能够连续工作，应该采取哪些措施？
6. 简述双机热备份的含义及其作用。
7. 为了防止用户计算机中的重要信息不被其他人偷看，应该采取哪些措施？
8. 简述数据加密的含义和作用。
9. 简述对称密钥体系加密的含义。
10. 简述非对称密钥体系的加密和解密过程。
11. 简述数字签名的含义及其操作过程。
12. 为了防止外部黑客攻击计算机并窃取信息和破坏系统，该采取哪些措施？
13. 简述防火墙的定义、主要功能。
14. 简述漏洞的含义。
15. 简述后门程序的含义。
16. 为了防止漏洞和后门引起的安全问题，应该采取哪些措施？
17. 简述提高物理安全的主要措施。
18. 简述计算机病毒的定义及其特点。
19. 为防止病毒造成的危害，应该采取哪些措施？
20. 简述杀毒软件的主要功能。
21. 简述木马程序的作用和工作过程。

四、综述题

1. 综述信息安全的含义、信息安全的风险来源、信息安全的主要防范措施。
2. 综述计算机病毒的含义、特点、危害、传播途径以及病毒的预防和查杀。

08

第8章　数据库的基本思维

数据处理是计算机应用的重要方向。数据库已经成为人们存储数据、管理信息、共享资源的常用的技术。本章主要介绍数据库的基本概念，使用 Microsoft Access 进行数据管理，以及数据挖掘与大数据等数据库的基本思维。数据库的基本思维是计算机在各个应用领域中的常用的思维方法。

8.1　数据库概述

8.1.1　数据库体系结构

1. 数据库

数据库（DataBase，DB）是指长期存储在计算机内、有组织的、统一管理的相关数据的集合。它不仅描述事物的数据本身，而且还包括相关事物之间的联系。数据库可以直观地理解为存放数据的仓库，只不过这个仓库是在计算机的存储设备上，而且数据是按一定格式存放的。

2. 数据库管理系统

数据库管理系统（DataBase Management System，DBMS）是用于建立、使用、管理和维护数据库的系统软件，是数据库系统的核心组成部分。数据库系统中各类用户对数据库的操作请求，都由数据库管理系统来完成。它运行在操作系统上，将数据独立于具体的应用程序、单独组织起来，成为各种应用程序的共享资源。目前，广泛使用的大型数据库管理系统有 Oracle、Sybase、SQL Server、DB2 等，中小型数据库管理系统有 Microsoft Access、MySQL 等。

数据库管理系统具有以下主要功能。

（1）数据定义功能：通过数据定义语言（Data Definition Language，DDL），定义数据库的数据对象，如数据库、表、索引等。

（2）数据操纵功能：通过数据操纵语言（Data Manipulation Language，DML），实现对数据库数据的基本操作，如查询、插入、删除、修改等。

（3）数据库的控制和管理功能：实现对数据库的控制和管理，确保数据正确有效和数据库系统的正常运行，是数据库管理系统的核心功能。主要包括数据的并发性控制、完整性控制、安全性控制和数据库的恢复。

（4）数据库的建立和维护功能：数据库的建立包括数据库初始数据的输入、转换等；数据库的维护包括数据库的转储、恢复、重组织与重构造、性能监视与分析等。这些功能通常由数据库管理系统的一些实用程序完成。

3. 数据库系统

数据库系统（DataBase System，DBS）是指带有数据库并利用数据库技术进行数据管理的计算机系统。它是在计算机系统中引入了数据库技术后的系统，实现了有组织地、动态地存储大量相关数据，提供了数据处理和共享的便利手段。

数据库系统通常由5部分组成：硬件系统、数据库、数据库管理系统、应用系统、数据库管理员和用户。一般在不引起混淆的情况下，经常把数据库系统简称为数据库。数据库系统的结构如图8-1所示。

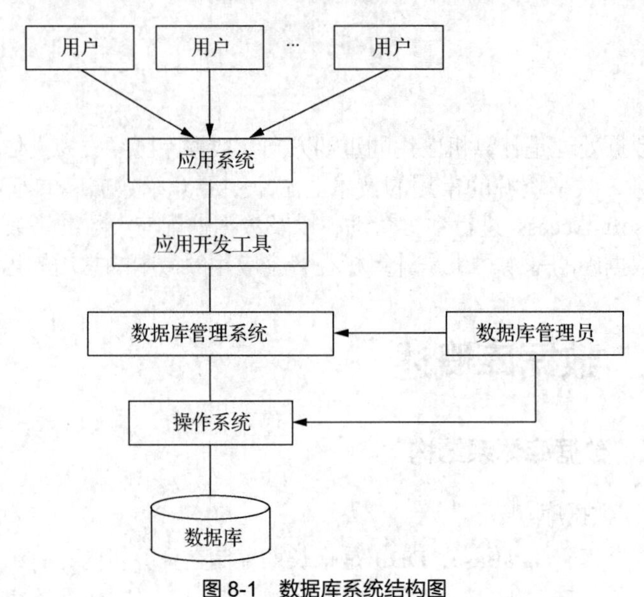

图8-1 数据库系统结构图

4. 数据库系统的软件

数据库系统中的软件主要包括以下几类。

（1）数据库管理系统：用于数据库的建立、使用和维护等。

（2）操作系统：支持数据库管理系统的运行。

（3）应用系统：以数据库为基础开发的、面向某一实际应用的软件系统，如人事管理系统、财务管理系统、商品进销存管理系统、图书管理系统等。

（4）应用开发工具：用于开发应用系统的实用工具，如Delphi、VB、ASP、JSP、PHP等，而Microsoft Access作为数据库管理系统也可以作为开发工具。

5. 用户

数据库系统中的用户主要包括以下几类。

（1）终端用户：通过应用系统使用数据库的各级管理人员及工程技术人员，一般为非计算机专业人员。他们直接使用应用系统中已编制好的应用程序间接使用数据库。

（2）应用程序员：使用应用开发工具开发应用系统的软件设计人员，负责为用户设计和编制应用程序，并进行调试和安装。

（3）数据库管理员（DataBase Administrator，DBA）：专门负责设计、建立、管理和维护数据库的技术人员或团队。DBA熟悉计算机的软、硬件系统，具有较全面的数据处理知识，熟悉本单位的业务、数据及流程。DBA不仅要有较高的技术水平，还应具备了解和阐明管理要求的能力。

8.1.2 概念模型

数据库中存储和管理的数据都是来源于现实世界的客观事物，计算机不能直接处理这些具体事物。为此，人们必须把具体事物转换成计算机能处理的数据，这个转换过程分两步：先将现实世界抽象为信息世界，建立概念模型；再将信息世界转换为计算机世界，建立数据模型。

目前常用实体联系模型表示概念模型。

1. 实体

客观存在并且可以相互区别的事物称为实体。实体可以是具体的人、事、物，如一名学生、一本书、一门课程等；也可以是事件，如学生的一次选课、一场比赛、一次借书等。

2. 实体的属性

实体所具有的某一特性称为属性。如学生实体有学号、姓名、性别、出生日期、专业等多个属性。属性包括属性名和属性值，例如，学号、姓名、性别、出生日期、专业等为属性名，（13011103、许志华、男、06/12/1995、机械工程）为某个学生实体的属性值。

3. 实体型

用实体名及其属性名来抽象描述同一类实体，称为实体型。例如，学生（学号、姓名、性别、出生日期、专业）就是一个实体型，它描述的是学生这一类实体。

4. 实体集

同类型实体的集合称为实体集。例如，全体学生就是一个实体集，而（13011103、许志华、男、06/12/1995、机械工程）是这个实体集中的一个实体。

实体集和实体型的区别在于：实体集是同一类实体的集合；而实体型是同一类实体的抽象描述。

5. 实体间的联系

实体间的联系通常是指两个实体集之间的联系，联系有以下 3 种类型。

（1）一对一联系（1:1）

如果对于实体集 A 中的每一个实体，在实体集 B 中至多有一个实体与之联系，反之亦然，则称实体集 A 与实体集 B 具有一对一联系，记为 1:1。

例如，学校里面，一个班级只有一个班长，而一个班长只能在一个班级任职，则班级和班长之间具有一对一的联系。

（2）一对多联系（$1:n$）

如果对于实体集 A 中的每一个实体，在实体集 B 中有 n 个实体（$n \geqslant 0$）与之联系，反之，对于实体集 B 中的每一个实体，实体集 A 中至多只有一个实体与之联系，则称实体集 A 与实体集 B 有一对多联系，记为 $1:n$。

例如，一个班级有多个学生，而每个学生只在一个班级中学习，则班级与学生之间具有一对多的联系。

（3）多对多联系（$m:n$）

如果对于实体集 A 中的每一个实体，在实体集 B 中有 n 个实体（$n \geqslant 0$）与之联系，反之，对于实体集 B 中的每一个实体，在实体集 A 中也有 m 个实体（$m \geqslant 0$）与之联系，则称实体集 A 与实体集 B 具有多对多联系，记为 $m:n$。

例如，一门课程同时有多个学生选修，而一个学生也可以同时选修多门课程，则课程与学生之间具有多对多的联系。

在实际应用中，通常将多对多联系转换为几个一对多联系。

除了两个实体集之间的联系，一个实体集内的实体与实体之间也可以有上述 3 种联系。此外，一个实体内部也有联系，实体内部的联系通常是指组成实体的各属性之间的联系。

6. E-R 图

概念模型的表示方法有很多，其中最常用的是实体—联系（Entity-Relationship，E-R）方法，该方法用E-R图来描述概念模型。E-R图中包含实体、属性和联系，它们的表示方法如下。

（1）实体：用矩形框表示，框内写明实体名。

（2）属性：用椭圆形框表示，框内写明属性名，并用无向边将其与对应实体连接起来。

（3）联系：用菱形框表示，框内写明联系名，并用无向边分别与有关实体连接起来，同时在无向边旁标注联系的类型（1:1，1:n 或 m:n）。

学生与课程之间的联系用E-R图表示如图8-2所示。图8-2只是一个简单的举例，而一个实际应用系统的完整 E-R 图，要比图 8-2 复杂得多，包括系统中所有的实体、实体所有的属性和实体间所有的联系。

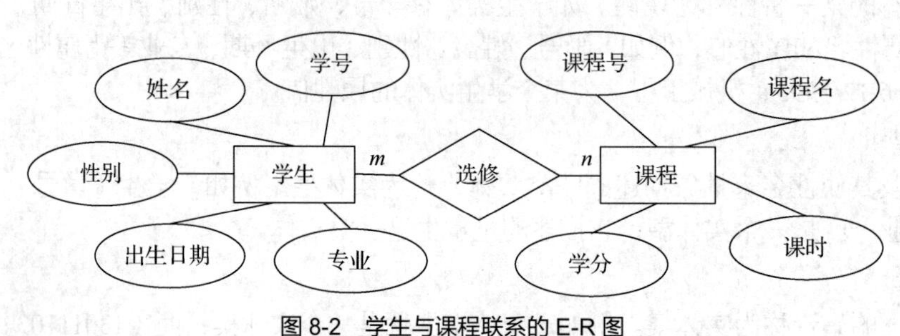

图 8-2　学生与课程联系的 E-R 图

8.1.3　关系模型

数据模型是用来抽象和表示现实世界中事物与事物之间联系的结构模式。它将数据库中的数据按照一定的结构组织起来，以反映事物本身及事物之间的各种联系。任何一个数据库管理系统都是基于某种数据模型的。

用二维表结构表示实体及实体间联系的数据模型称为关系模型。一个关系对应一个二维表，无论实体还是实体之间的联系都用关系来表示。例如，学生基本信息用关系来表示，如表8-1所示。

表 8–1　学生表

学号	姓名	性别	出生日期	专业	生源地	民族	政治面貌	入学成绩
13011101	巴博华	男	1995-9-9	机械工程	北京	汉族	团员	379.00
13011102	张晓民	女	1996-11-9	机械工程	北京	汉族	团员	530.00
13011103	许志华	男	1995-6-12	机械工程	北京	汉族	党员	507.00
13011104	车鸣华	男	1996-1-10	机械工程	北京	汉族	团员	441.00
13011105	高森华	男	1996-5-28	机械工程	北京	汉族	党员	536.00
13011106	何唯华	男	1995-8-2	机械工程	北京	汉族	团员	370.00
13011107	惠文民	女	1996-6-18	机械工程	云南	汉族	团员	422.00
13011108	景婷民	女	1995-10-22	机械工程	辽宁	藏族	团员	571.00

8.2　关系数据库

关系数据库是基于关系模型的数据库，Microsoft Access 就是一个应用非常广泛的关系数据库管理系统。在关系数据库中，数据存储在二维结构的表中，而一个关系数据库中，包含多个数据表。

1. 关系术语

（1）关系

关系是一张规范化的二维表，表名称为关系名，表8-1所示的学生表就是一个关系。

（2）元组

表中的一行称为关系的一个元组。元组指包含数据的行，不包括标题行。在表 8-1 的关系中，一名学生的信息占一行，有多少名学生此关系就有多少个元组。

（3）属性

表中的一列称为关系的一个属性，每一列的标题称为属性名。在表 8-1 所示的关系中共有 9 列，所以此关系共有 9 个属性，属性名分别为学号、姓名、性别、出生日期、专业、生源地、民族、政治面貌、入学成绩。

（4）域

属性的取值范围称为域。如性别属性的域为（男，女）。

（5）关键字

关系中能唯一标识元组的一个或一组属性称为关键字。如学生表中的学号。

（6）主关键字

主关键字是能够唯一标识元组的关键字。一个关系中只能有一个主关键字，如学生表中，学号是绝对唯一的，所以学号是主关键字。

（7）外部关键字（★）

如果一个关系 R 中的某个属性不是本关系的主关键字或候选关键字，而是另一个关系 S 的主关键字或候选关键字，则称该属性为本关系 R 的外部关键字，R 为参照关系，S 为被参照关系。

例如，表 8-2 成绩表中课程号是表 8-3 课程表的主关键字，学号是表 8-1 学生表的主关键字，所以课程号和学号都是成绩表的外部关键字，成绩表为参照关系，课程表和学生表为被参照关系。

表 8–2　成绩表

课程号	学号	成绩
10010203101	13011101	93
10010203101	13011102	52
10010203101	13011103	74
10010203101	13011104	81
10010203101	13011105	78
10010203101	13011106	97
10010203101	13011107	96
10010203101	13011108	94

表 8–3　课程表

课程号	课程名	课时	学分	校区
10010203101	C 语言	60	3	泰达
10010303101	VB 语言	40	2	泰达
10012303101	VF 语言	60	3	泰达
10012303102	VF 语言	60	3	泰达西院
10020101106	计算机辅助设计	40	2	泰达
10020101107	计算机辅助设计	40	2	泰达

（8）关系模式

关系的描述称为关系模式，一般表示为：关系名（属性名 1，属性名 2，…，属性名 *n*）。例如，表 8-3 课程表的关系模式为：课程（课程号，课程名，课时，学分，校区）。

2. 关系完整性

关系模型的完整性规则是对关系的某种约束条件。关系模型中有 3 类完整性约束：实体完整性、参照完整性、用户定义完整性。其中，实体完整性和参照完整性是关系模型必须满足的完整性约束条件。

（1）实体完整性

实体完整性规定：关系中所有元组的主关键字值不能为空值。

例如，表 8-1 学生表中的学号为主关键字，所有学生的学号不能为空。

（2）参照完整性

参照完整性规定：若一个关系 R 的外部关键字 F 是另一个关系 S 的主关键字，则 R 中的每一个元组在 F 上的值必须是 S 中某一元组的主关键字的值，或者取空值。

例如，表 8-2 成绩表中，课程号是外部关键字，它是表 8-3 课程表的主关键字，所以成绩表中的所有课程号都必须是课程信息表中的某个课程号。

（3）用户定义完整性

任何关系数据库系统都应该支持实体完整性和参照完整性。除此之外，有些关系数据库系统根据其应用环境的不同，往往还需要一些特殊的约束条件。

用户定义完整性是针对某一具体关系的约束条件，它反映某一具体应用所涉及的数据必须满足的语义要求。在表中是指列（字段）的数据类型、宽度、精度、取值范围、是否允许空值（NULL）。例如，成绩表中的成绩应为数值型数据，取值范围可规定在 0～100；学生表中，性别为字符型数据，取值范围为（男，女）。

8.3 Microsoft Access 2010 简介

Microsoft Access 2010 是 Office 2010 办公套件的一个部分，是一种功能强大、使用方便的关系型数据库管理系统。Access 2010 是一个面向对象的可视化数据库管理系统，采用面向对象的方式将数据库系统中的各项功能对象化，通过各种数据库对象来管理信息，Access 2010 中的对象是数据库管理的核心，它包括 6 种数据库对象。

（1）表：数据库的核心与基础，存放数据库中的全部数据。

（2）查询：数据库中检索数据的对象，用于从一个或多个表中找出用户需要的记录。

（3）窗体：用户与数据库应用系统进行人机交互的界面。

（4）报表：数据的打印输出，按用户要求的格式和内容打印数据库中的各种信息。

（5）宏：数据库中一个或多个操作的集合，每个操作实现特定的功能。

（6）模块：数据库中存放 VBA（Visual Basic for Applications）代码的对象，创建模块对象的过程也就是使用 VBA 编写程序的过程。

Access 数据库的所有对象列在窗口左侧的“所有 Access 对象”窗格中，如图 8-3 所示。

图 8-3 Access 窗口

8.4　数据库的基本操作

8.4.1　创建数据库

Access 提供了两种创建数据库的方法：使用模板创建数据库和创建空白数据库。

1. 使用模板创建数据库

Access 提供了种类繁多的模板，使用它们可以加快数据库的创建过程。使用模板创建数据库包括可用模板和 Office.com 模板两大类。

使用 Access 2010 模板创建数据库的步骤如下。

（1）执行“文件→新建→样本模板”命令，如图 8-4 所示。选中一个样本模板，如“营销项目”，选择数据库文件存放位置，单击“创建”按钮。

（2）Access 自动创建数据库，打开窗体布局视图，如图 8-5 所示。

图 8-4　样本模板窗口

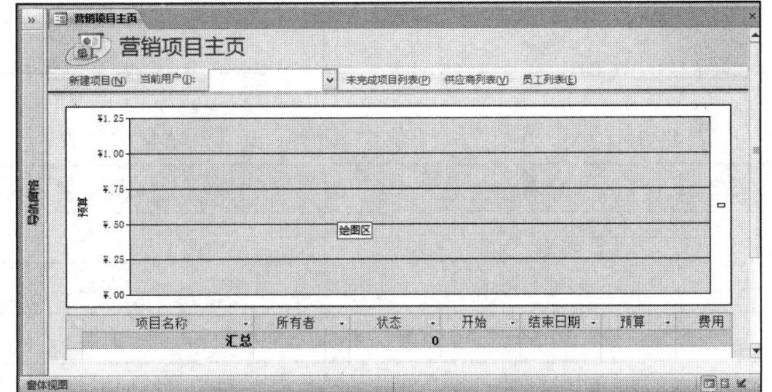

图 8-5　营销项目数据库窗体视图

利用数据库模板创建的数据库，包括表、查询、窗体、报表、宏、模块等子对象。用户可以根据实际需要修改这些对象，以减少数据库开发的工作量。

2. 创建空数据库

很多情况下，用户需根据需要自行创建数据库，这时可通过创建空数据库来实现，操作步骤如下。

执行“文件→新建→空数据库”命令，指定数据库保存的路径和文件名，单击“创建”按钮，进入“数据表视图”界面，如图 8-6 所示。

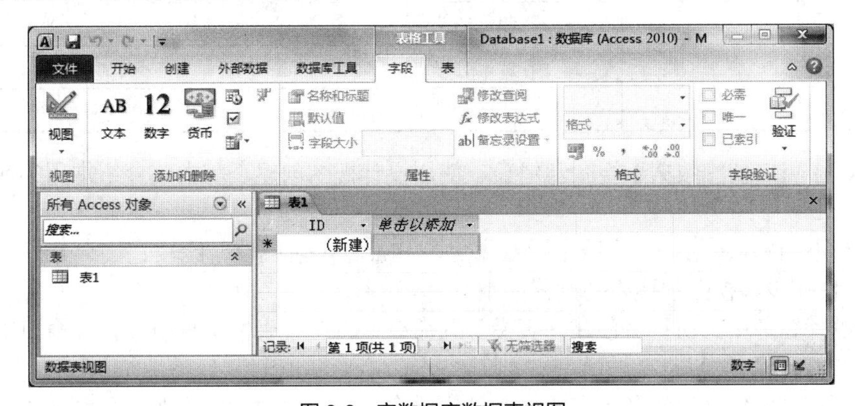

图 8-6　空数据库数据表视图

本章中将文件保存在 D 盘，并命名为"教学管理.accdb"，该数据库中没有任何对象，本章后续创建的对象都存放在该数据库中。Access 2010 的数据库文件的扩展名为.accdb。

8.4.2 创建表

在 Access 数据库中，表是整个数据库系统的基础，所有的原始数据都存储在表中，其他数据库对象，如查询、窗体、报表等都在表的基础上建立并使用。本节介绍表的创建方法、表中字段的数据类型、字段属性、表的编辑和表之间关系的创建。

1. 表的创建方法

创建表的工作包括创建字段、字段命名、定义字段的数据类型和设置字段属性等。本章中"教学管理"数据库需要创建如表 8-4～表 8-6 所示的数据表。

表 8-4　"课程"表

字段名称	数据类型	字段大小
课程号（主键）	文本	3
课程名	文本	15
学分	数字	字节

表 8-5　"学生"表

字段名称	数据类型	字段大小
学号（主键）	文本	8
姓名	文本	10
性别	文本	1
出生日期	日期/时间	
系部	文本	8
贷款否	是/否	
照片	OLE 对象	

表 8-6　"选课"表

字段名称	数据类型	字段大小
编号（主键）	自动编号	长整型
学号	文本	8
课程号	文本	3
成绩	数字	单精度

在 Access 中可以使用数据表视图创建表、使用设计视图创建表。本节介绍常用的使用设计视图创建表的方法。

通过设计视图创建表结构、修改字段数据类型和设置字段属性，比较直接、方便。以创建"学生"表为例，使用设计视图创建表的过程如下。

① 在数据库窗口中，执行"创建→表设计"命令，将在"表格工具→设计"窗口出现名为"表1"的新表，并打开设计视图。

② 在设计视图中定义表的各个字段，包括字段名称、数据类型和说明，如图 8-7 所示。

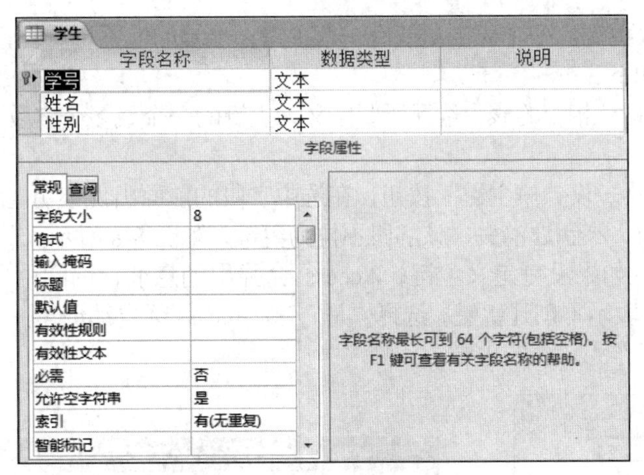

图 8-7　使用设计视图创建表

字段名可以是 1～64 个西文或中文字符；字段名中可以包含字母、数字、空格和特殊字符（除句号“。”、感叹号“!”、重音号“`”和方括号“[]”之外）的任意组合，但不能以先导空格开头；字段名中不能包含控制字符（即 0～31 的 ASCII 码）。

③ 在“常规”选项卡中设置字段属性，如字段大小、标题、默认值等。

④ 根据需要，定义主键，建立索引。

⑤ 保存表，并为表命名为“学生”。单击“确定”按钮，完成表的创建。

2. 数据类型

在一个数据表中，不同的字段可以存储不同类型的数据。Access 包括以下几种类型。

① 文本：存储文本、数字或文本与数字的组合，最多为 255 个中文或西文字符，默认为 255。文本类型的数字不能用于计算，只能用于名称、电话号码、邮政编码等。

② 备注：存储较长的文本，最多为 65536 个字符。

③ 数字：存储数值数据，长度为 1、2、4、8 等字节，由“字段大小”属性进一步定义。

④ 货币：存储货币值，字段长度为 8 个字节。

⑤ 日期/时间：存储日期和时间数据，允许范围是 100/1/1～9999/12/31。日期/时间数据可用于计算，长度为 8 个字节。

⑥ 自动编号：内容为数字的流水号（初始值默认为 1），长度为 4 个字节。在数据表中每添加一条记录时，自动给该字段设置一个唯一的连续数值（增量为 1）或随机数值。

自动编号字段的值由系统设定，不能更改。

⑦ 是/否：存储布尔型数据（或称为逻辑数据），只有两个取值：“是”或“否”（Yes/No），“真”或“假”（True/False）。长度为 1 位。

⑧ OLE 对象：指在其他应用程序中创建的、可链接或嵌入（插入）到 Access 数据库中的对象。字段长度最多为 1 GB。

⑨ 超链接：保存超链接的地址，可以是某个文件的路径 UNC 或 URL。该字段最多存储 64000 个字符。

3. 定义主键

每个表应设定主键，用以唯一标识表中的一个记录。主键可以由一个或多个字段组成，分别称为单字段主键或多字段主键。一个表中只能有一个主键；主键的值不可重复，也不可为空（Null）。

定义主键的方法如下。

① 在设计视图中打开相应的表，选择所要定义为主键的一个或多个字段（按住 Ctrl 键单击要选择的字段）。

② 单击“表格工具→设计→主键”按钮，在选中字段的前面出现小钥匙图标，表示设定成功。再次单击“主键”按钮，小钥匙消失，该字段不再为主键，如图 8-8 所示。

在保存表的时候，如果没有定义主键，Access 会弹出消息框，询问用户是否创建主键，如图 8-9 所示。选择“否”，表示不创建主键；选择“是”，则 Access 会自动创建一个自动编号类型的字段并添加到表的第一列，作为该表的主键。

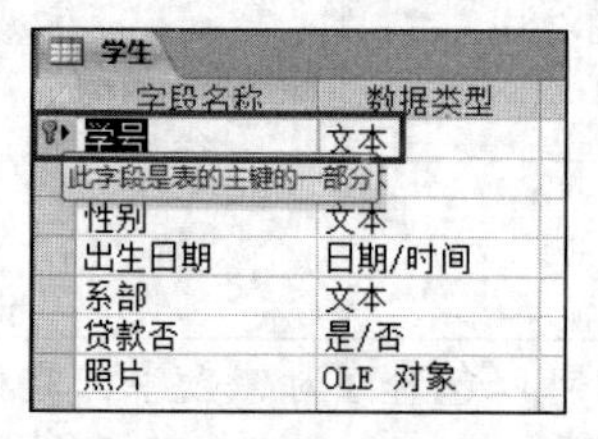

图 8-8 主键

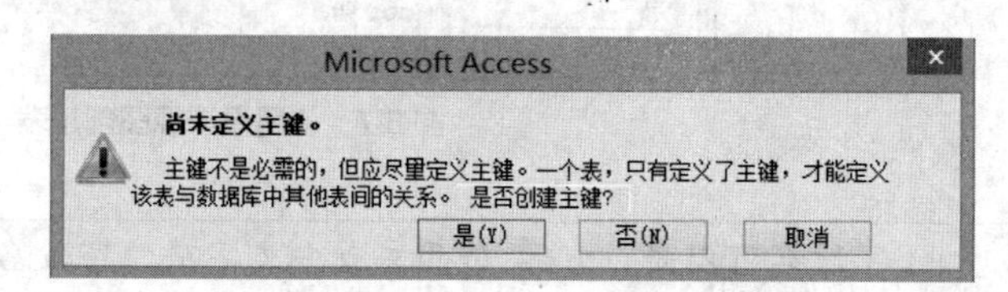

图 8-9 “尚未定义主键”消息框

主键可以提高查询和排序的速度。在表中添加新记录时，Access 会自动检查新记录的主键值，不允许该值与其他记录的主键值重复。Access 自动按主键值的顺序显示表中的记录。如果没有定义主键，则按输入记录的顺序显示表中的记录。

4. 字段大小

决定一个字段所占用的存储空间。该属性只对文本、数字和自动编号类型的字段有效。

5. 输入掩码

输入数据时必须遵守的标点、空格或其他格式要求，它可以限制数据输入的格式，以屏蔽非法输入。

【例 8.1】 为“学生”表增加一个“电话号码”字段（文本类型字段，大小为 12），并为该字段创建一个输入掩码，格式为“9999-9999，9999”。

操作方法如下。

① 打开“学生”表的设计视图，添加一个“电话号码”字段。

② 单击“输入掩码”框右侧的按钮，启动输入掩码向导，如图 8-10 所示。

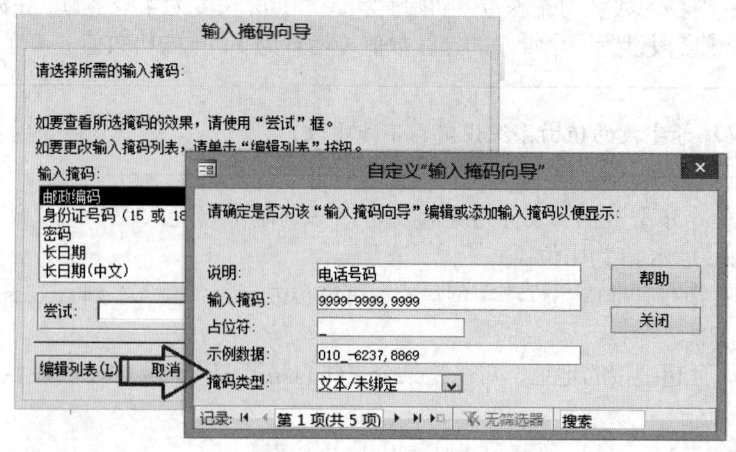

图 8-10 输入掩码向导

③ 单击“编辑列表”按钮，打开自定义“输入掩码向导”。在“输入掩码”框中输入自定义的掩码“9999-9999,9999”，在“示例数据”框中输入一个示例。单击“关闭”按钮，完成输入掩码的设置。

为“电话号码”字段设置了如上输入掩码后，在数据表视图中可以看到图 8-11 所示的输入样式。

学号	姓名	性别	出生日期	系部	贷款否	照片	电话号码
12012101	林岚	女	1995/1/1	机械	☑		022-6027,3326
12021103	陈熙	男	1994/11/15	自动化	☐		_-____,____

图 8-11　电话号码的输入样式

格式与输入掩码不同。格式控制字段的数据在显示或打印时的样式；输入掩码控制字段数据的输入样式。

6. 默认值

字段定义默认值后，在添加新记录时，Access 将自动为该字段填入默认值。

例如，在“学生”表中，如果男生人数居多，可以将“性别”字段的默认值设置为“男”。

7. 有效性规则和有效性文本

有效性规则用于指定对输入本字段的数据的要求，以保证用户输入的数据正确有效。有效性文本用于指定输入数据违反有效性规则时的提示信息。

【例 8.2】 要将“选课”表中的成绩值限制在 0～100 分。

可以为“成绩”字段定义有效性规则和有效性文本，如图 8-12（a）所示。当输入违反规则时，提示如图 8-12（b）所示。

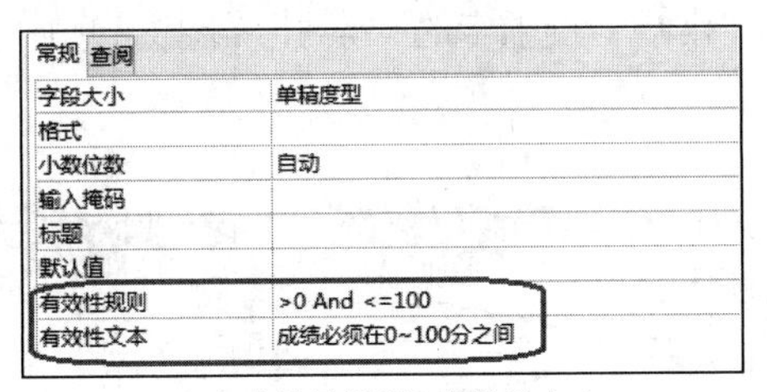

（a）有效性规则和有效性文本

（b）提示信息

图 8-12　为字段定义有效性规则

在 Access 中，不仅可以为一个字段定义有效性规则，还可以同时为多个字段定义有效性规则，这样的规则称为表的有效性规则。

【例 8.3】 要求“学生”表中每条记录的学号值必须满 6 位，并且性别只能取“男”或“女”两个值。

设置方法为：在表设计视图中，执行“表格工具→设计→属性表”命令，打开“属性表”窗口，指定有效性规则和有效性文本，如图 8-13 所示。

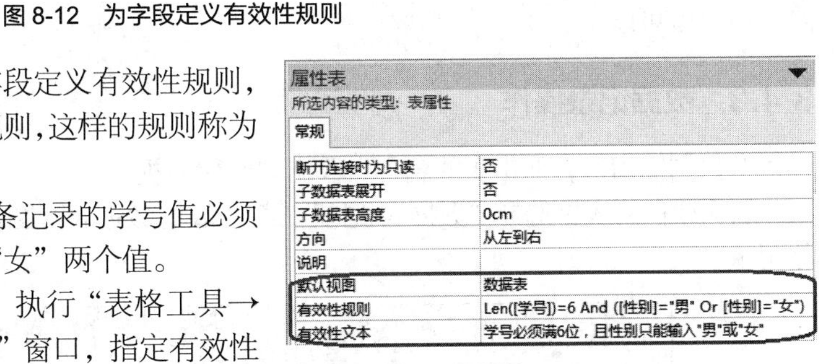

图 8-13　表的有效性规则和有效性文本

字段的有效性规则用于实现关系完整性中的用户定义完整性。

为表中一个字段定义有效性规则时直接在设计视图的“常规”标签中进行设置；若同时为多个字段定义有效性规则，则必须在表设计视图中执行“表格工具→设计→属性表”，在“属性表”窗口中进行设置。

8. 索引

索引用于在大量记录中快速检索数据，提高查询的效率。通常对表中经常检索的字段、排序的字段、查询中联接到其他表的字段建立索引。

索引不改变数据表记录的物理顺序，它按照某一关键字建立记录的逻辑顺序。索引中只包含索引关键字和记录号。因为索引按照关键字排序，所以在索引中通过关键字查询时可以快速定位，并通过记录号在数据表中找到对应记录。索引与物理数据表之间的关系如图 8-14 所示。

数据表

记录号	学号	姓名	性别	…
1	13011106	何唯华	男	…
2	13011101	巴博华	男	…
3	13081116	胡平民	女	…
4	13081117	库尔民	女	…
5	13011111	刘越民	女	…
6	13011107	惠文民	女	…
7	13011109	刘云民	女	…
8	13011104	车鸣华	男	…
9	13011110	刘欣民	女	…
10	13081119	莱晗民	女	…
11	13011103	许志华	男	…
12	13081120	刘钿民	女	…
13	13011102	张晓民	女	…
14	13011105	高森华	男	…
15	13081118	李慧民	女	…
16	13011108	景婷民	女	…

索引

记录号	关键字（学号）
2	13011101
13	13011102
11	13011103
8	13011104
14	13011105
1	13011106
6	13011107
16	13011108
7	13011109
9	13011110
5	13011111
3	13081116
4	13081117
15	13081118
10	13081119
12	13081120

图 8-14　索引与数据表的关系

Access 可以基于单个字段或多个字段创建索引。

① 创建单字段索引

在设计视图中打开表。单击选中字段，在“常规”选项卡的“索引”下拉选项中选择“有（有重复）”或“有（无重复）”。

② 创建多字段索引

在设计视图中打开表。执行“表格工具→设计→索引”命令，打开“索引”对话框，如图 8-15 所示。指定索引名称、索引字段、排序次序、索引类型。若要删除索引，只要选择要删除的索引名称，执行“删除”命令就可以了。

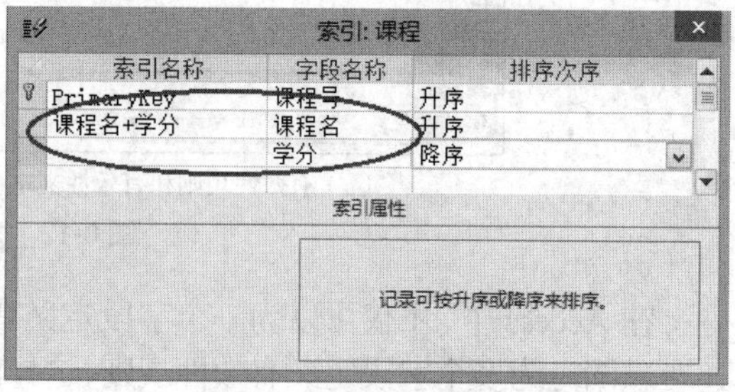

索引: 课程

索引名称	字段名称	排序次序
PrimaryKey	课程号	升序
课程名+学分	课程名	升序
	学分	降序

索引属性

记录可按升序或降序来排序。

图 8-15　创建多字段索引

8.4.3　数据记录操作

在数据库窗口，双击表的名称，单击“开始→视图”按钮，在列表中选择“数据表视图”，打开表的数据表视图，如图 8-16 所示，可添加、修改和删除记录。

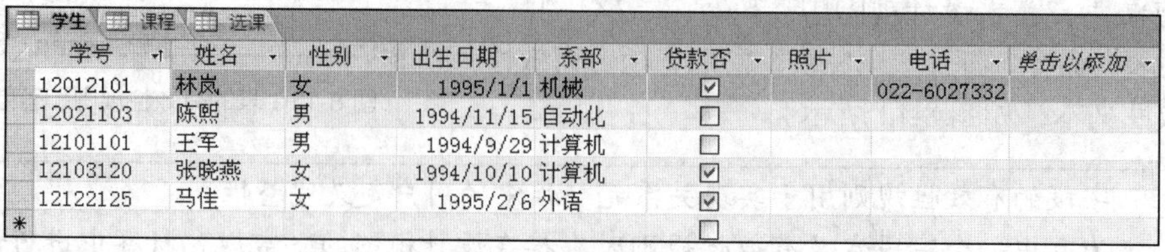

学生　课程　选课

学号	姓名	性别	出生日期	系部	贷款否	照片	电话	单击以添加
12012101	林岚	女	1995/1/1	机械	☑		022-6027332	
12021103	陈熙	男	1994/11/15	自动化	☐			
12101101	王军	男	1994/9/29	计算机	☐			
12103120	张晓燕	女	1994/10/10	计算机	☑			
12122125	马佳	女	1995/2/6	外语	☑			
*					☐			

图 8-16　数据表视图输入数据

（1）插入记录。在表的空行输入数据后，在表的最后会自动增加一个空行。

（2）删除记录。选中一条或多条记录，单击鼠标右键，执行弹出菜单的“删除记录”命令。

（3）在数据表中输入图片、声音和影像。要向表中插入图片、声音和影像等数据，必须将该字段定义为“OLE 对象”类型。选中一条记录的“OLE 对象”字段，单击鼠标右键，执行弹出菜单的“插入对象”命令，打开“插入对象”窗口，选择对象类型、文件名或新建对象。

【例 8.4】 如图 8-17 所示，分别输入“学生”“课程”“选课”3 个表的记录。“照片”字段的内容可以自行确定。

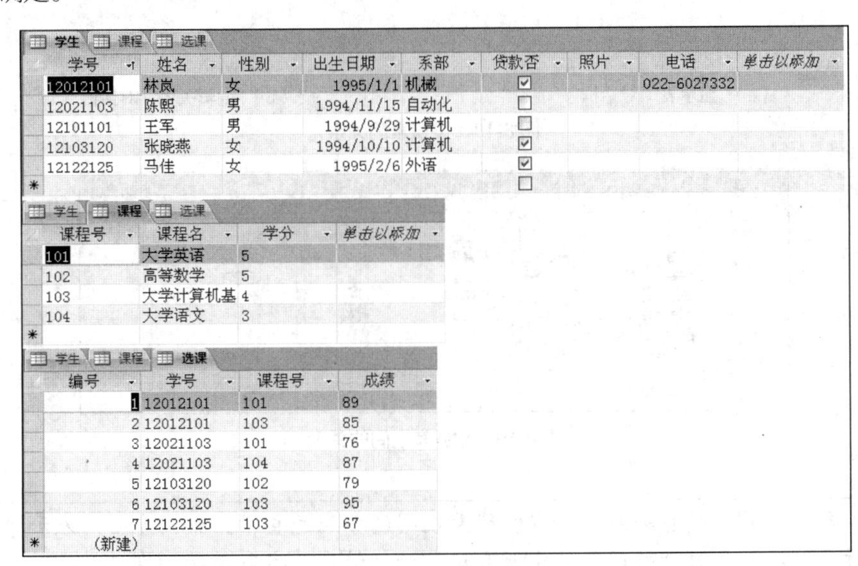

学生 | 课程 | 选课

学号	姓名	性别	出生日期	系部	贷款否	照片	电话	单击以添加
12012101	林岚	女	1995/1/1	机械	☑		022-6027332	
12021103	陈熙	男	1994/11/15	自动化	☐			
12101101	王军	男	1994/9/29	计算机	☐			
12103120	张晓燕	女	1994/10/10	计算机	☑			
12122125	马佳	女	1995/2/6	外语	☑			
*					☐			

学生 | 课程 | 选课

课程号	课程名	学分	单击以添加
101	大学英语	5	
102	高等数学	5	
103	大学计算机基	4	
104	大学语文	3	
*			

学生 | 课程 | 选课

编号	学号	课程号	成绩
1	12012101	101	89
2	12012101	103	85
3	12021103	101	76
4	12021103	104	87
5	12103120	102	79
6	12103120	103	95
7	12122125	103	67
* (新建)			

图 8-17 3 个数据表

8.4.4 定义表之间的关系

在 Access 数据库中，两个表之间可以通过公共字段或语义相同的字段建立关系，使用户可以同时查询、显示或输出多个表中的数据。

在创建表之间的关系时，联接字段不一定要有相同的名称，但数据类型必须相同。联接字段在一个表中通常为主键，同时作为关联表的外键，外键的值应与主键的值相匹配。

关系型数据库中，表之间存在关系，包括一对一、一对多和多对多 3 种。若联接字段在两个表中均为主键，则两表为一对一关系；若联接字段只在一个表中为主索引，则两表为一对多关系。

【例 8.5】 在“教学管理”数据库中建立 3 个表之间的关系。

操作步骤如下。

（1）打开“教学管理”数据库窗口，执行“数据库工具→关系”命令，打开“显示表”对话框，如图 8-18（a）所示。

（2）选中“学生”表后单击“添加”按钮，将其添加到“关系”窗口中。同样添加“课程”表和“选课”表，关闭对话框。

（3）在“关系”窗口中，将“学生”表中的“学号”字段拖到“选课”表的“学号”字段上，此时会出现“编辑关系”对话框，如图 8-18（b）所示。

（4）根据需要，选择“实施参照完整性”选项，本例选中该选项。

（5）单击“创建”按钮，完成创建过程。在“关系”窗口中可以看到，“学生”和“选课”两个表中出现一条表示关系的连线。

（6）按同样方法在“课程”表和“选课”之间建立关系，并实施参照完整性，结果如图 8-19 所示。关系线上的“1”标记表示关系为一方，“∞”标记表示为“多”方。如果没有设置参照完整性，则关系线上就不会出现这两个标记。

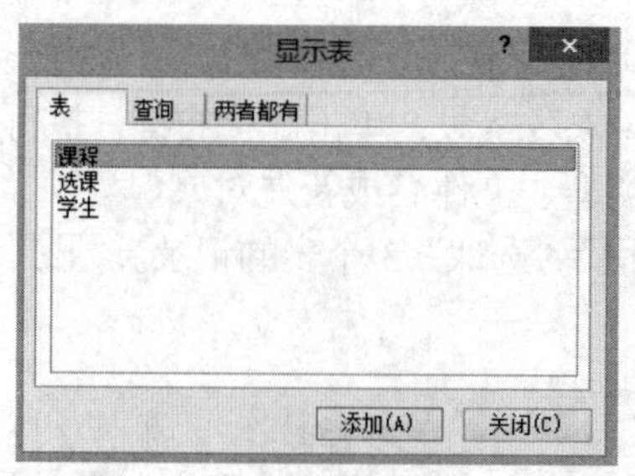

(a)"显示表"对话框

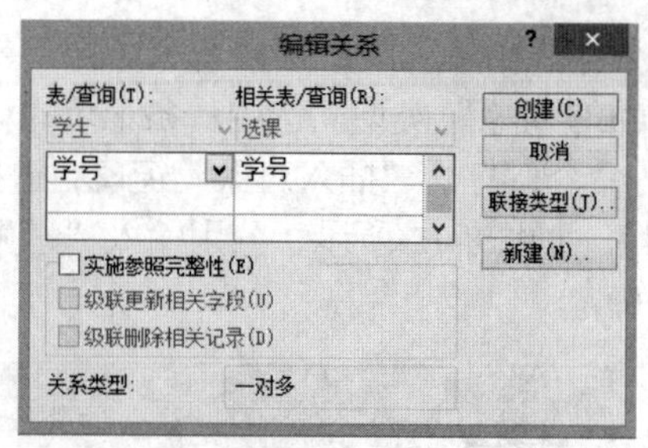

(b)"编辑关系"对话框

图 8-18 设置表间关系

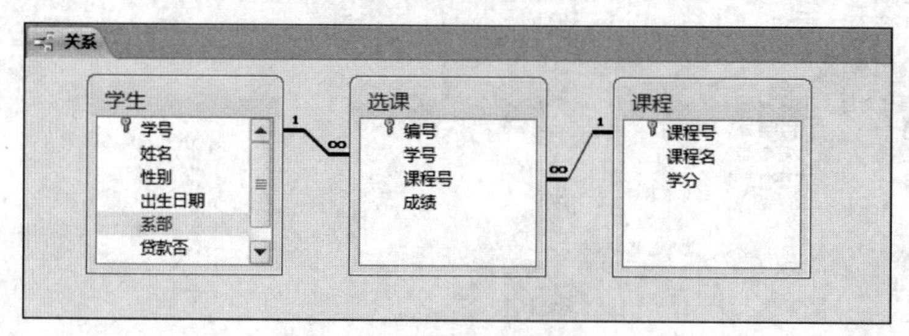

图 8-19 数据表之间的关系

表之间的一对多关系，可以实现表之间的参照完整性。如"学生"表和"选课"表是一对多关系，此时"选课"表中所有记录的"学号"字段值必须在"学生"表中对应记录有相同的学号。如果删除"学生"表学号为"13011101"的记录，此时如果"选课"表中有学号为"13011101"的记录时，则会报错。

（7）关闭"关系"窗口，所创建的关系会保存在数据库中。

8.5 查询

查询（Query）是按照一定的条件或要求对数据库中的数据进行检索或操作。查询的数据来源是表或其他查询。查询可以按照不同方式查看、更改和分析数据，也可以作为其他查询、窗体、报表或数据访问页的数据源。

8.5.1 选择查询

选择查询是对一个或多个表中的数据进行检索、统计、排序、计算或汇总，不会更改表中的数据。

1. 创建查询

在 Access 中创建查询有多种方法，包括查询向导、在设计视图中创建查询。

【例 8.6】 创建查询，查询 85 分以上（包括 85 分）的学生姓名、系部、选修的课程名和成绩，并按成绩由高到低排列。

分析：本例需要查询的字段是"姓名""系部""课程名""成绩"，这 4 个字段分别来自"学生"表、"课程"表和"选课"表，查询的条件是"成绩≥85"，查询结果按成绩降序排列。

操作步骤如下。

（1）打开"教学管理"数据库，执行"创建→查询设计"命令，打开"显示表"对话框，依次添加“学生”“选课”“课程”3 个表。

（2）如图 8-20 所示，单击“字段”行中各列右侧的“箭头”按钮，从字段列表中选择“姓名”“系部”“课程名”和“成绩”字段。

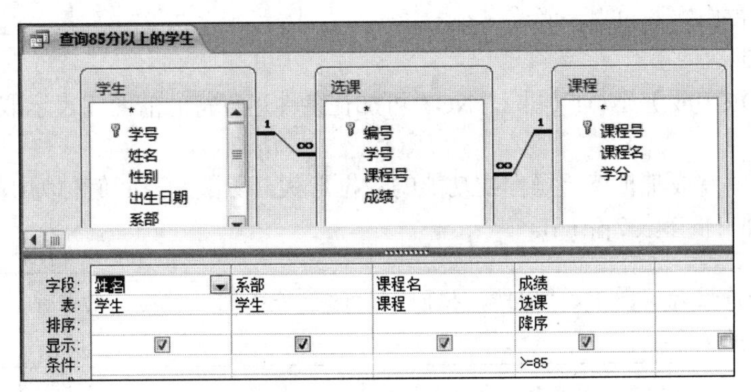

图 8-20　查询设计窗口

（3）在“成绩”列中，将“排序”方式设置为“降序”，并输入查询条件“≥85”。

（4）单击快速访问工具栏中的“保存”按钮，输入查询的名称为“查询 85 分以上的学生”。

（5）切换到数据表视图，或者双击，可以查看查询结果，如图 8-21 所示。

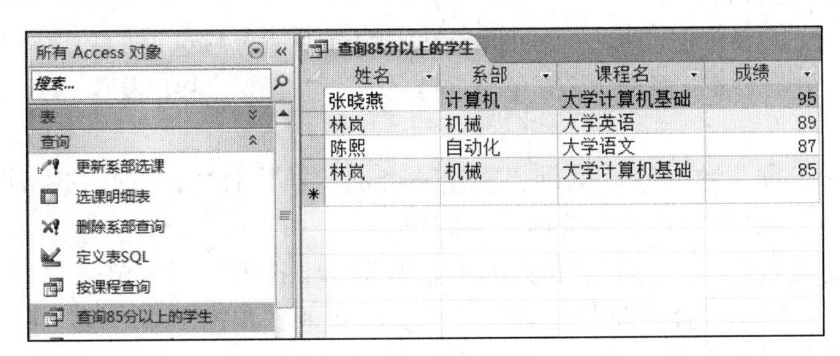

图 8-21　查询结果

2. 查询条件

查询条件对应一个逻辑表达式，若表达式的值为真，则满足该条件的数据就包含在查询结果中。逻辑表达式是由常量、变量和函数通过运算符连接起来的式子，其值为“是/否”类型。

（1）常量的表示

① 数字型常量：直接输入数值，如 25、−25、12.4。

② 文本型常量：用西文的单/双撇号括起来，如'英语'、"英语"。

③ 日期型常量：用“#”括起来，如#1996-10-1#。

④ 是/否型常量：Yes、No、True、False。

（2）表达式中的运算符

① 算术运算符

有“+”“−”“*”（乘）、“/”（除）、“^”（乘方）、“\”（整型除法，结果为整型值）、Mod（取模，求两个数相除的余数）几种。

② 条件运算符

- 比较运算：=、>、<、>=、<=、<>（不等于）。
- Between…And：确定两个数据之间的范围。如 Between 75 And 85 等价于>=75 AND<=85。
- In 与指定的一组值比较，格式为 In(值 1,值 2,值 3,…)。
- Like 与指定的字符串比较，字符串中可以使用通配符。“？”表示任意一个字符，“*”表示多个字符，“#”表示任意一个数字。

- 空值比较。Is Null 表示为空，Is Not Null 表示不为空。

③ 连接运算符“&”

用于将两个字符串连接起来合并为一个字符串。

④ 逻辑运算符

AND（与）、OR（或）、NOT（非）。NOT 可加在条件运算符的前面，表示取反操作。

（3）函数

函数是一种能够完成某种特定操作或功能的数据形式，函数的返回值称为函数值。函数调用的格式：函数名([参数 1][,参数 2][,…])。

在查询设计视图中，“条件”栏同一行的条件之间是“与”的关系，不同行的条件之间是“或”的关系。

8.5.2 交叉表查询

交叉表查询计算并重新组织数据的结构，使用户更方便地分析数据。字段分成两组，一组显示在左边，另一组显示在顶部，行列交叉处显示总计、平均、计数等结果。查询由一个或多个行标题、一个列标题和一个总计值组成。

【例 8.7】 使用交叉表查询向导，查询每个学生的选课情况和选课门数。行标题为“学号”，列标题为“课程号”，按“成绩”字段计数。查询对象保存为“选课明细表”。

操作步骤如下。

（1）打开“教学管理”数据库，执行“创建→查询向导”命令，打开“新建查询”对话框，选择“交叉表查询向导”，单击“确定”按钮进入向导。

（2）选择包含交叉表查询结果字段的数据表。本例为“选课”表，单击“下一步”按钮。

（3）从“可用字段”中选择“学号”字段，作为行标题，单击“下一步”按钮。

（4）选择“课程号”作为列标题，单击“下一步”按钮。

（5）在“字段”列表中选择“成绩”字段，“函数”列表中选择“Count”函数，单击“下一步”按钮，如图 8-22 所示。

（6）输入查询名称“选课明细表”，单击“完成”按钮。查询结果在数据表视图中显示，如图 8-23 所示。

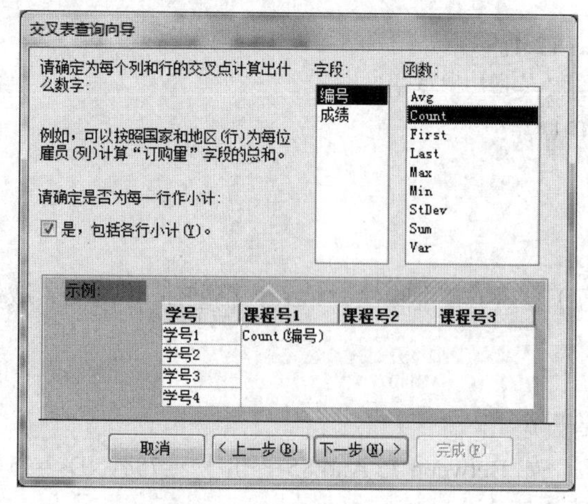

图 8-22　交叉表查询向导

学号	总计 成绩	101	102	103	104
12012101	2	1		1	
12021103	2	1			1
12103120	2		1	1	
12122125	1			1	

图 8-23　交叉表查询结果

8.5.3　SQL 语言

SQL（Structured Query Language，结构化查询语言），是一种通用的且功能极其强大的关系数据库语言，也是关系数据库的标准语言，它具有数据查询、数据定义、数据操作、数据控制等功能，包括了对数据库的所有操作。

SQL 包括以下 3 大类语句。

（1）数据定义语言（Data Definition Language，DDL），用于定义和建立数据库的表、索引等对象。

（2）数据处理语言（Data Manipulation Language，DML），用于处理数据库数据，如查询、插入、删除和修改记录。

（3）数据控制语言（Data Control Language，DCL），用于控制 SQL 语句的执行。

在 Access 中使用 SQL 语句的步骤如下。

① 执行“创建→查询→查询设计”命令，关闭“显示表”对话框。

② 执行“查询工具→设计→数据定义”，在数据定义查询窗口中输入 SQL 语句。

在数据定义查询窗口中一次只能输入一条 SQL 语句。

用户可以在 SQL 视图中，直接手工编辑 SQL 语句的代码，也可以修改查询。

③ 单击工具栏的“运行”按钮，执行 SQL 语句。

④ 根据需要，将 SQL 语句保存为一个查询对象，或直接关闭查询窗口。

常用的 SQL 语句如下。

1. 定义表语句

使用 CREATE TABLE 语句定义表。其语法格式为：

```
CREATE TABLE <表名>
  ( <字段名 1> <数据类型 1>[(<大小>)] [NOT NULL] [PRIMARY KEY | UNIQUE ]
  [,<字段名 2>  <数据类型 2>[(<大小>)] [NOT NULL] [PRIMARY KEY | UNIQUE ]
   [,…] )
```

字段的数据类型必须用字符表示。定义单字段主键或唯一键时，可以直接在字段名后加上 PRIMARY KEY 或 UNIQUE 关键字。定义多字段主键或唯一键，应使用 PRIMARY KEY 或 NIQUE 子句。

Access 中常用的数据类型对应的英文字符如表 8-7 所示。

表 8-7　常用数据类型对应的英文字符表

数据类型	字符	数据类型	字符
自动编号	Counter	货币	Currency
文本	Text(n)	日期/时间	Date
整型	Int	是/否	Logical
单精度	Float	备注	Memo
双精度	Double	OLE 对象	OLEObject

【例 8.8】 使用 SQL 语句定义一个名为 STUDENT 的表，结构如下。

学号（文本型，8 字符）、姓名（文本型，20 字符）、性别（文本型，2 字符）、出生日期（日期）、贷款否（是/否型）、简历（备注型）、照片（OLE 对象型），学号为主键，姓名不允许为空值。

其 SQL 语句为：

```
CREATE TABLE STUDENT
( 学号 TEXT(8) PRIMARY KEY ,  姓名 TEXT(20) NOT NULL,     性别 TEXT(2),
  出生日期 DATE,    贷款否 LOGICAL,     简历 MEMO,    照片 OLEObject )
```

2. 插入、更新和删除记录的语句

（1）插入记录的语法格式

```
INSERT  INTO  <表名>  [(<字段名 1>[,<字段名 2>[, …]])]
VALUES (<表达式 1>[,<表达式 2>[,…]])
```

如果 INTO 后缺省字段名，则必须为新记录中的所有字段赋值，且各项数据和表定义的字段顺序一一对应。

【例 8.9】 使用 SQL 语句向 STUDENT 的表中插入两条学生记录。

```
INSERT  INTO  STUDENT VALUES("12061105","朱晓","女",#1995/9/26#,yes,null,null)
INSERT  INTO  STUDENT  (学号,姓名,性别)   VALUES("12211101","彭宇","男")
```

（2）更新记录的语法格式

```
UPDATA  <表名> SET <字段名 1>=<表达式 1>
[,<字段名 2>=<表达式 2>[, …]]  [WHERE <条件>]
```

如果不带 WHERE 子句，则更新表中所有的记录；如果带 WHERE 子句，则只更新表中满足条件的记录。

【例 8.10】 使用 SQL 语句将 STUDENT 表中所有女生的“贷款否”字段改为“否”。

```
UPDATE  STUDENT  SET  贷款否=NO  WHERE  性别="女"
```

（3）删除记录的语法格式

```
DELETE  FROM  <表名>  [WHERE  <条件>]
```

如果不带 WHERE 子句，则删除表中所有的记录（该表对象仍保留在数据库中）。如果带 WHERE 子句，则只删除表中满足条件的记录。

【例 8.11】 使用 SQL 语句删除 STUDENT 表中学号为“12061105”的学生记录。

```
DELETE  FROM  STUDENT  WHERE  学号="12061105"
```

3. 关系运算

关系运算是指导关系数据库操作的重要理论，包括传统的并、交、差，笛卡尔积集合运算和针对关系数据库特殊环境的投影、选择、连接运算，以及这些运算的 SQL 表示。

对数据库应用开发进行严密地数学概念化，在提高数据库应用软件开发速度、保证软件的正确性等方面具有十分重要的意义。

4. 查询语句

查询语句的基本语法格式为：

```
SELECT [ALL|DISTINCT] [TOP <数值> [PERCENT]] <目标列> [[AS] <列标题>]
FROM <表或查询 1>[[AS] <别名 1>],<表或查询 2>[[AS]<别名 2>]
[ WHERE <联接条件> AND <筛选条件> ]
[ GROUP BY  <分组项> [ HAVING <分组筛选条件>] ]
[ ORDER BY  <排序项> [ ASC|DESC ] ]
```

5. 单表查询

单表查询仅涉及一个表的查询。

（1）投影

在关系运算中，从关系中挑选若干属性组成新的关系称为投影。这是从列的角度进行的运算，相当于对关系进行垂直分解。查询表中的若干列，从表中选择需要的目标列。语法格式为：

```
SELECT <目标列 1>[,<目标列 2>[, …]] FROM <表或查询>
```

① 查询指定的字段：在目标列中指定要查询的各字段名。

② 查询所有的字段：在目标列中使用“*”。

③ 消除重复的记录：在字段名前加上 DISTINCT 关键字。

④ 查询计算值。

【例 8.12】 查询“学生”表中所有学生的姓名、性别和年龄。

```
SELECT 姓名,性别,year(date())-year(出生日期) AS 年龄 FROM 学生
```

“AS 子句”的作用是改变查询结果的列标题。

（2）选择

在关系运算中，从关系中找出满足给定条件的那些元组称为选择。条件是逻辑表达式，值为真的元组将被选取。这种运算是从水平方向抽取元组，也是选择查询，从表中选出满足条件的记录。语法格式为：

```
SELECT <目标列> FROM <表名> WHERE <条件>
```

“WHERE”子句中的条件是一个逻辑表达式，由多个关系表达式通过逻辑运算符连接而成。

【例 8.13】 查询“选课”表中成绩在 80～90 分的记录。

```
SELECT * FROM 选课 WHERE 成绩 BETWEEN 80 AND 90
```

（3）排序

排序指的是使用 ORDER BY 子句可以对查询结果按照一个或多个列的升序（ASC）或降序（DESC）排列，默认是升序。

【例 8.14】 查询 80～90 分的记录，同一门课程按成绩降序排。

```
SELECT * FROM 选课  WHERE 成绩 BETWEEN 80 AND 90
ORDER BY 课程号, 成绩 DESC
```

使用 TOP 子句可以选出排在前面的若干记录。

“TOP”子句必须和“ORDER BY”子句同时使用。

【例 8.15】 查询“选课”表中成绩排在前 5 名的记录。

```
SELECT TOP 5 * FROM 选课
ORDER BY 成绩 DESC
```

（4）分组查询

使用 GROUP BY 子句可以对查询结果按照某一列的值分组。分组查询通常与 SQL 聚合函数一起使用，先按指定的数据项分组，再对各组进行合计。如果未分组，则聚合函数将作用于整个查询结果。常用聚合函数如表 8-8 所示。

表 8-8 常用聚合函数

函数	说明	函数	说明
COUNT（*）	计数	MIN（字段名）	求最小值
AVG（字段名）	求平均值	MAX（字段名）	求最大值
SUM（字段名）	求和		

【例 8.16】 统计“学生”表中各系的学生人数。

```
SELECT 系部, COUNT(*) AS 各系人数 FROM 学生 GROUP BY 系部
```

6. 多表查询

多表查询同时涉及两个或多个表的数据。

（1）笛卡儿乘积

笛卡儿乘积是指在数学中，两个集合 X 和 Y 的笛卡儿积（Cartesian Product），又称直积，表示为 X×Y。在关系运算中，笛卡儿积指的是 X 关系的所有记录和 Y 关系的每一条记录连接构成新关系的记录。

【例 8.17】 查询“学生”表和“选课”表的笛卡儿积查询。

```
SELECT *  FROM 学生,选课
```

假如“学生”表有 1000 条记录，“选课”表有 10000 条记录，查询结果将由 1000 万条记录。

（2）连接运算

在关系运算中，连接运算是从两个关系的笛卡儿积中选择属性间满足一定条件的元组。

多表查询时，通常需要指定两个表的联接条件，联接条件中的联接字段一般是两个表中的公共字段或语义相同的字段，该条件放在 WHERE 子句中，语法格式为：

```
SELECT <目标列> FROM <表名 1>,<表名 2>
WHERE <表名 1>.<字段名 1> = <表名 2>.<字段名 2>
```

【例 8.18】 查询所有学生的学号、姓名、选修的课程号和成绩。

```
SELECT 学生.学号,姓名,课程号,成绩 FROM 学生,选课
WHERE  学生.学号=选课.学号
```

8.6 数据挖掘与大数据

数据挖掘是目前人工智能和数据库领域研究的热点问题，它是数据库知识发现的一个步骤，它从大量数据中自动搜索隐藏在其中的有着特殊关系的信息。

1. 数据挖掘

数据挖掘是指从数据库的大量数据中揭示出隐含的、先前未知的并有潜在价值的信息的过程，如图 8-24 所示。它主要基于人工智能、机器学习、模式识别、统计学、数据库、可视化技术等，高度自动化地分析企业的数据，做出归纳性的推理，从中挖掘出潜在的模式，帮助决策者调整市场策略，减少风险，做出正确决策。

“尿布与啤酒”是一个被商家津津乐道的数据挖掘案例。在美国沃尔玛超市里，尿布和啤酒赫然摆在一起出售，这个奇怪的举措却使尿布和啤酒的销量双双增加。沃尔玛拥有世界上最大的数据仓库系统，为了能够准确了解顾客的购买习惯，沃尔玛对顾客的购物行为进行分析，想知道顾客经常一起购买的商品有哪些。一个意外发现是跟尿布一起购买最多的商品竟是啤酒！经过大量实际调查和分析，发现了美国人的一种行为模式。在美国，一些年轻的父亲下班后经常要到超市去买婴儿尿布，而他们中有 30%～40%的人同时也为自己买一些啤酒。产生这一现象的原因是美国太太们常叮嘱她们的丈夫下班后为小孩买尿布，而丈夫们在买尿布后又随手带回了他们喜欢的啤酒。

2. 大数据

随着云时代的到来，大数据（Big Data）吸引了越来越多的关注，如图 8-25 所示。大数据通常用来形容一个公司创造的大量非结构化数据和半结构化数据。它的特色在于对海量数据进行分布式数据挖掘，例如，企业组织利用相关数据和分析可以帮助它们降低成本、提高效率、开发新产品、做出更明智的业务决策等。

图 8-24　数据挖掘

图 8-25　大数据

大数据需要特殊的技术，以有效地处理大量的容忍经过时间内的数据。适用于大数据的技术，包括大规模并行处理（MPP）数据库、数据挖掘电网、分布式文件系统、分布式数据库、云计算平台、互联网和可扩展的存储系统。

从技术上看，大数据与云计算密不可分。大数据必然无法用单台计算机进行处理，必须采用分布式构架，依托云计算的分布式处理、分布式数据库和云存储、虚拟化技术。

小结

本章主要介绍数据库的基本概念，使用 Microsoft Access 进行数据管理，以及数据挖掘与大数据等数据库的基本思维。通过本章的学习，读者可以掌握数据库的基本思维方法，并能够在各个领域中实际应用。

实验

一、实验目的

1. 掌握建立、修改、删除数据表的方法。
2. 掌握在表中插入、修改、删除记录的方法。
3. 掌握查询数据的方法。

二、实验内容

1. 打开教师提供的数据库“数据库.accdb”，另存为“学号姓名数据库.accdb”。

2. 使用“创建→表设计”视图，根据表 8-9 所示结构创建“student”表，表结构如图 8-26 所示，保存该表。

表 8–9　表结构

字段名称	数据类型	字段大小	主键
学号	文本	8	是
姓名	文本	20	否
性别	文本	2	否
出生日期	日期	—	否
专业	文本	20	否
贷款金额	数字	整型	否
简历	备注	—	否
照片	OLE 对象	—	否

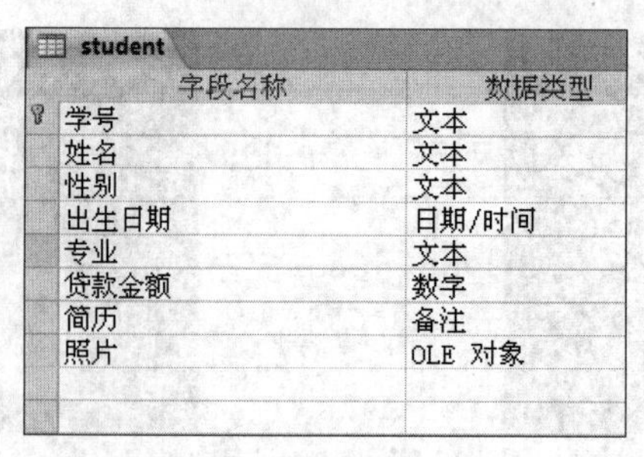

图 8-26　表设计

3. 打开 student 表的数据视图，录入 3 名同学（包括学生本人）的信息。

4. 设计“选课”表，设定其“成绩”字段的有效性规则为 0～100，如图 8-27 所示。设定“学生”表的“性别”字段的有效性规则，必须为“男”或“女”，如图 8-28 所示。

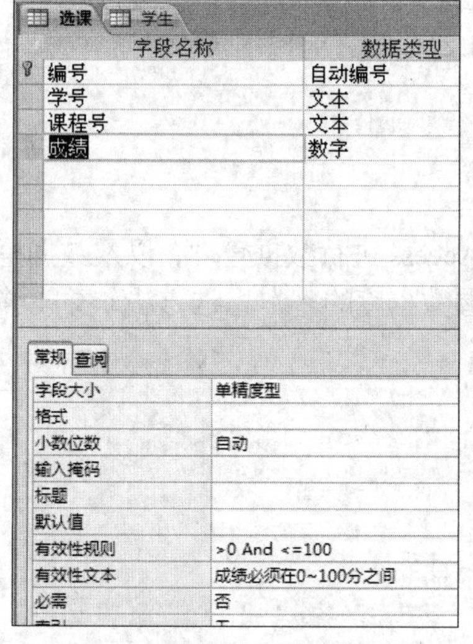

图 8-27　“成绩”有效性规则

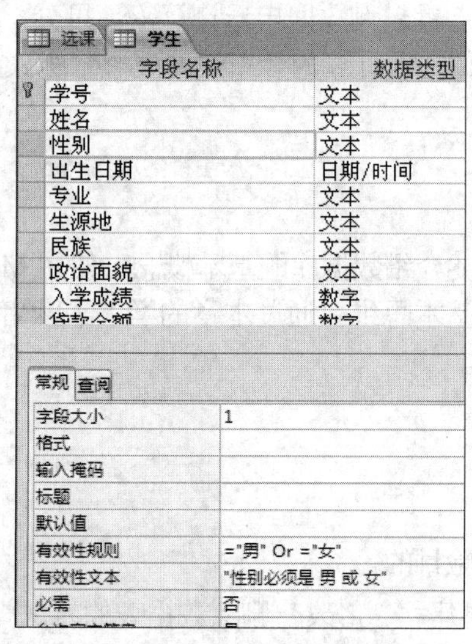

图 8-28　“性别”有效性规则

5. 建立学生、课程、选课 3 个表之间的关系，并实施参照完整性，如图 8-29 所示。

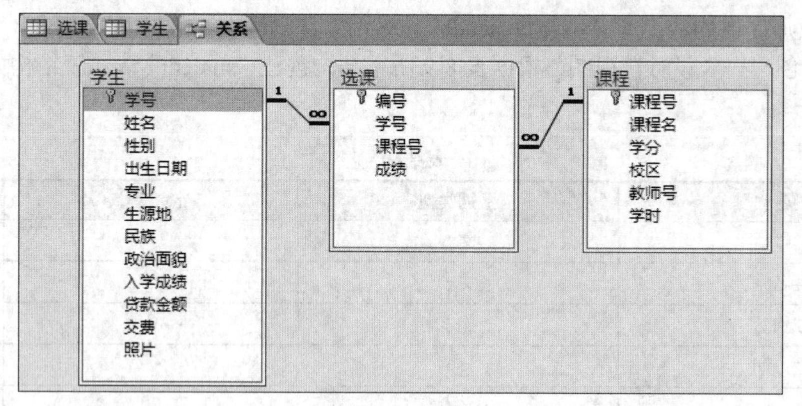

图 8-29　关系

6. SQL 语句 CREATE TABLE。

使用 CREATE TABLE 命令创建“teacher”表，如表 8-10 所示。

表 8-10　　teacher 表结构

字段名称	数据类型	字段大小	主键
教师号	文本	8	是
姓名	文本	20	否
性别	文本	2	否
入职日期	日期	—	否
学院	文本	20	否
职称	文本	10	否
职务津贴	数字	整型	否
简历	备注	—	否

7. SQL 语句 INSERT 语句。

（1）编写 SQL 语句，向“teacher”表插入一条新记录：教师号为 20020101，姓名为张燕，性别为男，入职日期为#201-7-1#，学院为计算机学院，职称为副教授，职务津贴为 4100。

（2）编写 SQL 语句，向“Book”表中插入你使用的一本教材的信息。

8. SQL 语句 UPDATE。

（1）编写 SQL 语句，修改“Book”表中，所有“电子工业出版社”的图书价格增加 10 元。

（2）编写 SQL 语句，将“学生”表中男生的贷款金额设为 0。

9. SQL 语句 DELETE。

（1）编写 SQL 语句，删除“Book”表中所有出版社为“人民邮电出版社”的图书记录。

（2）删除“学生”表中所有机械工程专业的学生信息。

10. SQL 语句 SELECT。

（1）编写 SQL 语句，查询“Book” 表中所有出版社为中国铁道出版社、价格超过 20 元的图书的书号、书名、作者、出版社、价格、有破损，按照价格排序。

（2）查询“学生”表中所有性别为男的学生，显示学号、姓名、性别，按照姓名排序。

11. 使用查询设计视图创建查询。

创建学生、选课、课程连接的查询，查询条件是计算机学院的性别为“男”、选修课程“C 语言”，按照学号排序，如图 8-30 所示。

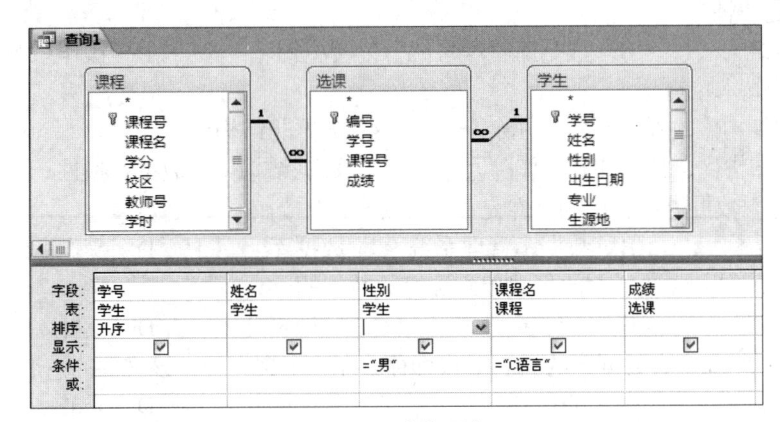

图 8-30　查询设计

参考 SQL 语句：

```
SELECT 学生.学号, 学生.姓名, 学生.性别, 课程.课程名, 选课.成绩
FROM 学生 INNER JOIN (课程 INNER JOIN 选课 ON 课程.课程号 = 选课.课程号) ON 学生.学号 = 选课.
```

```
学号
WHERE (((学生.性别)="男") AND ((课程.课程名)="C语言"))
ORDER BY 学生.学号;
```

12. 多表关联查询。

编写SQL语句，多表关联查询“学生”“课程”“选课”表，查询性别为男的学生的学号、姓名、课程号、成绩，按照学号排序。

参考SQL语句：

```
SELECT 学生.学号,学生.姓名,课程.课程号,课程.课程名,成绩
FROM 学生,选课,课程
WHERE 学生.课程号=选课.课程号 AND  课程.课程号=选课.课程号  AND 性别="男"
ORDER BY 学号
```

13. 分组统计。

（1）编写SQL语句，统计“学生”表中男女生的人数。

参考SQL语句：

```
SELECT 性别,COUNT(*) AS 学生人数
FROM 学生
GROUP BY 性别
```

（2）统计“Book”表中，各个出版社图书价格的平均值。

（3）统计“学生”表中，各个专业的学生数。

习题

一、单项选择题

1. 存储在计算机中按一定的结构和规则组织起来的相关数据的集合称为（　　）。
   A. 数据库管理系统 B. 数据结构 C. 数据库 D. 数据库系统
2. Access数据库中不包括（　　）。
   A. 表 B. 查询 C. 窗体 D. 数据结构
3. Access是一种（　　）。
   A. 数据结构 B. 数据库管理系统 C. 数据库 D. 操作系统
4. 数据库的基本特点是（　　）。
   A. 数据结构化，独立性好，冗余小 B. 数据非结构化
   C. 数据结构化，独立性好，消除冗余 D. 数据结构化，数据互换性，消除冗余
5. 对数据库中数据进行操作的软件是（　　）。
   A. 数据结构 B. 数据库管理系统 C. 数据库 D. 操作系统
6. 关系数据库是以（　　）的形式组织和存放数据的。
   A. 链 B. 一维表 C. 二维表 D. 指针
7. 在Access 2010中，数据库的所有对象都存放在一个文件中，该文件的扩展名是（　　）。
   A. .dbc B. .dbf C. .accdb D. .mdb
8. 表是数据库的核心与基础，它存放着数据库的（　　）。
   A. 部分数据 B. 全部数据 C. 全部对象 D. 全部数据结构
9. Access 2010中，创建窗体的目的是（　　）。
   A. 为了美观 B. 方便打印

C. 没什么目的　　D. 方便用户直观地查看、输入或更改数据

10. 在设计视图的“表格工具→设计→工具”分组命令中，“主键”按钮的作用是（　　）。

A. 检索关键字字段　　B. 将选定的字段设置为主关键字

C. 弹出“关键字”对话框，设置关键字　　D. 以上都对

11. 二维表由行和列组成，每一行表示关系的一个（　　）。

A. 属性　　B. 字段　　C. 集合　　D. 记录

12. 关系表中的一列被称为（　　）。

A. 元组　　B. 记录　　C. 字段　　D. 数据

13. 在 Access 查询中，能从一个或多个表中检索数据，还可以通过此查询方式来更改相关表中记录的是（　　）。

A. 选择查询　　B. 参数查询　　C. 操作查询　　D. SQL 查询

14. 在工资表中查询工资在 1000～2000 元（不包括 1000 元）之间的职工，正确的条件是（　　）。

A. >1000 Or < 2000　　B. Between 1000 And 2000

C. >1000 And <=2000　　D. In(1000,2000)

15. 在学生成绩表中，查询姓“陈”的男同学，正确的条件设置为（　　）。

A. 在条件框中输入“姓名="陈"And 性别="女"”

B. 在字段条件框中输入“"男"”

C. 在“性别”字段条件框中输入“"男"”，在“姓名”字段条件框输入“Like"陈*" ”

D. 在条件框中输入“姓名="陈*"And 性别="男"”

16. SQL 的数据操作语句不包括（　　）。

A. DELETE　　B. UPDATE　　C. INSERT　　D. CHANGE

17. SQL 语句中创建表的语句是（　　）。

A. DELETE　　B. UPDATE　　C. INSERT　　D. CREATE

18. SELECT 命令中条件短语的关键词是（　　）。

A. GROUP BY　　B. ORDER BY　　C. WHERE　　D. HAVING

19. 用 SQL 描述“在学生表中查找女学生的全部信息”，以下描述正确的是（　　）。

A. SELECT　FROM 学生表 IF（性别="女"）

B. SELECT　性别 FROM 学生表 IF（性别="女"）

C. SELECT * FROM 学生表 WHERE（性别="女"）

D. SELECT　FROM 学生表 WHERE（性别="女"）

20.（　　）是指从数据库的大量数据中揭示出隐含的、先前未知的并有潜在价值的信息的过程。

A. 数据挖掘　　B. 大数据　　C. 查询　　D. 选择

二、填空题

1. ________是指长期存储在计算机内、有组织的、统一管理的相关数据的集合。

2. ________是位于用户与操作系统之间的一层数据管理软件，在操作系统支持下工作，是数据库系统的核心组成部分。

3. 在关系模型中，把数据看成一个二维表，每一个二维表称为________。

4. 关系型数据库中，表之间存在关系，包括________、________和________3 种。

5. 在奥运会游泳比赛中，一个游泳运动员可以参加多项比赛，一个游泳比赛项目可以有多个运动员参加，游泳运动员与游泳比赛项目两个实体之间的联系是________联系。

6. 关系模型中有 3 类完整性约束：______________、______________和用户定义完整性。

7. SQL 包括以下 3 大类语句：________、________和数据控制语言。

8. SQL 排序查询时，使用________子句可以对查询结果按照一个或多个列的升序（ASC）或降序（DESC）排列。

9. SQL 分组查询时，使用________子句可以对查询结果按照某一列的值分组。

三、简答题

1. 简述数据库的定义。

2. 简述数据库系统的定义及其组成。

3. 简述数据库管理系统的定义及其主要功能。

4. 简述关系的 3 种完整性的含义。

5. 简述索引的定义及其功能。

6. 已知“Book”表结构如表 8-11 所示，请参考命令，编写 SQL 语句完成以下工作。

表 8-11　　Book 表结构

字段名称	数据类型	字段大小	主键
书号	文本	5	是
书名	文本	20	否
作者	文本	3	否
出版社	文本	10	否
价格	数字	单精度	否
有破损	是/否	—	否
备注	备注	—	否

（1）编写 SQL 语句，创建上述“Book”表。

（2）编写 SQL 语句，插入一条新记录：书号为“ISBN978-7-115-4257X-X”，书名为“大学计算机基础”，作者为“张小燕”，出版社为“人民邮电出版社”，价格为“39.8 元”，有破损为“否”。

（3）假设“Book”表中有几万条记录，编写 SQL 语句，修改作者为“张小燕”的书的价格减少 20 元。

（4）编写 SQL 语句，删除“Book”表中所有出版社为“人民邮电出版社”的图书记录。

（5）编写 SQL 语句，查询“Book”表中所有出版社为“中国铁道出版社”、价格超过 30 元的图书的书号、书名、作者、出版社、价格、有破损，按照价格排序。

（6）编写 SQL 语句，统计“Book”表中，各个出版社分别有多少种书。

09 第9章　Word 2010高级应用

随着计算机的日益普及，很多人已经掌握 Word 的基本应用，但是工作效率较低，很难完成长文档的排版工作。本章主要介绍 Word 2010 的高级应用排版技术，使得读者能够进行长文档的高速排版。通过本章的学习，读者将养成使用高效、准确的计算机技术完成工作的思维习惯。

9.1　高级查找与替换

Word 2010 中可以实现对文档中内容的查找和替换，在“开始→编辑”功能组（见图 9-1）中包括“查找”“替换”和“选择”命令。

图 9-1 “编辑”功能分组

1. 查找

单击“查找”列表中的“查找”命令，在文档窗口左侧出现“查找”导航栏，如图 9-2 所示。输入查找的文字，如“窗口”，在下方则列出所有找到的文字。单击其中的一项，文档将定位到该文字处。

单击“查找”列表的“高级查找”命令，打开“查找和替换”对话框，单击“更多”按钮，如图 9-3 所示。可以设定复杂的查找条件：搜索方向、区分大小写、区分全/半角、格式和特殊格式。

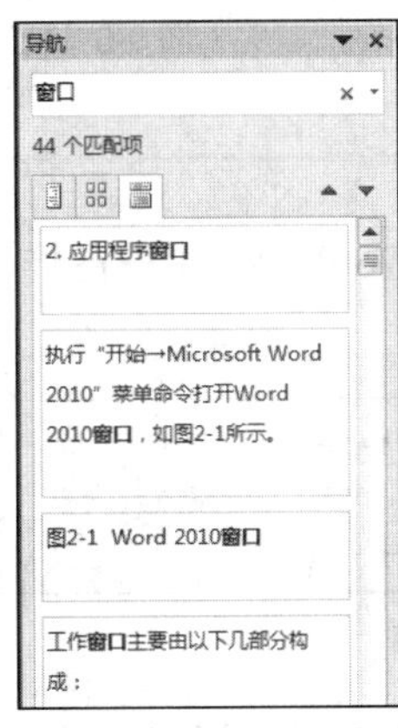

图 9-2 “查找”导航

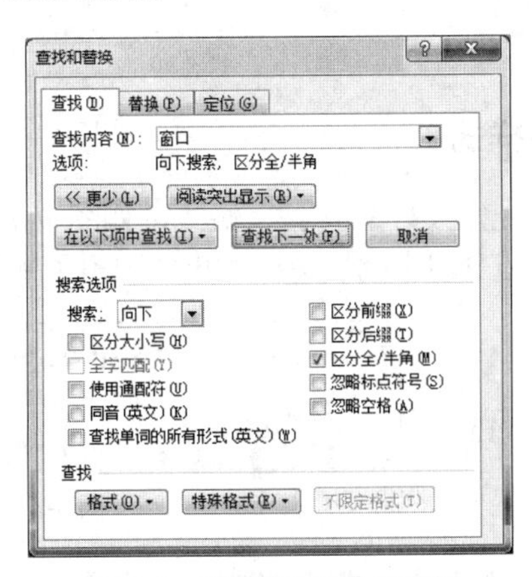

图 9-3 “查找和替换”对话框

2. 替换

替换功能可将文档中的现有文字替换成其他文字，如图 9-4 所示，在输入的框中输入“查找内容”和“替换为”内容，并设置替换后的格式，单击“替换”或“全部替换”按钮，即可完成替换。如果不限定格式，则可以单击“不限定格式”按钮，取消设置格式。

【例 9.1】 查找文档中所有的文字“2015”，替换成红色、倾斜的“2016”。

（1）单击“替换”命令，打开“查找和替换”对话框，选择“替换”选项卡。在“查找内容”文本框中输入“2015”，“替换为”文本框中输入“2016”。

（2）单击“更多”按钮，再单击“替换为”文本框，使得光标停留在“替换为”文本框中，单击“格式→字体”命令，设置字体颜色为红色、倾斜。

（3）单击“全部替换”按钮，完成整篇文档的替换。设置前后效果对比如图 9-5 所示。

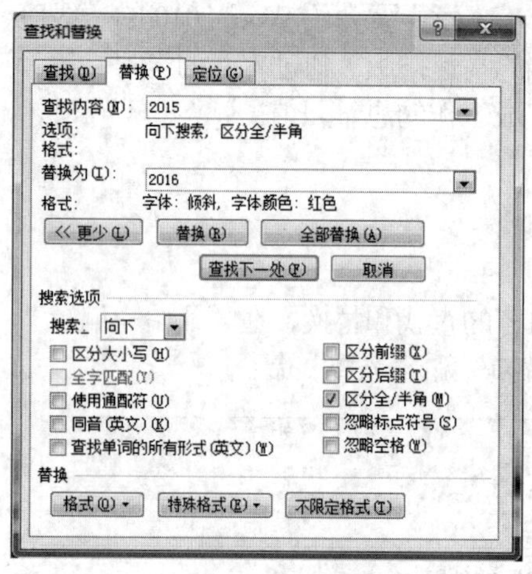

图 9-4　设置替换后的字体颜色

（a）替换前	（b）替换后
工作计划表	工作计划表
2015.1 分析项目需求	*2016*.1 分析项目需求
2015.2 设计系统详细功能	*2016*.2 设计系统详细功能
2015.3 设计数据库	*2016*.3 设计数据库
2015.4 设计界面	*2016*.4 设计界面

图 9-5　设置前后效果对比

3. 定位

在“查找和替换”对话框中，打开“定位”选项卡，如图 9-6 所示，指定页号、节号、行号、书签名称、批注、脚注、公式、表格、图形、对象、标题等，就可以定位到相应位置。

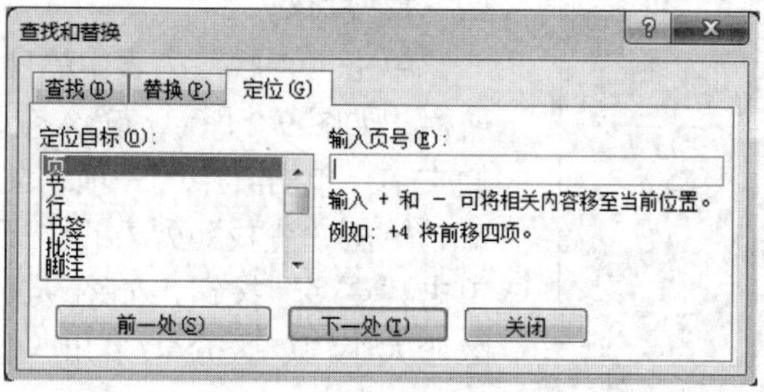

图 9-6　“定位”选项卡

9.2 样式

9.2.1 创建样式

样式是预先定义好的有名字格式，如图 9-7 所示，Word 内置了一些样式供用户使用，在“开始→样式”功能分组中的快速样式集中列出了一些样式。

图 9-7　快速样式集

可以使用文档中设定好的格式创建新样式，或者使用“新样式”命令建立样式。

1. 使用文档中设定好的格式创建新样式

（1）选择设置好格式的文字，单击“将所选内容保存为新快速样式”命令，打开图 9-8 所示的对话框，给新样式命名。

（2）单击“修改”按钮，打开图 9-9 所示的对话框，修改字体、字号、对齐方式等。单击“格式”按钮，设置字体、段落、边框、语言、编号等。

2. 使用“新样式”命令建立样式

（1）单击“样式”分组右下角的按钮，打开“样式”窗格，如图 9-10 所示，列出文档中所有的样式。

（2）单击“新建样式”按钮，打开“新建样式”对话框，如图 9-8 所示。设定样式的名称、样式类型、样式基准、后续段落样式、格式、添加到快速样式列表、自动更新、样式使用范围等。

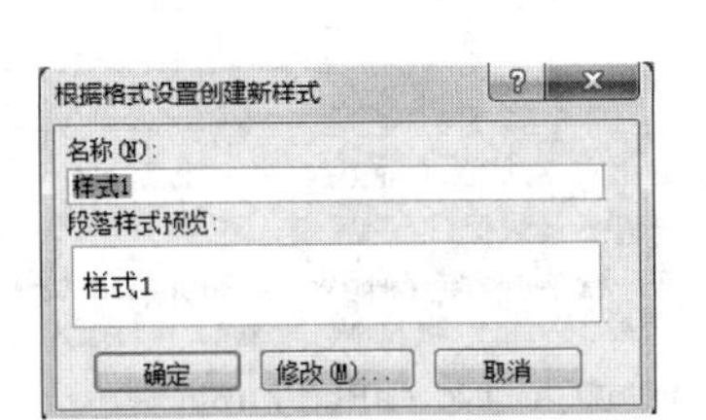

图 9-8 创建新样式

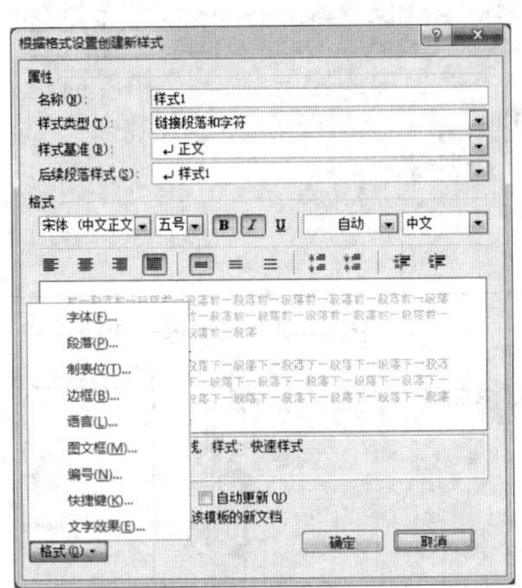

图 9-9 “根据格式设置创建新样式”对话框

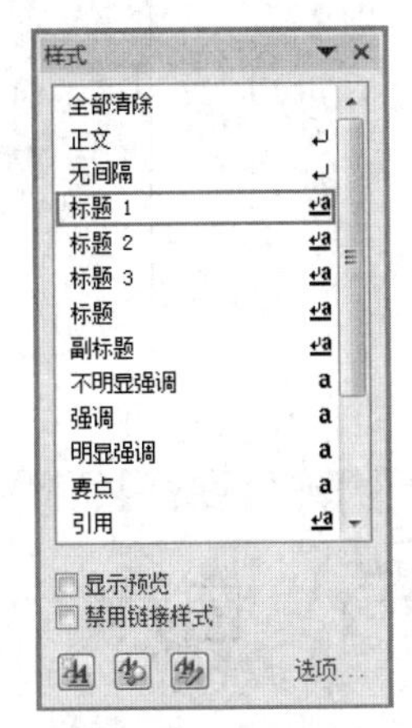

图 9-10 样式窗格

9.2.2 应用样式

在设定一种样式后，可以将该样式应用到文本中，具体操作步骤如下。

（1）选择文字或者将光标置于段落中，在“开始→样式”功能分组中单击“样式”列表右侧的下拉按钮，可以看到系统中已设定的样式集列表，如图 9-11 所示，选择相应的已有样式应用到文本中。

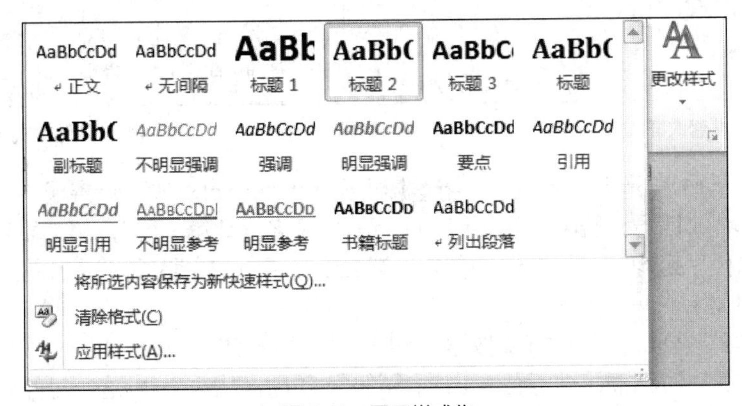

图 9-11 展开样式集

（2）单击“开始→样式”功能分组右下角的按钮，打开“样式”窗格，如图 9-10 所示，列出文档中所有的样式。也可以选择相应的样式进行设置。

9.2.3 修改样式

1. 更改样式

Word 文档中，对于已建立的样式可以进行修改，具体步骤如下。

在“样式”选项组中右键单击要修改的样式，如图 9-12 所示，单击“修改”命令，弹出“修改样式”对话框，如图 9-13 所示，在格式栏中对所选样式进行修改。

2. “取消样式”设定

在“开始→样式”功能分组中单击“样式”列表右侧的下拉按钮，弹出已有样式列表，如图 9-14 所示，单击“清除格式”命令，可以清除文字的所有格式，保留纯文本。

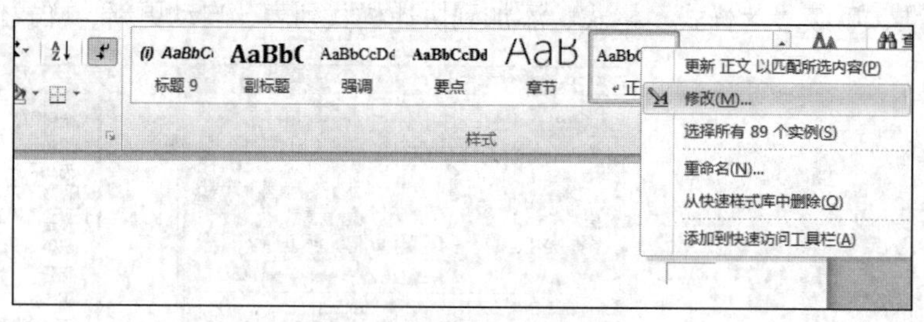

图 9-12 修改样式快捷菜单

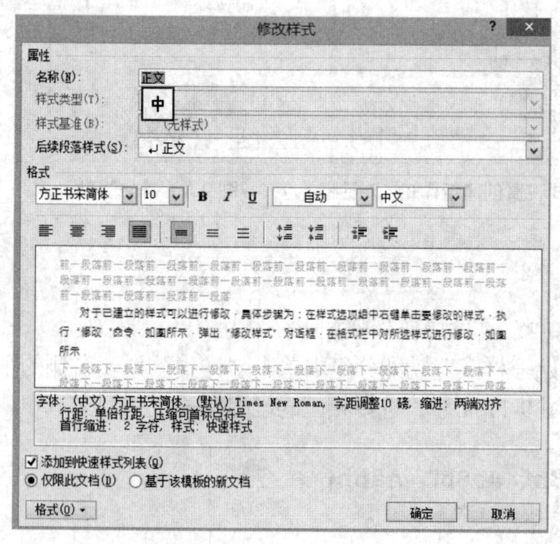

图 9-13 “修改样式”对话框

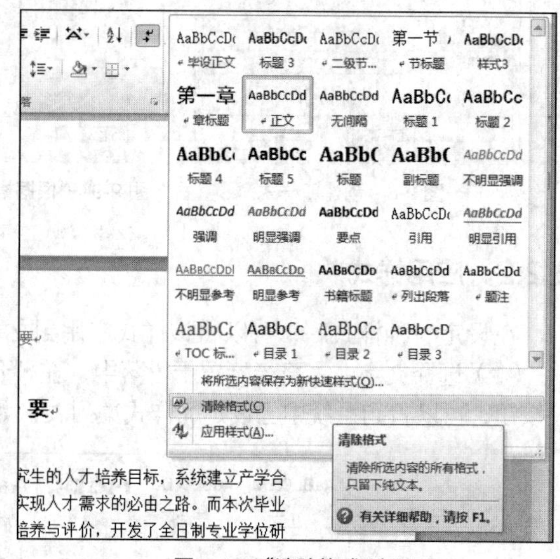

图 9-14 “清除格式”选项

【例 9.2】 图 9-15 所示为一篇古文，将这篇古文中的两个自然段落设置成不同的样式。其中第一段：字体为宋体，小四号，居中，段前距为 1 行，样式名为“第一段”；第二段：字体为仿宋，五号，左对齐，段前段后距均为 1 行，样式名为“第二段”，并将这两种样式应用在各自段落中。

具体操作步骤如下。

（1）单击“样式”分组右下角的按钮，打开“样式”窗格，单击“新建样式”按钮。

打开“新建样式”对话框，进行图 9-16 所示设置，单击“格式→段落”，弹出“段落”对话框，如图 9-17 所示，按图进行相应的设置。

（2）选中第一段文字（前两行），单击样式列表中的“第一段”，即可完成第一段文字的样式设定。

（3）按以上方法对第二段文字（后两行）进行样式设定，设置结果如图 9-18 所示。

采薇采薇，薇亦作止。曰归曰归，岁亦莫止。

xiǎn yǔn　huáng

靡室靡家，玁狁之故。不遑启居，玁狁之故。

采薇采薇，薇亦柔止。曰归曰归，心亦忧止。

忧心烈烈，载饥载渴。我戍未定，靡使归聘。

图 9-15　原文档格式

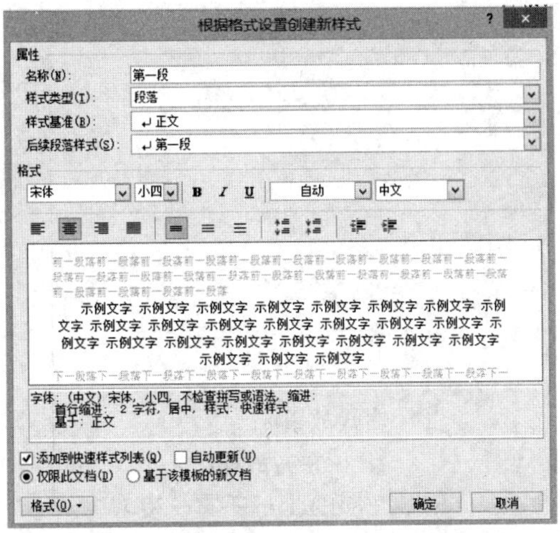

图 9-16　“根据格式设置创建新样式”对话框

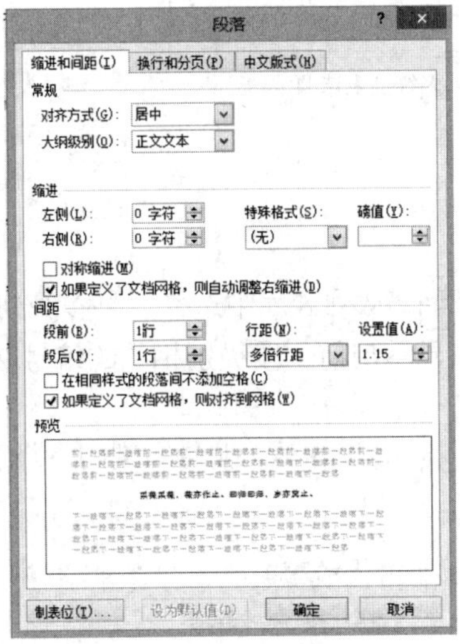

图 9-17　“段落”对话框

采薇采薇，薇亦作止。曰归曰归，岁亦莫止。

xiǎn yǔn　huáng

靡室靡家，玁狁之故。不遑启居，玁狁之故。

采薇采薇，薇亦柔止。曰归曰归，心亦忧止。

忧心烈烈，载饥载渴。我戍未定，靡使归聘。

图 9-18　设置结果截图

9.3　高级排版

9.3.1　多文档合并

向文档内插入对象或文件中的文字可以实现多个已有文档的合并，首先选定插入文档的位置，依次单击“插入→文本”功能分组中的“对象”按钮，如图 9-19 所示，执行“文件中的文字”命令，插入某文件中的文字。

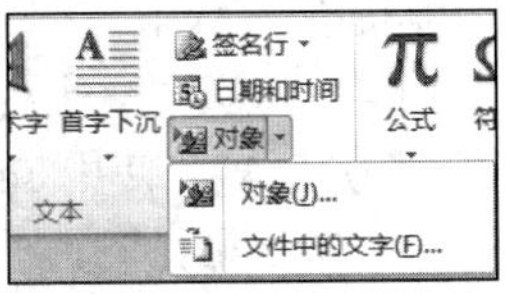

图 9-19　插入文件中的文字

9.3.2　多级列表

为了使文档条理化，通常将长文档划分为章、节、段落等，可以通过设置“多级列表”方式来快速地添加序号，设置的多级列表也是自动生成目录的前提，如图 9-20（a）所示，当分级显示各项内容时，就可以使用多级列表。具体步骤如下。

单击“开始→段落”功能分组中的“多级列表”按钮，显示多级列表，如图 9-20（b）所示。

1→古代故事
　1.1→东方故事
　　1.1.1→一千零一夜
　　1.1.2→西游记
　1.2→西方故事
2→现代故事

（a）多级列表

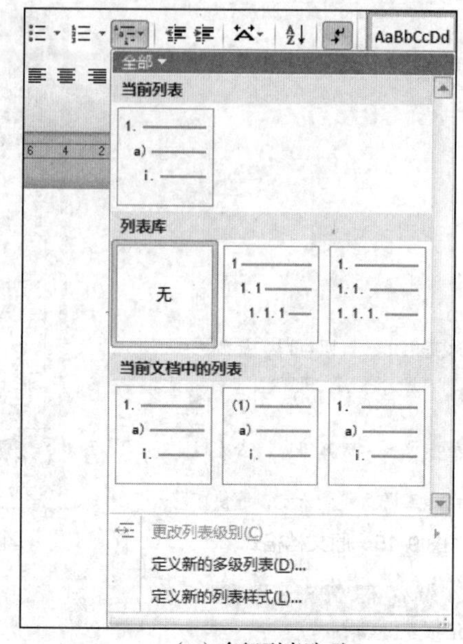

（b）多级列表选项

图 9-20　设置多级列表

【例 9.3】 建立图 9-20（a）所示的多级列表。

操作步骤如下。

（1）单击“开始→段落”功能分组中的“多级列表”按钮，从列表库中选择一种多级列表格式，当前行出现第一级第一个编号 1，录入文字后按 Enter 键，显示与前一段级别相同的编号 2。完成后如图 9-21（a）所示。

（2）将光标放在编号“2”之后，按 Tab 键，输入内容。每按一次 Tab 键，编号级别向下降一级，继续操作，如图 9-21（b）所示。

1→古代故事
2→

（a）一级编号

1→古代故事
　1.1→东方故事
　　1.1.1→一千零一夜
　　1.1.2→西游记
　　1.1.3→

（b）三级编号

1→古代故事
　1.1→东方故事
　　1.1.1→一千零一夜
　　1.1.2→西游记
　1.2→

（c）返回上一级

图 9-21　建立多级列表举例

（3）当出现 1.1.3 时，需要返回上一级。按 Shift+Tab 组合键，当前编号调整为第二级，如图 9-21（c）所示。Shift+Tab 组合键可以提升编号的级别，每按一次 Shift+Tab 组合键，编号级别就提升一级。

（4）依次建立需要的其他编号。

【例 9.4】 使用 Tab 键快速建立多级列表。

操作步骤如下。

（1）录入各个级别的文字。注意第一级顶头写，第二级内容前加一个 Tab 键，第三级内容前加两个 Tab 键，依次类推，如图 9-22（a）所示。

（2）选中文字，单击“开始→段落”功能分组中的“多级列表”按钮，选择一种多级列表，快速生成多级列表，如图 9-22（b）所示。

选题意义	1 → 选题意义
→ 选题背景	1.1 → 选题背景
→ → 问卷调查分析结果	1.1.1 问卷调查分析结果
→ → 理论联系实际	1.1.2 理论联系实际
→ 选题依据	1.2 → 选题依据
→ 意义	1.3 → 意义
系统功能设计	2 → 系统功能设计
→ 需求分析	2.1 → 需求分析
→ 概要设计	2.2 → 概要设计
→ 详细设计	2.3 → 详细设计
（a）包含 Tab 的文字	（b）生成多级列表

图 9-22　快速建立多级列表

【例 9.5】 定义新的多级列表。

操作步骤如下。

（1）单击“开始→段落”功能组中的“多级列表”按钮，执行“定义新的多级列表”命令，打开“定义多级列表”对话框，如图 9-23（a）所示，设置每一级文字的编号样式、字体、字号。

（2）选中要修改的级别，设定其编号样式，在“输入编号的格式”文本框中设定需要出现的文字与编号，还可以修改编号的对齐方式、对齐位置、文本缩进位置等。

（3）单击“更多”按钮，可以设置更复杂的格式，如图 9-23（b）所示，可以设置将级别链接到样式、编号起始位置、编号之后等内容。如设置“将级别链接到样式”为“标题 1”，则文档中所有具有“标题 1”样式的文字都会按照其出现的先后顺序以当前级别进行编号。

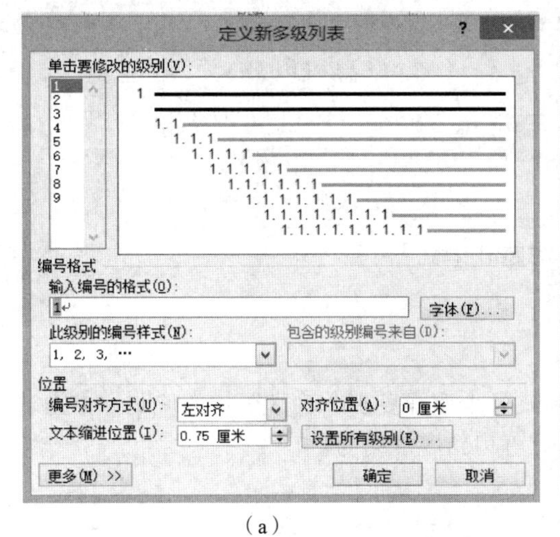

（a）

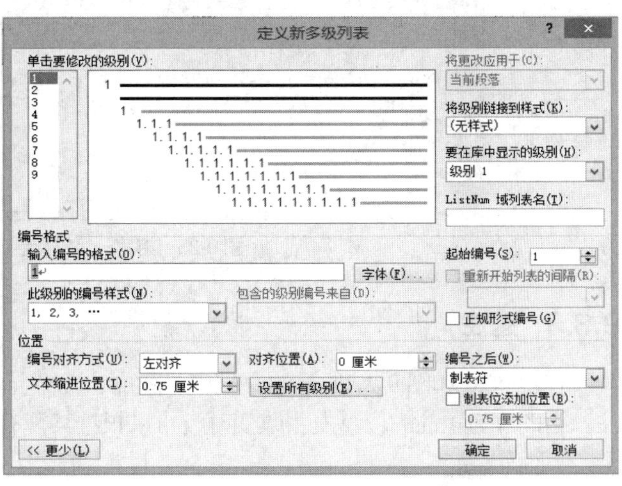

（b）

图 9-23　“定义多级列表”对话框

【例 9.6】 利用多级列表自动设置毕业设计中的章节编号。在制作目录时，需要使用具有样式的文字。

操作步骤如下。

（1）分别录入章节文字，如图 9-24（a）所示，并分别应用样式“标题 1”和“标题 2”。

（2）设定第一级的章编号，并将级别链接到样式“标题 1”，如图 9-25 所示。

（3）设定第二级的节编号，并将级别链接到样式“标题 2”。

（4）完成后，如图 9-24（b）所示，章节自动按照设定的格式添加编号。

选题意义

→ 选题背景

→ 选题依据

系统功能设计

→ 需求分析

→ 详细设计

（a）录入标题章节文字

第一章→选题意义

第1节→选题背景

第2节→选题依据

第二章→系统功能设计

第1节→需求分析

第2节 详细设计

（b）标题文字样式

图 9-24 设置自动编号

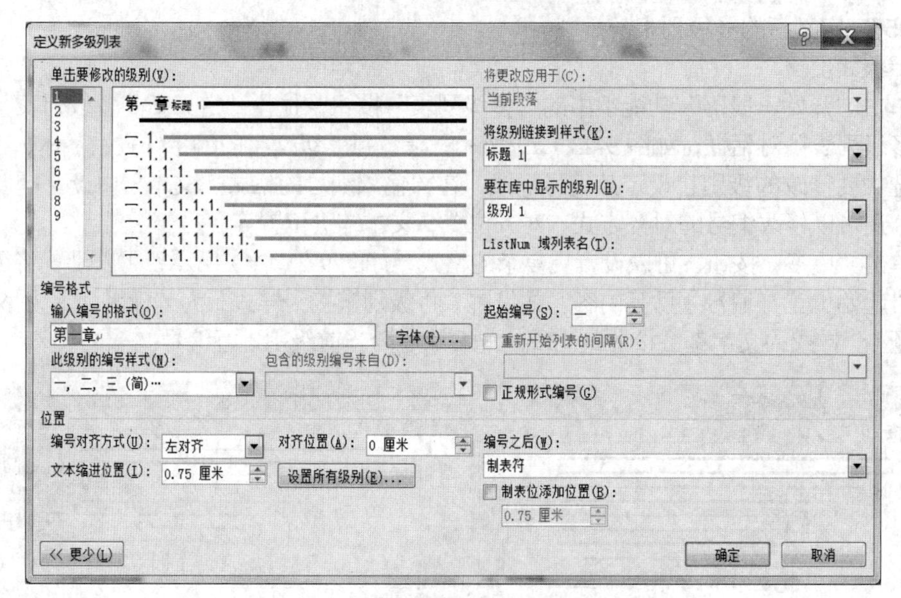

图 9-25 将第一级链接到“标题 1”样式

9.3.3 题注

在图 9-26 和图 9-27 所示的文档中，图片、表格、公式等下方需要加入文字序号与说明，称为题注。当图片与题注的位置发生改变时，可以根据其现有位置更新题注编号。

图 1 校训石

图 9-26 图片题注示例

表A成绩单

姓名	学号	成绩	备注
陈冬格	1	100	
王伟	2	99	

图 9-27 表格题注示例

插入题注的操作步骤如下。

（1）单击“引用→题注”功能分组中的“插入题注”命令，打开“题注”对话框，如图 9-28 所示。

（2）“标签”文本框：列出可以使用的标签。Word 自带的标签有“表”“图表”“表格”“公式”

“Figure”等。

（3）“新建标签”按钮：单击“新建标签”按钮，打开“新建标签”对话框，如图 9-29 所示，用户可以自己创建标签。

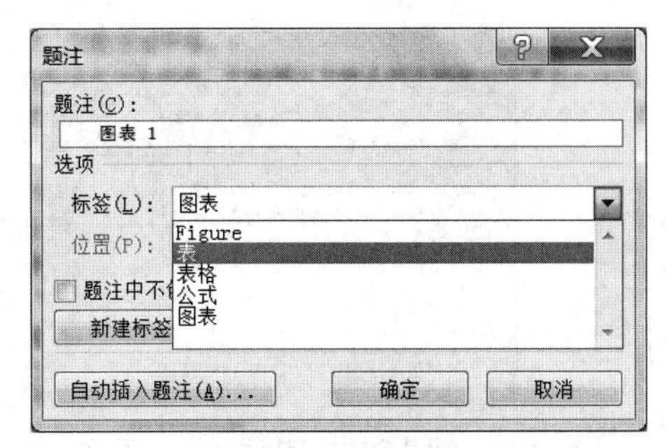

图 9-28　插入题注

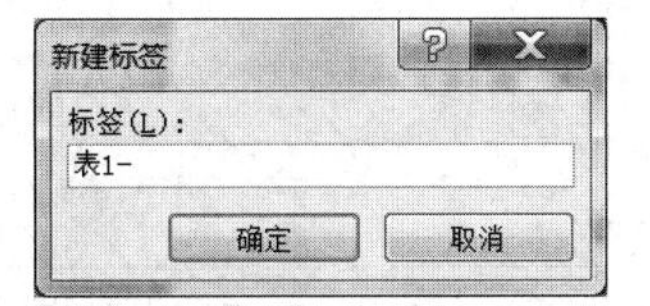

图 9-29　“新建标签”对话框

（4）“删除标签”按钮：删除用户自己建立的标签。

（5）“编号”按钮：设置编号格式，如数字或字母。

题注的编号由软件自动生成，按照从文档头到文档尾的题注出现的位置顺序自动编号。如果题注及其对象位置发生了改变，只需要选中待更新题注或选中全部文档，按 F9 键就可更新编号。

【例 9.7】 给图 9-27 中的成绩单插入题注。

操作步骤如下。

（1）单击“引用→题注”功能分组中的“插入题注”命令，打开“题注”对话框，如图 9-28 所示。

（2）单击“新建标签”按钮，如图 9-29 所示，输入“表 1-”，建立新标签。单击“编号”按钮，设置编号格式为字母“A，B，C”。

（3）在“题注”文本框内的“表 A”后面输入题注文字“课程表”，如图 9-30 所示，单击“确定”按钮完成。

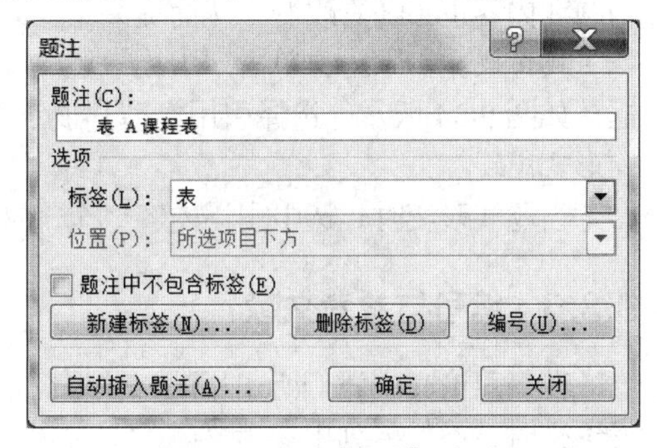

图 9-30　创建“题注”对话框

9.3.4 脚注与尾注

在编辑 Word 文档时，有些时候需要对一些内容进行注释说明，这就需要用到脚注或尾注，脚注是在每一页底端的注释，一般用脚注对文档内容进行注释说明。而尾注是整个文档的注释，一般尾注说明引用的文献。

1. 脚注

插入“脚注”的具体操作如下。

单击“引用→脚注”功能分组中的“插入脚注”命令，如图 9-31 所示，执行后系统会在当前页面底部出现插入相应脚注的位置，如图 9-32 所示，可以进行脚注内容的编辑。

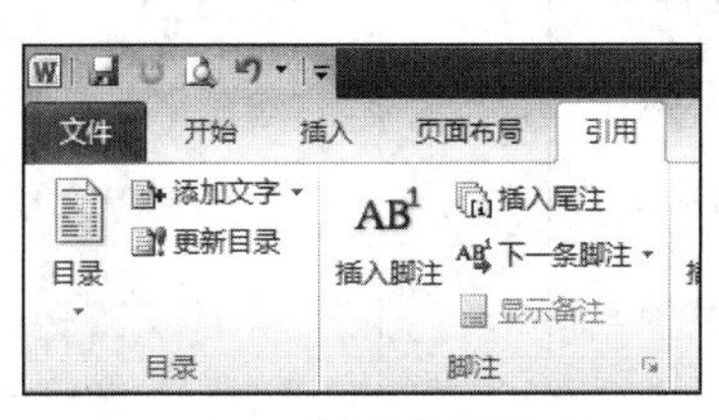

图 9-31　“脚注”功能分组

图 9-32　“编辑脚注”窗口

2. 尾注

单击“引用→脚注”功能分组中的“插入尾注”命令，如图 9-33 所示，弹出相应对话框，并在相应的位置定位，如图 9-34 所示，可以进行尾注内容的编辑。

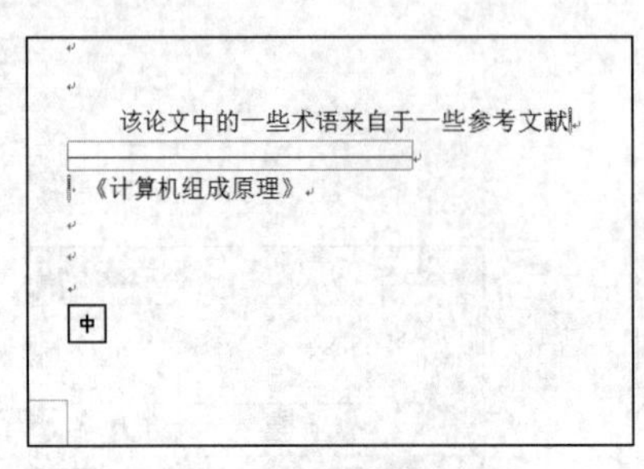

图 9-33　尾注的编辑

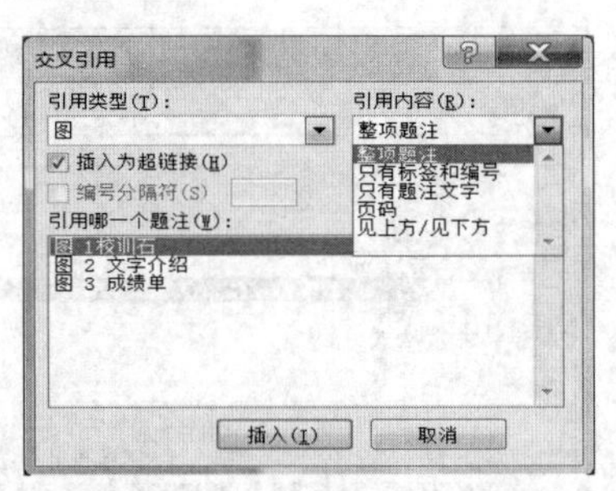

图 9-34　“交叉引用”对话框

9.3.5　交叉引用

用户经常需要在文档中的适当位置引用题注，诸如“如图 1 校训石所示，科技大学正在……”此类文字。使用“交叉引用”，用户可以方便地将题注内容引用到文档中，当题注改变时，用户引入的题注内容也会随着改变，从而提高工作效率。

具体操作步骤为：单击“引用→题注”功能分组中的“交叉引用”命令，打开“交叉引用”对话框，如图 9-34 所示，选择引用类型，设定引用内容，并选择引用哪一个题注。完成后该题注以引用的形式出现。

当题注改变时，选中引用内容或全部文本，按 F9 键则引用内容自动更新。

9.3.6　编号与参考文献

在一篇论文中我们所引用的一些概念、公式、理论观点都应该来源于一些文献资料中，所以在写论文时，不但要列出参考文献的具体书目，而且论文中引用内容也要加以标注。此时可以使用自定义编号和交叉引用。具体操作步骤如下。

（1）参考文献清单如图 9-35 所示，选中参考文献清单，单击“开始→段落”功能分组中“编号→定义新的编号格式”命令，如图 9-36 所示，弹出“定义新编号格式”对话框，如图 9-37（a）所示，做相应设置，如图 9-37（b）所示，单击“确定”按钮，设置结果如图 9-38 所示。

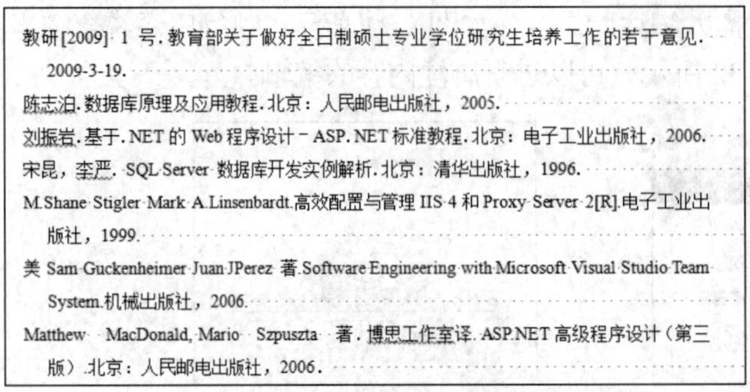

教研[2009] 1 号. 教育部关于做好全日制硕士专业学位研究生培养工作的若干意见. 2009-3-19.
陈志泊. 数据库原理及应用教程. 北京：人民邮电出版社，2005.
刘振岩. 基于.NET 的 Web 程序设计 – ASP.NET 标准教程. 北京：电子工业出版社，2006.
宋昆，李严. SQL Server 数据库开发实例解析. 北京：清华出版社，1996.
M.Shane Stigler Mark A.Linsenbardt. 高效配置与管理 IIS 4 和 Proxy Server 2[R]. 电子工业出版社，1999.
美 Sam Guckenheimer Juan JPerez 著. Software Engineering with Microsoft Visual Studio Team System. 机械出版社，2006.
Matthew MacDonald, Mario Szpuszta 著. 博思工作室译. ASP.NET 高级程序设计（第三版）. 北京：人民邮电出版社，2006.

图 9-35　参考文献清单

图 9-36　“定义新编号格式”菜单

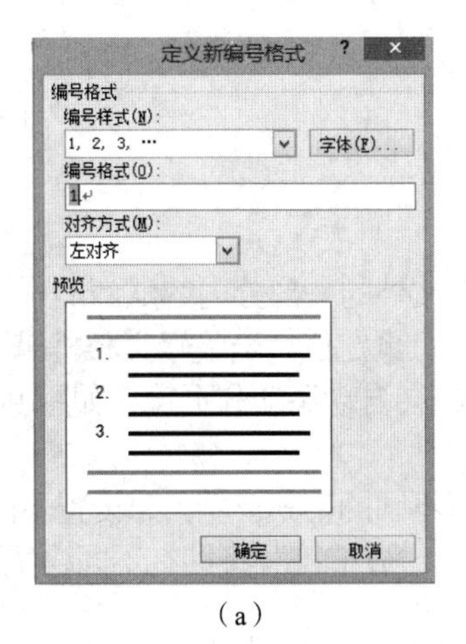

（a）

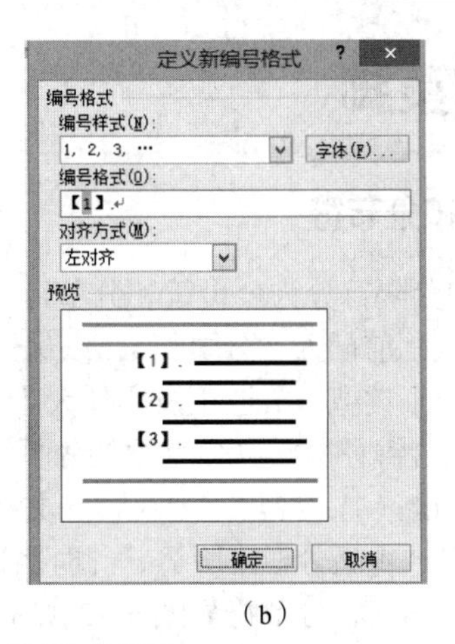

（b）

图 9-37　“定义新编号格式”的设置

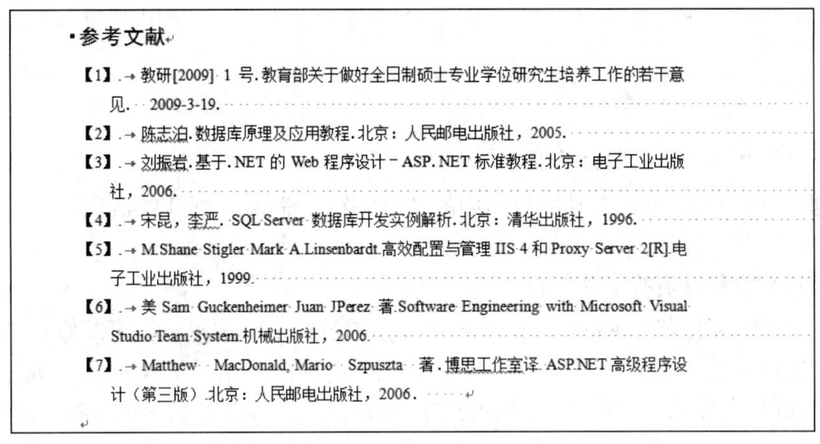

参考文献

【1】. 教研[2009] 1 号. 教育部关于做好全日制硕士专业学位研究生培养工作的若干意见. 2009-3-19.

【2】. 陈志泊. 数据库原理及应用教程. 北京：人民邮电出版社，2005.

【3】. 刘振岩. 基于. NET 的 Web 程序设计－ASP. NET 标准教程. 北京：电子工业出版社，2006.

【4】. 宋昆，李严. SQL Server 数据库开发实例解析. 北京：清华出版社，1996.

【5】. M.Shane Stigler Mark A.Linsenbardt.高效配置与管理 IIS 4 和 Proxy Server 2[R].电子工业出版社，1999.

【6】. 美 Sam Guckenheimer Juan JPerez 著.Software Engineering with Microsoft Visual Studio Team System.机械出版社，2006.

【7】. Matthew MacDonald, Mario Szpuszta 著. 博思工作室译. ASP.NET 高级程序设计（第三版）.北京：人民邮电出版社，2006.

图 9-38　编号设置结果截图

（2）在文档中引用参考文献处单击鼠标进行定位，单击“引用→题注”功能分组中“交叉引用”命令，在弹出的“交叉引用”对话框中做图 9-39 所示设置，单击“插入”按钮，运行结果如图 9-40 所示。

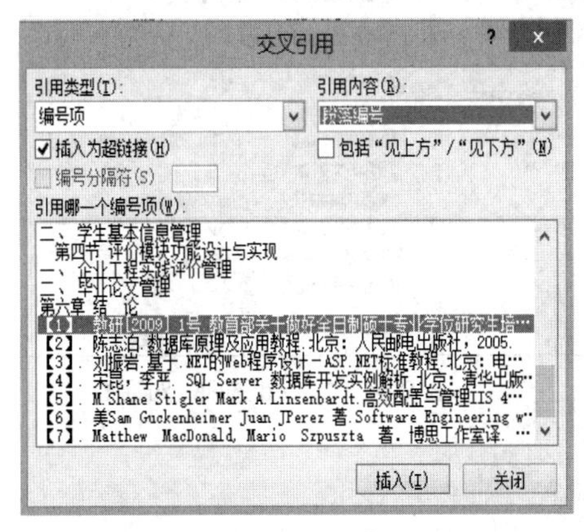

图 9-39　“交叉引用”对话框

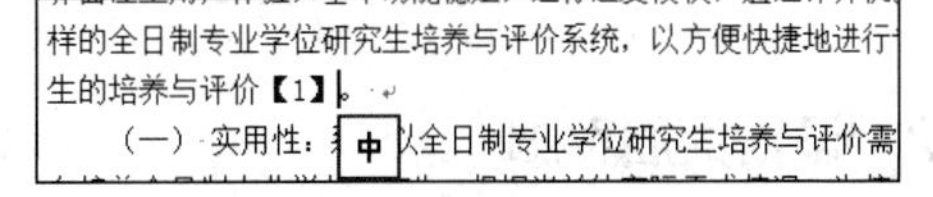

图 9-40　设置结果截图

（3）通常情况下，将引用参考文献的图表设置成文本上标格式。单击“开始→字体”功能分组中的文本上标按钮 x^2。

9.4 页眉页脚

9.4.1 分页符和分节符

Word 2010 中分隔符分为分页符和分节符，当希望文档的一部分内容从新的一页开始时，需要从开始新的一页的文档前插入“分页符”，以保证光标的跨页定位，当编辑文档排满一页时，Word 会按照用户设定的纸张类型、页边距及字体大小等，系统会自动添加分页符，如图 9-41 所示。还可以单击 Ctrl+Enter 组合键在文档中强行添加分页符。

在 Word 文档设置中，经常需要在同一文档中设置不同的格式。例如，设置不同的页面方向、页边距、页眉和页脚或重新分栏排版等，此时就需要插入“分节符”将具有不同格式的文档内容分开，再分别设置不同的格式，分节符如图 9-42 所示。

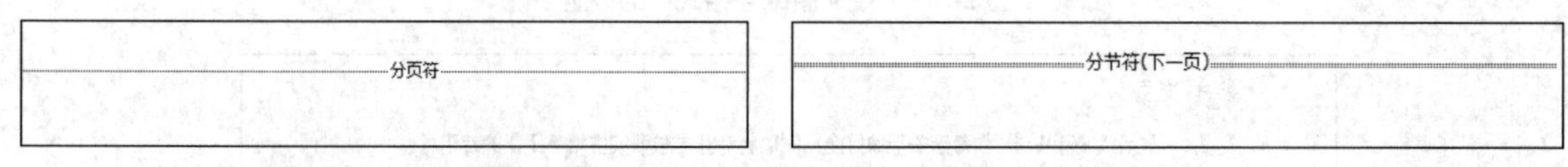

图 9-41 分页符　　图 9-42 分节符

1. 插入分页符和分节符的具体步骤

单击“页面布局→页面设置”功能分组中的“分隔符”命令，如图 9-43 所示，根据需要选择相应的分页符和分节符在适当的文档处插入即可。

2. 如何显示和隐藏分页符、分节符

（1）单击“开始→段落”功能分组中“显示/隐藏编辑标记”按钮，可以显示或隐藏标记。

（2）单击“文件→选项”命令，弹出“Word 选项”对话框，如图 9-44 所示，选择“显示”选项卡，选择始终在屏幕上显示这些格式标记中的“段落标记”，可以显示分页符和分隔符。

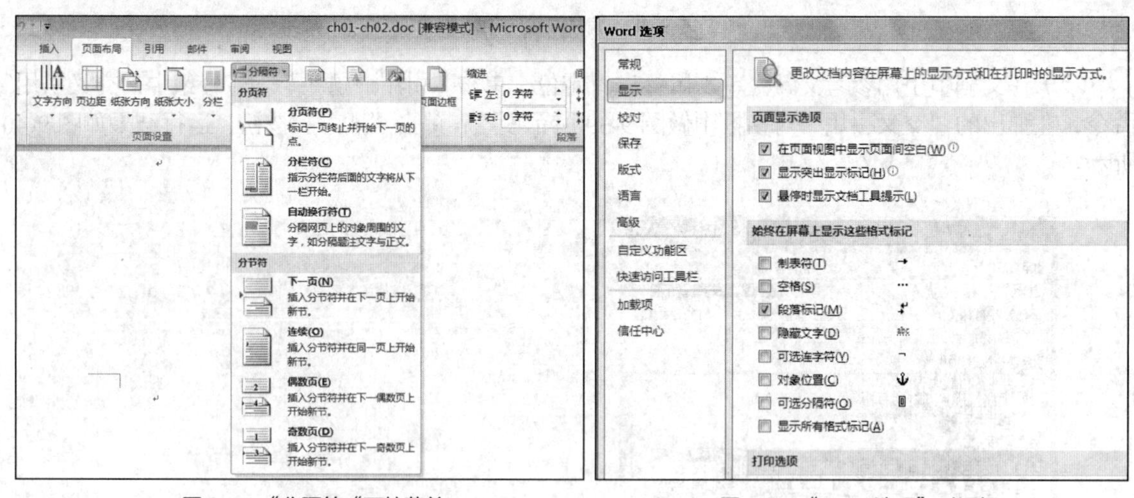

图 9-43 “分隔符”下拉菜单　　图 9-44 “Word 选项”对话框

9.4.2 设置页眉页脚

在“插入→页眉和页脚”功能分组中包括关于页眉、页脚的按钮。

1. 页眉

Word 内置了很多页眉模板，如“空白”页眉、“空白（三栏）”页眉等，Office.com 中也提供了很多页眉模板。

单击“插入→页眉和页脚”功能分组中的“页眉”命令，如图 9-45 所示，在列表中选择一个页眉模板，进入页眉界面，如图 9-46 所示。可以向页眉中插入文字、页码、日期和时间、文档图片、剪贴画等，还可以根据需要设置页眉选项、页眉位置。单击“关闭页眉和页脚”按钮，完成页眉的修改。

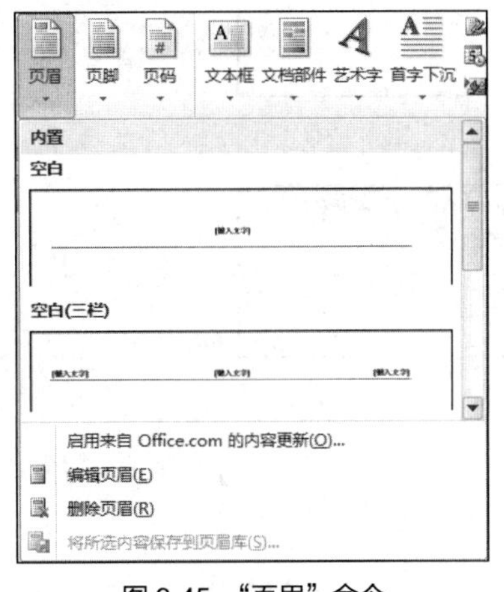

图 9-45　“页眉”命令

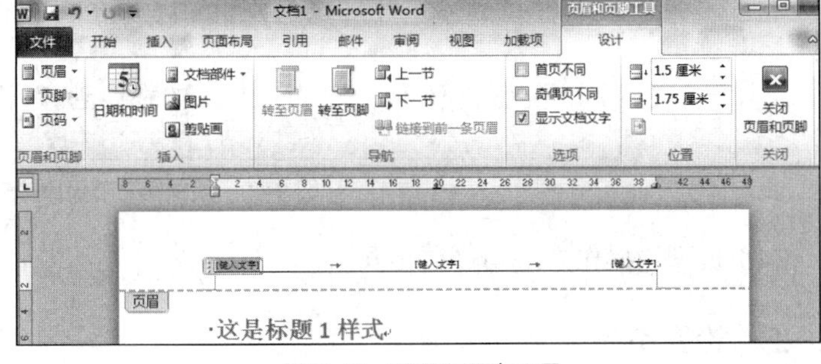

图 9-46　页眉和页脚工具

页眉完成后还可以进行如下修改。

（1）执行“编辑页眉”命令修改页眉。

（2）直接在文档页眉处双击，打开页眉。

2. 页脚

插入页脚的方法与页眉的操作相似。Word 内置页脚模板有“空白”页脚，“空白（三栏）”页脚等，Office.com 中也提供了很多页脚模板供用户使用。

3. 分节设置页眉与页脚

可以根据需要，将文档的不同节分别设置不同的页眉和页脚。具体操作步骤如下。

（1）在文档中插入分节符，将文档分节。将具有不同页眉页脚的文档内容用分节符隔开。

（2）文档中的页眉和页脚就可以按照每一节分别设置。后一节可以沿用前一节的页眉或页脚，也可以通过取消设定“链接到前一项”命令，使得后一节与前一节具有不同的页眉或页脚。

【例 9.8】 给文档的各个节设置不同的页眉和页脚。

操作步骤如下。

（1）单击“页面布局→分隔符”功能分组中的“分隔符”命令下拉菜单中的“分节符→下一页”，插入分节符，将文档分成若干个节，如图 9-47 所示。

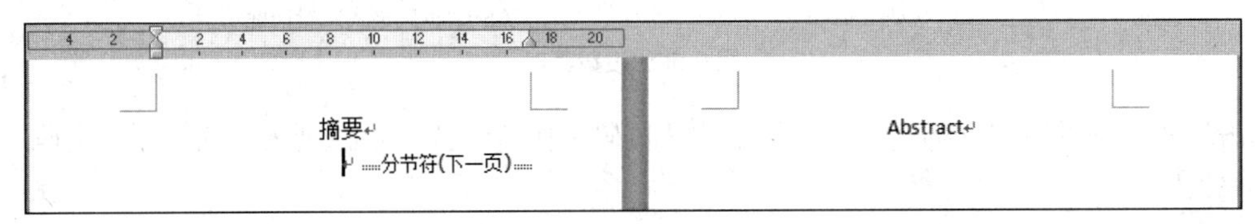

图 9-47　插入分节符

（2）编辑第 1 节的页眉和页脚，如图 9-48 所示。

（3）单击“下一节”按钮，如图 9-49 所示。单击“链接到前一条页眉”命令，取消“与上一节相同”设定。编辑第 2 节，此时设置页眉将不会影响前一节的页眉。

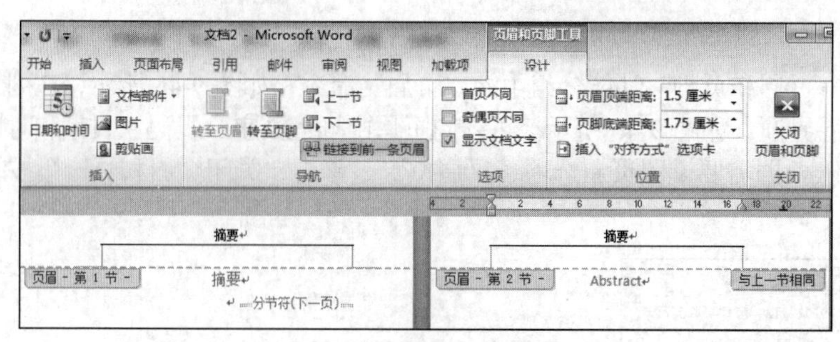

图 9-48　编辑第 1 节页眉

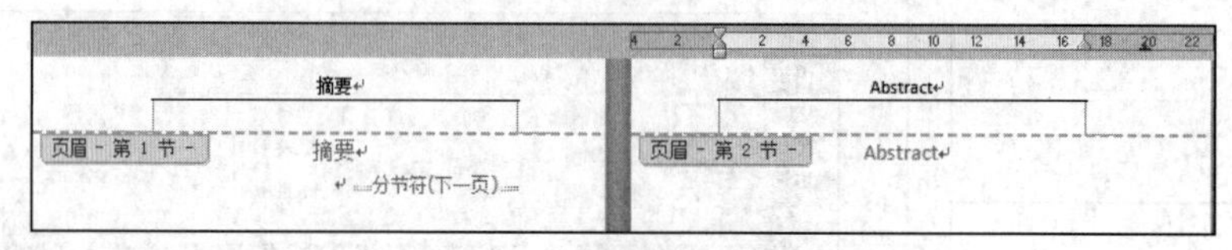

图 9-49　编辑第 2 节页眉

（4）页脚的操作方法与页眉相同。

9.4.3　设置页码

页码就是文档页的编码，格式有汉字、数字、字母等各种形式。

具体操作步骤如下。

（1）确定页码的格式。

单击“插入→页眉和页脚”功能分组中的“页码”按钮，在列表中选择“设置页码格式”命令，如图 9-50（a）所示。打开“页码格式”对话框，如图 9-50（b）所示，设置编号格式、是否包含章节号、页码编号是续前节还是设定起始页码。

（2）在文档中选择页码插入位置，包括“页面顶端”或“页面底端”，在“页边距”的某个位置或在“当前位置”插入页码。

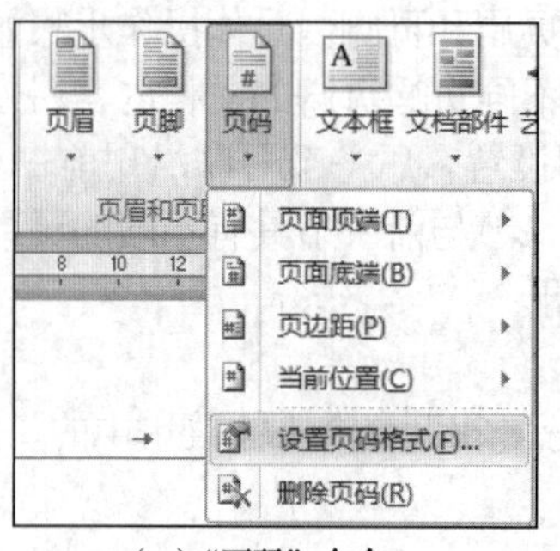

（a）“页码”命令

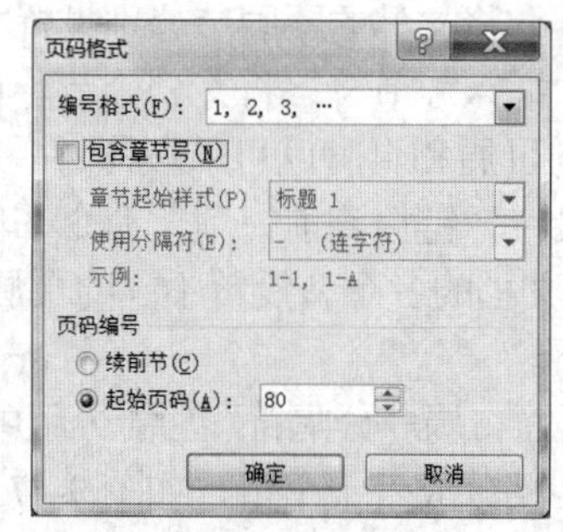

（b）“页码格式”对话框

图 9-50　设置页码

单击“插入→页眉和页脚”功能分组中的“页码”按钮，执行下拉列表中的“删除页码”命令，可以删除页码。

9.5　自动生成目录

在完成了长文档的编辑后，Word 2010 可以为长文档按照标题样式、大纲级别、题注等不同形式自动生成目录。所以在实现自动生成目录之前必须保证文档的标题样式、大纲级别、题注等格式设置正确。

9.5.1 标题样式自动生成目录

Word 可以根据用户指定，依据文字的样式第 1、2、3…级，创建多级标题的目录。在制作目录时，需要使用具有样式的文字。

【例 9.9】 如图 9-51 所示，每章的标题是“标题 1”样式的级别为 1 级，每节是“标题 2”样式的级别为 2 级，“一、项目名称含义”是“标题 3”样式的级别为 3 级。创建三级标题的目录，如图 9-52 所示。

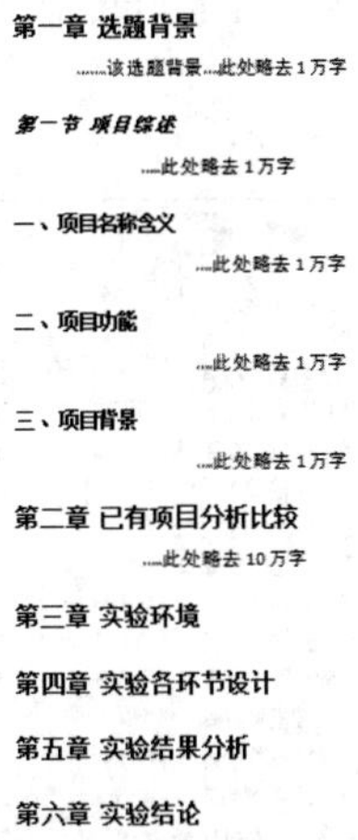

第一章 选题背景
……该选题背景…此处略去1万字
第一节 项目综述
…此处略去1万字
一、项目名称含义
…此处略去1万字
二、项目功能
…此处略去1万字
三、项目背景
…此处略去1万字
第二章 已有项目分析比较
…此处略去10万字
第三章 实验环境
第四章 实验各环节设计
第五章 实验结果分析
第六章 实验结论

图 9-51 设定目录所需文字的样式

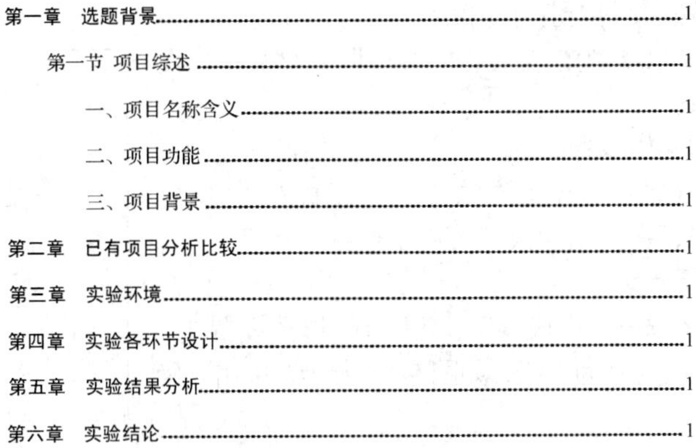

第一章 选题背景……1
第一节 项目综述……1
一、项目名称含义……1
二、项目功能……1
三、项目背景……1
第二章 已有项目分析比较……1
第三章 实验环境……1
第四章 实验各环节设计……1
第五章 实验结果分析……1
第六章 实验结论……1

图 9-52 生成的三级目录

具体操作步骤如下。

（1）将章、节标题等目录中需要出现的文字分别应用各自的样式。效果如图 9-51 所示，其中“第一章”等章标题样式是“标题 1”，“第一节”等节标题样式是“标题 2”，“一、项目名称含义”等子标题样式是“标题 3”。

（2）如图 9-53 所示，单击“引用→目录”功能分组中的“目录”按钮，选择“手动目录”选项或者“自动生成目录”。单击“插入目录”命令，打开“目录”对话框，如图 9-54 所示。

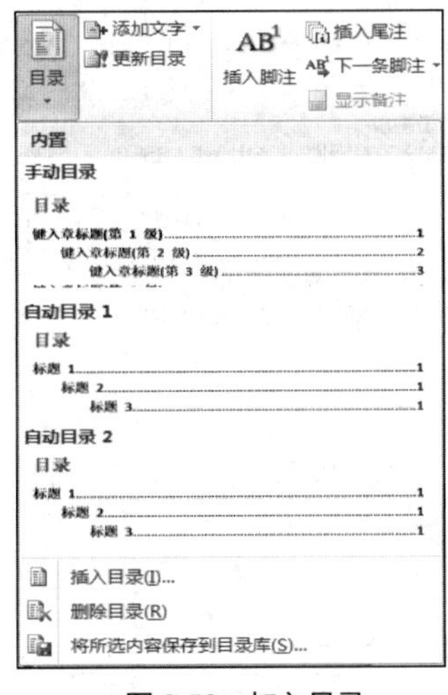

图 9-53 加入目录

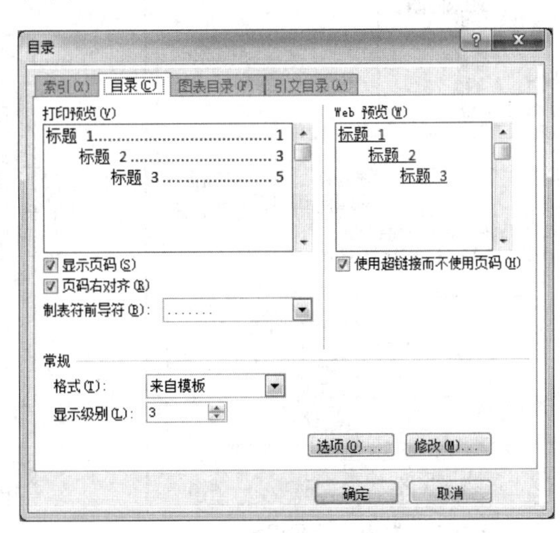

图 9-54 “目录”对话框

（3）设置目录的格式、目录显示级别、显示页码、页码右对齐、制表符前导符等。单击“选项”按钮，打开“目录选项”对话框，如图 9-55 所示，设置每一级目录对应的样式。

（4）单击“确定”按钮后生成图 9-52 所示的目录。按住 Ctrl 键单击目录标题可以跳转到相应页。

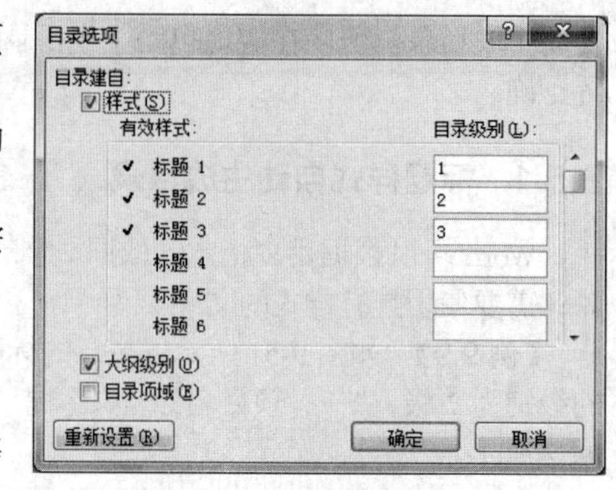

图 9-55 设置目录级别

9.5.2 大纲级别自动生成目录

Word 2010 中的大纲级别用于为文档中的段落指定等级结构（1 级至 9 级）的段落格式，指定大纲级别后就可以在大纲视图或文档结构图中处理文档了，设置大纲级别后也可以按照大纲级别自动生成目录。

【例 9.10】为已有文档内容按照大纲级别自动生成目录。

具体操作步骤如下。

（1）选中作为标题的文字（如章标题），鼠标右键单击，在弹出的快捷菜单中选择“段落”，如图 9-56 所示。

（2）在弹出的“段落”对话框中，选择设置“大纲级别”项内容为 1 级，如图 9-57 所示，单击“确定”按钮。

（3）然后选中需要作为 2 级目录的文字内容（如节标题），在段落对话框中设置大纲级别为 2 级，如图 9-58 所示。

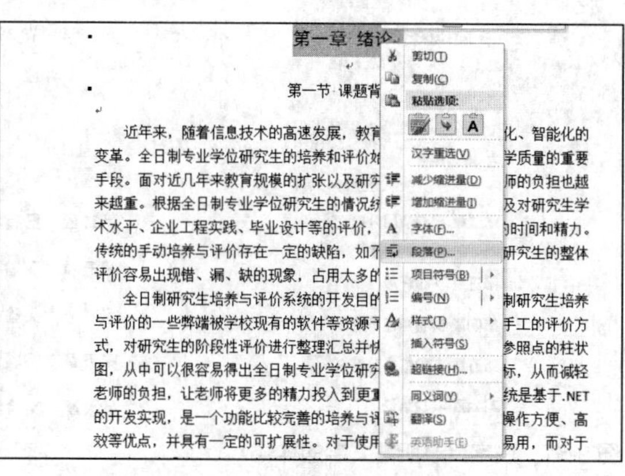

图 9-56 “快捷菜单”的选择

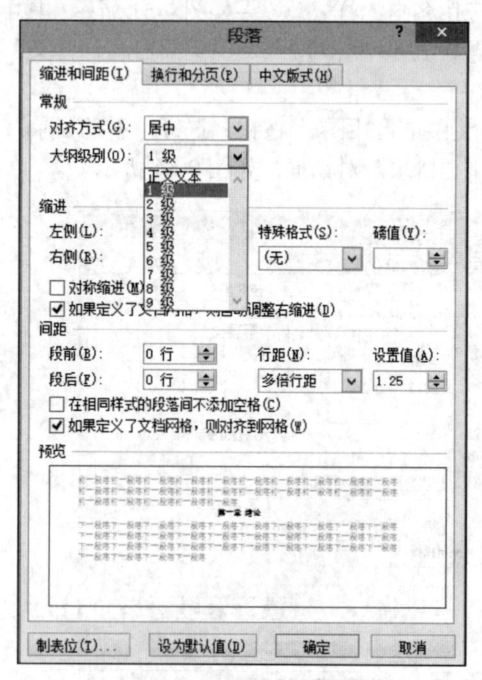

图 9-57 “1 级”目录设置

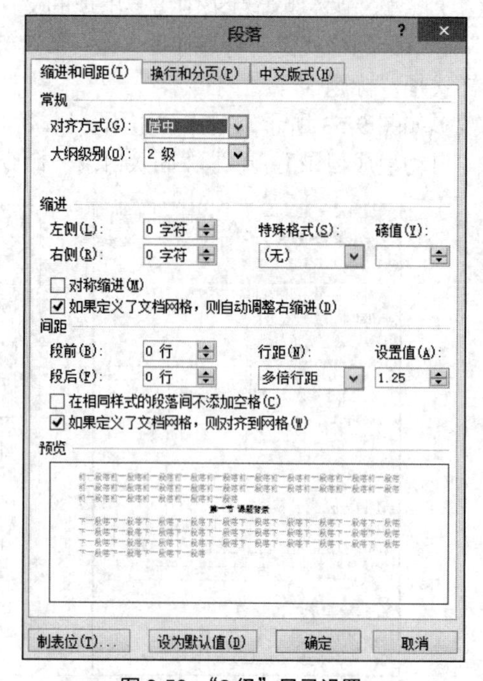

图 9-58 “2 级”目录设置

如果需要 3 级或者更多级别目录，都可以在段落对话框中进行设置。

（4）全部设置完成后，鼠标单击需要插入目录的位置，然后单击“引用→目录”功能分组中“目录”按钮，单击“插入目录”命令。弹出“目录”对话框，如图 9-59 所示。

（5）在“目录”对话框中，单击“选项”按钮，弹出“目录选项”对话框，选中“大纲级别”选项，单击“确定”按钮，即可实现按照大纲级别自动生成目录操作，如图 9-60 所示。

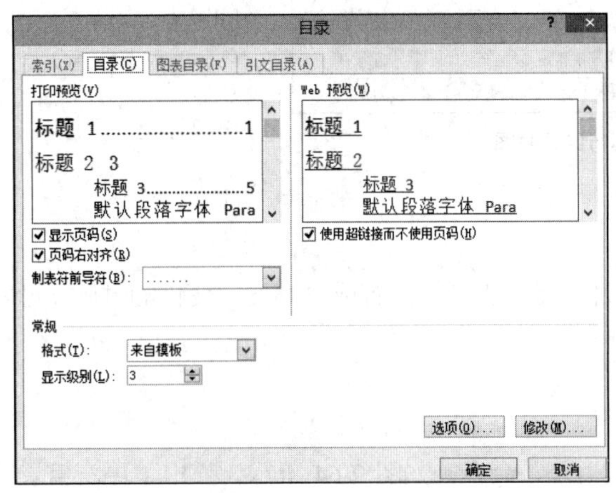

图 9-59 “目录”对话框

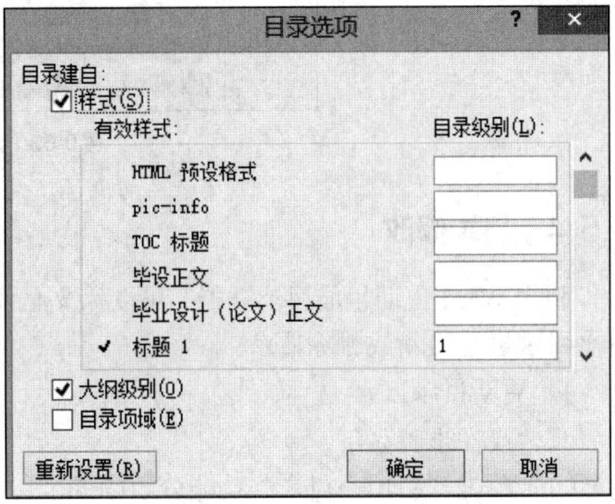

图 9-60 “目录选项”对话框

9.5.3 题注自动生成目录

在论文的编辑中，会使用到图、表、公式，而且还要按照一定的编号命名。例如，“图 2-1”，表示论文里的第一张图并且位置在第二章；“表 1-3”表示论文里的第三个表，并且位置在第一章等。其实 Word 是可以实现按照题注生成目录的。

【例 9.11】 将文档中的图、表、公式等内容按照题注自动生成目录。

具体操作步骤如下。

将文档中的所有图、表添加题注，单击“引用→目录”功能分组中“目录”按钮，在下拉列表中执行“插入目录”命令，弹出“目录”对话框，如图 9-61 所示，单击“选项”按钮，弹出“目录选项”对话框，选择“目录建自题注”，如图 9-62 所示，单击“确定”按钮，运行结果，如图 9-63 所示。

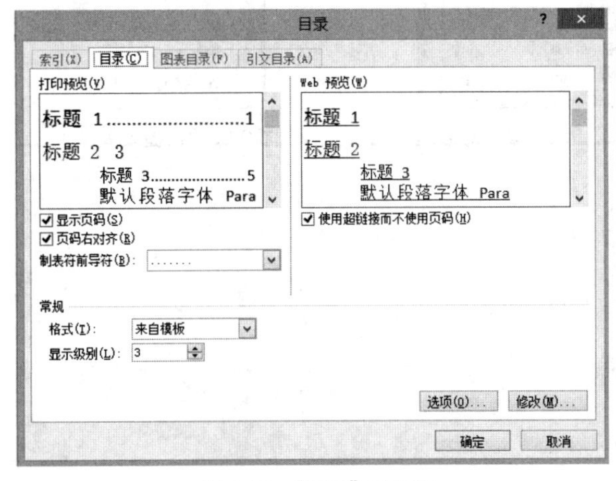

图 9-61 “目录”对话框

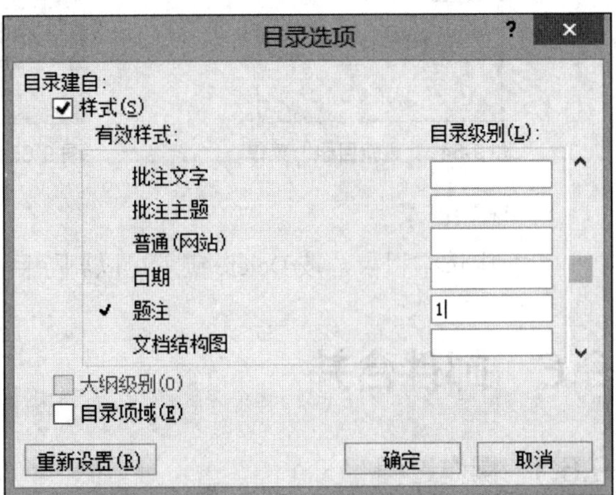

图 9-62 “目录选项”对话框

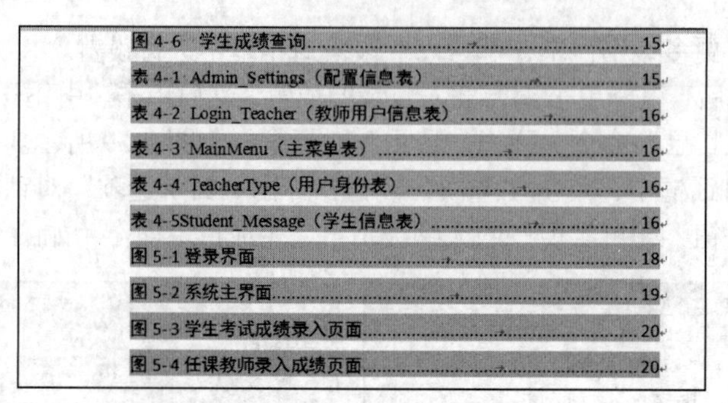

图 9-63　运行结果截图

9.5.4　目录修改

利用 Word 自动生成目录功能，可以为文档添加目录，当文档内容或页码发生变化的时候，可以对于目录进行更新或删除目录。

1. 更新目录

具体操作步骤如下。

（1）单击“引用→目录”功能分组中的“更新目录”命令，如图 9-64 所示，弹出“更新目录”对话框，如图 9-65 所示，可以选择“只更新页码”或“更新整个目录”。

其中如果选择“只更新页码”，更新目录时，目录标题不更新，只更改页码；选择“更新整个目录”，更新目录的同时连同目录的标题和页码一起更改。

（2）在文档的目录页中，单击鼠标右键，在弹出的快捷菜单中执行“更新域”命令，如图 9-66 所示，会弹出“更新目录”对话框，可以进行相应的设置。

图 9-64　“更新目录”菜单

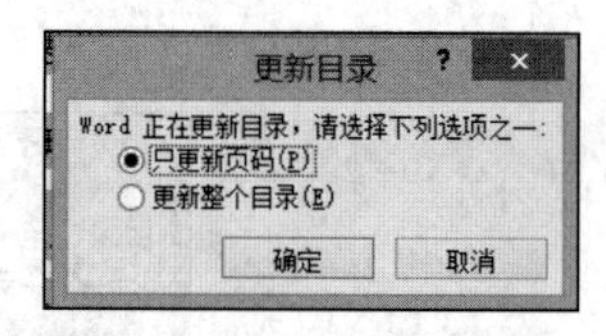

图 9-65　“更新目录”对话框

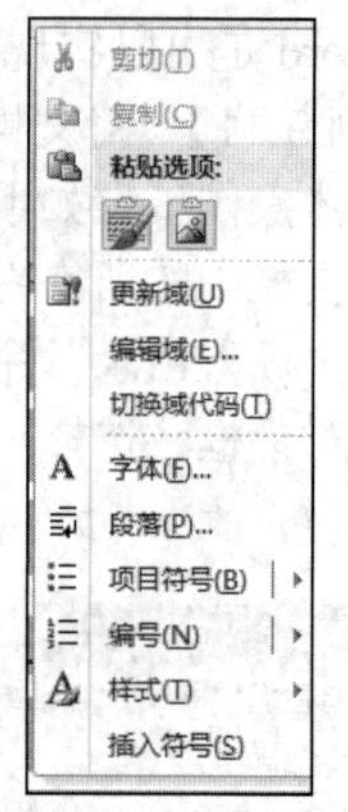

图 9-66　快捷菜单

2. 删除目录

文档中选中目录，按 Delete 键就可以删除目录。

9.6　邮件合并

9.6.1　操作过程

邮件合并用于一次性创建多个文档。这些文档具有相同的布局、格式设置、文本和图形。每个文档只有某些特定部分有所不同，具有个性化内容。用户可以通过批量使用标签、信函、信封和电子邮件等邮件合并选项创建 Word 文档。除了批处理信函、信封等与邮件有关的功能，还用于创建大量内容基本相同、数据略有变化的文件，如通知单、准考证、工资条等。邮件合并相关的操作在“邮件”功能区，如图 9-67 所示。

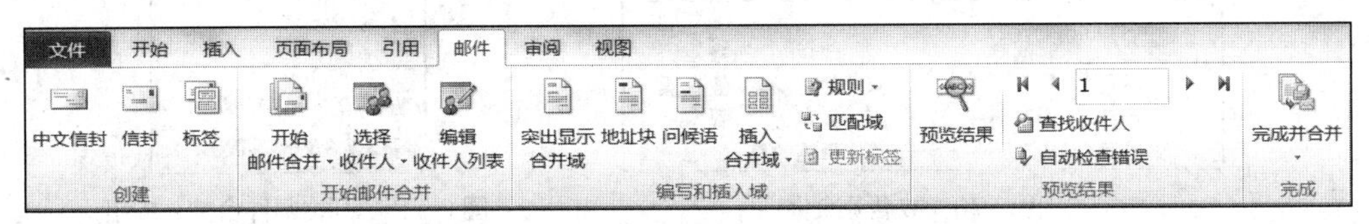

图 9-67　邮件功能区

邮件合并的基本步骤如下。

（1）建立主文档。主文档是普通 Word 文档，其中包括普通内容。

（2）准备数据源。数据源用 Access、Excel 等创建数据记录表，其中包含字段名和记录。

（3）将数据源合并到主文档中。将数据源合并到主文档后，可以创建主文档，包含来自数据源记录的文档。文档的数量取决于数据源中记录的条数。

9.6.2 实例

【例 9.12】 制作一个图 9-68 所示的兴趣班上课通知单。

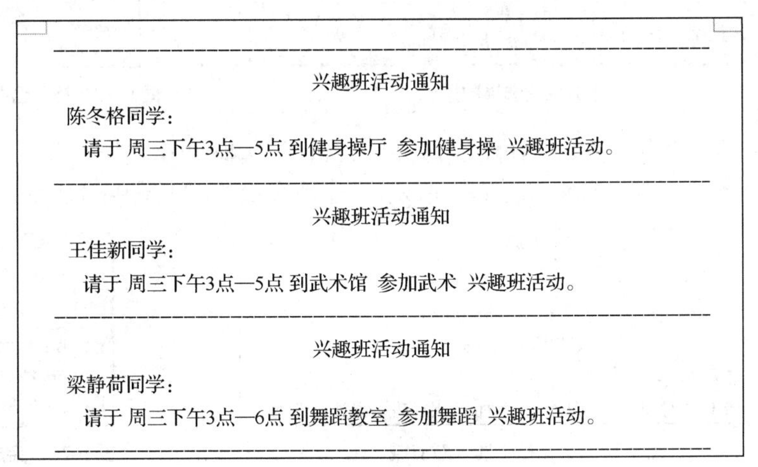

兴趣班活动通知

陈冬格同学：

请于 周三下午3点—5点 到健身操厅 参加健身操 兴趣班活动。

兴趣班活动通知

王佳新同学：

请于 周三下午3点—5点 到武术馆 参加武术 兴趣班活动。

兴趣班活动通知

梁静荷同学：

请于 周三下午3点—6点 到舞蹈教室 参加舞蹈 兴趣班活动。

图 9-68　上课通知单

操作步骤如下。

（1）创建主文档，内容是通知单的文字信息，如图 9-69 所示。

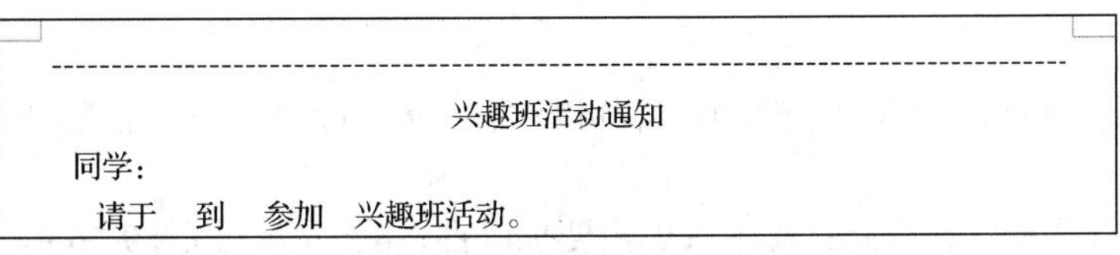

兴趣班活动通知

同学：

请于　到　参加　兴趣班活动。

图 9-69　兴趣班活动通知文字

（2）建立 Excel 文档“兴趣班.xlsx”，如图 9-70 所示。

（3）单击“开始邮件合并”按钮，如图 9-71 所示，单击“目录”命令。

	A	B	C	D
1	姓名	时间	地点	兴趣班
2	陈冬格	周三下午3点—5点	健身操厅	健身操
3	王佳新	周三下午3点—5点	武术馆	武术
4	梁静荷	周三下午3点—6点	舞蹈教室	舞蹈

图 9-70　数据源文件

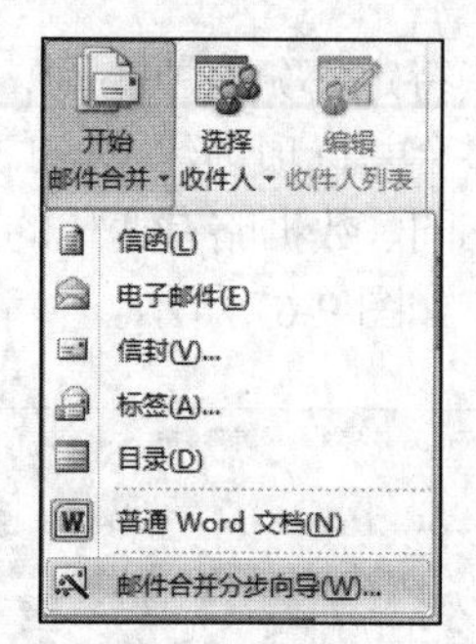

图 9-71　“开始邮件合并”按钮

（4）单击“选择收件人”按钮，执行“使用现有列表”命令，选择“兴趣班.xlsx”文件。在“选择表格”对话框中选择 Sheet1，如图 9-72 所示。

（5）将光标放在文本中的空白位置，单击“插入合并域”按钮，如图 9-73 所示。依次插入相应的数据域，完成后如图 9-74 所示。

图 9-72　选择数据源

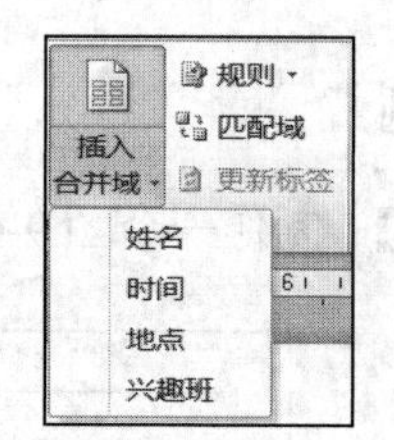

图 9-73　插入合并域

（6）单击“完成并合并”按钮，如图 9-75 所示，执行“编辑单个文档”命令，打开“合并到新文档”对话框，选择“全部”记录，通知单生成在一个新文档中，如图 9-68 所示。

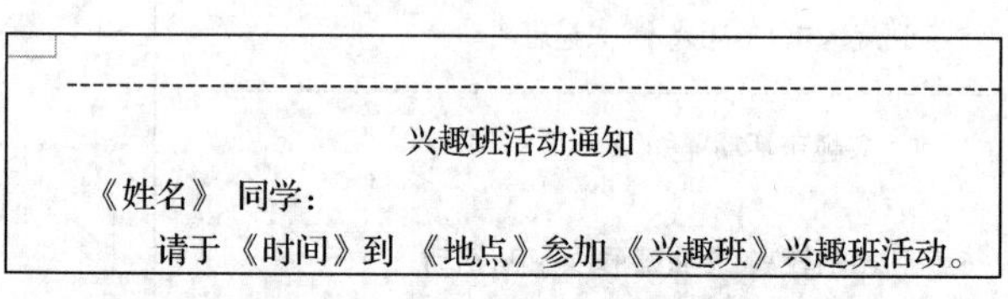
兴趣班活动通知

《姓名》 同学：

请于《时间》到《地点》参加《兴趣班》兴趣班活动。

图 9-74　在文档中插入对应域

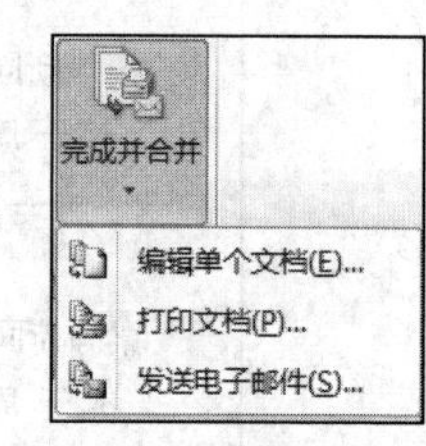

图 9-75　完成并合并

9.7　审阅文档

9.7.1　批注

在审阅文档时，往往对于需要修改的内容加以注释，Word 2010 中的批注可以完成此功能，具体操作步骤如下。

（1）打开 Word 文档，在审阅过程中选中需要加以批注的内容，如图 9-76 所示。

（2）单击“审阅→批注”功能分组中的“新建批注”按钮，如图 9-77 所示。

（3）执行以上操作后系统会弹出批注栏，如图 9-78 所示，在批注栏内输入相关内容即可，注意批注应该言简意赅，避免不易被审阅的作者理解。

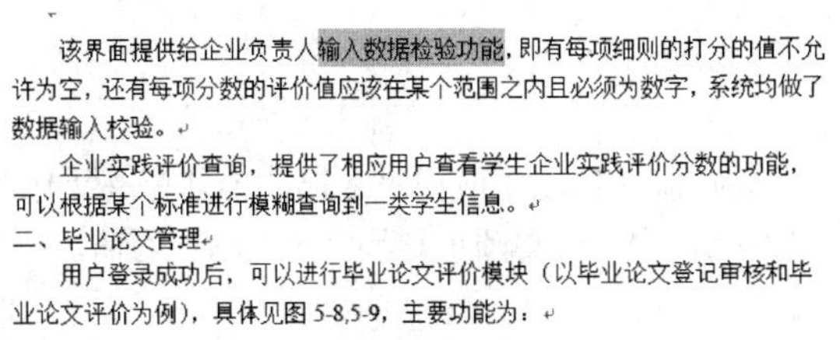

该界面提供给企业负责人输入数据检验功能，即有每项细则的打分的值不允许为空，还有每项分数的评价值应该在某个范围之内且必须为数字，系统均做了数据输入校验。
企业实践评价查询，提供了相应用户查看学生企业实践评价分数的功能，可以根据某个标准进行模糊查询到一类学生信息。
二、毕业论文管理
用户登录成功后，可以进行毕业论文评价模块（以毕业论文登记审核和毕业论文评价为例），具体见图 5-8,5-9，主要功能为：

图 9-76　待批注的内容

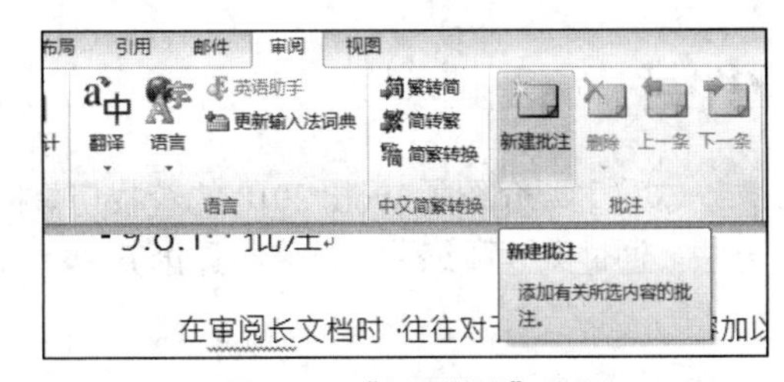

引用
邮件
审阅
视图
翻译
语言
英语助手
更新输入法词典
繁转简
简转繁
简繁转换
新建批注
删除
上一条
下一条
语言
中文简繁转换
批注
新建批注
添加有关所选内容的批注。
在审阅长文档时

图 9-77　“新建批注”按钮

批注 [w1]:
中

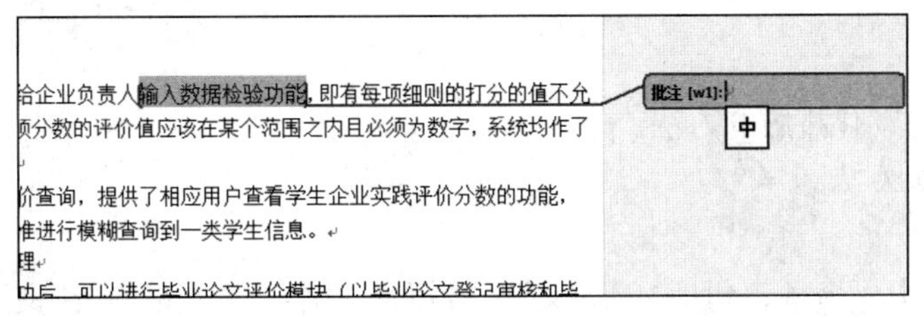

图 9-78　编辑“批注”内容

9.7.2　修订

在 Word 文档中，可以启动审阅修订模式，将自动记录所有用户对于该文档的修改，具体操作步骤如下。

（1）单击“审阅→修订”功能分组中的“修订”按钮，在下拉列表中执行“修订选项”，如图 9-79 所示，弹出“修订选项”对话框，如图 9-80 所示，可以对于要修订的内容做标记格式的设置。

（2）对文档的修改，将被记录。

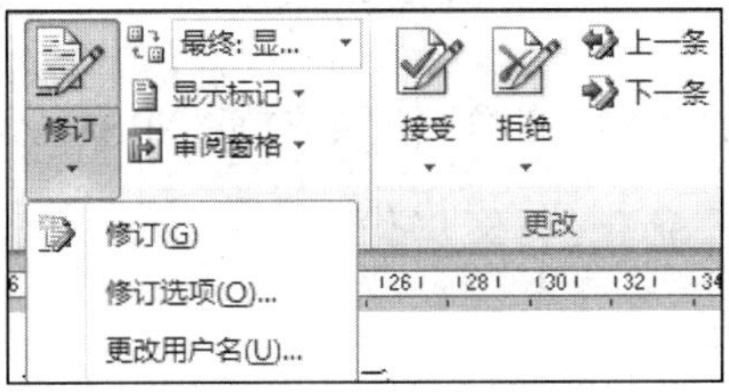

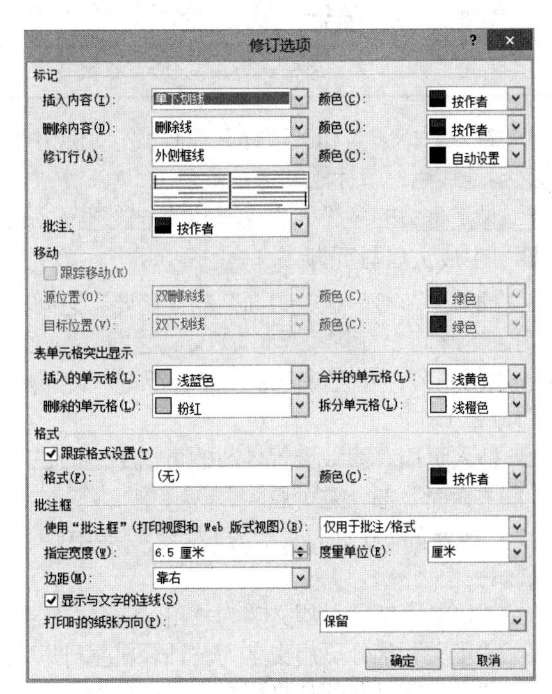

最终: 显...
显示标记
审阅窗格
修订
接受
拒绝
上一条
下一条
更改
修订(G)
修订选项(O)...
更改用户名(U)...

图 9-79　“修订”按钮

修订选项
标记
插入内容(I):
单下划线
颜色(C):
按作者
删除内容(D):
删除线
修订行(A):
外侧框线
自动设置
批注:
移动
跟踪移动(K)
源位置(O):
双删除线
绿色
目标位置(V):
双下划线
表单元格突出显示
插入的单元格(L):
浅蓝色
合并的单元格(L):
浅黄色
删除的单元格(L):
粉红
拆分单元格(L):
浅橙色
格式
跟踪格式设置(T)
格式(F):
(无)
批注框
使用“批注框”(打印视图和 Web 版式视图)(B):
仅用于批注/格式
指定宽度(W):
6.5 厘米
度量单位(E):
厘米
边距(M):
靠右
显示与文字的连线(S)
打印时的纸张方向(P):
保留
确定
取消

图 9-80　“修订选项”对话框

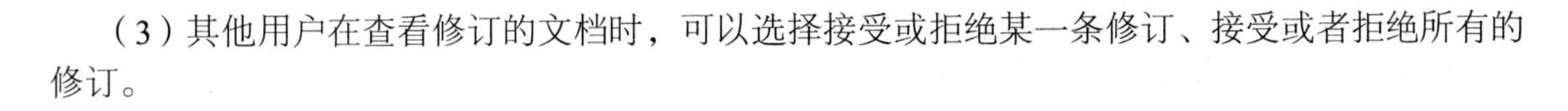

（3）其他用户在查看修订的文档时，可以选择接受或拒绝某一条修订、接受或者拒绝所有的修订。

小结

本章主要介绍了Word 2010的查找与替换、样式、页面布局、自动生成目录、邮件合并等高级排版方法。通过阅读和练习，读者将逐渐养成高效、准确地使用计算机技术解决实际问题的思维习惯。

实验

一、实验目的

1. 掌握长文档自动化排版的方法。

2. 掌握图书排版方法。

二、实验准备

打开教师提供的电子资源，包括Word文件“封面”“摘要”“目录”“正文”“参考文献”。

三、给章、节加编号

1. 新建Word文档，按顺序将文件“封面”“摘要”“目录”“正文”“参考文献”插入文档中，构成一份完整的图书文档。

2. 查找替换。查找所有文字“汽车”，将其替换为“Car”，替换格式为“加粗、倾斜、红色”。

3. 根据表9-1建立两种样式，分别是“章标题”和“节标题”。

表9-1 文档样式

样式名	示例	要求
章标题	**第一章　×××××**	小三号黑体居中，段前距一行，级别1
节标题	第一节　×××××	小四号宋体居中，段前距、段后距各一行，级别2

4. 将“章标题”和“节标题”样式分别应用到正文中各章节标题文字上。（注意：材料中的章标题文字是红色，节标题文字是蓝色）

5. 设定章节的多级列表。（“开始→段落→多级列表”按钮，执行“定义新的多级列表”命令）

四、生成页眉与页脚

1. 插入分节符。在“封面”与“摘要”之间、“摘要”与“ABSTRACT”之间、“ABSTRACT”与“目录”之间、“目录”与“正文”之间、“正文”与“参考文献”之间，插入分节符，使得各部分属于不同的节，并且每一部分都从新的一页开始。（“页面布局→页面设置→分隔符→分节符→下一页”命令）

2. 插入页眉。逐一设置各节的页眉（“插入→页眉和页脚→页眉”命令），要求如下。

（1）“封面”部分无页眉。

（2）“摘要”部分页眉文字为“摘要”，居中显示。“ABSTRACT”部分页眉文字为“ABSTRACT”，居中显示。

（3）“目录”部分页眉文字为“目录”，居中显示。

（4）“正文”部分页眉文字为“计算机基础”，居中显示。

（5）“参考文献”部分页眉文字为“参考文献”，居中显示。

3. 插入页脚。逐一设置各节的页脚（“插入→页眉和页脚→页脚”命令），要求如下。

（1）“封面”“摘要”和“ABSTRACT”部分无页脚。

（2）目录部分页脚为页码，格式是罗马数字，页码从1开始，靠右显示。

（3）“正文”与“参考文献”部分页脚为页码，阿拉伯数字格式，从 1 开始按照顺序编号，居中显示。

五、插入题注

1. 在文中图的下方加上形式如“图 1-1”的自动编号，在文中的适当位置引用该编号。

2. 在文中首图与末图之间插入一张图片，自动插入编号。一键更新图下方所有的编号与引用处的编号。

3. 在文档中的表格上方加上形式如“表 1-1”的自动编号，在文中的适当位置引用该编号添加题注。

六、生成目录

1. 将光标插入点定位到“目录”所在页。

2. 插入包括章和节标题（两个级别）的目录。（“引用→目录”命令）

3. 为图、表分别生成图目录和表目录。

4. 按住 Ctrl 键，单击章或节的条目，跳转到相应论文页。

5. 更新目录。任意修改一处标题或正文内容，使页数发生变化，更新目录。（“引用→目录→更新目录”命令）

七、参考文献列表与引用

1. 给文中的“参考文献”部分列出的文献增加自动编号，形式如[1]、[2]。

2. 在正文中适当位置，给出引用参考文献的提示。如图 9-81 所示的文字的上标。

> “书店是一个比较稳定的行业，书本的价格一般不随市场变动，只会因自身价值、纸张、出版社等而变动，这就造成了它很难应付房租增长和不断上涨的人力成本[1]。”

图 9-81 上标

3. 在第[1]和第[2]之间增加一个文献，使得第[2]变成第[3]。

4. 在正文中引用新增的参考文献，并更新其他上标。

习题

一、选择题

1. 在 Word 中，要将文档中的多处相同的文字更改为成另一段文字，最好的方法是（　　）。
   A. 查找　　B. 替换　　C. 定位　　D. 逐个更正

2. 在一个长度达到几百页的 Word 文档中，要迅速定位到某一页号，最好的方法是（　　）。
   A. 查找　　B. 替换　　C. 定位　　D. 手动翻页

3. 在 Word 中，要将文档中多处文字设置成同一格式的简单有效的办法是（　　）。
   A. 将格式定义为样式，应用在文字上　　B. 依次逐个设置
   C. 使用“开始”功能区的“查找”命令　　D. 使用“插入”功能区的“SmartArt”命令

4. 以下关于 Word 中样式的叙述中，正确的是（　　）。
   A. 样式建立好后不可以修改　　B. 样式只可以应用一次
   C. 用户自定义的样式可以多次使用　　D. 用户不能修改 Word 内置样式

5. 在一个 Word 文档中的多处文字应用了同一样式，当修改了此样式的格式后，这些文字的（　　）。

A. 格式不变　　B. 格式随着新样式改变
C. 格式消除　　D. 当前位置的格式改变

6. 在 Word 中，如果要将多个文档合并，应执行的操作是（　　）。
A. 插入→文本　B. 插入→文本框　C. 插入→文字　D. 插入→对象

7. 在 Word 中，要迅速地为章节标题进行分级编号，可以使用（　　）。
A. 项目符号　B. 编号　C. 多级列表　D. 样式

8. 在 Word 中，要建立多级列表，应单击的按钮是（　　）。
A. 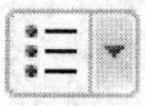　B. 　C. 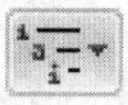　D.

9. 在 Word 中，要迅速地为各章的图进行形如“图×-××”自动编号的方法是（　　）。
A. 插入题注　B. 插入尾注　C. 插入表目录　D. 交叉引用

10. 在 Word 中，要在页的底端加上对正文内容的注释，可以使用（　　）。
A. 脚注　B. 尾注　C. 题注　D. 交叉引用

11. 在 Word 中，要在正文中引用图题注“如图×-××所示”的正确方法是（　　）。
A. 插入题注　B. 插入尾注　C. 插入目录　D. 交叉引用

12. 在 Word 中，要对多篇参考文献进行自动编号，可以使用（　　）。
A. 项目符号　B. 自定义编号　C. 多级列表　D. 样式

13. 在 Word 中，要给不同的章设置不同页眉页脚，可以通过（　　）实现。
A. 使用分节符给各章分节，并插入不同的页眉页脚
B. 使用分页符给各章分隔，并插入不同的页眉页脚
C. 使用“插入”功能区中的文本框，依次给不同的章节设置页眉和页脚
D. 使用“页面布局”中“页面边框”命令即可

14. 在 Word 中，能在文档中插入目录的正确方法是（　　）。
A. “插入”功能区中的“引用”命令　B. 直接手动敲入
C. “引用”功能区中的“目录”命令　D. “页面布局”功能区中的“分栏”命令

15. 在 Word 中，不能按照（　　）自动生成目录。
A. 标题样式　B. 字体　C. 题注　D. 大纲级别

16. 在 Word 中，要给多位家长发送“成绩通知单”，每个学生的成绩保存在 Excel 文档中，最简单的方法是（　　）。
A. 复制　B. 信封　C. 插入题注　D. 邮件合并

17. 以下关于邮件合并的说法中，错误的是（　　）。
A. 可以使用“邮件合并分布向导”完成邮件合并过程
B. 邮件合并可以将 Excel 表中的数据加入 Word 文档中
C. 邮件合并可以创建信函、信封、标签、目录等
D. 在执行“完成并合并”命令后，原有的 Excel 和 Word 文档都消失

18. 在 Word 中审阅文档时，对需要修改的内容加以注释，可以使用（　　）。
A. 尾注　B. 批注　C. 底注　D. 注释

19. 在 Word 中，可以启动（　　）模式，自动记录所有用户对于该文档的修改。
A. 修订　B. 批注　C. 大纲　D. 页面

20. 在 Word 中，用户对修订的操作不包括（　　）。
A. 接受一个修订　B. 接受所有修订　C. 拒绝所有修订　D. 删除修订

二、填空题

1. Word 2010 默认的文件扩展名是＿＿＿＿＿＿。

2. 要给文档的不同部分设置不同的页眉页脚，首先要在各部分之间插入__________。

3. 在正文中各章的开始另起一页时可以插入__________。

4. 在插入分节符时，使用“__________”功能区中的“分隔符”命令。

5. 在审阅文档时，可以添加__________来完成对于需要修改的内容加以注释。

6. 如果要修改已经创建的目录，可以执行“__________”命令。

7. 要查看文档中的文字数量，可以使用“审阅”功能区的“__________”命令。

8. 使用插入题注的方法给图、表加上编号后，如果要引用该编号，可以执行“__________”命令。

三、简答题

1. 为了将文字设置为图 9-82 所示效果，请给出具体的操作步骤。

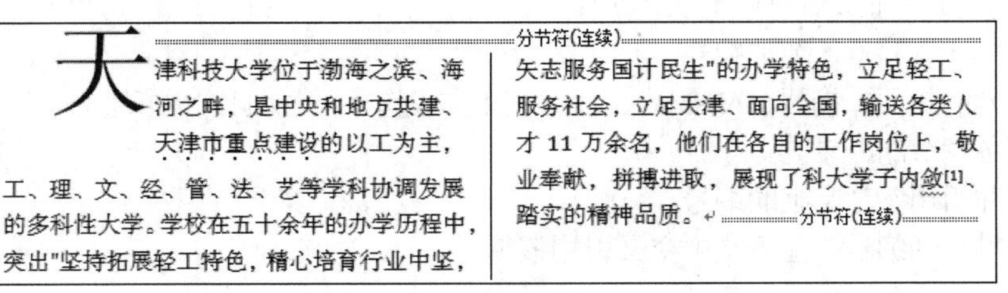
分节符(连续)

天津科技大学位于渤海之滨、海河之畔，是中央和地方共建、天津市重点建设的以工为主，工、理、文、经、管、法、艺等学科协调发展的多科性大学。学校在五十余年的办学历程中，突出"坚持拓展轻工特色，精心培育行业中坚，矢志服务国计民生"的办学特色，立足轻工、服务社会，立足天津、面向全国，输送各类人才 11 万余名，他们在各自的工作岗位上，敬业奉献，拼搏进取，展现了科大学子内敛[1]、踏实的精神品质。

分节符(连续)

图 9-82　格式效果

（1）请简述制作“天”字效果的方法。

（2）请简述制作“天津市重点建设”文字效果的方法。

（3）请简述实现“内敛[1]”效果的方法。

（4）请简述实现左右分栏效果的操作步骤。

2. 在一篇长 Word 文档中，有多处文字“天津”，要换成“红色、加粗、倾斜、四号字”的“上海”，请简述快速完成该操作的过程（提示：“替换”命令）。

3. 在一篇长 Word 文档中，为了在多处使用相同格式“黑色、宋体、加粗，居中”，请给出建立样式和应用样式的操作过程。

4. 某文档的章标题文字的样式“标题 1”为 1 级、节标题文字的样式“标题 2”为 2 级。

（1）请给出根据章节标题建立目录的操作步骤。

（2）当章节标题的文字或者页码发生变化时，请简述快速更新目录的操作步骤。

5. 一篇 Word 文档被分成 3 节，其中第一页为第 1 节，要求页眉和页脚内容为空；第二页为第 2 节，要求其页眉文字为“摘要”，页脚页码为罗马数字，居中显示；其他各页为第 3 节，要求其页眉文字为“天津科技大学毕业论文”，页脚页码为阿拉伯数字，靠右对齐。请简述设置各节不同页眉和页脚的操作。

6. 某公司要制作邀请函派发给每位员工，邀请全体员工参加元旦庆典活动。正文内容形式如图 9-83 所示，带删除线的文字需要从 Excel 表格中导入数据。在 Excel 表格中输入 3 个字段，分别是姓名、日期和厅名。请简述使用邮件合并功能制作邀请函的操作步骤。

《姓名》：

感谢您为公司做出的贡献，特邀请您于《日期》移驾至国交中心《厅名》赴宴。

图 9-83　删除线效果

7. 请简述使用“编号”命令，按顺序给三段文字设置编号的操作步骤，如图 9-84 所示。

8. 请简述建立如图 9-85 所示多级列表的操作步骤。

一）建立应急保障预案

二）完善救援方案

三）灾后心理干预

图 9-84 文字编号效果

1 古代故事

1.1 东方故事

1.1.1 一千零一夜

1.1.2 西游记

1.2 西方故事

1.2.1 圣经

1.2.2 特洛伊木马

2 现代故事

图 9-85 多级列表

9. 请综述完成毕业设计排版的操作步骤。

（1）设计样式，给章、节加编号。

（2）将文档的封面、摘要、Abstract、目录、正文设置不同的页眉和页脚。

（3）生成各章节的目录。

（4）创建并引用参考文献的编号。

（5）给图加自动编号，在正文中交叉引用该编号。

10. 使用邮件合并制作工资条。

（1）使用 Excel 制作工资单文件“工资.xlsx”，如图 9-86 所示。

	A	B	C	D	E	F	G	H	I	J
1	月份	部门	姓名	基本工资	职位津贴	出差补助	餐饮补助	暖气补贴	应扣	实发
2	1月	市场部	张云	3400	1500	500	200	1200	340	6460
3	1月	市场部	李静	3400	1500	600	350	1300	450	6700
4	1月	市场部	王芳	3400	1500	200	200	1200	300	6200
5	1月	市场部	林涛	3400	2500	400	200	1200	300	7400

图 9-86 工资单

（2）使用 Word 制作一个工资条文档“工资.docx”，如图 9-87 所示。

工资条

姓名：　　部门：

基本工资：　　职位津贴：　　出差补助：

餐饮补助：　　暖气补贴：　　应扣：

实发：

图 9-87 工资条

（3）使用邮件合并功能，将工资单文件中的人员、部门、工资等数据插入 Word 文档，生成工资条。

10 第10章 Visio 2010高级应用

Microsoft Visio 2010 是一个专业化的办公绘图软件，它可以创建系统的业务和技术图表、说明复杂的流程或设想、展示组织结构或空间布局。Visio 2010 最大的特色是“拖曳式绘图”，它提供了为各专门学科设计的模具和模板，通过拖曳模具中的图形组合图图标，可以满足不同用户以及各行业的需要。本章主要介绍 Visio 2010 的基本功能，使用 Visio 2010 绘制流程图，以及 Visio 图与 Word 文档的结合。

10.1 Visio 2010 简介

1. Visio 的基本功能

Visio 2010 提供了很多绘图类型和模板文件，使该软件具有广泛的适用性、易用性。Visio 可以完成以下工作。

（1）制作程序流程图及业务流程图。

（2）制作办公室和会议室蓝图。

（3）绘制街区地图。

（4）使用 Visio 样板创作传真表单、名片和日志安排。

（5）制订详细的计划时限。

（6）使用 Excel 文件中的数据创建市场图表。

（7）编辑 AutoCAD 图。

2. Visio 2010 的新增及改进功能

Visio 2010 在 Visio 2003 的基础上，增加与改进了形状和模板，可以更好地做出决策、达成共识、加快计划过程和评审过程，给受众留下更专业的印象。

（1）全新界面：Visio 2010 采用 Microsoft Office Fluent 界面，新的功能区取代了旧版本中的命令工具栏，各项命令分组位于各个选项卡上，帮助用户快速查找命令，如图 10-1 所示。

（2）全新的形状窗口：提供便于操作的“形状”窗口，如图 10-2 所示，在该窗口中显示了当前打开的所有模具，只需将其拖动到绘图页中，便可以使用该形状。此外还提供了“更多形状”“快速形状”“基本流程图形状”“跨职能流程图形状”等选项，方便用户使用。

（3）新增形状编辑功能：增加自动调整形状大小、插入/删除形状并自动调整、自动对齐和自动调整间距等形状编辑功能。

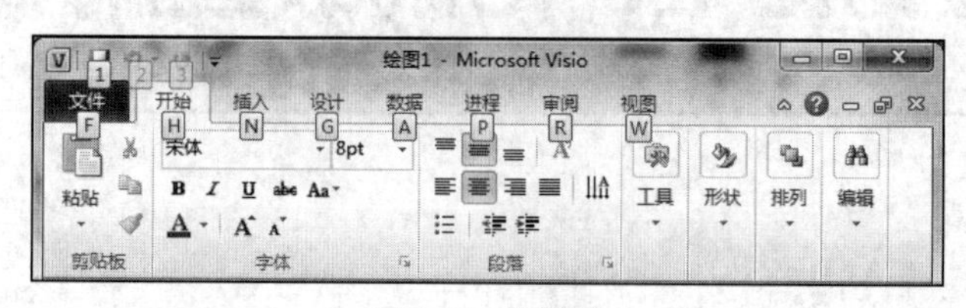

图 10-1 功能区

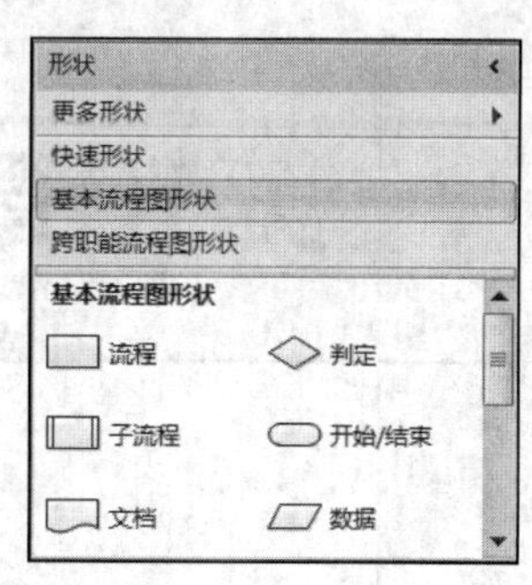

图 10-2 形状窗口

（4）数据图形图例功能：提供用于解释使用数据图形的图例，图例用来解释图表中的图标和颜色的含义。通过图形图例，即使在每个数据图形旁没有文本标签，图表也比较容易理解。

10.2 Visio 2010 界面介绍

在开始使用 Visio 2010 绘图之前，首先要熟悉该软件的工作环境，掌握基本操作知识。该软件提供了常见的 Office 界面，如标准的工具栏、菜单、内置自动更正功能等；此外还包括任务窗格和 Office 搜索功能；还有专门用于创建图表的模板和形状，运用这些模板和形状创建图表很简单，只需把想要的形状拖到绘图页上就可以了。

启动 Visio 2010 之后，默认情况下，显示包括任务窗格的工作界面，如图 10-3 所示。

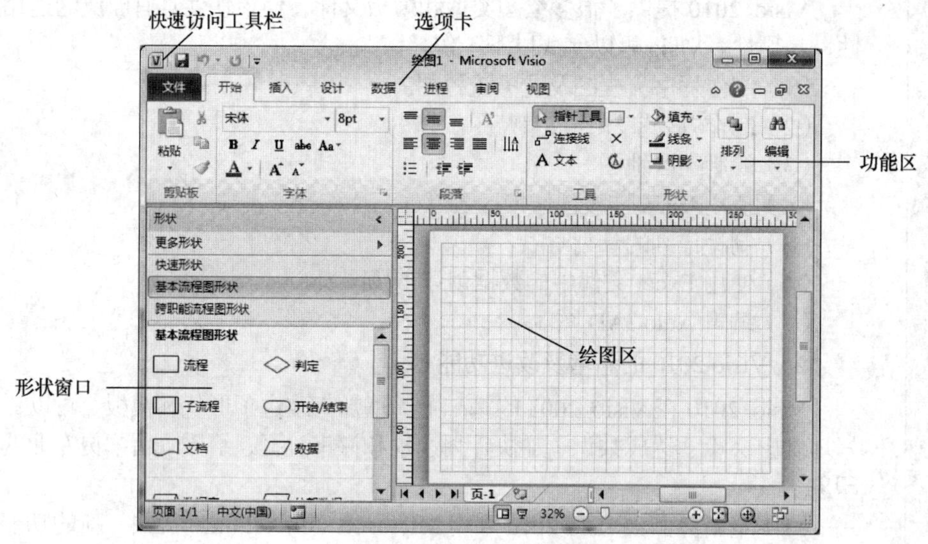

图 10-3 Visio 的工作环境

10.2.1 快速访问工具栏

快速访问工具栏是一个包含一组独立命令的自定义工具栏，用户可以向其中添加命令按钮，还可以从两个可能的位置中移动快速访问工具栏。

10.2.2 功能区

Visio 2010 中的功能区将命令的功能划分为开始、插入、设计、数据、进程等 9 个选项卡，而每个选项卡中又根据具体命令划分了多个选项组。

10.2.3　任务窗格

1．选择绘图类型窗格

打开“文件”菜单，弹出任务窗格，如图 10-4 所示，主要用于专业化设置，包括菜单和模板区域。Visio 中包含许多绘图类型，如 Web 图表、地图、电气工程等。每个绘图类别又包括许多模板，如流程图类别中包括 IDEFO 图表、SDL 图、基本流程图等，可以迅速创建特定图表。

图 10-4　任务窗格

2．打开窗格

任务窗格左侧的“菜单”窗格主要包括以下几项。

① 新建：执行“新建”命令，选择绘图模板，单击右下角的“新建”按钮，进入绘图窗口。

② 打开：单击“其他”命令，在“打开”对话框中选择打开现有文件。

③ 最近所用的文件：列出的最近使用过的绘图文件。

3．模板帮助说明

选择任一绘图类别，在模板区会列出该类别的模板，可以使用它们迅速创建图表。移动光标到模板，在选择绘图类型窗口类型的左下区域会显示该模板的帮助说明。

10.2.4　绘图区

通过新建绘图的操作，可以弹出绘图窗口，如图 10-3 所示。

Visio 2010 的绘图工作窗口由绘图区、菜单栏、工具栏、状态栏、形状窗口、模具等组成，在绘制 Visio 图表时，可以自己设置窗口、菜单、工具栏等，自定义工具和组合键。

（1）绘图区：用于绘制图形图表的工作窗口，由绘图页面、标尺等组成。把形状拖至绘图页面上，即可快速创建图表。可以按住 Ctrl 键，拖动绘图页的边缘来调整绘图页的大小，拖动 4 个角来旋转绘图页的角度。

（2）模具：模具是与特定 Visio 绘图类型（即模板）相关联的主控形状的集合。默认情况下，模具固定在绘图窗口的左侧。

（3）形状：是模具中可以用来创建绘图的形状。当使用者将某个形状从模具拖到绘图页上时，该形状就会生成其实例。将光标指向模具中的主控形状时，将出现对应形状的简要说明。

10.3 文件操作

10.3.1 新建项目

打开 Visio 2010 主界面，在任务窗格中会给出系统提供的模板类型，如图 10-5 所示。

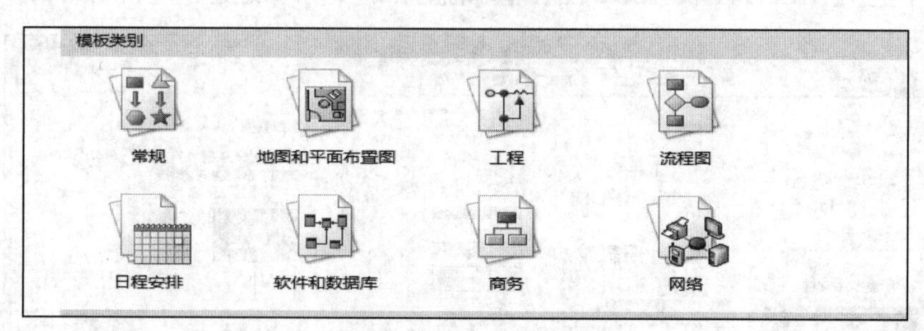

图 10-5 Visio 模板类型

用户可以根据自己的单击所需模板类型后，单击任务窗格内的“新建”按钮 ，即可完成文件的创建。

10.3.2 保存项目

完成 Visio 文件的编辑后，单击“文件→保存（或另存为）”，弹出“保存”对话框，如图 10-6 所示，输入文件名（.vsd）和存储路径，完成对于 Visio 文件的保存。

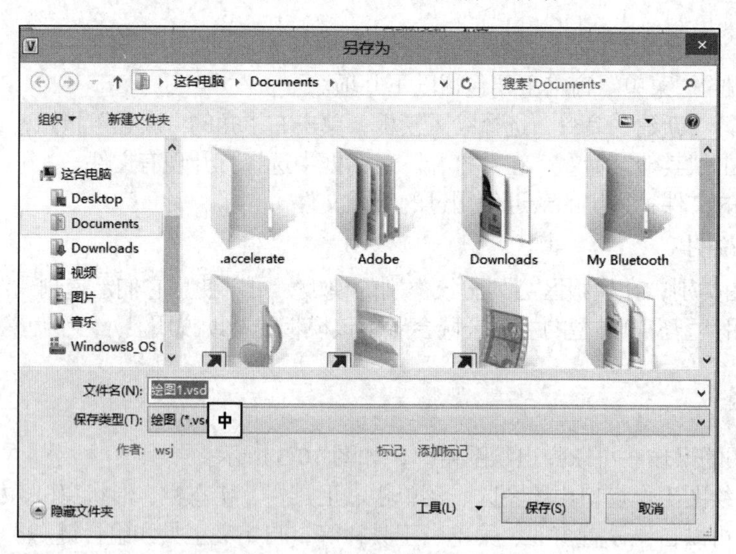

图 10-6 “另存为”对话框

10.4 绘制基本流程图

本节以创建基本流程图为例，使读者掌握用 Visio 创建图表的过程和方法。

基本流程图模板用于创建流程图、顺序图、信息跟踪图、流程规划图和结构与结构预测图，其中包括连接线和链接，以展示过程、分析进程、指示工作或信息流、跟踪成本和效率等。常用流程图的形状如表 10-1 所示。

表 10–1　　　　　　　　常用基本流程图形状

形状	名称	含义
流程	流程	要执行的处理
子流程	预先定义的子进程	预先定义的处理，一般指数据的赋值
判定	判定	决策或判断
数据	数据	表示数据的输入/输出
文档	文档	以文件的形式输入/输出
开始/结束	开始和结束符	标准流程图的终点

【例 10.1】 使用“基本流程图”模板，创建图 10-7 所示的程序流程图。

操作步骤如下。

（1）开始创建 Microsoft Visio 图表。

执行“文件→新建”命令，在选择模板区域单击“基本流程图”类别，如图 10-4 所示。单击右下角的“新建”按钮，打开基本流程图绘制窗口，开始绘制基本流程图。

（2）添加形状和调整形状的大小、位置。

从“形状”窗口中“基本流程图形状”模具中，将“开始/结束”形状拖曳至绘图页上。按照图 10-8 所示的样式，依次将其他形状拖至绘图页的适当位置。

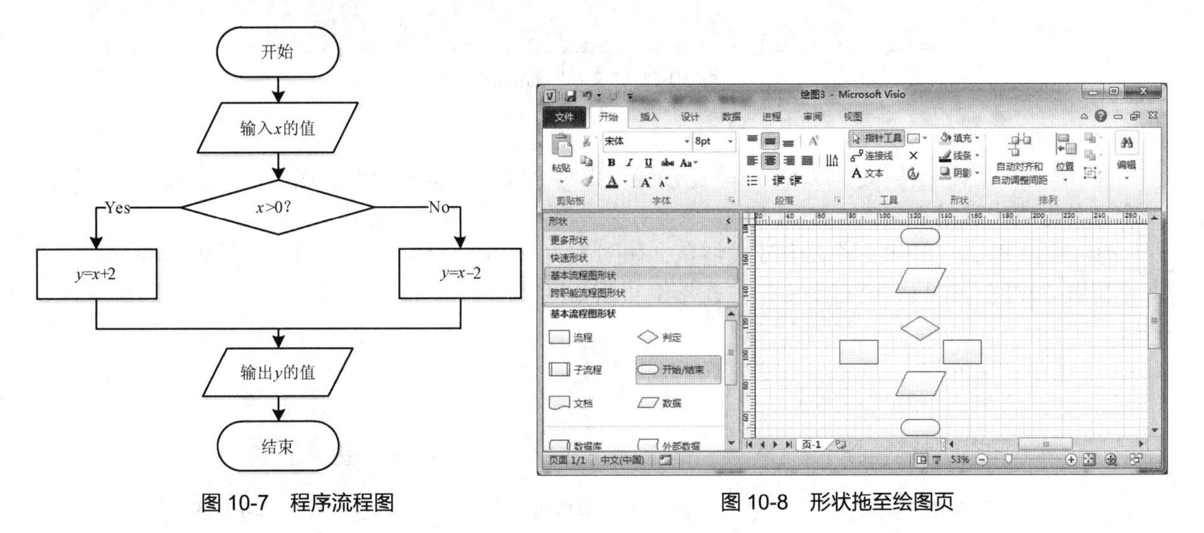

图 10-7　程序流程图　　　　　　图 10-8　形状拖至绘图页

（3）根据需要调整各个形状的位置、大小。

① 单击所要编辑的形状，该形状四周会出现 8 个句柄，拖动改变形状的大小，如图 10-9 所示。

② 直接拖动形状至想要的位置；也可使用 Shift+方向键进行位置的微调。

③ 单击某个形状，然后按 Delete 键可以删除形状。

（4）添加文字和调整格式。

双击某个形状，出现虚线方框，如图 10-10 所示。在方框中输入文本，完成后按 Esc 键或在文本块外单击空白域。

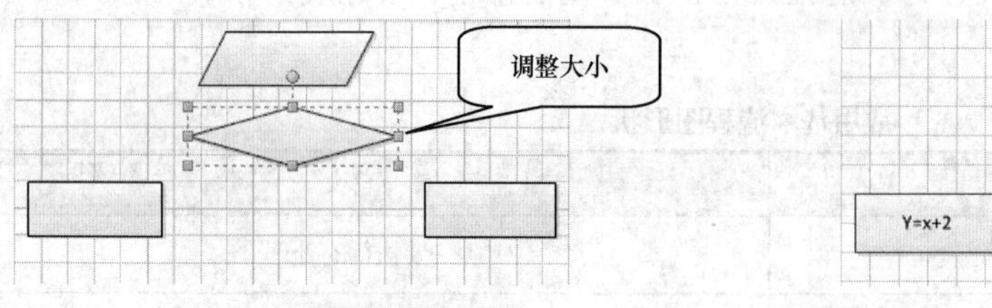

图 10-9　调整形状的大小

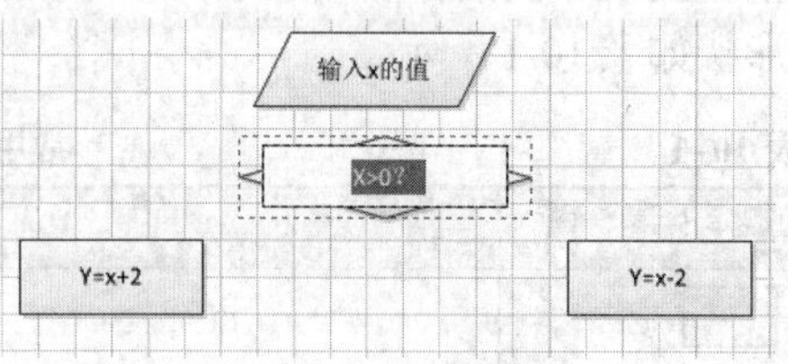

图 10-10　输入文本

使用工具栏的字体和字号工具设定文本格式，鼠标右键单击“形状”，执行“格式→文本”菜单命令，在“文本”对话框中设定文本格式，如图 10-11 所示，调整文字的字体、颜色、大小、样式，段落的对齐方式、缩进、间距等。

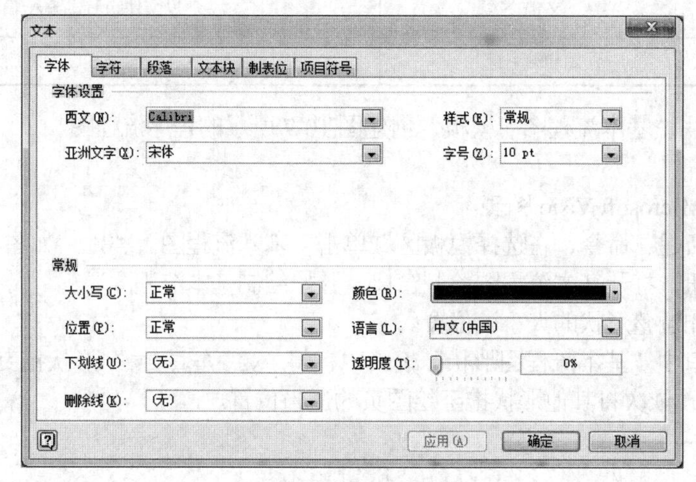

图 10-11　“文本”对话框

（5）连接形状。

① 单击“指针工具”选项组的“连接线”工具，放置在第一个形状底部的连接点上，显示一个红色框突出显示连接点，如图 10-12 所示，表示可以在该点进行连接。

连接形状时，连接线的端点会变成红色，如图 10-13 所示。使用“连接线”工具连接的形状，当发生位置变化时，连接线会自动重排。连接箭头后如图 10-14 所示。

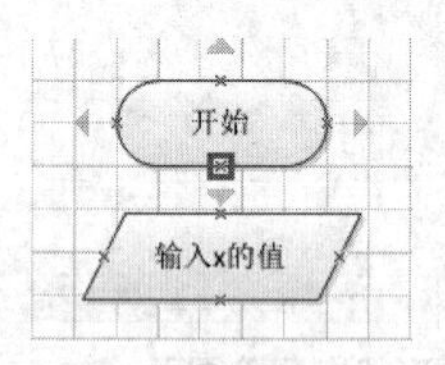

图 10-12　连接起点

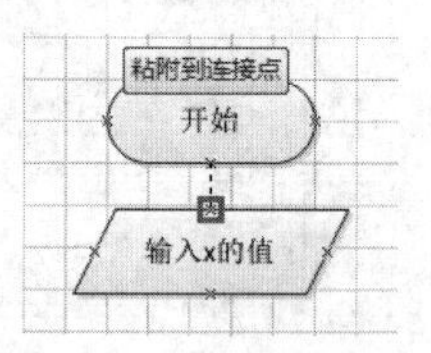

图 10-13　连接另一端

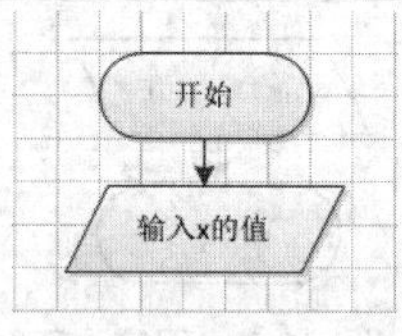

图 10-14　连接结果

② 如果连接线的某个端点仍为绿色，表示尚未与某个形状连接。可以使用“指针”工具或用鼠标直接拖曳端点连接到形状的连接点上。

③ 如果需要调整连接线的位置，可以单击该连接线，将鼠标指针移至连接线的中点或拐点，按住鼠标左键进行拖曳，如图 10-15 所示。

（6）向连接线添加文本。

在连接线上添加说明文字，用来描述形状间的关系。双击连接线，在出现的虚线方框中输入文字，单击空白区域可以结束，如图 10-16 所示。

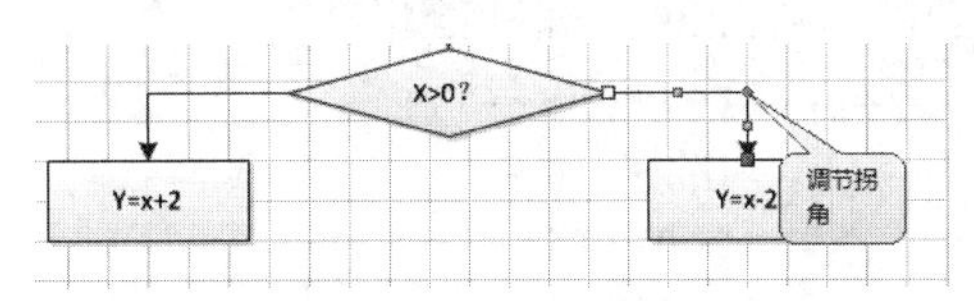

图 10-15　调整连接线

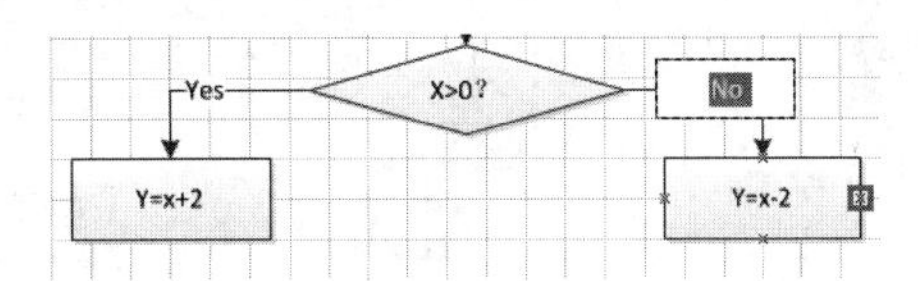

图 10-16　为连接线输入文本

可以设定说明文字的字体、字号、颜色的格式，与设定形状格式的操作相同。

（7）设置形状格式。

① 线条：选中形状或者连接线，打开“线条”选项组，如图 10-17（a）所示，或者鼠标右键单击形状或连接线，执行“格式→线条”命令，打开“线条”对话框，如图 10-17（b）所示，可以设定线条的图案、粗细、颜色、透明度、线端形状等。

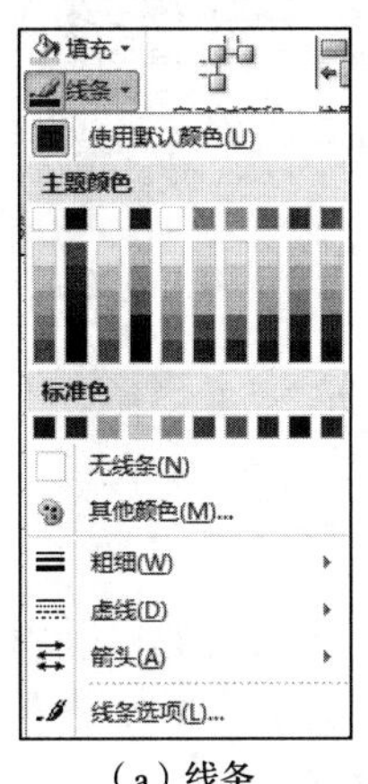

（a）线条

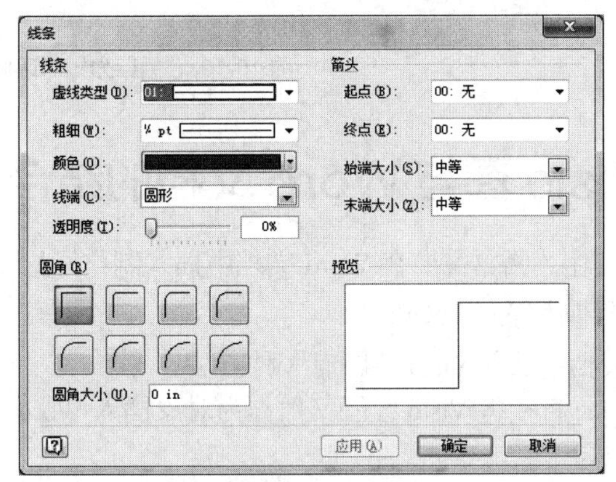

（b）“线条”对话框

图 10-17　设置线条

② 填充：选中形状，打开“填充”选项组，如图 10-18（a）所示，或者鼠标右键单击形状，执行“格式→填充”命令，打开“线条”对话框，如图 10-18（b）所示，可以对形状设置填充颜色、图案、透明度、阴影样式等。

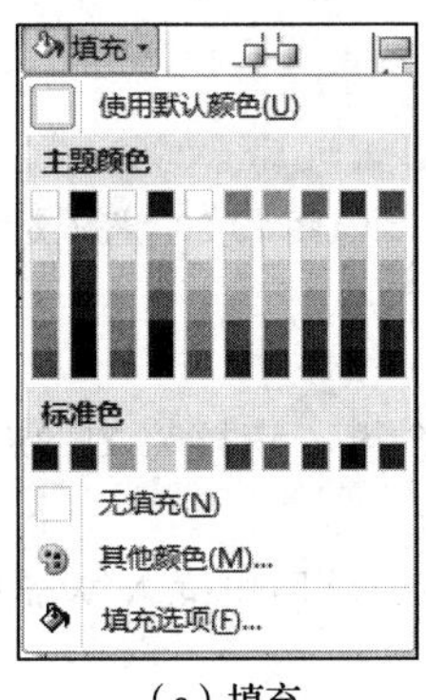

（a）填充

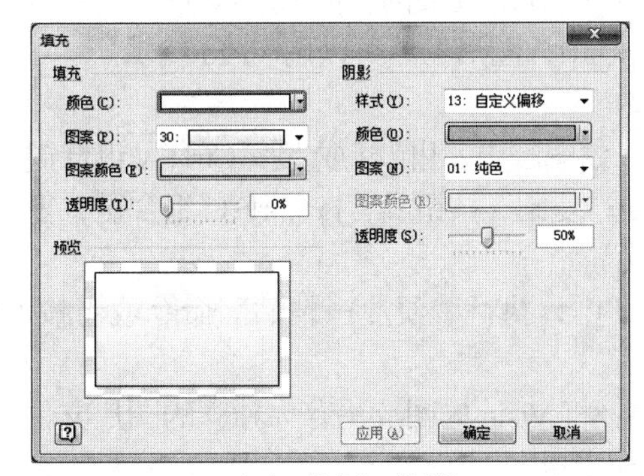

（b）“填充”对话框

图 10-18　设置填充

（8）保存绘图。

单击快速工具栏上的保存按钮，或者执行“文件→保存（另存为）”命令，在“另存为”对话框中，设置保存位置、文件名，保存类型为“绘图”，绘图文件的扩展名为.vsd，如图 10-19 所示。

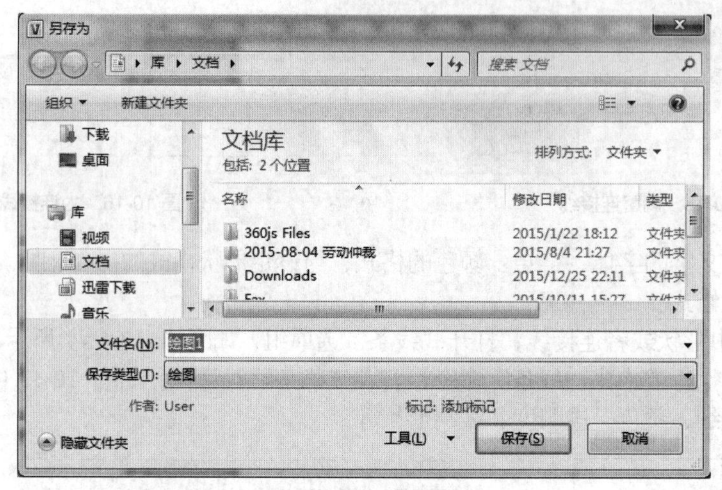

图 10-19 “另存为”对话框

10.5 Visio 图与 Word 文档的结合

在实际工作中，常常需要在 Word 文档中插入制作好的 Visio 绘图。

1. Visio 图插入 Word 文档

在 Word 文档中插入 Visio 绘图有 3 种方法。

（1）方法 1：直接将 Visio 绘图文件作为对象插入 Word 文档中，图形仍然可以用 Visio 编辑。操作步骤如下。

① 在打开的 Word 文档中，将光标定位在插入点，执行“插入→对象”命令，选择“由文件创建”标签，如图 10-20 所示。

② 单击“浏览”按钮，在弹出的对话框中，选择要插入的绘图文件，单击“确定”按钮即可。

（2）方法 2：选中 Visio 的绘图区中的图形，复制后粘贴到 Word 文档中，图形仍然可以用 Visio 编辑。

操作步骤如下。

① 在 Visio 绘图区中，用鼠标或者按 Ctrl+A 组合键全选图形，单击“复制”按钮或者按 Ctrl+C 组合键，复制选中的图形。

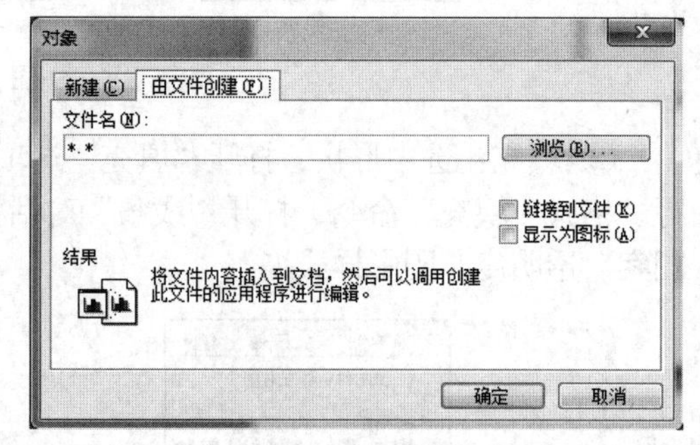

图 10-20 插入对象

② 在 Word 中，执行“便捷→粘贴”命令或者按 Ctrl+V 组合键，直接将图形粘贴到 Word 文档中。

（3）方法 3：将 Visio 的图片另存为独立的图片文件，如.jpg 等，然后再插入 Word 文档中。此时不能再编辑 Visio 图形。

操作步骤如下。

① 在 Visio 中，执行“文件→另存为”命令，在弹出的对话框中设定保存位置和文件名称，保存类型选择为“JPEG 文件交换格式”，如图 10-21 所示。

② 单击“保存”按钮，打开“JPG 输出选项”对话框，进行设置后单击“确定”按钮，如图 10-22 所示，将绘图文件保存为 JPG 文件。

图 10-21　选择“JPEG 文件交换格式”

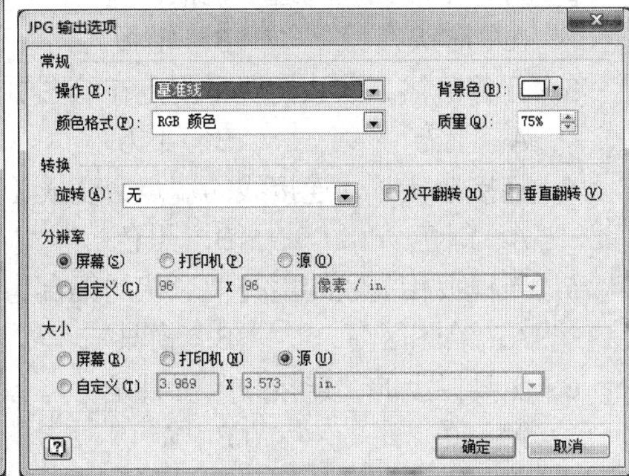

图 10-22　“JPG 输出选项”对话框

③ 打开 Word 文档，执行“插入→图片→来自文件”命令，选择该图片文件即可。

2.　在 Word 中编辑 Visio 绘图

① 插入 Visio 绘图文件或者复制粘贴 Visio 绘图后，单击绘图，可通过拖曳 8 个句柄调整其大小，鼠标右键单击绘图，执行“设置对象格式”命令，在打开的对话框中可以设定其格式。

② 双击插入的绘图，关联到 Visio 环境，就可以直接编辑该绘图，如图 10-23 所示。

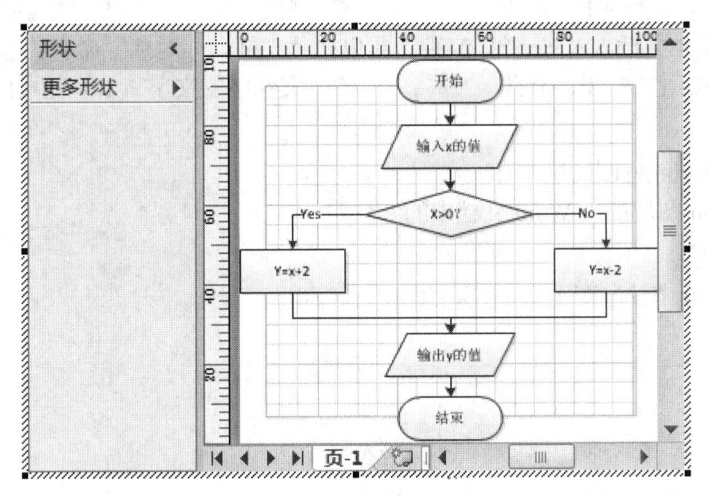

图 10-23　关联到 Visio 环境

小结

本章介绍了 Visio 2010 的主要功能、工作环境，基本流程图的绘制过程，将 Visio 图形插入 Word 文档中的方法。通过基本流程图绘制过程的介绍，使读者初步了解了 Visio 2010 绘制其他图形的方法。

习题

一、单项选择题

1. 使用 Visio 2010 创建的绘图文件的扩展名是（　　）。

A. .doc　　　　B. .xls　　　　C. .vsd　　　　D. .vsw

2. 每一个绘图类别选项包括许多（　　），可以使用它们迅速地创建特定的图表。
A. 形状　B. 模板　C. 模具　D. 模板说明
3. 任务窗格，默认情况下固定在绘图页的（　　）。
A. 上方　B. 下方　C. 左方　D. 右方
4. 连接形状时，连接线的端点会变成（　　），表明已连接到该形状。
A. 绿色　B. 黑色　C. 红色　D. 没有变化
5. 与模板相关联的主控型形状的集合是（　　）。
A. 绘图区　B. 模具　C. 绘图类型　D. 实例
6. 工具栏上的“连接线”工具是（　　）。
A. ⎍　B. ↖　C. 🔍　D. ≋
7. 在基本流程图的形状集合中，⬭表示（　　）。
A. 流程　B. 数据　C. 判定　D. 开始/结束
8. 在基本流程图的形状集合中，▭表示（　　）。
A. 流程　B. 数据　C. 判定　D. 开始/结束
9. 在基本流程图的形状集合中，◇代表（　　）。
A. 流程　B. 数据　C. 判定　D. 开始/结束
10. 在基本流程图的形状集合中，▱代表（　　）。
A. 流程　B. 数据　C. 判定　D. 开始/结束
11. 在 Word 文档中插入 Visio 绘图文件，可以执行“插入→对象”命令，选择（　　）标签。
A. 由文件创建　B. 新建　C. 文件中的文字　D. 链式目录

二、简答题

1. 简述创建基本流程图的过程和方法。
2. 简述将 Visio 图形插入 Word 文档中的方法。

三、操作题

1. 在 Visio 2010 中绘制图 10-24 所示的销售流程图。

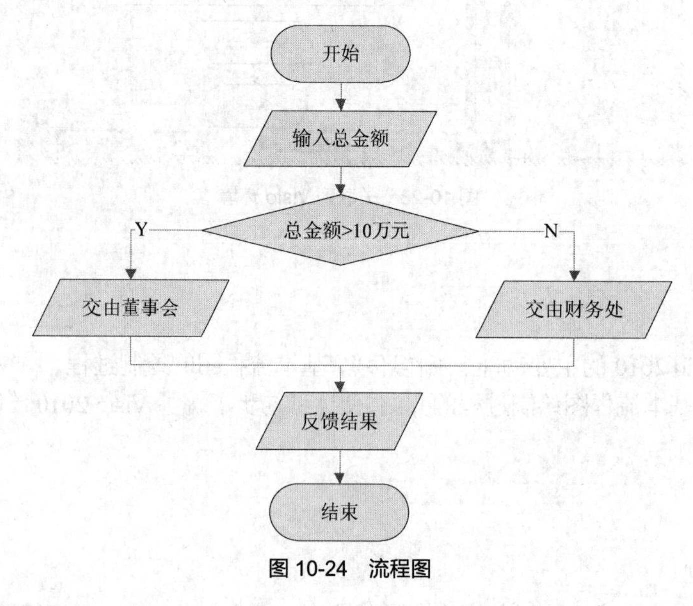

图 10-24　流程图

2. 将流程图复制到 Word 文档中。

11

第11章　Excel 2010高级应用

Microsoft Excel 2010 是一款电子表格软件，具有功能的方便性、操作的简易性、系统的智能显示等优点。本章介绍使用 Excel 2010 进行数据计算、统计分析等高级应用。通过本章的学习，使得读者养成使用计算机技术进行数据处理和统计分析的意识和思维能力。

11.1　输入特殊数据

在 Excel 中，正确地输入和编辑数据，对于数据处理和数据分析非常重要。本节介绍 Excel 中各种类型数据的输入方法。

11.1.1　文本型数据

文本型数据包括汉字、英文字母、数字和符号等。Excel 会自动识别文本类型，文本对齐方式默认设置为“左对齐”。

例如，在单元格输入“6 个苹果”，Excel 会将它显示为文本；如果将“6”和“苹果”分别输入不同单元格，将分别按照数值和文本显示，如图 11-1 所示。

如果在单元格中输入多行数据，在换行处按 Alt+Enter 组合键，在一个单元格中将显示多行文本，行的高度会自动增大，如图 11-1 所示。

全部由数字组成的字符串（如电话号码），也可以当成字符。输入时，在数字前面添加一个单撇号，如图 11-2 所示，按下 Enter 键后，数字当成文本左对齐，如图 11-3 所示。

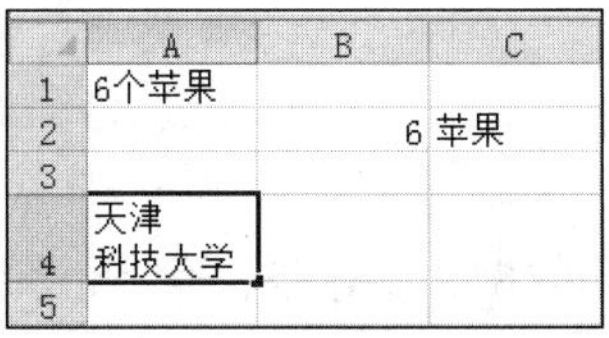

	A	B	C
1	6个苹果		
2		6	苹果
3			
4	天津 科技大学		
5			

图 11-1　输入文本

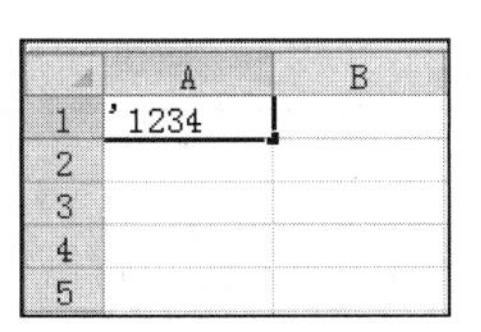

图 11-2　添加单撇号

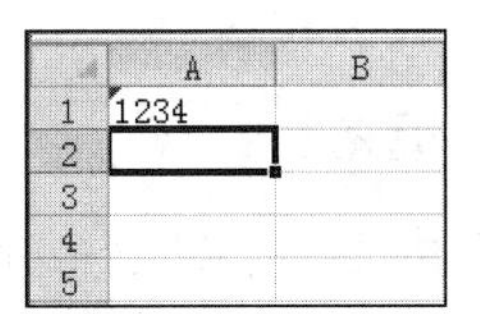

图 11-3　文本效果

如果单元格列宽容纳不下文本字符串，则将占用相邻单元格，若相邻单元格中已有数据，就截断显示。

11.1.2 数值型数据

在 Excel 表格中，经常使用数值型数据，数值的对齐方式默认为“右对齐”。输入数值型数据的方法如下。

（1）负数的输入：-150 或者（150）。

（2）输入科学计数法：2E6。

（3）输入浮点数：13.56。

（4）输入分数：0 3/4。如果直接输入 3/4，将会自动转换为日期型 3 月 4 日。

如果数值太长，那么 Excel 将采用科学计数法来显示，而且只保留 15 位的精度。

11.1.3 日期型数据

在工作表中输入日期和时间时，为了与普通的数值数据相区别，需要用特定的格式定义时间和日期。Excel 内置了一些日期和时间的格式，当输入的数据与这些格式相匹配时，Excel 会自动将它们识别为日期和时间，如下所示，在单元格中日期和时间对齐方式为“右对齐”。

（1）输入 2003 年 6 月 5 日：2003-6-5。

（2）输入当前年度 6 月 8 日：6/8。

（3）输入当前年度 12 月 1 日：December 1。

（4）输入 2003 年 6 月 5 日 12 点 50 分：2003-6-5 12:50。

输入数值的效果如图 11-4 所示。

	A	B	C	D
1	-150	2.00E+06	13.56	3/4
2				
3	2003/6/5	6月8日	1-Dec	2003/6/5 12:50
4				
5				

图 11-4 输入数值

按 Ctrl+; 组合键，在单元格中插入计算机系统当前日期；按 Ctrl+Shift+; 组合键，插入计算机系统当前时间。

11.2 高级编辑技巧

11.2.1 填充

利用 Excel 的自动填充功能，可以快速输入有规律的数据，如等差、等比、系统预定义的数据填充序列和用户自定义的序列。

1. 使用填充柄填充

选中一个有数据的单元格，鼠标指向填充柄（单元格右下角的黑方块），当鼠标变成“十”字形时按下左键，拖动虚线框覆盖所要填充的单元格，然后释放鼠标。填充后单击出现的图标，在下拉列表中选择填充方式。

（1）如图 11-5 所示，在 A1 单元格输入“数学”，拖曳填充到 A4 单元格，默认填充方式为“复制单元格”。

（2）填充柄还可以填充等差或等比数列，如图 11-6 所示，分别在 A1 和 A2 输入“2003”和“2004”，选中 A1 和 A2，拖曳填充柄至 A5 单元格，默认填充方式为“填充序列”。

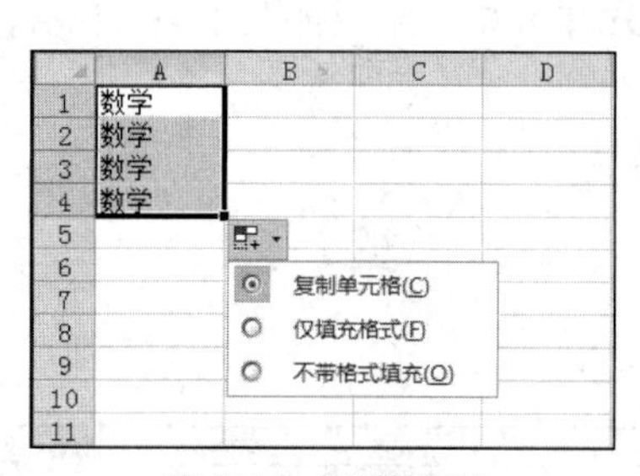

图 11-5　复制单元格

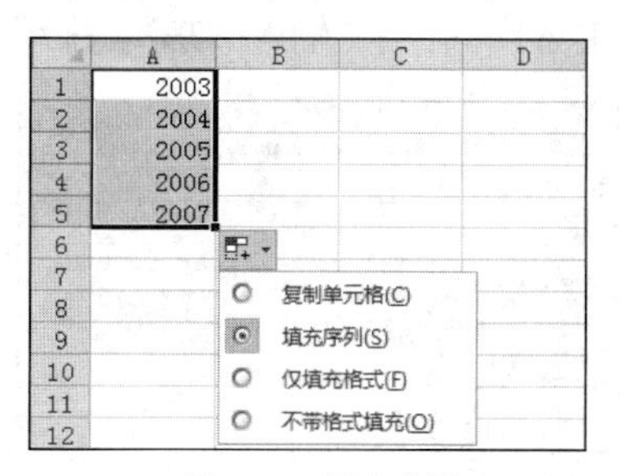

图 11-6　填充序列

2. 使用填充命令填充

对选定单元格区域，可以使用 Excel 的填充命令，自动填充数据。

在 A1 中输入“2010”，选择中区域 A1:A8，单击“开始”选项卡中“编辑”选项组中“填充”按钮，执行“系列”命令，打开“序列”对话框，如图 11-7 所示。选择序列产生在“列”，选择类型“等差数列”，输入步长值为“2”，单击“确定”按钮。填充后的效果如图 11-8 所示。

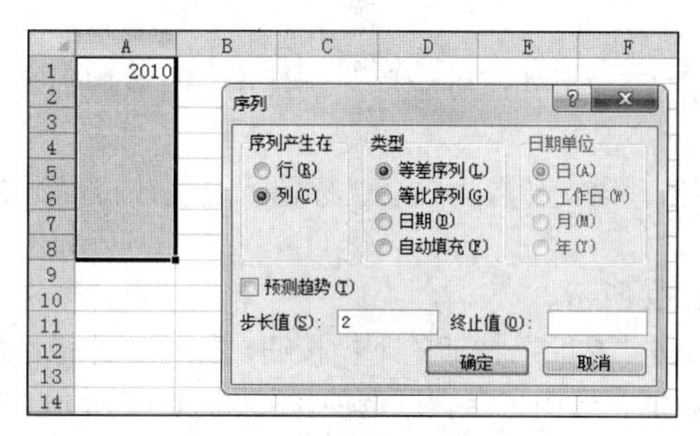

图 11-7　“序列”对话框

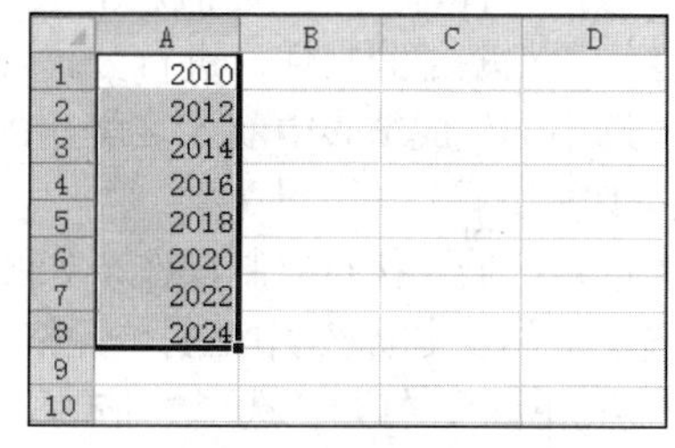

图 11-8　填充效果

3. 自定义填充序列

在 Excel 中，用户可以将一组数据自定义为填充序列，并用于序列填充。自定义序列填充的操作步骤如下。

（1）打开“文件”选项卡，执行“选项”命令，在打开的“Excel 选项”对话框中，单击“高级”类别，在“常规”栏中单击“编辑自定义列表”按钮，如图 11-9 所示。

图 11-9　“Excel 选项”对话框

（2）打开“自定义序列”对话框，如图 11-10 所示，在“输入序列”文本框中输入内容，单击“添加”按钮，序列“显示”添加到“自定义序列”列表框中了。

（3）选定 A1 单元格，输入“东”，拖动填充柄至 D1 单元格，结果如图 11-11 所示。

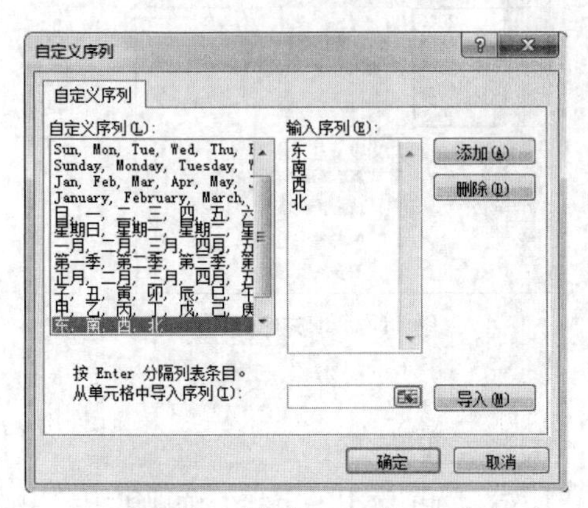

图 11-10 “自定义序列”对话框

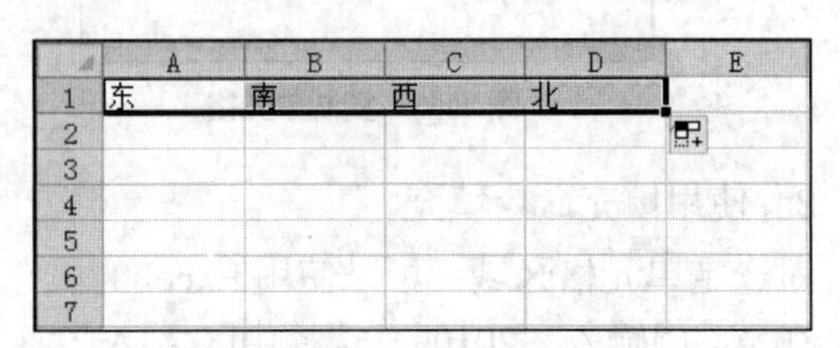

	A	B	C	D	E
1	东	南	西	北	
2					
3					
4					
5					
6					
7					

图 11-11 填充效果

11.2.2 选择性粘贴

单元格包括多种特性，如数值、格式、批注等，另外还可能是一个公式、有效规则等。在数据复制时，往往只粘贴部分特性，进行公式计算、转置等。

例如，选中学生成绩表中前 5 名学生的姓名、语文和数学成绩、标题行复制并转置到 Sheet2 工作表。具体步骤如下。

（1）先选定区域，执行复制操作，如图 11-12 所示。

（2）选定工作表 Sheet2 中 A1 单元格，单击“粘贴”按钮的下拉按钮，执行“选择性粘贴”命令，如图 11-13 所示，打开“选择性粘贴”对话框，选中“转置”选项，如图 11-14 所示。单击“确定”按钮，结果如图 11-15 所示。

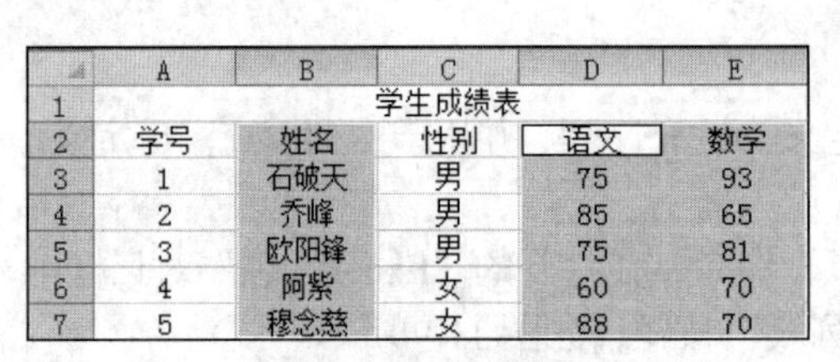

	A	B	C	D	E
1			学生成绩表		
2	学号	姓名	性别	语文	数学
3	1	石破天	男	75	93
4	2	乔峰	男	85	65
5	3	欧阳锋	男	75	81
6	4	阿紫	女	60	70
7	5	穆念慈	女	88	70

图 11-12 选定区域

图 11-13 “选择性粘贴”命令

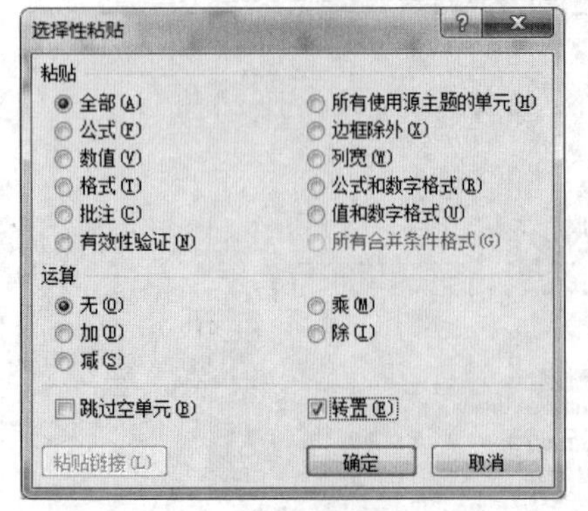

图 11-14 “选择性粘贴”对话框

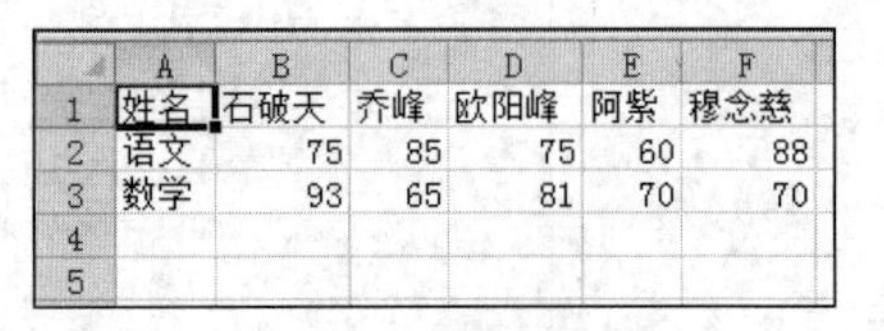

	A	B	C	D	E	F
1	姓名	石破天	乔峰	欧阳峰	阿紫	穆念慈
2	语文	75	85	75	60	88
3	数学	93	65	81	70	70
4						
5						

图 11-15 转置后效果

11.2.3　查找和替换

用户可以使用查找和替换，在工作表中快速地找到符合条件的单元格，或者进行数据替换。

1. 查找

（1）单击“开始”选项卡中“编辑”选项组中“查找和选择”按钮，执行“查找”命令，如图 11-16 所示。

（2）打开“查找和替换”对话框，如图 11-17 所示，输入要查找的内容，如“乔峰”，单击“查找下一个”按钮，可以找到下一个符合条件的单元格。

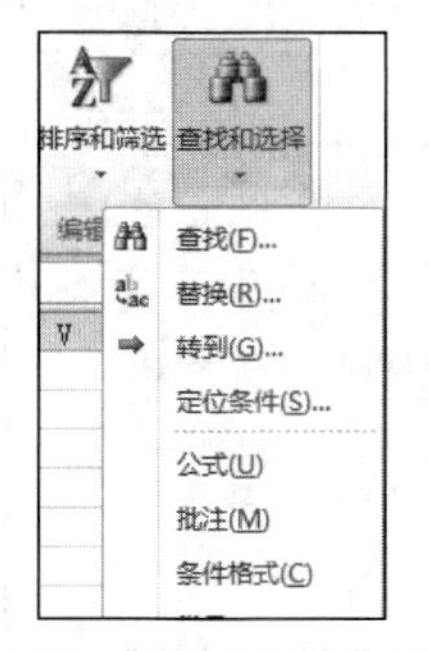

图 11-16 “查找和选择”菜单

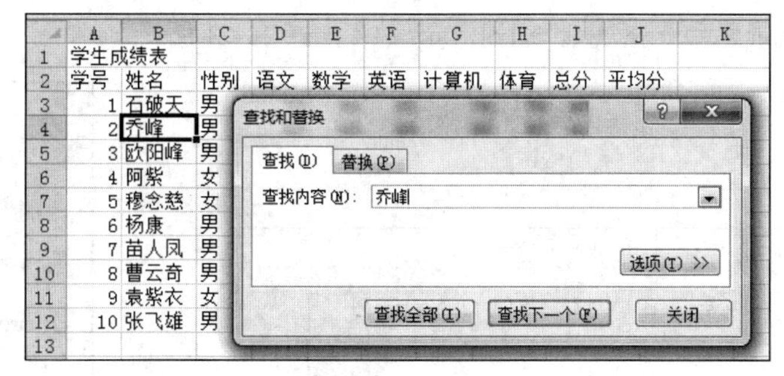

图 11-17　查找例子

2. 替换

（1）单击“开始”选项卡中“编辑”选项组中“查找和选择”按钮，执行“替换”命令，如图 11-16 所示。

（2）打开“查找和替换”对话框，输入查找内容如“黄蓉”，在“替换为”文本框中输入要替换成的内容如“郭靖”，如图 11-18 所示，单击“全部替换”按钮，替换工作表中符合条件的单元格数据。

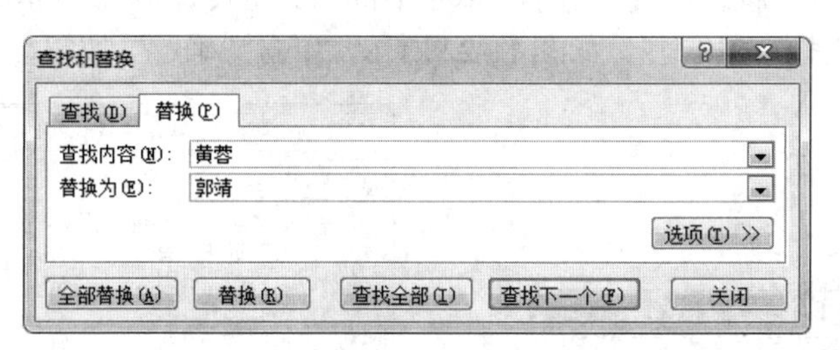

图 11-18　替换例子

（3）单击“选项”按钮，展开“查找和替换”对话框，如图 11-19 所示。单击查找内容的“格式”按钮，设定查找的单元格的格式；单击替换为的“格式”按钮，设定替换结果的格式。

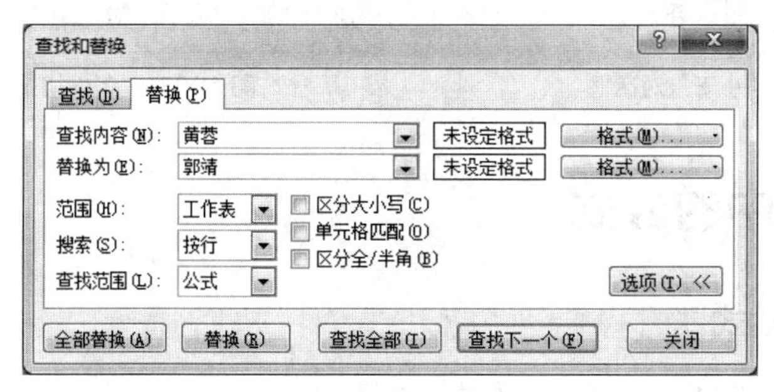

图 11-19　高级替换

在进行查找或替换时，如果不能确定完整的搜索信息，可以使用通配符“？”和“*”来代替不能确定的部分信息。“？”代表一个字符，“*”代表一个或多个字符。

11.2.4　条件格式

条件格式根据区域中单元格的数据是否符合条件而显示不同格式。例如，在学生成绩表中，将平均分小于60的单元格设置为浅红色填充。操作步骤如下。

（1）选中“平均分”区域，如图11-20所示，单击“开始”选项卡中“条件格式”下拉按钮，选择“突出显示单元格规则→小于”命令，如图11-21所示。

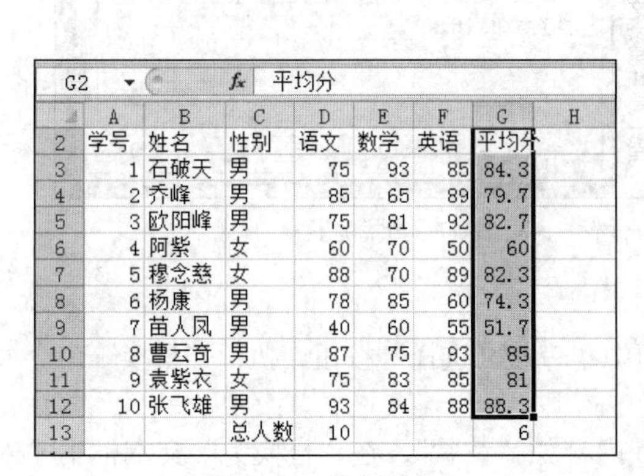
G2　　*fx*　平均分

	A	B	C	D	E	F	G	H
2	学号	姓名	性别	语文	数学	英语	平均分	
3	1	石破天	男	75	93	85	84.3	
4	2	乔峰	男	85	65	89	79.7	
5	3	欧阳峰	男	75	81	92	82.7	
6	4	阿紫	女	60	70	50	60	
7	5	穆念慈	女	88	70	89	82.3	
8	6	杨康	男	78	85	60	74.3	
9	7	苗人凤	男	40	60	55	51.7	
10	8	曹云奇	男	87	75	93	85	
11	9	袁紫衣	女	75	83	85	81	
12	10	张飞雄	男	93	84	88	88.3	
13			总人数	10			6	

图11-20　选中区域

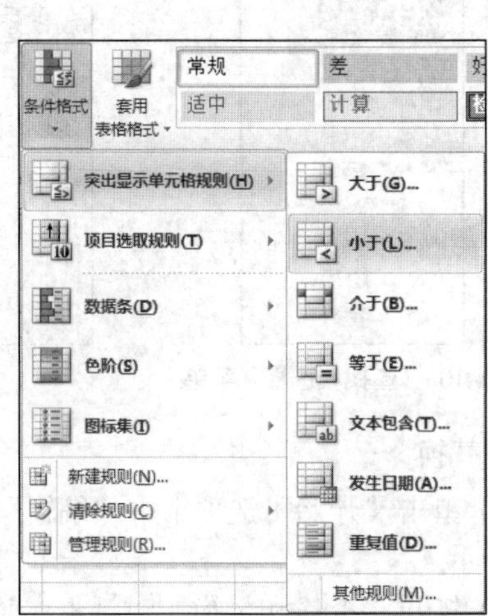

图11-21　“条件格式”菜单

（2）打开“小于”对话框，设置“为小于以下值的单元格设置格式”的值为60，单击“设置为”右侧下拉按钮，选择“浅红色填充”，如图11-22所示，单击“确定”按钮，效果如图11-23所示。

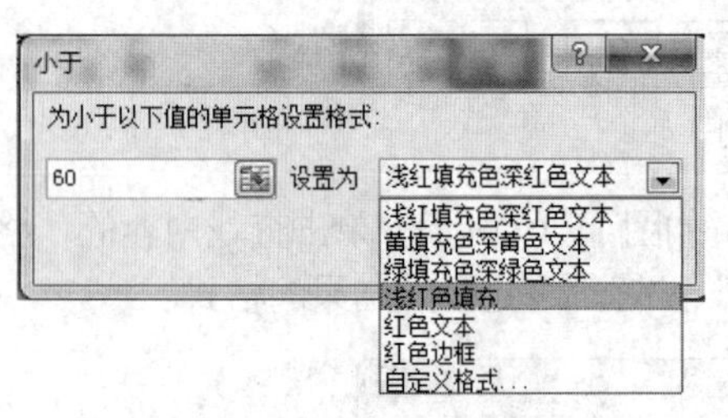

图11-22　“小于”对话框

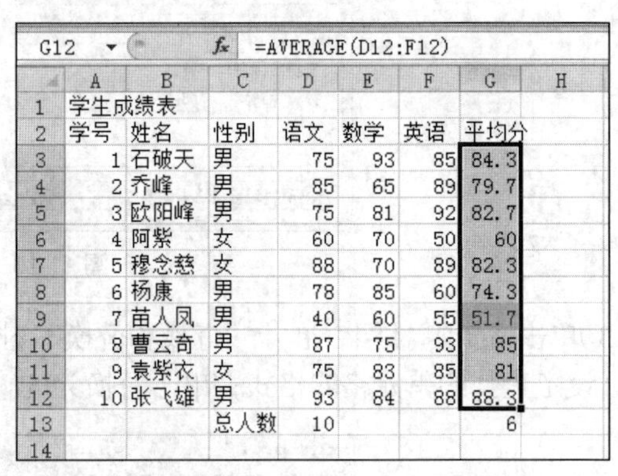
G12　　*fx*　=AVERAGE(D12:F12)

	A	B	C	D	E	F	G	H
1	学生成绩表							
2	学号	姓名	性别	语文	数学	英语	平均分	
3	1	石破天	男	75	93	85	84.3	
4	2	乔峰	男	85	65	89	79.7	
5	3	欧阳峰	男	75	81	92	82.7	
6	4	阿紫	女	60	70	50	60	
7	5	穆念慈	女	88	70	89	82.3	
8	6	杨康	男	78	85	60	74.3	
9	7	苗人凤	男	40	60	55	51.7	
10	8	曹云奇	男	87	75	93	85	
11	9	袁紫衣	女	75	83	85	81	
12	10	张飞雄	男	93	84	88	88.3	
13			总人数	10			6	
14								

图11-23　“条件格式”设置完效果

11.3　Excel中的公式

11.3.1　运算符与表达式

在Excel中，可以使用4类运算符：数学运算符、比较运算符、文本运算符和引用运算符。

1. 数学运算符

数学运算符包括+（加法）、-（减法）、*（乘法）、/（除法）、%（百分号）、^（乘方）。

2. 比较运算符

比较运算符包括=（等于）、>（大于）、<（小于）、>=（大于等于）、<=（小于等于）、< >（不等于）。例如，公式“=A2>60”，判断 A2 是否大于 60，如图 11-24（a）所示。

3. 文本运算符

文本运算符即“&”运算符，它连接两个字符串，运算结果仍然为字符串。

例如，在 B4 中输入公式“=A3&B3”，连接 A3 字符串和 B3 字符串，如图 11-24（b）所示。

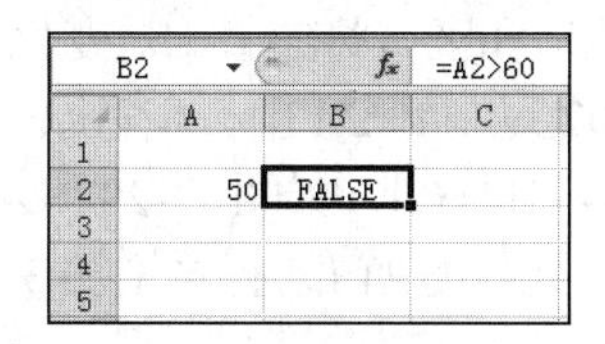

（a）比较运算符的应用

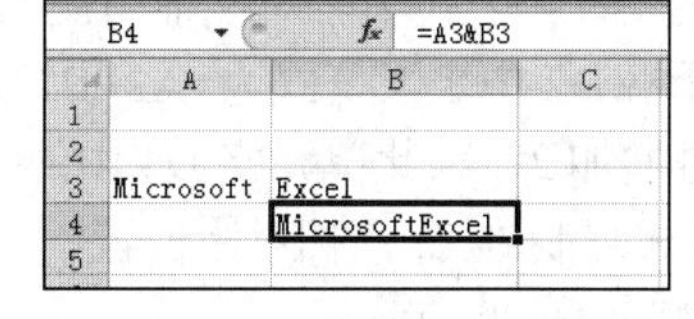

（b）文本运算符的应用

图 11-24　比较运算符与文本运算符

4. 引用运算符

引用运算符共有 3 个：区域符（:）、并集符（,）和交集符（空格）。

（1）区域符（:）：定义一个区域。例如，“A3:B5”，A3 到 B5 的单元格区域，它包括 A3、A4、A5、B3、B4、B5 共 6 个单元格。在公式中利用区域符（:），可以快速引用单元格区域，如公式“=D1+D2+D3+D4”，可改写为“=SUM(D1：D4)”。

（2）并集符（,）：合并两个或多个区域。例如，公式“=SUM(A1:C2, A4:C4)”，表示将区域 A1:C2 和区域 A4:C4 相加。

（3）交集符（空格）：只处理各区域交叠部分。例如，公式“=SUM(A1:C3　B1:E3)”，表示计算将区域 A1:C3 与区域 B1:E3 的公共部分之和，包括 B1、B2、B3、C1、C2、C3 共 6 个单元格。

11.3.2　输入公式

输入公式时以等号“=”为开头，公式是表达式，其中可以包括运算符、常量、变量、函数、单元格地址等。输入公式有两种方法。

1. 手动输入

例如，选中单元格，输入“= 4+6”。在输入时，公式同时现实单元格和编辑栏中，按 Enter 键后单元格显示结果 10，如图 11-25 所示。

2. 单击输入

单击输入可以直接引用单元格，更加简单快速。

例如，在 C1 中输入公式“=A1+B1”。选中 C1，输入“=”，单击单元格 A1，此时 A1 周围会显示活动虚框，A1 的地址添加到公式中，如图 11-26 所示。输入“+”，再单击单元格 B1，按 Enter 键后，在 C1 中显示计算结果，如图 11-27 所示。

图 11-25　手动输入公式

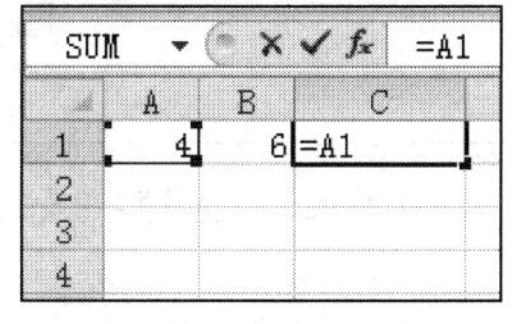

图 11-26　单击输入公式

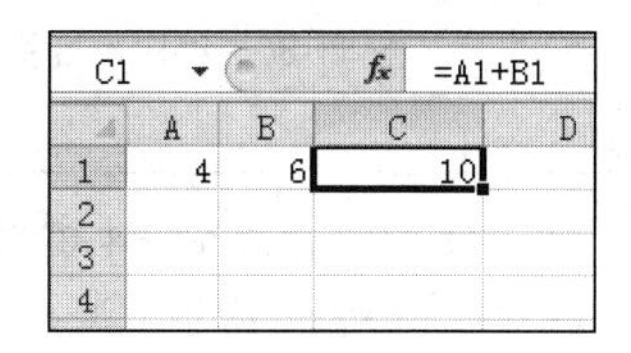

图 11-27　计算结果

11.4 单元格引用

单元格引用指明公式中所使用的单元格或者区域的位置。在 Excel 中，可以引用同一工作表的数据，同一工作簿中不同工作表的数据，不同工作簿的数据。在公式中，单元格地址的引用主要有相对引用、绝对引用、混合引用 3 种方式。

11.4.1 相对地址引用

在复制或者填充时，公式中相对地址引用的单元格地址和区域将随着相对变化而变化。

例如，在单元格 D2 中定义公式为=A2+B2+C2，将 D2 复制到 D4 中，相对原位置，目标位置的列号不变，而行号增加 2，因此单元格 D4 中的公式为=A4+B4+C4，如图 11-28 所示。

将 D2 中的公式复制到 E5，相对原位置，目标位置的列号增加 1，行号增加 3，则 E5 中的公式为=B5+C5+D5，如图 11-29 所示。

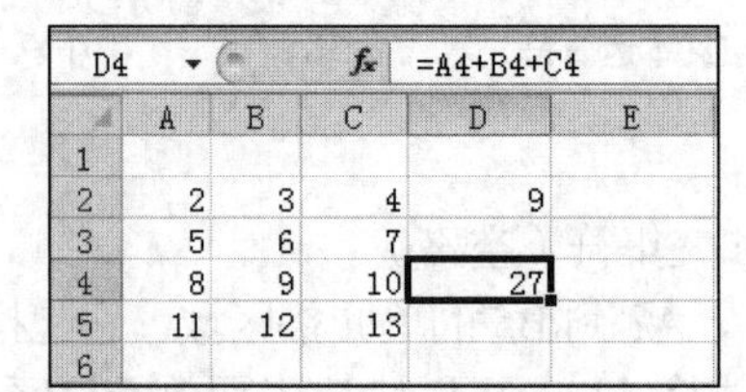
D4 =A4+B4+C4

	A	B	C	D	E
1					
2	2	3	4	9	
3	5	6	7		
4	8	9	10	27	
5	11	12	13		
6					

图 11-28 行号相对变化

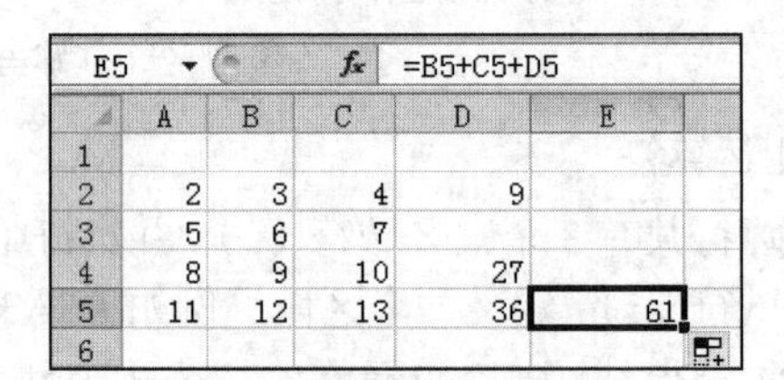
E5 =B5+C5+D5

	A	B	C	D	E
1					
2	2	3	4	9	
3	5	6	7		
4	8	9	10	27	
5	11	12	13	36	61
6					

图 11-29 行号、列号相对变化

11.4.2 绝对地址引用

在复制或者填充时，公式中绝对地址引用的单元格地址和区域不会随着相对变化而变化。在 Excel 中，绝对地址引用时在列号和行号前加上“$”符号。

例如，在单元格 D2 中定义公式=$A$2+$B$2+$C$2，将 D2 复制到 D4 单元格，此时 D4 单元格和 D2 单元格的公式完全相同，如图 11-30 所示。

11.4.3 混合地址引用

如果只在列号或者行号前加上“$”符号，为混合地址。

例如，在单元格 D2 中定义公式=$A$2+$B$2+$C2，将 D2 复制到 E5 单元格，则 E5 中的公式为=$A$2+$B$2+$C5，如图 11-31 所示。

D4 =$A$2+$B$2+$C$2

	A	B	C	D	E
1					
2	2	3	4	9	
3	5	6	7		
4	8	9	10	9	
5	11	12	13		
6					

图 11-30 绝对地址引用

E5 =$A$2+$B$2+$C5

	A	B	C	D	E	F
1						
2	2	3	4	9		
3	5	6	7			
4	8	9	10	15		
5	11	12	13	18	18	
6						

图 11-31 混合地址引用

提示

使用键盘上的 F4 键转换引用的类型。每按一次 F4 键，变换一种类型，变换次序为：相对、绝对、混合、混合。

11.4.4　跨表引用

外部引用主要指在公式或者计算中引用不同工作表的单元格或者区域，其格式为“工作表!单元格”或者“工作表!单元格区域”。

例如，在工作表 Sheet1 的单元格 A1 中输入公式“=Sum(Sheet2!B1:B3)”或者“=Sheet2!B1+ Sheet2!B2+ Sheet2!B3”。

11.5　函数

函数是定义好的公式，通过参数接收数据，处理后返回结果。Excel 函数可以实现数值统计、逻辑判断、财务计算、工程分析、数字计算等功能。

11.5.1　MAX 函数

主要功能：求出参数中的最大值。

使用格式：MAX(number1,[number2]…)

参数说明：number1,number2…表示求最大值的数值或引用单元格（区域）。

例如，计算学生成绩表中语文成绩的最高分，如图 11-32 所示。

提示

MAX 函数，忽略参数中的文本或逻辑值单元格。

11.5.2　MIN 函数

主要功能：求出参数中的最小值。

使用格式：MIN(number1,[number2]…)

参数说明：number1,number2…表示求最小值的数值或引用单元格（区域）。

例如，计算学生成绩表中语文成绩的最低分，如图 11-33 所示。

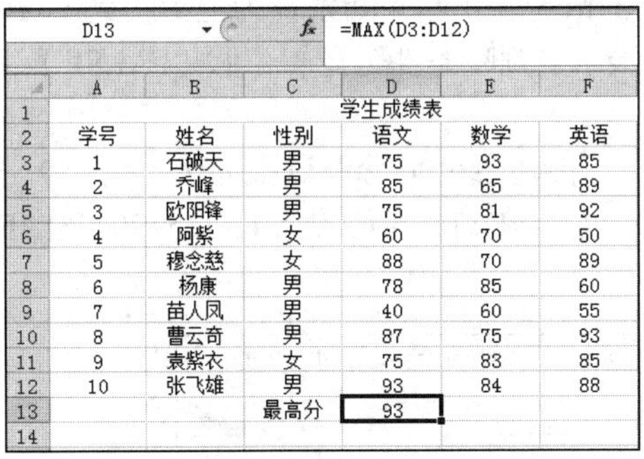

D13　=MAX(D3:D12)

	A	B	C	D	E	F
1	学生成绩表					
2	学号	姓名	性别	语文	数学	英语
3	1	石破天	男	75	93	85
4	2	乔峰	男	85	65	89
5	3	欧阳锋	男	75	81	92
6	4	阿紫	女	60	70	50
7	5	穆念慈	女	88	70	89
8	6	杨康	男	78	85	60
9	7	苗人凤	男	40	60	55
10	8	曹云奇	男	87	75	93
11	9	袁紫衣	女	75	83	85
12	10	张飞雄	男	93	84	88
13			最高分	93		
14						

图 11-32　MAX 函数

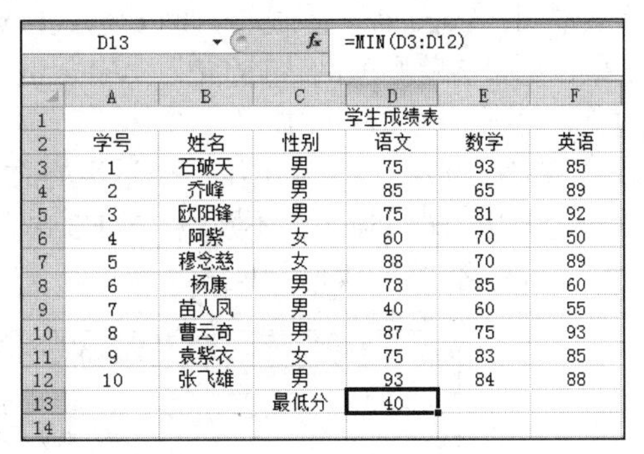

D13　=MIN(D3:D12)

	A	B	C	D	E	F
1	学生成绩表					
2	学号	姓名	性别	语文	数学	英语
3	1	石破天	男	75	93	85
4	2	乔峰	男	85	65	89
5	3	欧阳锋	男	75	81	92
6	4	阿紫	女	60	70	50
7	5	穆念慈	女	88	70	89
8	6	杨康	男	78	85	60
9	7	苗人凤	男	40	60	55
10	8	曹云奇	男	87	75	93
11	9	袁紫衣	女	75	83	85
12	10	张飞雄	男	93	84	88
13			最低分	40		
14						

图 11-33　MIN 函数

提示

如果参数中有文本或逻辑值，则忽略。

11.5.3　AVERAGE 函数

主要功能：求出所有参数的算术平均值。

使用格式：AVERAGE(number1,[number2]…)

参数说明：number1,number2…表示求平均值的数值或单元格（区域）。

例如，计算第一个学生的各科成绩的平均分，在 G3 单元格输入“=AVERAGE(D3:F3)”，如图 11-34 所示。

提示

AVERAGE 函数，引用区域值为“0”的单元格，计算在内；引用区域中空白或字符的单元格，不计算在内。

11.5.4 SUM 函数

主要功能：求出所有参数的数值和。

使用格式：SUM(number1,[number2]…)

参数说明：number1,number2…表示求和的数值或单元格（区域）。

例如，计算第一个学生各科成绩的总分，在 G3 单元格输入“=SUM(D3:F3)”，如图 11-35 所示。

G3 =AVERAGE(D3:F3)

	A	B	C	D	E	F	G
1				学生成绩表			
2	学号	姓名	性别	语文	数学	英语	平均分
3	1	石破天	男	75	93	85	84.3333
4	2	乔峰	男	85	65	89	
5	3	欧阳锋	男	75	81	92	
6	4	阿紫	女	60	70	50	
7	5	穆念慈	女	88	70	89	
8	6	杨康	男	78	85	60	
9	7	苗人凤	男	40	60	55	
10	8	曹云奇	男	87	75	93	
11	9	袁紫衣	女	75	83	85	
12	10	张飞雄	男	93	84	88	

图 11-34 AVERAGE 函数

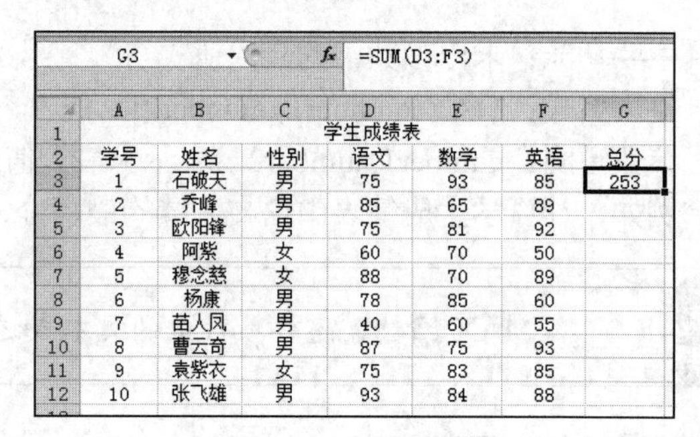

G3 =SUM(D3:F3)

	A	B	C	D	E	F	G
1				学生成绩表			
2	学号	姓名	性别	语文	数学	英语	总分
3	1	石破天	男	75	93	85	253
4	2	乔峰	男	85	65	89	
5	3	欧阳锋	男	75	81	92	
6	4	阿紫	女	60	70	50	
7	5	穆念慈	女	88	70	89	
8	6	杨康	男	78	85	60	
9	7	苗人凤	男	40	60	55	
10	8	曹云奇	男	87	75	93	
11	9	袁紫衣	女	75	83	85	
12	10	张飞雄	男	93	84	88	

图 11-35 SUM 函数

11.5.5 IF 函数

主要功能：根据对指定条件的逻辑判断的真假结果，返回相应的结果。

使用格式：IF(Logical,[Value_if_true],[Value_if_false])

参数说明：Logical 表示逻辑判断表达式；Value_if_true 表示当判断条件为逻辑“真（TRUE）”时的结果，如果忽略则返回“TRUE”；Value_if_false 表示当判断条件为逻辑“假（FALSE）”时的结果，如果忽略则返回“FALSE”。

例如，在学生成绩表中给出第一个学生的成绩等级，平均成绩 90 分及以上为优，70～89 分为良，60～69 分为及格，60 分以下为不及格。在 H3 单元格内输入“=IF(G2>=90,"优",IF(G2>=70,"良",IF(G2>=60,"及格","不及格")))”，如图 11-36 所示。

H3 =IF(G3>=90,"优",IF(G3>=70,"良",IF(G3>=60,"中",不及格)))

	A	B	C	D	E	F	G	H	I	J
1				学生成绩表						
2	学号	姓名	性别	语文	数学	英语	平均分	成绩等级		
3	1	石破天	男	75	93	85	84.3	良		
4	2	乔峰	男	85	65	89	79.7			
5	3	欧阳锋	男	75	81	92	82.7			
6	4	阿紫	女	60	70	50	60.0			
7	5	穆念慈	女	88	70	89	82.3			
8	6	杨康	男	78	85	60	74.3			
9	7	苗人凤	男	40	60	55	51.7			
10	8	曹云奇	男	87	75	93	85.0			
11	9	袁紫衣	女	75	83	85	81.0			
12	10	张飞雄	男	93	84	88	88.3			
13										

图 11-36 IF 函数

函数公式中出现的标点符号均为半角英文符号。

11.5.6　SUMIF 函数

主要功能：计算符合指定条件的单元格区域内的数值和。

使用格式：SUMIF（Range,Criteria,Sum_Range）

参数说明：Range 表示条件判断的单元格区域；Criteria 指定条件表达式；Sum_Range 表示需要计算的数值所在的单元格区域。

例如，计算学生成绩表中语文成绩大于 80 分的学生的英语分数之和，如图 11-37 所示。

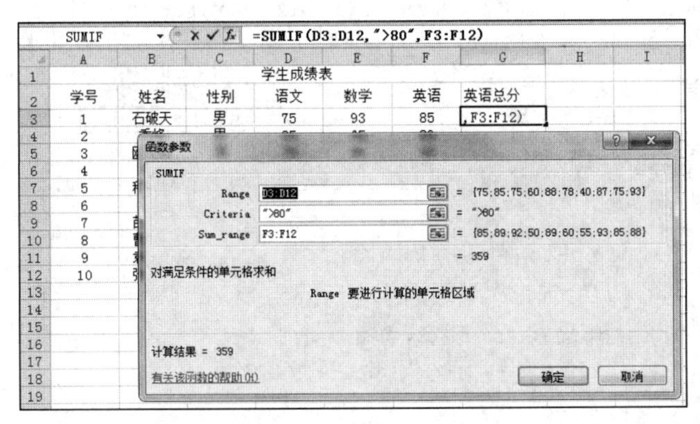

图 11-37　SUMIF 函数

11.5.7　SUMIFS 函数

主要功能：用于计算单元格区域或数组中符合多个指定条件的数字的总和。

使用格式：SUMIFS(sum_range,criteria_range1,criteria1,[criteria_range2],[criteria2]...)

参数说明：sum_range（必选）：表示要求和的单元格区域；criteria_range1（必选）表示要作为条件进行判断的第 1 个单元格区域；criteria_range2...（可选）表示要作为条件进行判断的第 2～127 个单元格区域；criteria1（必选）表示要进行判断的第 1 个条件，形式可以为数字、文本或表达式。例如，16、"16"">16"" 图书 " 或 ">"&A1；criteria2...（可选）表示要进行判断的第 2～127 个条件，形式可以为数字、文本或表达式。

例如，计算学生成绩表中数学和语文成绩都大于 80 分的学生的英语分数之和，如图 11-38 所示。

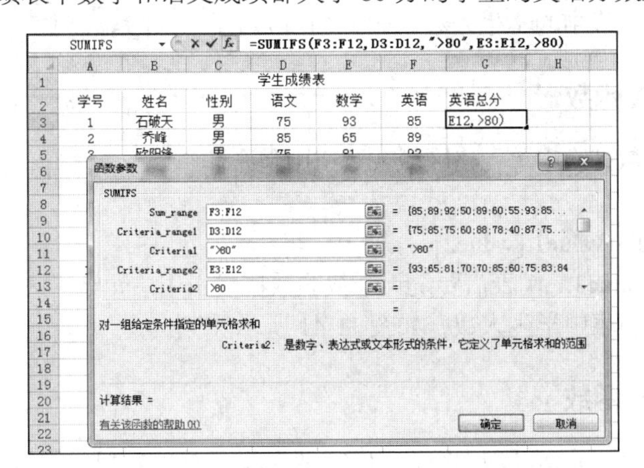

图 11-38　SUMIFS 函数

11.5.8 AVERAGEIF 函数

主要功能：求出某个区域内满足给定条件的所有参数的算术平均值。

使用格式：AVERAGEIF(range, criteria, [average_range])

参数说明：range（必选）表示要计算平均值的一个或多个单元格，其中包含数字或包含数字的名称、数组或引用；criteria（必选）形式为数字、表达式、单元格引用或文本的条件，用来定义将计算平均值的单元格，例如，条件可以表示为 32、"32"">32""苹果"或 B4；average_range（可选）计算平均值的实际单元格组，如果省略，则使用 range。

例如，计算学生成绩表中语文成绩大于 80 分的学生的英语成绩平均分，如图 11-39 所示。

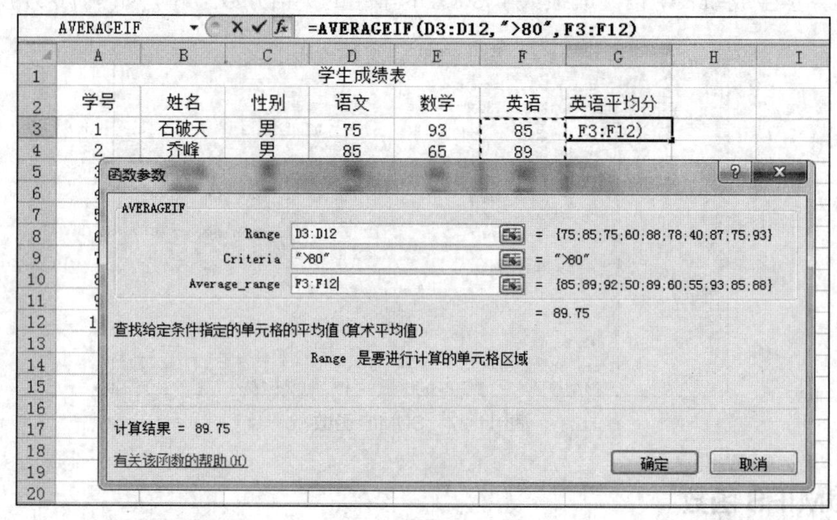

图 11-39 AVERAGEIF 函数

11.5.9 COUNT 函数

主要功能：统计参数列表中数字的单元格以及参数列表中数字的个数。

使用格式：COUNT(value1,[value2]…)

参数说明：value1,value2…代表需要统计个数的数据或引用单元格（区域）。

例如，统计学生成绩表中的学生人数，如图 11-40 所示。

D13 =COUNT(D3:D12)

	A	B	C	D	E	F	G
1	学生成绩表						
2	学号	姓名	性别	语文	数学	英语	平均分
3	1	石破天	男	75	93	85	84.3
4	2	乔峰	男	85	65	89	79.7
5	3	欧阳峰	男	75	81	92	82.7
6	4	阿紫	女	60	70	50	60
7	5	穆念慈	女	88	70	89	82.3
8	6	杨康	男	78	85	60	74.3
9	7	苗人凤	男	40	60	55	51.7
10	8	曹云奇	男	87	75	93	85
11	9	袁紫衣	女	75	83	85	81
12	10	张飞雄	男	93	84	88	88.3
13			总人数	10			

图 11-40 COUNT 函数

11.5.10 COUNTA 函数

主要功能：统计参数列表中单元格区域或数组中包含非空值的单元格个数。

使用格式：COUNTA(value1,[value2]…)

参数说明：value1,value2…代表需要统计个数的数据或引用单元格（区域）。

例如，统计学生成绩表中学生人数，如图 11-41 所示。

11.5.11 COUNTIF 函数

主要功能：统计某个单元格区域中符合指定条件的单元格的数目。

使用格式：COUNTIF(Range, Criteria)

参数说明：Range 表示要统计的单元格区域；Criteria 表示指定的条件表达式。

例如，统计学生成绩表中平均分大于等于 80 的学生人数，如图 11-42 所示。

D13 =COUNTA(D3:D12)

	A	B	C	D	E	F	G
1				学生成绩表			
2	学号	姓名	性别	语文	数学	英语	平均分
3	1	石破天	男	75	93	85	84.33333
4	2						
5	3						
6	4	阿紫	女	60	70	50	60
7	5	穆念慈	女	88	70	89	82.33333
8	6	杨康	男	78	85	60	74.33333
9	7	苗人凤	男	40	60	55	51.66667
10	8	曹云奇	男	87	75	93	85
11	9	袁紫衣	女	75	83	85	81
12	10	张飞雄	男	93	84	88	88.33333
13			总人数	8			

图 11-41 COUNTA 函数

G13 =COUNTIF(G3:G12,">=80")

	A	B	C	D	E	F	G
1	学生成绩表						
2	学号	姓名	性别	语文	数学	英语	平均分
3	1	石破天	男	75	93	85	84.3
4	2	乔峰	男	85	65	89	79.7
5	3	欧阳峰	男	75	81	92	82.7
6	4	阿紫	女	60	70	50	60
7	5	穆念慈	女	88	70	89	82.3
8	6	杨康	男	78	85	60	74.3
9	7	苗人凤	男	40	60	55	51.7
10	8	曹云奇	男	87	75	93	85
11	9	袁紫衣	女	75	83	85	81
12	10	张飞雄	男	93	84	88	88.3
13			总人数	10			6

图 11-42 COUNTIF 函数

11.5.12 COUNTIFS 函数

主要功能：计算多个区域中满足给定条件的单元格的个数，可以同时设定多个条件。该函数为 COUNTIF 函数的扩展。

使用格式：COUNTIFS (Criteria_range1,Criteria1,Criteria_range2,Criteria2…)

参数说明：Criteria_range1 为第一个需要计算其中满足某个条件的单元格数目的单元格区域（简称条件区域）；Criteria1 为第一个区域中将被计算在内的条件，其形式可以为数字、表达式或文本。例如，条件可以表示为 48、"48"">48"或"广州"；Criteria_range2 为第二个条件区域，Criteria2 为第二个条件，依次类推。最终结果为多个区域中满足所有条件的单元格个数。

例如，统计学生成绩表中的语文和数学成绩都大于 80 分的学生人数，如图 11-43 所示。

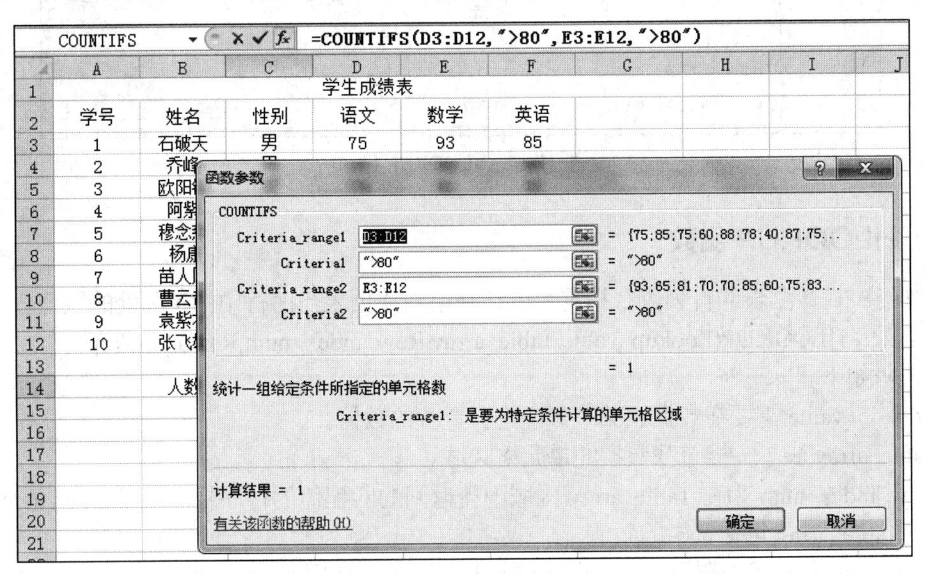

图 11-43 COUNTIFS 函数

11.5.13 VLOOKUP 函数

主要功能：在数据表的首列查找指定数值，并返回数据表当前行中指定列处的数值。

使用格式：VLOOKUP(Lookup_value,Table_array,Col_index_num,Range_lookup)

参数说明如下。

① Lookup_value 表示代表需要查找的数值。

② Table_array 表示需要查找数据的单元格区域。

③ Col_index_num 为在 Table_array 区域中待返回的匹配值的列序号。如当 Col_index_num 为 2 时，返回 Table_array 第 2 列中的数值。

④ Range_lookup 为一逻辑值，如果为 TRUE 或省略，则返回近似匹配值，如果找不到精确匹配值，则返回小于 Lookup_value 的最大数值；如果为 FALSE，则返回精确匹配值，如果找不到，则返回错误值#N/A。

简单来说，VLOOKUP 函数就是查找粘贴函数，也就是查找到指定的内容并粘贴到另一指定的位置。VLOOKUP 函数的 4 个参数，通俗地说，可以理解为"找什么，在哪里找，需要粘贴哪一列，精确找还是模糊找"。

例如，在学生成绩表中，查找学号为 3 的学生的语文成绩，如图 11-44 所示。

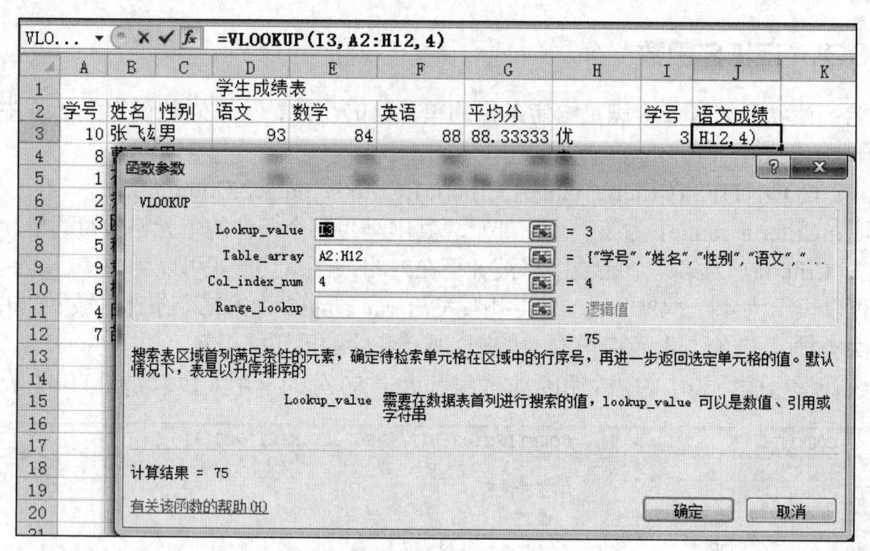

图 11-44　VLOOKUP 函数

11.5.14　HLOOKUP 函数

主要功能：在数据表的首列查找指定数值，并返回数据表当前行中指定列处的数值。

使用格式：HLOOKUP(Lookup_value,Table_array,Row_index_num,Range_lookup)

参数说明如下。

① Lookup_value 需要在数据表第一行中进行查找的数值。

② Table_array 表示需要查找数据的单元格区域。

③ Row_index_num 为在 Table_array 区域中待返回的匹配值的行序号。如当 Row_index_num 为 2 时，返回 Table_array 第 2 行中的数值。

④ Range_lookup 为一逻辑值，如果为 TRUE 或省略，则返回近似匹配值，如果找不到精确匹配值，则返回小于 Lookup_value 的最大数值；如果为 FALSE，则返回精确匹配值，如果找不到，则返回错误值#N/A。

例如，在学生成绩表中，查找姓名为乔峰的学生的语文成绩，如图 11-45 所示。

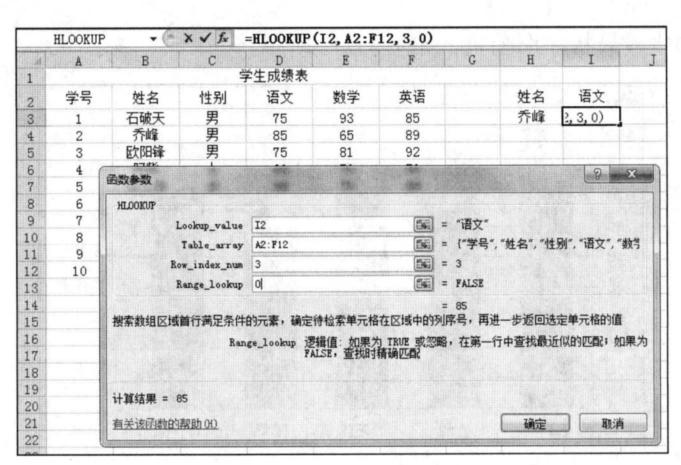

图 11-45　HLOOKUP 函数

11.6　图表

图表将工作表中的数据统计生成各种图表，以直观形象的方式展示数据的内涵。

11.6.1　创建图表

Excel 可以创建图表，图表可以嵌入同一工作表中，也可以单独占据一张工作表。图表的数据来自工作表的区域，如果数据改变了，相应的图表也会立即改变。

1. 使用功能区创建图表

可以使用功能区的方法创建图表。

例如，创建学生成绩表中学号 1～5 的学生的语文和数学成绩的图表，图表类型为簇状柱形图。具体步骤如下。

（1）选中区域 B2:B7 和 D2:E7，如图 11-46 所示。

（2）单击“插入”选项卡中“图表”选项组中“柱形图”按钮，执行“二维柱形图”中的“簇状柱形图”命令，如图 11-47 所示。

	A	B	C	D	E	F	G
1	学生成绩表						
2	学号	姓名	性别	语文	数学	英语	计算机
3	1	石破天	男	75	93	85	76
4	2	乔峰	男	85	65	89	89
5	3	欧阳峰	男	75	81	92	80
6	4	阿紫	女	60	70	50	75
7	5	穆念慈	女	88	70	89	79
8	6	杨康	男	78	85	60	82
9	7	苗人凤	男	40	60	55	60
10	8	曹云奇	男	87	75	93	89
11	9	袁紫衣	女	75	83	85	76
12	10	张飞雄	男	93	84	88	88

图 11-46　选定数据源区域

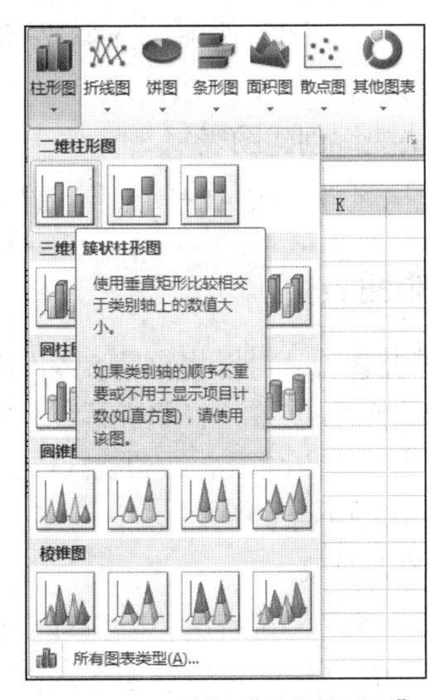

图 11-47　选择“簇状柱形图”

（3）在工作表中生成簇状柱形图表，如图 11-48 所示。

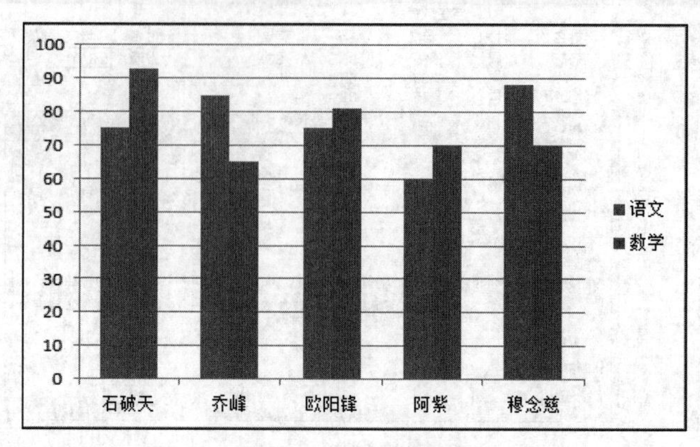

图 11-48 嵌入式图表

2. 使用图表向导创建图表

使用图表向导创建学生成绩图表，具体步骤如下。

（1）选中单元格区域 B2:B7 和 D2: E7，单击“插入”选项卡中“图表”选项组右下角的按钮，打开“插入图表”对话框，如图 11-49 所示。

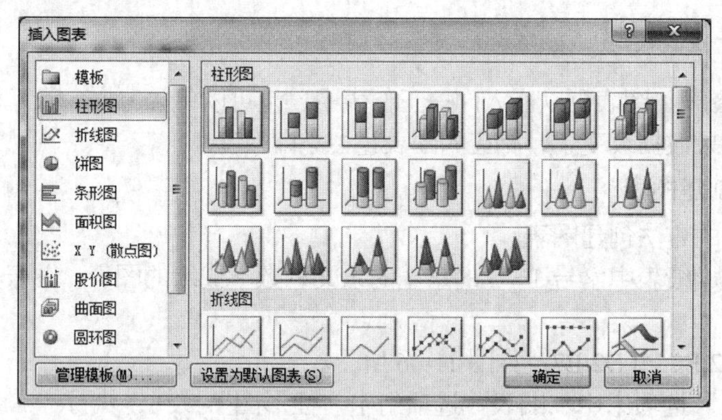

图 11-49 “插入图表”对话框

（2）单击“柱形图”选项，选中“簇状柱形图”选项，单击“确定”按钮，就可以生成图表，如图 11-48 所示。

3. 使用快捷键创建图表

选中单元格区域，按 Alt+F1 组合键可以创建嵌入式图表，按 F11 键可以创建工作表图表。

11.6.2 编辑图表

在创建图表之后，可以根据需要编辑图表及图表的各个对象，包括改变图表类型、修改图表的数据、添加和删除数据系列、添加标题及数据标志、增加文本和图形、移动图表和调整大小等。

在 Excel 中，选中图表后，功能区中会出现“图表工具”选项卡组，包括“设计”“布局”和“格式”选项卡，如图 11-50 所示。

1. 编辑图表对象

选中图表，单击“图表工具”选项卡组中“布局”选项卡，单击“插入”“标签”“坐标轴”“背景”等选项组中的按钮，编辑选定图表对象，如图 11-50 所示。

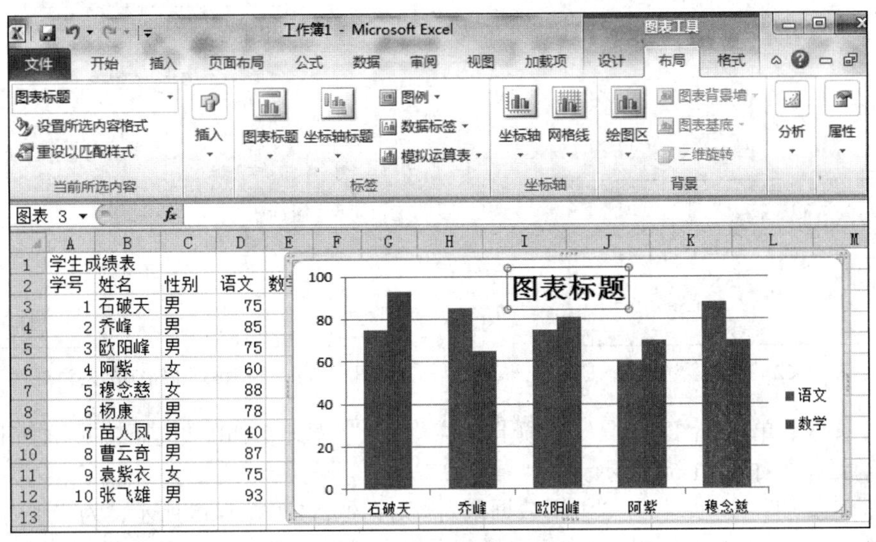

图 11-50　编辑图表标题

2. 更改图表类型

可以修改创建好的图表类型。例如，将柱形图表改为折线图，具体步骤如下。

选中柱形图表，单击“设计”选项卡中“类型”选项组中的“更改图表类型”按钮，打开“更改图表类型”对话框，如图 11-49 所示，单击“折线图”选项，选中“带数据标记的折线图”类型，柱形图转换为折线图，如图 11-51 所示。

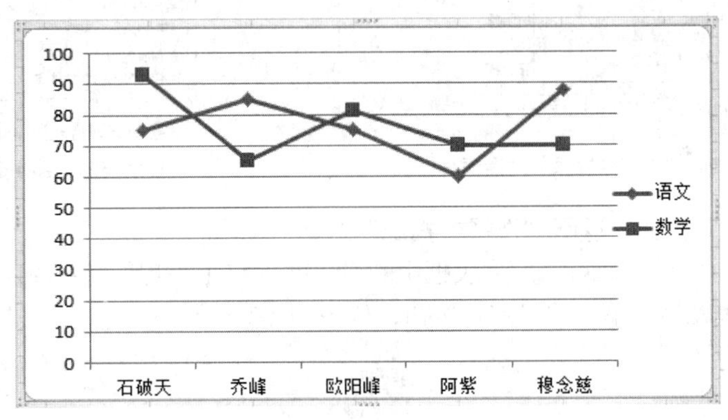

图 11-51　折线图

3. 改变图表的大小

改变图表的大小主要有以下 3 种方法。

（1）方法 1：选中图表，拖曳图表边框上的 8 个控制点，就可以调整图表的大小。

（2）方法 2：选中图表，在“格式”选项卡中“大小”选项组中，输入或者单击微调按钮修改“高度”和“宽度”文本框值，修改所选图表的大小如图 11-52 所示。

（3）方法 3：选中图表，鼠标右键单击图表边框，执行“设置图表区域格式”命令，打开“设置图表区域格式”对话框，如图 11-53 所示，单击“大小”选项，可以调整图表的高度和宽度。

4. 添加数据系列

Excel 图表的数据系列包括系列名称和系列值，每一个系列值由一行或一列数据组成，可以为图表添加数据系列。例如，为学生成绩表的图表（见图 11-48）添加计算机成绩。

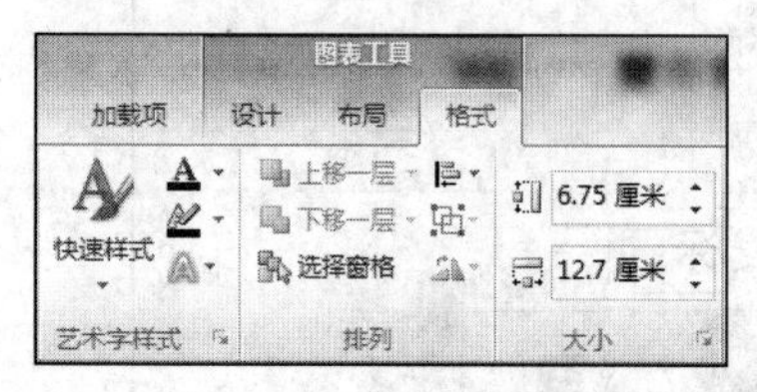

图 11-52 “大小”选项组

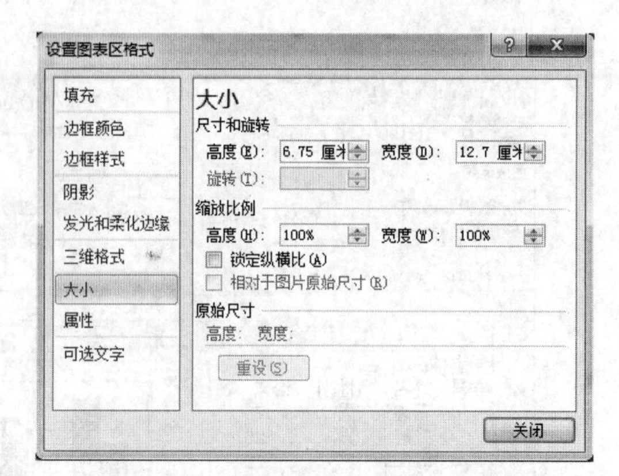

图 11-53 “设置图表区格式”对话框

（1）选中图表，单击“图表工具”选项卡组中“设计”选项卡中的“选择数据”按钮，打开“选择数据源”对话框，如图 11-54 所示。

（2）单击“添加”按钮，打开“编辑数据系列”对话框，如图 11-55 所示，为“系列名称”文本框选择单元格$G$2；为“系列值”文本框选择单元格区域 G3:G7。

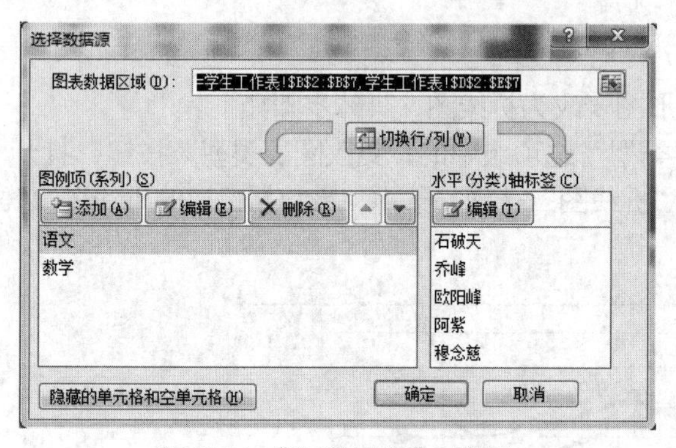

图 11-54 “选择数据源”对话框

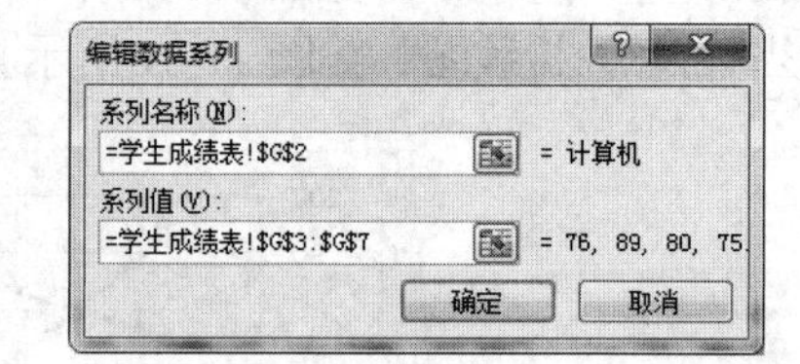

图 11-55 “编辑数据系列”对话框

（3）单击“确定”按钮，返回“选择数据源”对话框。

（4）单击“水平（分类）轴标签”列表框中的“编辑”按钮，打开“轴标签”对话框，如图 11-56 所示，选择 G3:G7 单元格，单击“确定”按钮，如图 11-57 所示。

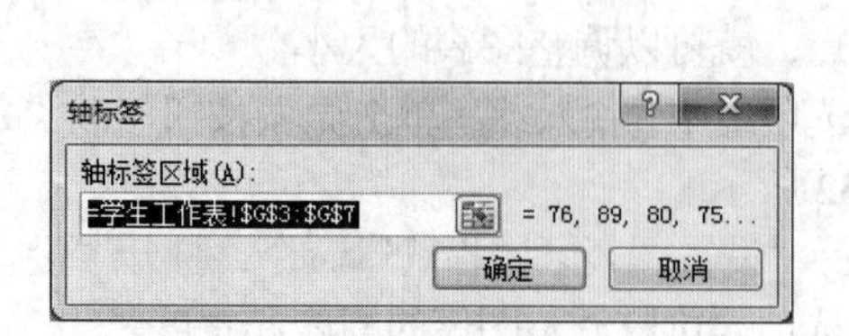

图 11-56 选定“计算机”系列

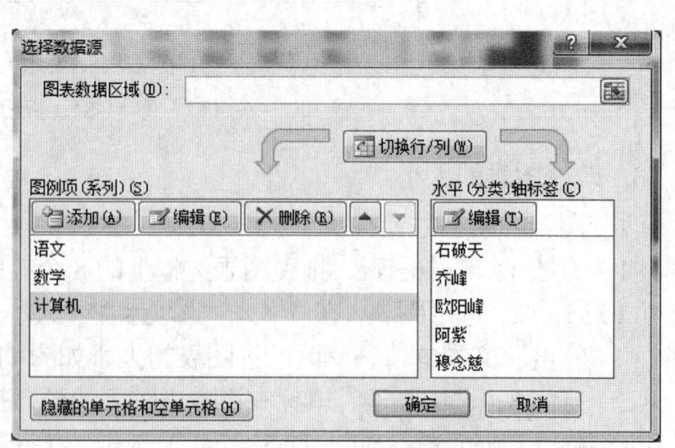

图 11-57 编辑水平（分类）轴

（5）单击“确定”按钮，计算机成绩即可添加到图表中，如图 11-58 所示。

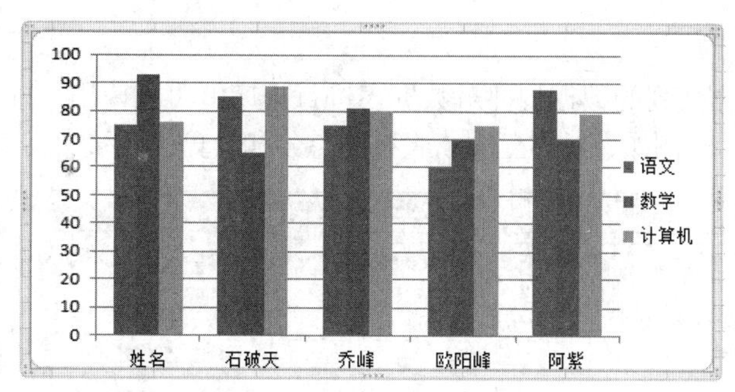

图 11-58　添加“计算机”成绩效果

5. 编辑数据系列

编辑数据系列操作与添加数据系列的操作类似，通过图 11-55 所示的“编辑数据系列”对话框进行。在“系列名称”文本框中修改系列名称，在“系列值”文本框中修改系列值。单击“确定”按钮，完成数据系列的编辑。

6. 删除数据系列

删除数据系列常用的方法有两种。

（1）方法 1：在图表中选中一个数据系列，按 Delete 键直接删除数据系列。

（2）方法 2：选中图表，在图 11-54 所示的“选择数据源”对话框，选中“图例项（系列）”列表中的一个系列，单击“删除”按钮。

11.7　数据分析

Excel 可以对表格中的数据进行基础分析。排序可以将数据表中的内容按照特定规律排序；筛选可以显示满足用户条件的数据；数据有效性可以防止输入错误数据；分类汇总和数据透视表可以对数据进行各种分析统计。

11.7.1　数据的排序

在数据表中，可以对一列或几列数据进行排序。排序操作的功能在“数据”选项卡中“排序和筛选”选项组中，如图 11-59 所示。

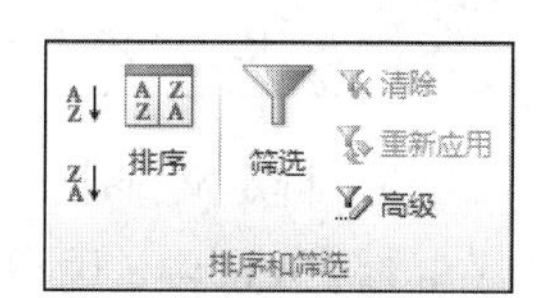

图 11-59　排序和筛选

1. 按一列排序

按一列排序时依据某列的数据规则对数据进行排序。例如，要学生成绩表按照总分由高到低排序，具体操作如下。

（1）单击“总分”列的任意一个单元格，如图 11-60 所示。

（2）单击“降序 Z↓A”按钮，就可以实现排序，排序结果如图 11-61 所示。

	A	B	C	D	E	F	G	H
1	学生成绩表							
2	学号	姓名	性别	语文	数学	英语	计算机	总分
3	10	张飞雄	男	93	84	88	88	353
4	8	曹云奇	男	87	75	93	89	344
5	3	欧阳峰	男	75	81	92	80	328
6	5	穆念慈	女	88	70	89	79	326
7	2	乔峰	男	85	65	89	89	328
8	1	石破天	男	75	93	85	76	329
9	9	袁紫衣	女	75	83	85	76	319
10	6	杨康	男	78	85	60	82	305
11	4	阿紫	女	60	70	50	75	255
12	7	苗人凤	男	40	60	55	60	215

图 11-60　选定排序列单元格

	A	B	C	D	E	F	G	H
1	学生成绩表							
2	学号	姓名	性别	语文	数学	英语	计算机	总分
3	10	张飞雄	男	93	84	88	88	353
4	8	曹云奇	男	87	75	93	89	344
5	1	石破天	男	75	93	85	76	329
6	3	欧阳峰	男	75	81	92	80	328
7	2	乔峰	男	85	65	89	89	328
8	5	穆念慈	女	88	70	89	79	326
9	9	袁紫衣	女	75	83	85	76	319
10	6	杨康	男	78	85	60	82	305
11	4	阿紫	女	60	70	50	75	255
12	7	苗人凤	男	40	60	55	60	215

图 11-61　排序结果

2. 按多列排序

按照多列排序是根据多列的数据规律对数据表进行排序，可以使用“排序”对话框设置多列排序条件，如图 11-62 所示。例如，对学生成绩表按照总分和计算机成绩由高到低排序的操作如下。

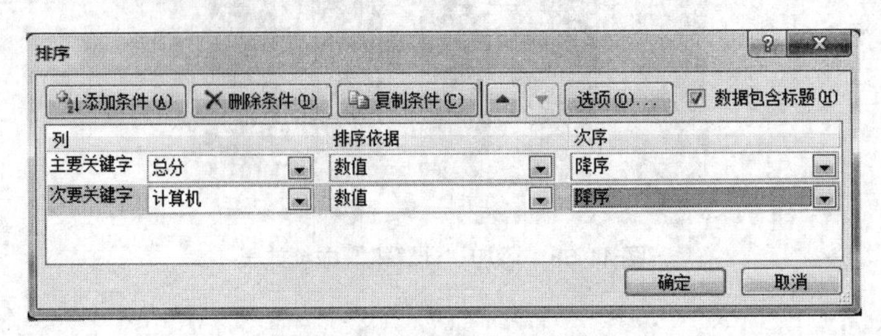

图 11-62 “排序”对话框

（1）选中数据区域中的任意一单元格，如图 11-63 所示。

（2）单击“排序”按钮，打开“排序”对话框，在“主要关键字”列中选择“总分”列，设置“次序”为“降序”。单击“添加条件”按钮，添加新条件，在“次要关键字”列中选择“计算机”列，设置“次序”为“降序”，如图 11-62 所示。

（3）单击“确定”按钮，完成多列排序，如图 11-64 所示。

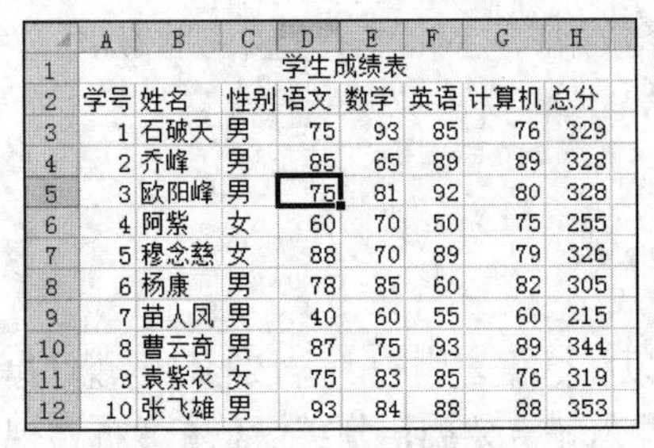

	A	B	C	D	E	F	G	H
1	学生成绩表							
2	学号	姓名	性别	语文	数学	英语	计算机	总分
3	1	石破天	男	75	93	85	76	329
4	2	乔峰	男	85	65	89	89	328
5	3	欧阳峰	男	75	81	92	80	328
6	4	阿紫	女	60	70	50	75	255
7	5	穆念慈	女	88	70	89	79	326
8	6	杨康	男	78	85	60	82	305
9	7	苗人凤	男	40	60	55	60	215
10	8	曹云奇	男	87	75	93	89	344
11	9	袁紫衣	女	75	83	85	76	319
12	10	张飞雄	男	93	84	88	88	353

图 11-63 选中数据区域任一单元格

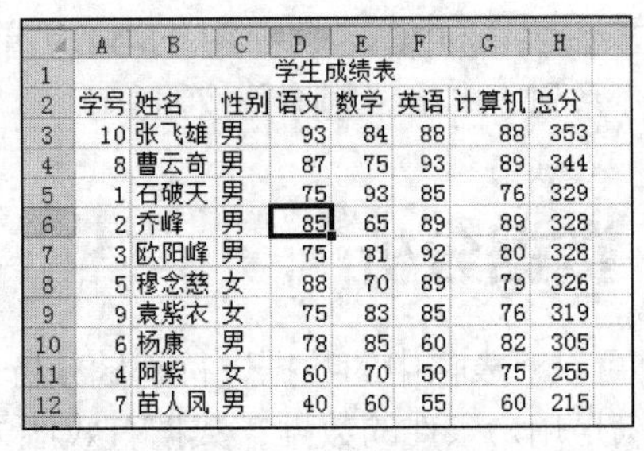

	A	B	C	D	E	F	G	H
1	学生成绩表							
2	学号	姓名	性别	语文	数学	英语	计算机	总分
3	10	张飞雄	男	93	84	88	88	353
4	8	曹云奇	男	87	75	93	89	344
5	1	石破天	男	75	93	85	76	329
6	2	乔峰	男	85	65	89	89	328
7	3	欧阳峰	男	75	81	92	80	328
8	5	穆念慈	女	88	70	89	79	326
9	9	袁紫衣	女	75	83	85	76	319
10	6	杨康	男	78	85	60	82	305
11	4	阿紫	女	60	70	50	75	255
12	7	苗人凤	男	40	60	55	60	215

图 11-64 排序效果

按多列排序时，将按“主要关键字”数据排序，只有在“主要关键字”数据相等时，才按“次要关键字”数据排序。

3. 自定义排序

在 Excel 中，用户可以根据需要设置自定义的排序序列。例如，要对“员工”工作表按照“学历”排序的操作步骤如下。

（1）单击“员工”工作表数据区域中任意一个单元格，单击“排序”按钮，如图 11-65 所示。

（2）打开“排序”对话框，在“主要关键字”列中选择“学历”列，在“次序”列表中选择“自定义序列”选项，如图 11-66 所示。

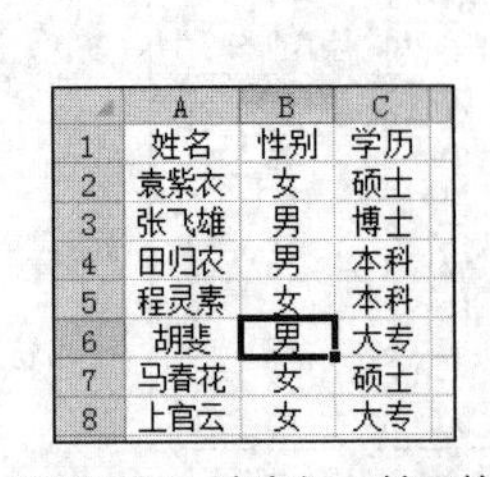

	A	B	C
1	姓名	性别	学历
2	袁紫衣	女	硕士
3	张飞雄	男	博士
4	田归农	男	本科
5	程灵素	女	本科
6	胡斐	男	大专
7	马春花	女	硕士
8	上官云	女	大专

图 11-65 选定任一单元格

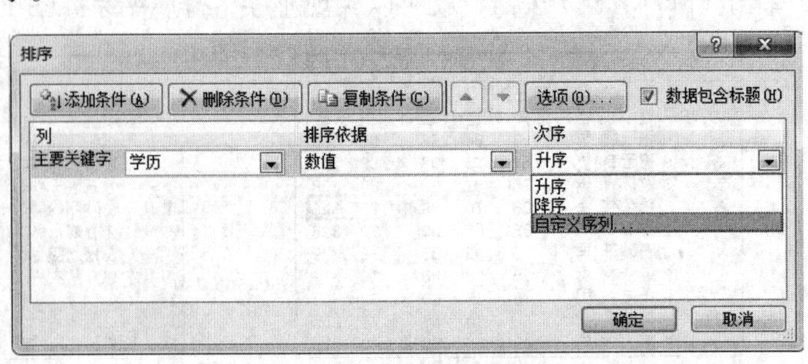

图 11-66 “排序”对话框

（3）打开“自定义序列”对话框，在“输入序列”列表中输入“博士”“硕士”“本科”“大专”，单击“添加”按钮，如图 11-67 所示。

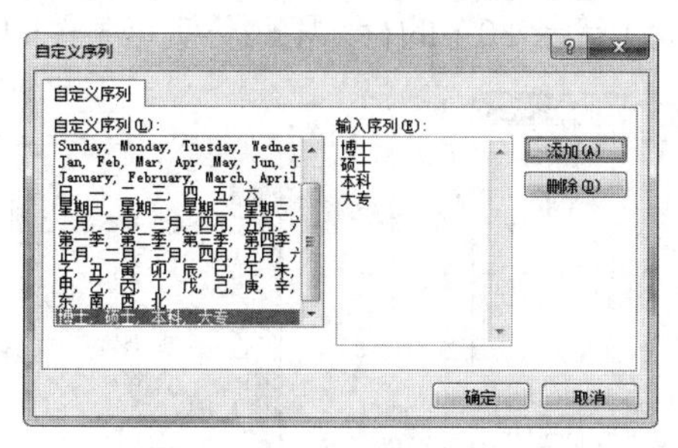

图 11-67 “自定义序列”对话框

（4）返回“排序”对话框，自定义序列显示在“次序”列表中，如图 11-68 所示。

（5）单击“确定”按钮，排序结果如图 11-69 所示。

图 11-68 “次序”添加完成后

	A	B	C
1	姓名	性别	学历
2	张飞雄	男	博士
3	袁紫衣	女	硕士
4	马春花	女	硕士
5	田归农	男	本科
6	程灵素	女	本科
7	胡斐	男	大专
8	上官云	女	大专

图 11-69 排序后效果

11.7.2 数据筛选

在 Excel 中，当工作表中有大量数据记录时，可以使用数据筛选功能，暂时隐藏部分记录，显示感兴趣的数据。数据筛选包括“自动筛选”和“高级筛选”两种。

1. 自动筛选

（1）单击工作表区域中的任意一个单元格，单击“数据”选项卡中“排序和筛选”选项组中的“筛选”按钮，在工作表第 1 行的列标题显示一个下拉箭头，如图 11-70 所示。

（2）单击列的下拉箭头，如“数学”列，选中“数字筛选”选项，选中“大于或等于”选项，如图 11-71 所示。

	A	B	C	D	E	F
1	学生成绩表					
2	学号	姓名	性别	语文	数学	英语
3	10	张飞雄	男	93	84	88
4	8	曹云奇	男	87	75	93
5	1	石破天	男	75	93	85
6	2	乔峰	男	85	65	89
7	3	欧阳峰	男	75	81	92
8	5	穆念慈	女	88	70	89
9	9	袁紫衣	女	75	83	85
10	6	杨康	男	78	85	60
11	4	阿紫	女	60	70	50
12	7	苗人凤	男	40	60	55

图 11-70 列标题显示为下拉列表形式

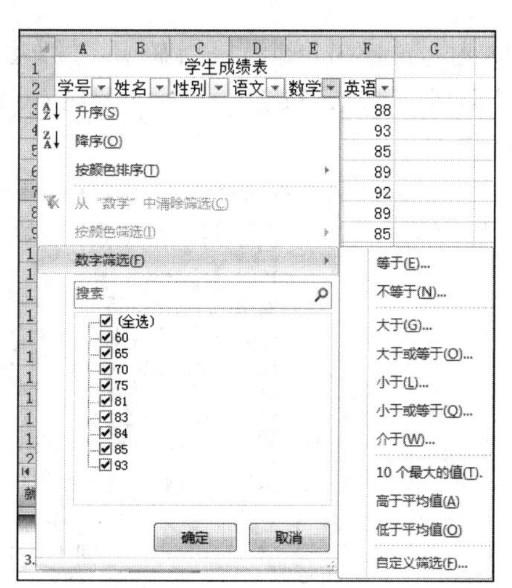

图 11-71 选择“大于或等于”选项

（3）打开“自定义自动筛选方式”对话框，如图 11-72 所示，在“大于或等于”选项的文本框中输入“80”，单击“确定”按钮。

（4）此时，只显示“数学大于等于 80”的行，隐藏不满足条件的行，如图 11-73 所示。

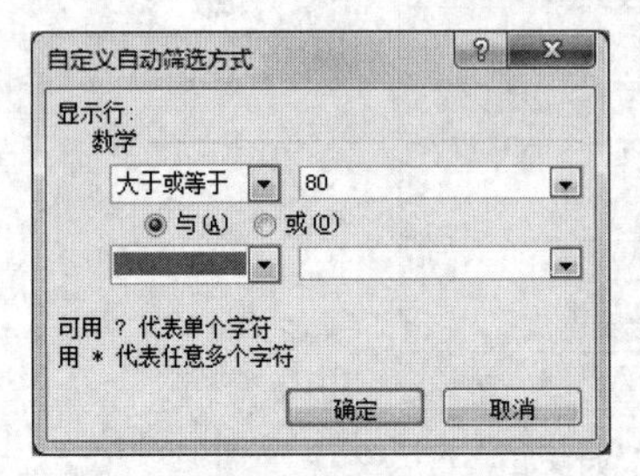

图 11-72 “自定义自动筛选方式”对话框

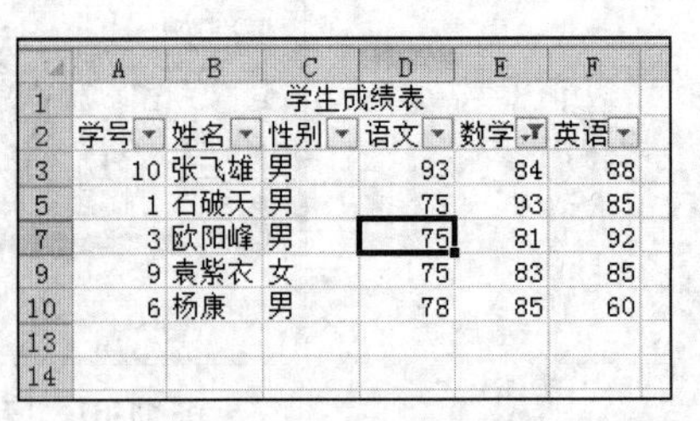

	A	B	C	D	E	F
1	学生成绩表					
2	学号	姓名	性别	语文	数学	英语
3	10	张飞雄	男	93	84	88
5	1	石破天	男	75	93	85
7	3	欧阳峰	男	75	81	92
9	9	袁紫衣	女	75	83	85
10	6	杨康	男	78	85	60
13						
14						

图 11-73 筛选效果

（5）要恢复显示全部数据，单击“数学”列右侧的按钮，执行“从数学中清除筛选”选项，就可以恢复显示所有行。

退出自动筛选：再次单击“筛选”按钮，就可以退出自动筛选。

2. 高级筛选

使用高级筛选，需要先在数据清单以外建立条件区域。

同时满足条件的表示方式如图 11-74（a）所示，表示需要列名 1 满足条件 1 而且列名 2 满足条件 2。也可以只要求满足其中的一个条件，如图 11-74（b）所示，表示列名 1 满足条件 1 或者列名 2 满足条件 2。

列名	列名 1	列名 2
条件	条件 1	条件 2

（a）同时满足条件

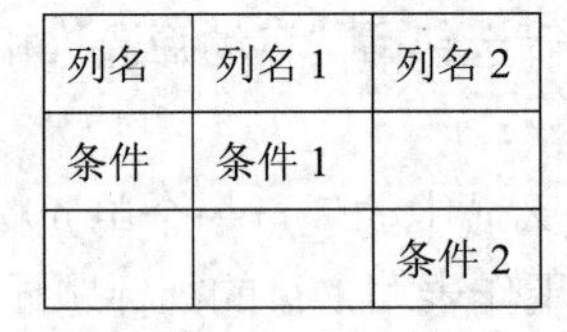

列名	列名 1	列名 2
条件	条件 1	
		条件 2

（b）满足一个条件

图 11-74 满足条件的方式

例如，对考试成绩表进行高级筛选，操作步骤如下。

（1）在 D14 中输入“数学”，在 E14 中输入“计算机”，在 D15 中输入“>80”，在 E15 中输入“>85”，如图 11-75 所示。

	A	B	C	D	E	F	G
1			学生成绩表				
2	学号	姓名	性别	语文	数学	英语	
3	1	石破天	男	75	93	85	
4	2	乔峰	男	85	65	89	
5	3	欧阳锋	男	75	81	92	
6	4	阿紫	女	60	70	50	
7	5	穆念慈	女	88	70	89	
8	6	杨康	男	78	85	60	
9	7	苗人凤	男	40	60	55	
10	8	曹云奇	男	87	75	93	
11	9	袁紫衣	女	75	83	85	
12	10	张飞雄	男	93	84	88	
13							
14				数学	英语		
15				>80	>85		

图 11-75 输入筛选条件

（2）选择任意一个单元格，单击“高级筛选”按钮，打开“高级筛选”对话框，单击“列表区域”和“条件区域”文本框右侧的“折叠”按钮，设置列表区域和条件区域，如图 11-76 所示。单击“确定”按钮，筛选出符合条件区域的数据，如图 11-77 所示。

图 11-76　“高级筛选”对话框

	A	B	C	D	E	F
1				学生成绩表		
2	学号	姓名	性别	语文	数学	英语
5	3	欧阳锋	男	75	81	92
12	10	张飞雄	男	93	84	88
13						

图 11-77　高级筛选结果

高级筛选时，在工作表的空白处，输入筛选条件；筛选条件的表头标题和数据表中表头一致；筛选条件输入在同一行表示为“与”的关系，不同行表示为“或”的关系。

11.7.3　删除重复项

在使用 Excel 时，用户常会遇到需要删除重复数据的问题，如果数据比较少，找出来删掉就可以了，如果数据量比较大，且重复的数据比较多，可以使用删除重复项功能。

例如，删除学生成绩表中重复的学生记录，具体操作如下。

（1）打开学生成绩表，选定任意一个单元格，如图 11-78 所示，单击“数据”选项卡中“数据工具”选项组中的“删除重复项”按钮，打开“删除重复项”对话框，如图 11-79 所示。

	A	B	C	D	E	F
1				学生成绩表		
2	学号	姓名	性别	语文	数学	英语
3	1	石破天	男	75	93	85
4	2	乔峰	男	85	65	89
5	3	欧阳锋	男	75	81	92
6	4	阿紫	女	60	70	50
7	5	穆念慈	女	88	70	89
8	6	杨康	男	78	85	60
9	7	苗人凤	男	40	60	55
10	8	曹云奇	男	87	75	93
11	9	袁紫衣	女	75	83	85
12	10	张飞雄	男	93	84	88
13	11	穆念慈	女	88	70	89
14	12	杨康	男	78	85	60
15	13	穆念慈	女	88	70	89
16	14	杨康	男	78	85	60

图 11-78　单击任一单元格

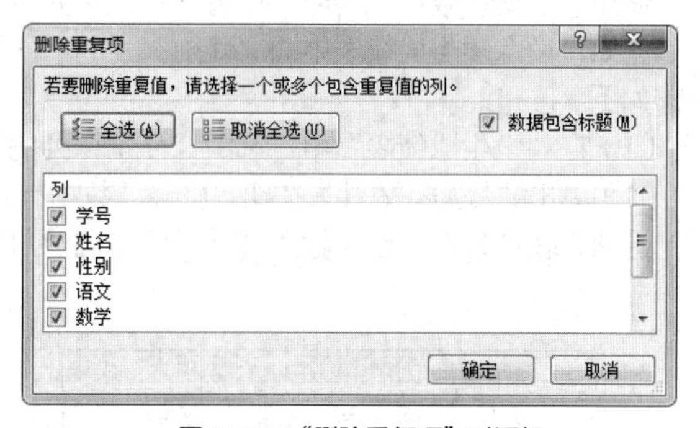

图 11-79　“删除重复项”对话框

（2）在“删除重复项”对话框中，选中“姓名”列，单击确定按钮，弹出信息框，如图 11-80 所示，单击“确定”按钮，学生成绩表中的重复数据就被删除了，如图 11-81 所示。

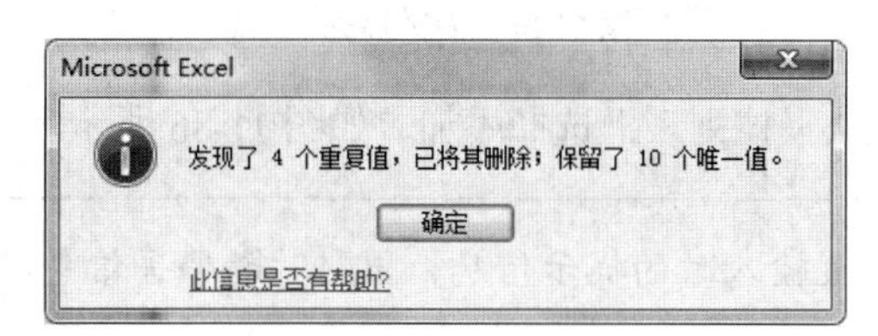

图 11-80　信息框

	A	B	C	D	E	F
1				学生成绩表		
2	学号	姓名	性别	语文	数学	英语
3	1	石破天	男	75	93	85
4	2	乔峰	男	85	65	89
5	3	欧阳锋	男	75	81	92
6	4	阿紫	女	60	70	50
7	5	穆念慈	女	88	70	89
8	6	杨康	男	78	85	60
9	7	苗人凤	男	40	60	55
10	8	曹云奇	男	87	75	93
11	9	袁紫衣	女	75	83	85
12	10	张飞雄	男	93	84	88

图 11-81　删除重复项后的学生成绩表

11.7.4 数据有效性

在向工作表中输入数据时，为了防止用户输入错误的数据，可以为单元格设置有效的数据范围，当用户输入超出范围的数据时，将提示报错信息。

例如，设置输入的课程成绩必须在 0～100 分。具体操作步骤如下。

（1）选择学生成绩表中的区域 D3:F9，单击“数据”选项卡中“数据工具”选项组中“数据有效性”按钮，执行“数据有效性”命令，如图 11-82 所示。

（2）打开“数据有效性”对话框“设置”选项卡，如图 11-83 所示，在“允许”列表中选择“整数”，选择“数据”项为“介于”，最小值为 0，最大值为 100。单击“确定”按钮完成设定。

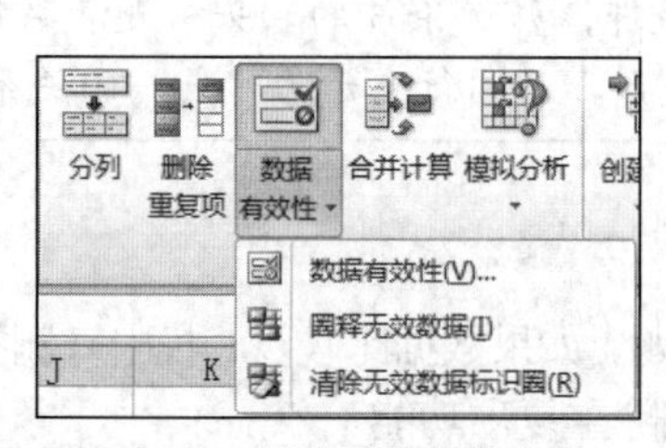

图 11-82 “数据有效性”命令

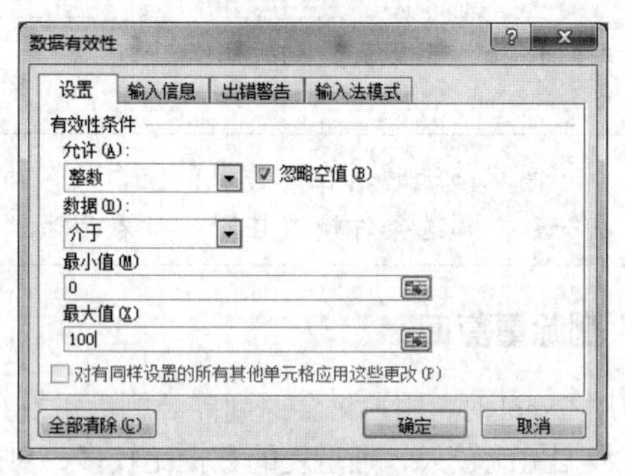

图 11-83 “数据有效性”对话框

（3）返回工作表，在区域 D3:F9 中输入成绩 120 时，弹出“Microsoft Excel”提示框，提示输入错误，如图 11-84 所示。

使用“数据有效性”功能，还可以设置单元格输入的下拉列表框。

例如，设定学生成绩表中的“性别”列的单元格在输入时添加下拉列表框“男，女”。具体操作步骤如下。

（1）在“学生成绩表”中，选中“性别”列的区域 C3:C12。

（2）单击“数据有效性”按钮，打开“数据有效性”对话框，在“允许”下拉列表框中选择“序列”选项，在“来源”框中输入“男,女”，如图 11-85 所示，单击“确定”按钮。

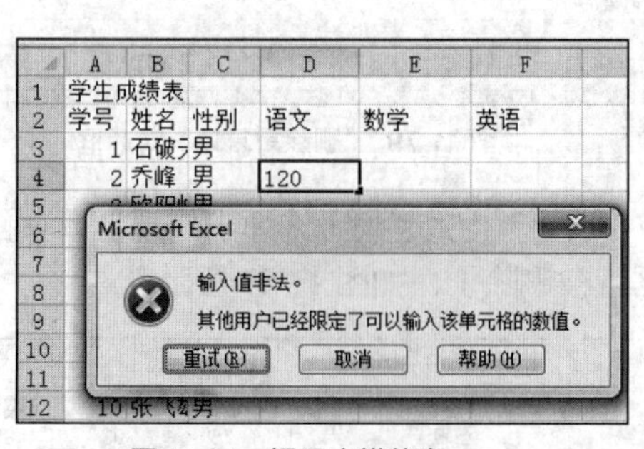

图 11-84 提示出错信息

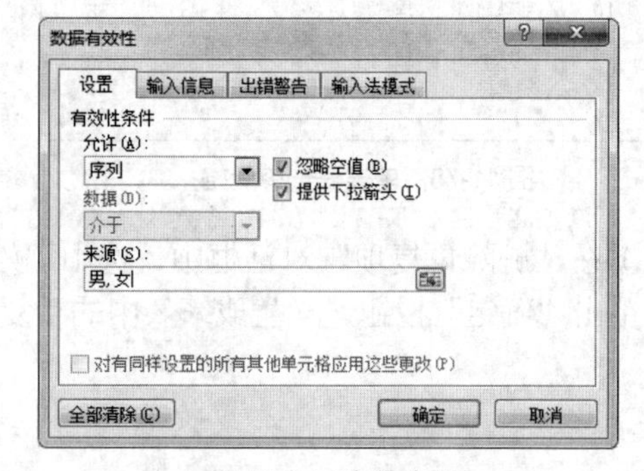

图 11-85 有效序列

（3）在选定“性别”的单元格中输入数据时，可从下拉列表框选择添加，如图 11-86 所示。

在“数据有效性”对话框中，还可以设置输入时的提示信息、出错时的警告信息以及设置输入法模式等。

	A	B	C	D	E	F	G
1			学生成绩表				
2	学号	姓名	性别	语文	数学	英语	
3	1	石破天		75	93	85	
4	2	乔峰		85	65	89	
5	3	欧阳峰		75	81	92	
6	4	阿紫	男	60	70	50	
7	5	穆念慈	女	88	70	89	
8	6	杨康		78	85	60	
9	7	苗人凤		40	60	55	
10	8	曹云奇		87	75	93	
11	9	袁紫衣		75	83	85	
12	10	张飞雄		93	84	88	

图 11-86　添加下拉列表框效果

11.7.5　分类汇总

在日常的工作中，要分类统计各项数据，Excel 的分类汇总可以进行求和、计数、求平均值等运算。

例如，在学生成绩表中，通过分类汇总统计男生和女生各科的总分、各科最高分。具体操作如下。

（1）在进行分类汇总之前，需要对分类的列“性别”进行升序排列，如图 11-87 所示。

（2）选中工作表中任意单元格，单击“数据”选项卡中“分级显示”选项组中“分类汇总”按钮，如图 11-88 所示。打开“分类汇总”对话框，设置值如图 11-89 所示，“分类字段”给出分类的依据为“性别”字段。选择“汇总方式”为“求和”，“选定汇总项”为 3 门课程。选中“汇总结果显示在数据下方”选项，分类汇总的结果如图 11-90 所示。

	A	B	C	D	E	F
1			学生成绩表			
2	学号	姓名	性别	语文	数学	英语
3	10	张飞雄	男	93	84	88
4	8	曹云奇	男	87	75	93
5	1	石破天	男	75	93	85
6	2	乔峰	男	85	65	89
7	3	欧阳峰	男	75	81	92
8	6	杨康	男	78	85	60
9	7	苗人凤	男	40	60	55
10	5	穆念慈	女	88	70	89
11	9	袁紫衣	女	75	83	85
12	4	阿紫	女	60	70	50

图 11-87　按“性别”排序

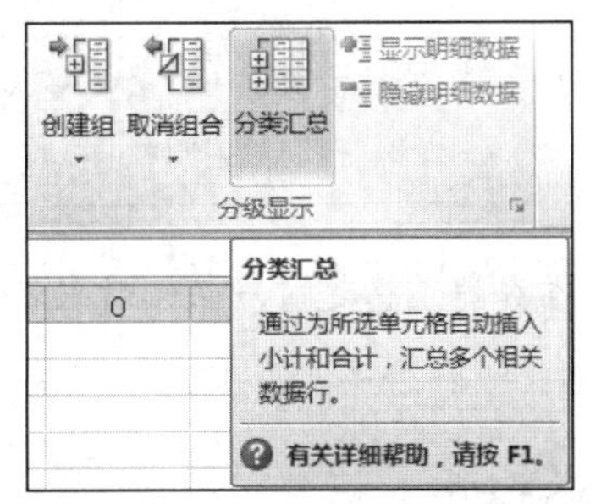

图 11-88　“分级显示”选项组

图 11-89　分类汇总求和

	A	B	C	D	E	F
1			学生成绩表			
2	学号	姓名	性别	语文	数学	英语
3	10	张飞雄	男	93	84	88
4	8	曹云奇	男	87	75	93
5	1	石破天	男	75	93	85
6	2	乔峰	男	85	65	89
7	3	欧阳峰	男	75	81	92
8	6	杨康	男	78	85	60
9	7	苗人凤	男	40	60	55
10			男 汇	533	543	562
11	5	穆念慈	女	88	70	89
12	9	袁紫衣	女	75	83	85
13	4	阿紫	女	60	70	50
14			女 汇	223	223	224
15			总计	756	766	786

图 11-90　执行分类汇总后效果

（3）再次单击“分类汇总”按钮，打开“分类汇总”对话框，设置如图 11-91 所示，取消选择“替换当前分类汇总”复选框，选定汇总项为 3 门课程，分类汇总的结果如图 11-92 所示。

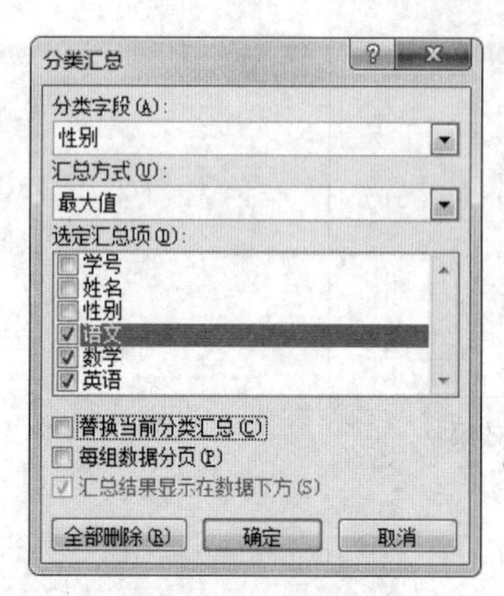

图 11-91　再次使用分类汇总

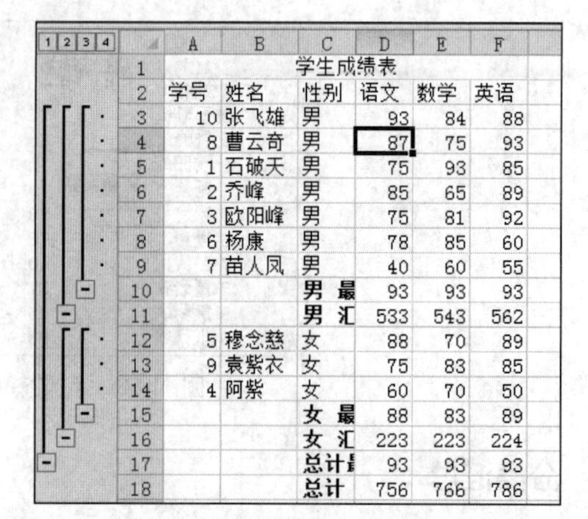

	A	B	C	D	E	F
1	学生成绩表					
2	学号	姓名	性别	语文	数学	英语
3	10	张飞雄	男	93	84	88
4	8	曹云奇	男	87	75	93
5	1	石破天	男	75	93	85
6	2	乔峰	男	85	65	89
7	3	欧阳峰	男	75	81	92
8	6	杨康	男	78	85	60
9	7	苗人凤	男	40	60	55
10			男 最	93	93	93
11			男 汇	533	543	562
12	5	穆念慈	女	88	70	89
13	9	袁紫衣	女	75	83	85
14	4	阿紫	女	60	70	50
15			女 最	88	83	89
16			女 汇	223	223	224
17			总计最	93	93	93
18			总计	756	766	786

图 11-92　分类汇总结果

（4）查看分类汇总结果。单击左上角的分级显示按钮1，只显示总的汇总结果，如图 11-93（a）所示。单击分级显示按钮2，显示男、女生分别的汇总结果，如图 11-93（b）所示。单击分级显示按钮3，显示所有的明细数据。单击+展开明细数据。单击-隐藏明细数据。

	A	B	C	D	E	F
1	学生成绩表					
2	学号	姓名	性别	语文	数学	英语
17			总计最	93	93	93
18			总计	756	766	786
19						
20						

（a）1 级分类汇总

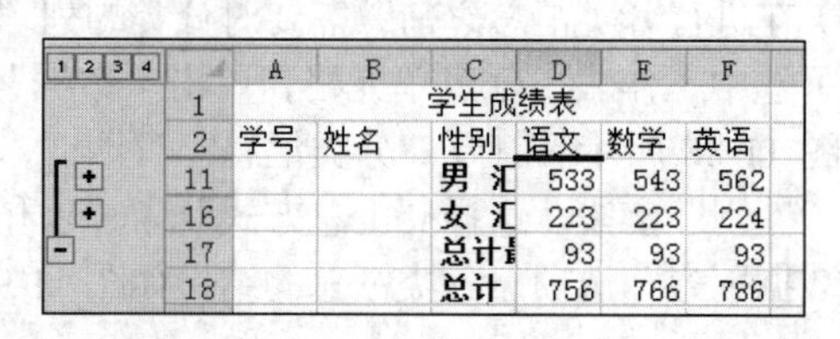

	A	B	C	D	E	F
1	学生成绩表					
2	学号	姓名	性别	语文	数学	英语
11			男 汇	533	543	562
16			女 汇	223	223	224
17			总计最	93	93	93
18			总计	756	766	786

（b）2 级分类汇总

图 11-93　分类汇总结果

提示

在分类汇总之前，必须对数据列表中分类字段进行排序。

11.7.6　数据透视表

数据透视表是一种对大量数据快速汇总和建立交叉列表的交互式动态表格，为用户提供了一种以不同的角度去分析数据的简便方法，它可以动态地改变版面布置，按照不同方式分析数据，也可以重新安排行号、列号和页字段。当原始数据更改时，数据透视表也会更新。下面介绍如何创建数据透视表。

1. 创建数据透视表

使用数据透视表可以深入分析数值数据，创建数据透视表的具体操作步骤如下。

（1）以学生成绩表为例，分别显示两个班级男生和女生的语文和数学的成绩总和，选择单元格区域 A2:F11，如图 11-94 所示。

（2）单击“插入”选项卡中“表格”选项组中“数据透视表”按钮，如图 11-95 所示，打开“创建数据透视表”对话框，如图 11-96 所示，选择数据区域。

（3）单击“确定”按钮，窗口出现“数据透视表工具”选项卡组，包括“选项”和“设计”选项卡，如图 11-97 所示。数据透视表的编辑界面，如图 11-98 所示，右侧是“数据透视表字段列表”窗格。

	A	B	C	D	E	F	G
1	姓名	班级	性别	语文	数学	英语	
2	石破天	11班	男	75	93	85	
3	乔峰	12班	男	85	65	89	
4	欧阳峰	12班	男	75	81	92	
5	阿紫	11班	女	60	70	50	
6	穆念慈	11班	女	88	70	89	
7	杨康	12班	男	78	85	60	
8	苗人凤	11班	男	40	60	55	
9	曹云奇	11班	男	87	75	93	
10	袁紫衣	12班	女	75	83	85	
11	张飞雄	12班	男	93	84	88	

图 11-94　选定单元格区域

图 11-95　“数据透视表”按钮

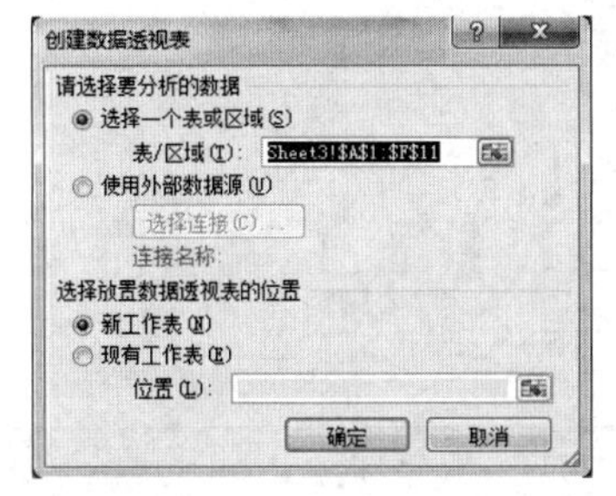

图 11-96　“创建数据透视表”对话框

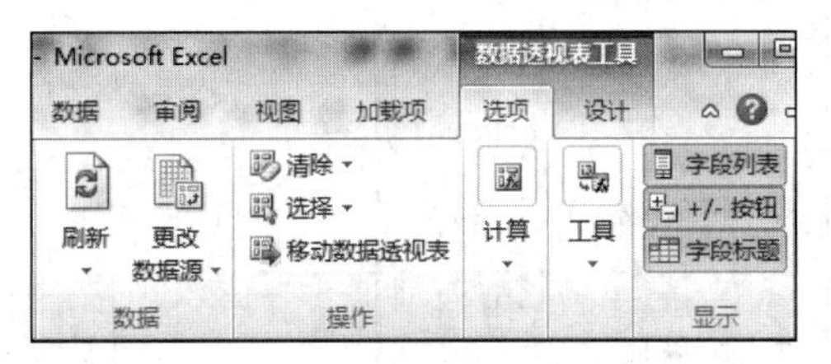

图 11-97　数据透视表工具

图 11-98　数据透视表编辑界面

（4）将“语文”“数学”和“英语”字段拖曳到“Σ数值”框中，将“班级”和“性别”字段拖曳到“行标签”框中，效果如图 11-99 所示。

（5）数据透视表如图 11-100 所示。

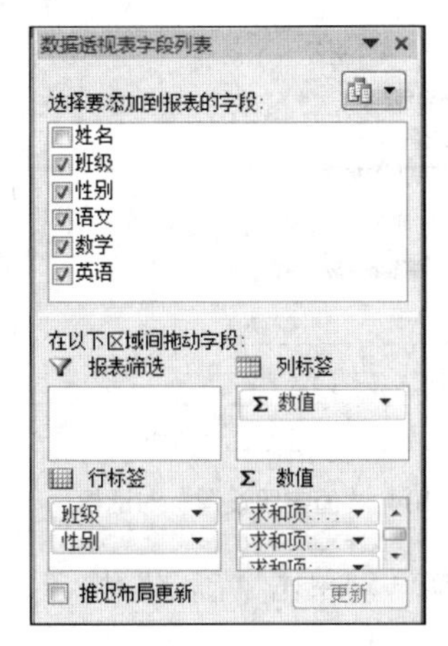

图 11-99　添加报表字段

	A	B	C	D
1				
2				
3	行标签	求和项:语文	求和项:数学	求和项:英语
4	⊟11班	350	368	372
5	男	202	228	233
6	女	148	140	139
7	⊟12班	406	398	414
8	男	331	315	329
9	女	75	83	85
10	总计	756	766	786

图 11-100　创建完成的数据透视表

2. 编辑数据透视表

创建的数据透视表以后，还可以编辑创建的数据透视表，对数据透视表的编辑包括修改其布局、添加或删除字段、格式化表中的数据以及对数据透视表进行复制和删除等操作。

（1）删除行标签字段。选中数据透视表，单击“数据透视表字段列表”窗格中“行标签”列表中的“性别”按钮，执行“删除字段”命令，或撤销选中“选择要添加到报表的字段”区域中的“性别”复选框，如图 11-101 所示。

（2）删除字段后数据透视表如图 11-102 所示。

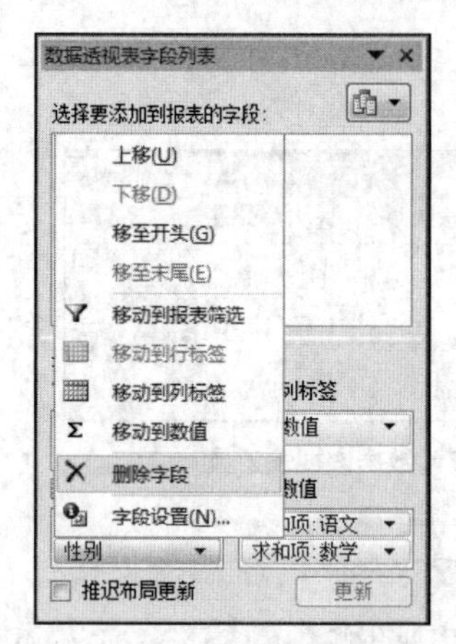

图 11-101　删除“性别”字段

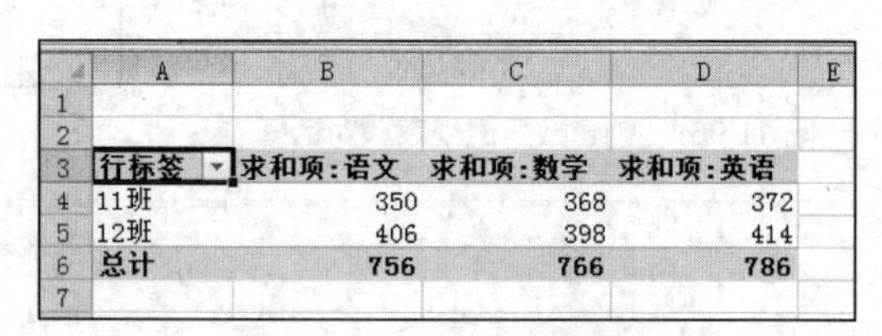

	A	B	C	D	E
1					
2					
3	行标签	求和项:语文	求和项:数学	求和项:英语	
4	11班	350	368	372	
5	12班	406	398	414	
6	总计	756	766	786	
7					

图 11-102　删除后效果

（3）在“选择要添加到报表的字段”列表中单击选中要添加字段的复选框，将其直接拖曳字段名称到字段列表中，即可完成数据的添加。

除了添加和删除数据，还可以修改计算类型，具体操作步骤如下。

（1）选中数据透视表，单击右侧“Σ数值”列表中的“求和项：语文”按钮，在列表中选择“值字段设置”选项，如图 11-103 所示。

（2）打开“值字段设置”对话框，更改汇总方式，在“计算类型”列表中选择“平均值”选项，如图 11-104 所示。

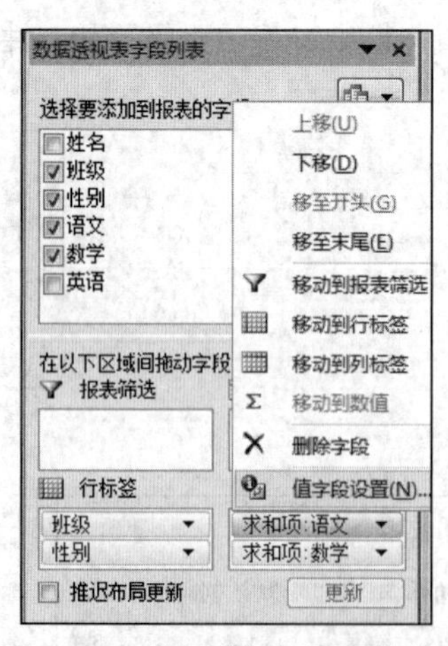

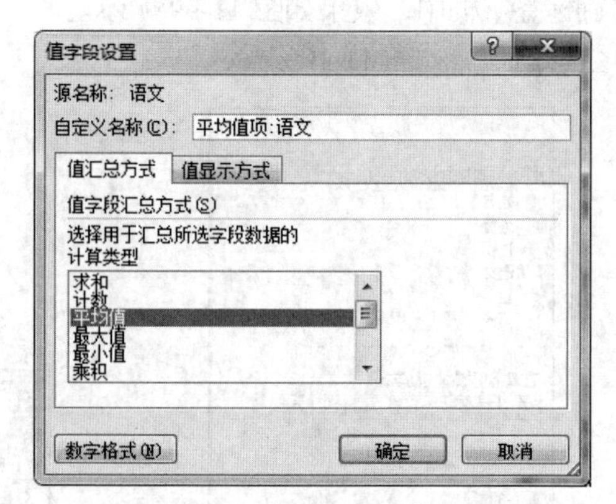

图 11-103　选择“值字段设置”选项

图 11-104　“值字段设置”对话框

（3）使用同样的方法将“数学”汇总方式设置为“平均值”。单击“确定”按钮，数据透视表如图 11-105 所示。

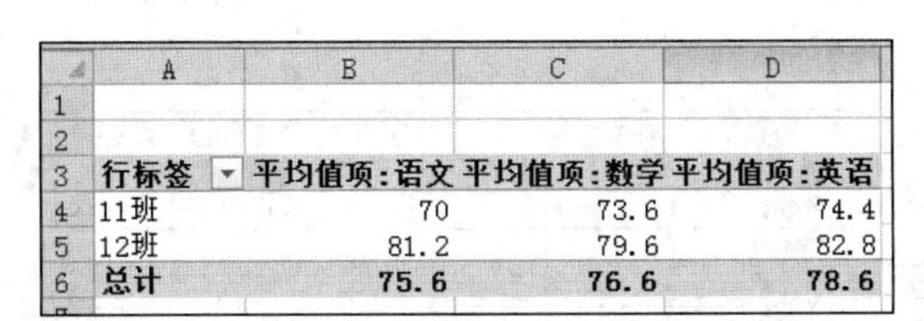

	A	B	C	D
1				
2				
3	行标签	平均值项:语文	平均值项:数学	平均值项:英语
4	11班	70	73.6	74.4
5	12班	81.2	79.6	82.8
6	总计	75.6	76.6	78.6

图 11-105　修改后效果

双击添加的“求和项：数学”单元格，也将打开“值字段设置”对话框，可以更改汇总方式。

3. 美化数据透视表

创建并编辑好数据透视表后，可以对其进行美化。操作步骤如下。

（1）选中数据透视表，单击“数据透视表工具”中“设计”选项卡下的“数据透视表样式”选项组中任一选项，如图 11-106 所示，可以更改数据透视表样式，效果如图 11-107 所示。

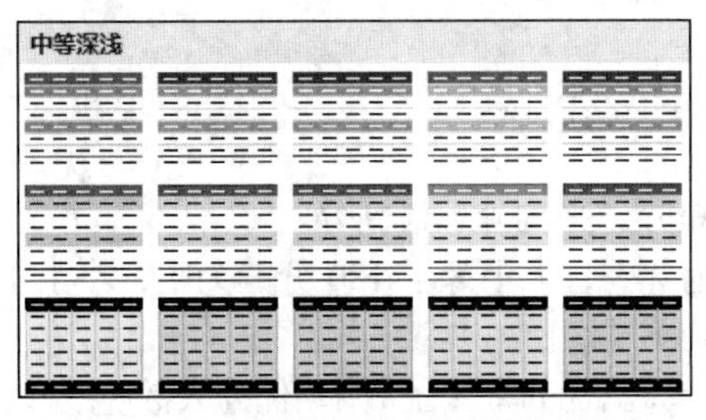

图 11-106　“数据透视表样式”选项组

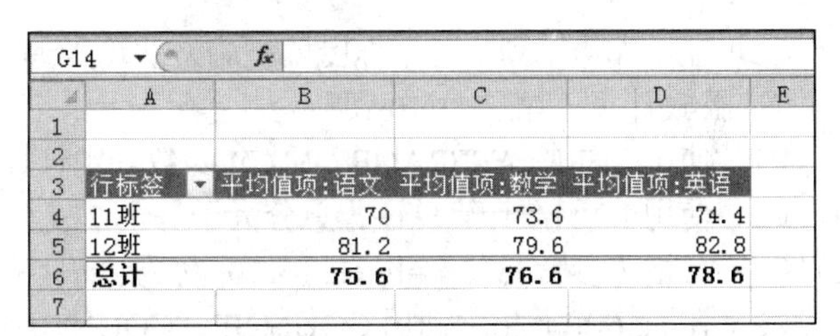

G14

	A	B	C	D	E
1					
2					
3	行标签	平均值项:语文	平均值项:数学	平均值项:英语	
4	11班	70	73.6	74.4	
5	12班	81.2	79.6	82.8	
6	总计	75.6	76.6	78.6	
7					

图 11-107　数据透视表样式

（2）选中数据透视表中的单元格区域，鼠标右键单击，执行“设置单元格格式”命令，打开“设置单元格格式”对话框，设置数据透视表的格式。

（3）设置打印范围：在“页数”框中设置打印的起始页和终止页。

（4）打印份数：在“份数”框中输入打印份数。

小结

本章主要介绍了 Excel 2010 的功能，包括输入特殊数据、工作表高级编辑技巧、公式和函数、图表以及数据排序、筛选和分类汇总，以及使用数据透视表对数据进行分析统计。通过本章的学习，使得读者养成使用计算机技术进行数据处理和统计分析的意识和思维能力。

实验 1

一、实验目的

掌握公式和函数、填充、输入各类型数据的方法。

二、实验内容

1. 打开工作簿。

（1）打开 Excel 工作簿“工作簿.xls”，另存为“学号姓名 Excel01.xls。其中 Sheet1 工作表的内容如图 11-108 所示。

	A	B	C	D	E	F	G	H	I
1	编号	班级	姓名	性别	高等数学	大学英语	计算机基础	总分	总评
2	1	060911	王菲	男	90	99	93		
3	2	060911	方岳	女	89	55	77		
[illegible]	[illegible]	[illegible]	[illegible]	[illegible]	[illegible]	[illegible]	[illegible]		
51		060914	找找	男	87	77	90		
52		060914	恰尼奇安	女	67	65	55		
53			最高分						
54			平均分						
55									
56							优秀率		

图 11-108　Sheet1 工作表内容

（2）在“编号”列，使用拖曳填充的方法输入编号“1,2,3,4,…”。

2. 公式计算，如图 11-109 所示。

（1）使用 SUM、AVERAGE、MAX 函数分别计算出总分、平均分、最高分。

（2）使用 IF 函数计算总评，总分大于等于 270 分的为优秀，大于等于 180 分的为中，小于 180 分的为不及格（参考公式：=IF(H2>=270,"优秀",IF(H2<180,"不及格",""))）。

（3）在 H56 单元格中利用 COUNTIF、COUNT 函数计算出优秀率（优秀率=优秀人数/总人数，=COUNTIF(H2:H52,">=270")/COUNT(H2:H52)）。

	A	B	C	D	E	F	G	H	I
1	编号	班级	姓名	性别	高等数学	大学英语	计算机基础	总分	总评
2	1	060911	王菲	男	90	99	93	282	优秀
3	2	060911	方岳	女	89	55	77	221	
[illegible]	[illegible]	[illegible]	[illegible]	[illegible]	[illegible]	[illegible]	[illegible]	[illegible]	[illegible]
52	51	060914	恰尼奇安	女	67	65	55	187	
53	52		最高分		99				
54	53		平均分		79				
55									
56							优秀率	14%	

图 11-109　公式计算

3. 设定单元格数据的有效性。

选中工作表 Sheet1 的 E2:G52，设定数据的有效性规则如图 11-110 所示，设定输入提示信息如图 11-111 所示，在 D2:F52 输入 0～100 以外的数字，观察其效果。

4. 条件格式。

使用条件格式设置所有总分大于等于 270 分的图案颜色为“蓝色”、图案样式为“细 对角线-条纹”，文字加粗、倾斜；设置总分小于 180 的总分为红色字体、加粗、倾斜，如图 11-112 所示。

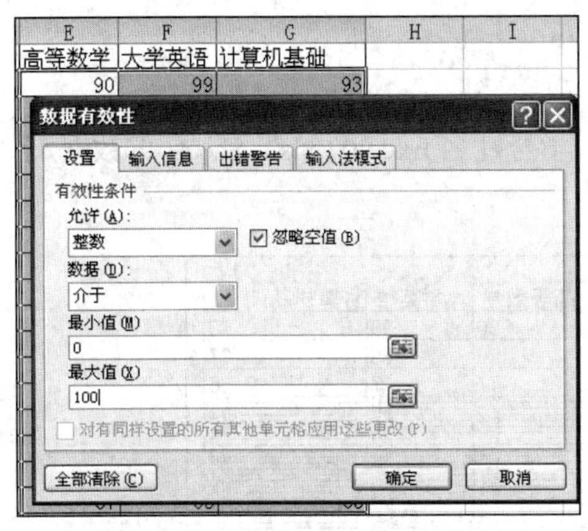

图 11-110 设定数据有效性

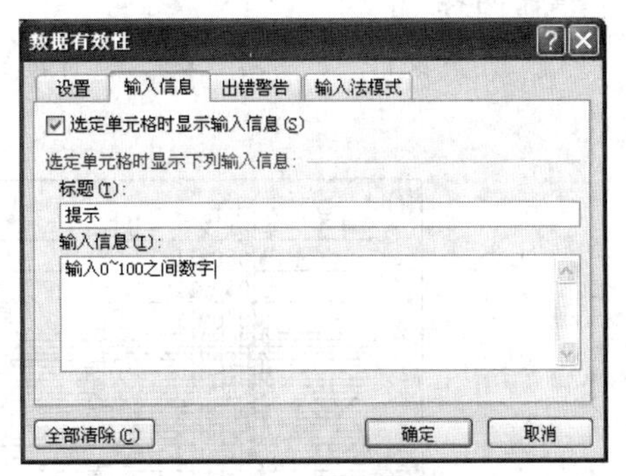

图 11-111 设定提示信息

	A	B	C	D	E	F	G	H	I
1	编号	班级	姓名	性别	高等数学	大学英语	计算机基础	总分	总评
2	1	060911	王菲	男	90	99	93	282	优秀
3	2	060911	方岳	女	89	55	77	221	
4	3	060911	找线	男	77	67	65	209	
5	4	060911	刘宇	女	50	60	40	150	不及格
6	5	060911	周一	男	99	89	87	275	优秀
7	6	060911	找找	女	60	55	48	163	不及格
8	7	060911	跳跳	男	67	65	88	220	
9	8	060911	泡泡	女	88	99	90	277	优秀

图 11-112 条件格式效果

5. 选定前两名学生的姓名、总分及其对应标题行单元格，复制并转置粘贴到 Sheet2 工作表的以 A1 为起始单元格的区域中，如图 11-113 所示。

6. 在 Sheet2 区域 E1:E8 中填充“星期日→星期日”序列；在区域 F1:F8 中填充初始值为 1 步长、值为 3 的等比序列；G1 单元格输入字符“300222”（'300222）；G2 单元格输入字符“2-1”（'2-1）；G3 单元格输入字符“2/3”（'2/3）；G4 单元格输入分数“2/3”（0 2/3）；G5 单元格输入系统当前日期（Ctrl+;）；G6 单元格输入系统当前时间（Ctrl+Shift+;），如图 11-113 所示。

7. 在 Sheet2 的 B10 单元格输入文字“总平均成绩”，在 C10 单元格中计算“学生成绩表”工作表中各科的总平均成绩（外部引用），如图 11-113 所示。

	A	B	C	D	E	F	G
1	编号	1	2		星期一	1	300222
2	班级	060911	060911		星期二	3	2-1
3	姓名	王菲	方岳		星期三	9	2/3
4	性别	男	女		星期四	27	1/2
5	高等数学	90	89		星期五	81	2017-12-15
6	大学英语	99	55		星期六	243	16:26
7	计算机基础	93	77		星期日	729	
8	总分	282	221		星期一	2187	
9				(Ctrl)			
10		总平均成绩	78.07843				

图 11-113 工作簿文件效果

8. 保存工作簿文件。

实验 2

一、实验目的

1. 掌握图表的创建、编辑和格式化。

2. 掌握数据表的管理。

二、实验内容

1. 打开工作簿文件“工作簿 2.xls”，工作簿另存为“学号姓名 Excel02.xls”，Sheet1 的数据如图 11-114 所示。

	A	B	C	D	E	F	G
1	编号	班级	姓名	性别	高等数学	大学英语	计算机基础
2	1	060911	王菲	男	90	99	93
3	2	060911	方岳	女	89	55	77
4	3	060911	找钱	男	77	67	65
[illegible]	[illegible]	[illegible]	[illegible]	[illegible]	[illegible]	[illegible]	[illegible]
51	50	060914	找找	男	87	77	90
52	51	060914	恰尼奇安	女	67	65	55

图 11-114　Sheet1 数据

2. 创建图表。

（1）对 Sheet1 中前 5 位学生的 3 门课程成绩，创建“三维簇状柱形图”图表，作为对象插入当前工作表，图表标题为“学生成绩表”，位于图表上方，横坐标标题为“姓名”，纵坐标标题为“分数”，如图 11-115 所示。

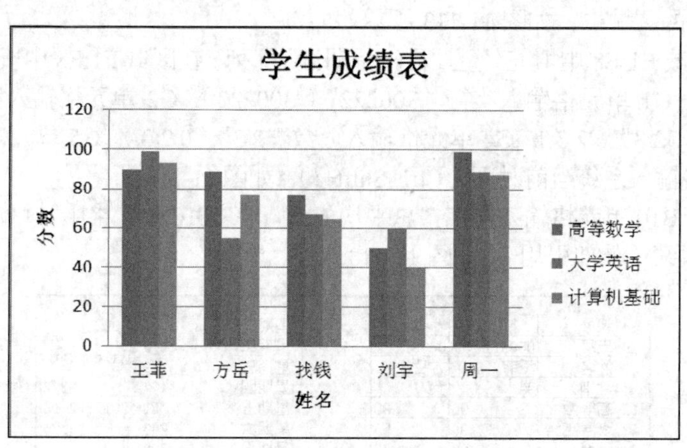

图 11-115　创建图表

（2）将该图表移动、放大到单元格区域“B21:I36”，图表类型改为“簇状圆柱图”。删除“高等数学”和“计算机基础”的数据系列，再添加“计算机基础”的数据系列。

（3）设定“计算机基础”系列显示数据标签，数据标签值大小为 12 号；“计算机基础”系列颜色改为绿色。

（4）设定图表文字大小为 12 磅；标题文字字体为隶书、加粗、14 磅、单下画线。添加分类轴标题“姓名”，加粗；添加数值轴标题“分数”，加粗。

（5）设定图表边框为黑色，外部阴影；图例位置靠右，文字大小为 9 磅。

（6）将数值轴的主要刻度设置为 10，字体大小为 8 磅。图表如图 11-116 所示。

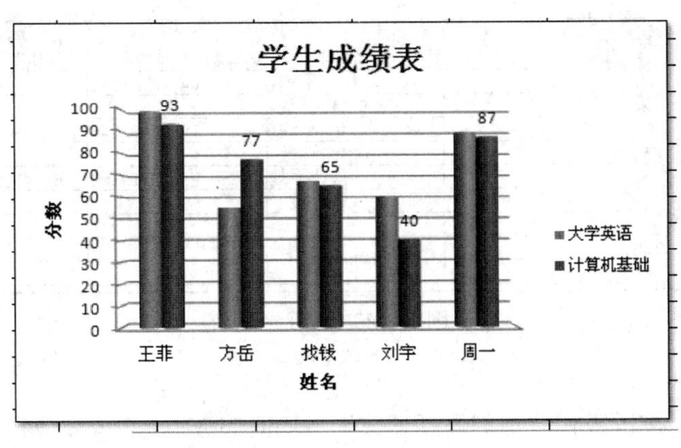

图 11-116　设置刻度和字体

（7）在工作表 Sheet2 中的数据如图 11-117 所示，生成位置在“Chart1”中，且图例在底部，如图 11-118 所示。

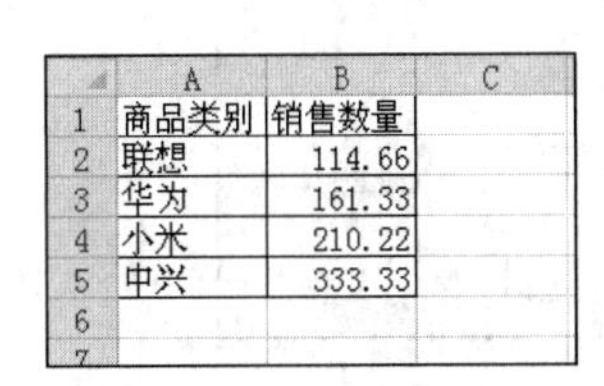

	A	B	C
1	商品类别	销售数量	
2	联想	114.66	
3	华为	161.33	
4	小米	210.22	
5	中兴	333.33	
6			

图 11-117　Sheet2 数据

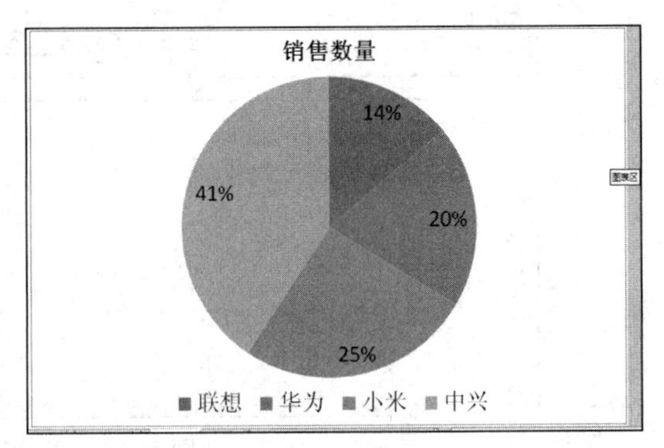

图 11-118　Sheet2 图

3．数据处理。

（1）对 Sheet3 中的数据表，筛选“计算机基础”小于 60 分或者大于等于 90 分的学生记录，如图 11-119 所示。

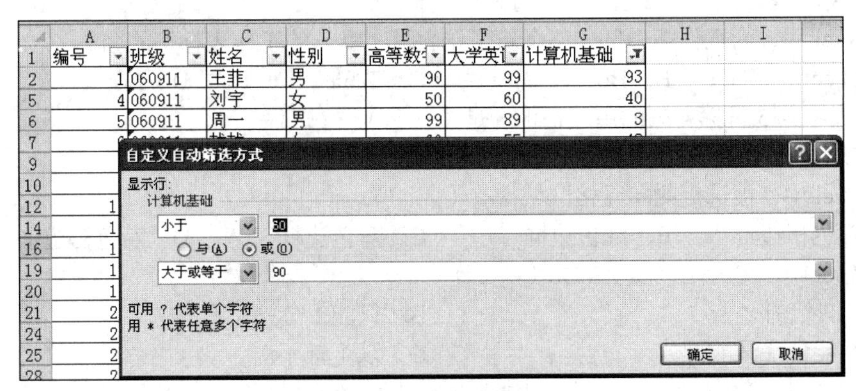

图 11-119　筛选记录

（2）将 Sheet3 中的数据按“性别”升序排列，性别相同的按“高等数学”降序排列。

（3）将 Sheet3 中的数据按“性别”分类汇总（先将“性别”列排序），在“姓名”列统计人数。

（4）按“性别”分类汇总，统计各科成绩的平均分，取消“替换当前分类汇总”复选框。利用分级显示按钮分级显示汇总结果，如图 11-120 所示。

	A	B	C	D	E	F	G
1	编号	班级	姓名	性别	高等数学	大学英语	计算机基础
27				男 平均值	80.04	79.4	66.88
28			25	男 计数			
55				女 平均值	78	77.03846	69.88461538
56			26	女 计数			
57				总计平均	79	78.19608	68.41176471
58			51	总计数			
59							
60							
61							

图 11-120　分级显示

4. 数据透视表。

针对 Sheet1 数据，按班级和性别创建高等数学平均值的数据透视表，如图 11-121 所示。

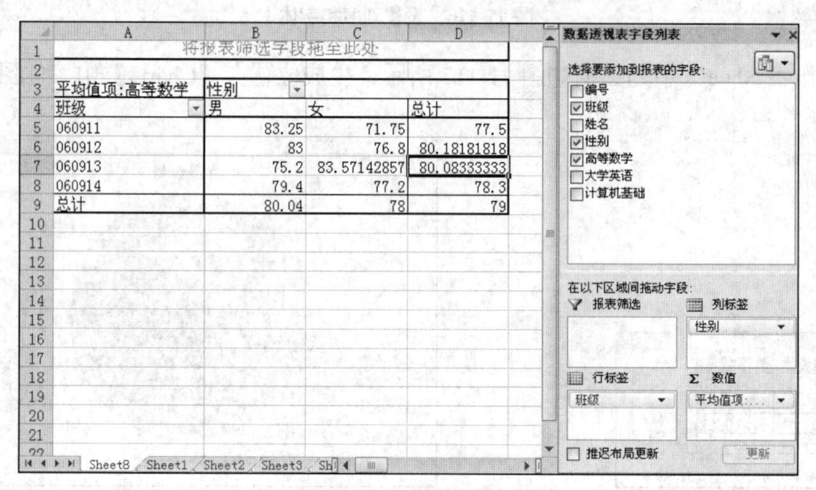

	A	B	C	D
1	将报表筛选字段拖至此处			
2				
3	平均值项:高等数学	性别		
4	班级	男	女	总计
5	060911	83.25	71.75	77.5
6	060912	83	76.8	80.18181818
7	060913	75.2	83.57142857	80.08333333
8	060914	79.4	77.2	78.3
9	总计	80.04	78	79

图 11-121　数据透视表

习题

一、单项选择题

1. 在 Excel 中，当工作簿中插入一个新工作表时，默认的工作表标签的名称为（　　）。
   A. Sheet　　B. Book　　C. Table　　D. List
2. 工作表中第 5 行第 4 列的单元格地址是（　　）。
   A. 5D　　B. 4E　　C. D5　　D. E4
3. 在 Excel 中，被选定的单元格区域带有（　　）。
   A. 黑色粗边框　　B. 红色边框　　C. 蓝色边框　　D. 黄色粗边框
4. 在 Excel 中，单元格区域 A2:D6（　　）。
   A. 只能合并　　B. 只能拆分
   C. 既能合并又能拆分　　D. 以上都不对
5. 在工作表中，按住（　　）键，才能同时选择多个不相邻的单元格区域。
   A. Tab　　B. Alt　　C. Shift　　D. Ctrl
6. 在 Excel 工作表中的单元格中输入数字字符串“456”方法是（　　）。
   A. 456　　B. '456　　C. =45　　D. “456”
7. 在 Excel 中，在单元格输入数值型数据时，默认为（　　）。
   A. 居中　　B. 左对齐　　C. 右对齐　　D. 随机

8. 以下选项中，能输入数值“-6”的是（　　）。

A. "6　　B. (6)　　C. \6　　D. \\6

9. 在默认情况下，在单元格中输入以下数据或公式，结果为左对齐的是（　　）。

A. 5-3　　B. 5/3　　C. =5+3　　D. 5*3

10. 在 Excel 中，填充柄位于所选单元格区域的（　　）。

A. 左下角　　B. 左上角　　C. 右下角　　D. 右上角

11. 如图 11-122 所示，A1 和 A2 单元格中分别为 1 和 2，选中 A1：A2 区域并拖动右下角填充句柄至 A5，A4 单元格的值为（　　）。

A. 1　　B. 2　　C. 4　　D. 错误值

12. 如图 11-123 所示，在工作表的 A3 和 B3 单元格中分别输入“八月”和“九月”，选中 A3:B3 区域，向右拖曳填充柄经过 C3 和 D3 后松开，C3 和 D3 的内容为（　　）。

A. 十月、十月　　B. 十月、十一月　　C. 八月、九月　　D. 九月、九月

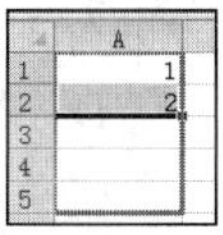

图 11-122　填充句柄 1

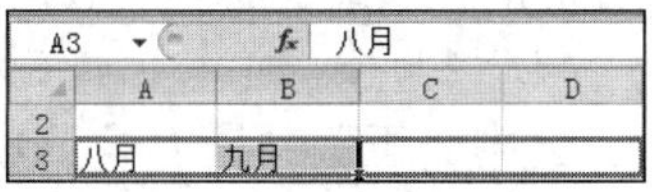

图 11-123　填充句柄 2

13. 在 Excel 中，如果只删除所选区域的内容，则应该执行（　　）命令。

A. 清除→清除批注　　B. 清除→全部清除

C. 清除→清除内容　　D. 清除→清除格式

14. 在 Excel 中，在单元格中输入公式或函数时以一个（　　）作为前导字符。

A. =　　B. %　　C. &　　D. $

15. 在 Excel 中，单元格 A3 内容是 3，B3 内容是 5，在 A5 中输入“A3+B3”，单元格 A5 显示（　　）。

A. 3+5　　B. 8　　C. 5　　D. A3+B3

16. 在 Excel 中，（　　）表示工作表中 B2 到 F4 的区域。

A. B2　F4　　B. B2:F4　　C. B2 ; F4　　D. B2 , F4

17. 使用地址$D$1 可以引用 D 列 1 行的单元格，称为对单元格地址的（　　）。

A. 混合引用　　B. 相对引用　　C. 绝对引用　　D. 交叉引用

18. 在单元格 D7 中输入公式“=A7+$B$4”，把 D7 中的公式复制到 D8 单元格后，D8 的公式为（　　）。

A. =A8+$B$4　　B. =A7+$B$4　　C. =A8+$B$5　　D. =A7+$B$5

19. 在 Excel 中，使用地址$D2 引用一个单元格，则该地址是对单元格的（　　）。

A. 相对地址引用　　B. 绝对地址引用　　C. 混合地址引用　　D. 三维地址引用

20. 将相对引用变为绝对引用的快捷键是（　　）

A. F9　　B. F8　　C. F4　　D. F9

21. 在单元格中输入公式“=AVERAGE(B2:F4)”，将计算（　　）个单元格的平均值。

A. 5　　B. 10　　C. 15　　D. 20

22. 在 Excel 中，能计算单元格区域 B1:B10 中数值型数据之和的表达式是（　　）。

A. MAX(B1:B10)　　B. COUNT(B1:B10)

C. AVERAGE(B1:B10)　　D. SUM(B1:B10)

23. 在 Excel 中，函数公式“ =SUM (10, MIN(15, MAX(2,1),3))”的结果是（　　）。

A. 10　　B. 12　　C. 14　　D. 15

24. 在单元格中，输入函数“=AVERAGE(10,25,13)”的结果是（　　）。

A. 12　　B. 16　　C. 25　　D. 48

25. 假定区域 C3:C8 中每个单元格都有数值，则函数“=COUNT(C3:C8)”的值为（　　）。

A. 4　　B. 5　　C. 6　　D. 8

26. 为数值在“100～200”之间的单元格设置指定格式时，应选择条件格式中的（　　）。

A. 项目选取规则　　B. 突出显示单元格规则

C. 色阶　　D. 图标集

27. 在 Excel 中，数据筛选的功能是（　　）。

A. 显示满足条件的记录，删除不满足条件的数据

B. 暂时隐藏不满足条件的记录，显示满足条件的数据

C. 不满足条件的数据保存在另外一张工作表中

D. 突出显示满足条件的数据

28. 在 Excel 中，在分类汇总之前，必须对数据表中的分类字段进行（　　）。

A. 筛选　　B. 排序　　C. 建立数据库　　D. 有效计算

29. 关于分类汇总的叙述中，正确的是（　　）。

A. 先要按分类字段排序　　B. 分类汇总可以按多个字段分类

C. 只能对数值型的字段分类　　D. 汇总方式只能求和

30. 以下关于数据透视表的描述中，错误的是（　　）。

A. 数据透视表可以放在其他工作表中

B. 可以在“数据透视表字段列表”任务窗格中添加字段

C. 可以更改计算类型

D. 不可以筛选数据

二、填空题

1. 若在单元格 A3 中输入 5/20，该单元格显示结果为______________。

2. 单元格如果没有设置特殊格式，日期数据会______________对齐。

3. 按下______________组合键，可以在单元格中插入计算机当前的日期。

4. 在工作表 Sheet1 的单元格中，要计算工作表 Sheet4 的 B6、B7 和 B8 等 3 个单元格的和，则应当输入______________________。

5. 在 Excel 中，单元格的引用有__________、__________和__________3 种方式。

6. 在 Excel 中，输入"A"&"B"，结果为__________________。

7. 在 Excel 中，“A1:B3”表示____________个单元格。

8. 在 Excel 中，“B7:D7　C6:C8”表示的是____________个单元格。

9. 在 Excel 中，函数 MAX(10,7,12,0)的返回值是______________。

10. 在对数据进行分类汇总前，必须对数据进行______________操作。

三、简答题

1. 要在 Excel 的单元格中输入图 11-124 所示的 5 个数据，请简述操作过程。

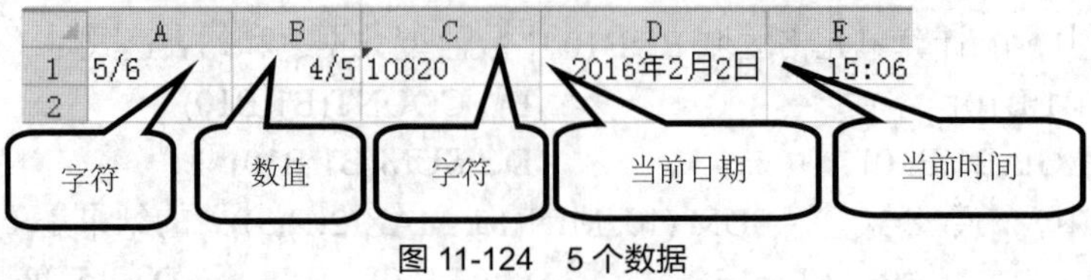

	A	B	C	D	E
1	5/6	4/5	10020	2016年2月2日	15:06
2					

字符　数值　字符　当前日期　当前时间

图 11-124　5 个数据

2. 在 Excel 中有图 11-125 所示的数据，要将灰色单元格区域复制并转置到以单元格 A5 为起始位置的区域，请简述操作过程。

3. 在 Excel 中有图 11-126 所示的数据，要分别计算每行之和以及大于 50 的数字的个数，请写出所用的公式或函数及其参数。（灰色部分为要计算的单元格）

	A	B	C	D
1	产品名称	一月份销售量	二月份销售量	三月份销售量
2	手机	400	500	700
3	电脑	450	300	600
4	MP3	600	800	900
5				

图 11-125 销售量数据

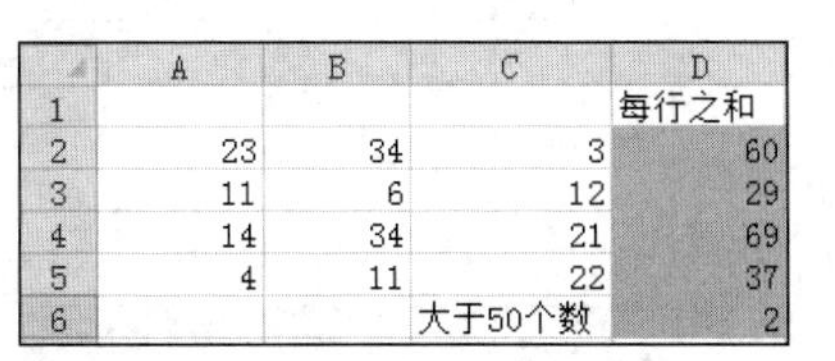

	A	B	C	D
1				每行之和
2	23	34	3	60
3	11	6	12	29
4	14	34	21	69
5	4	11	22	37
6			大于50个数	2

图 11-126 数据

4. 在 Excel 中有图 11-127 所示的数据，使用函数计算学生的平均分，请写出所用函数及其参数。（灰色为要计算的单元格）

5. 在 Excel 中有图 11-127 所示的数据，使用函数判断学生成绩等级优劣，平均分 90 分以上为"优秀"，70 分以上为"良好"，60 分以上为"及格"，低于 60 分为"不及格"，请写出所用函数及其参数。（灰色为要计算的单元格）

6. 在 Excel 中有图 11-128 所示的数据，使用函数计算男性捐款大于 100 的捐款总和，请写出所用函数及其参数。（灰色为要计算的单元格）

	A	B	C	D	E	F	G	H
1				学生成绩表				
2	学号	姓名	性别	语文	数学	英语	平均分	等级
3	1	王红	男	95	93	85	91	优秀
4	2	张亮	男	85	65	89	80	良好
5	3	李晓静	男	75	81	92	83	良好
6	4	赵飞	女	60	70	50	60	不及格
7	5	杨康	女	88	98	89	92	优秀
8	6	王刚	男	78	85	60	74	良好
9	7	刘丽	男	40	60	55	52	不及格
10								

图 11-127 学生成绩表

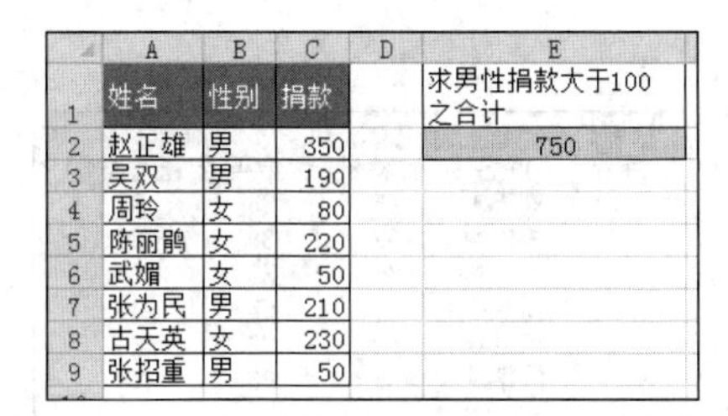

	A	B	C	D	E
1	姓名	性别	捐款		求男性捐款大于100之合计
2	赵正雄	男	350		750
3	吴双	男	190		
4	周玲	女	80		
5	陈丽鹃	女	220		
6	武媚	女	50		
7	张为民	男	210		
8	古天英	女	230		
9	张招重	男	50		

图 11-128 函数计算

7. 在 Excel 中有图 11-129 所示的数据，使用函数计算分数大于等于 60，小于 80 的分数平均值，请写出所用函数及其参数。（灰色为要计算的单元格）

8. 在 Excel 中有图 11-130 所示的数据，使用查找函数，通过查找数据的第一列，查找姓名为"李四光"的籍贯，请写出所用函数及其参数。（灰色为要计算的单元格）

	A	B	C	D
1	姓名	分数		大于等于60，小于80均分
2	刘志敏	85		75.5
3	李树斌	92		
4	蒋婷婷	75		
5	周振杰	72		
6	韦胜华	55		
7	蔡鹏飞	79		
8	曾艳燕	59		
9	陈敏兰	81		
10	周海英	76		

图 11-129 部分成绩

	A	B	C	D	E	F	G	H
1	姓名	工号	性别	籍贯	出生年月			
2	张三丰	KT001	男	北京	1970年8月		姓名	籍贯
3	李四光	KT002	女	天津	1980年9月		李四光	天津
4	王麻子	KT003	男	河北	1975年3月			
5	赵六儿	KT004	女	河南	1985年12月			
6								

图 11-130 函数计算

9. 在 Excel 中有图 11-131 所示的数据，使用查找函数，通过查找数据的首行，查找四月份的水电费用，请简述写出所用函数及其参数。（灰色为要计算的单元格）

10. 在 Excel 中有图 11-132 所示的数据，要使用公式计算每个商品数量占总数的比例，请简述操作过程。（灰色为要计算的单元格）

11. 要根据图 11-132 所示的比例结果生成图 11-133 所示的图表，请简述操作过程。

	A	B	C	D	E	F	G	H
1		一月	二月	三月	四月		月份	水电
2	交通	200	150	180	200		四月	140
3	食物	460	500	600	560			
4	水电	110	120	150	140			
5	电话	100	100	100	100			
6	服饰	500	300	350	320			

图 11-131　查找数据

	A	B	C
1	商品	数量	所占比例
2	铅笔	20	25.00%
3	橡皮	15	18.75%
4	水笔	45	56.25%
5			

图 11-132　商品数据

图 11-133　商品比例图

12. 根据图 11-134 所示的数据，生成图 11-135 所示的图表，请简述操作过程。

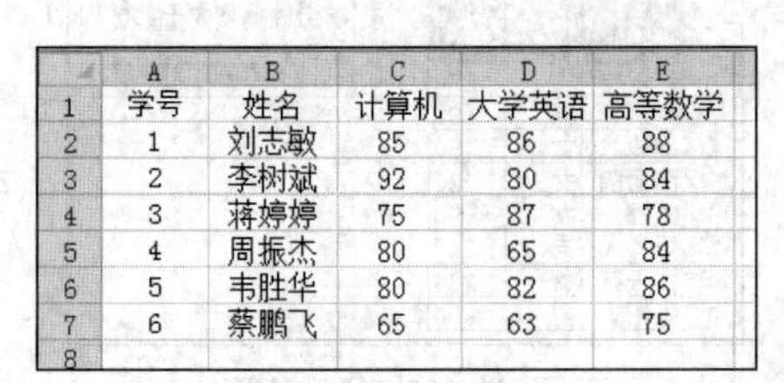

	A	B	C	D	E
1	学号	姓名	计算机	大学英语	高等数学
2	1	刘志敏	85	86	88
3	2	李树斌	92	80	84
4	3	蒋婷婷	75	87	78
5	4	周振杰	80	65	84
6	5	韦胜华	80	82	86
7	6	蔡鹏飞	65	63	75
8					

图 11-134　部分成绩

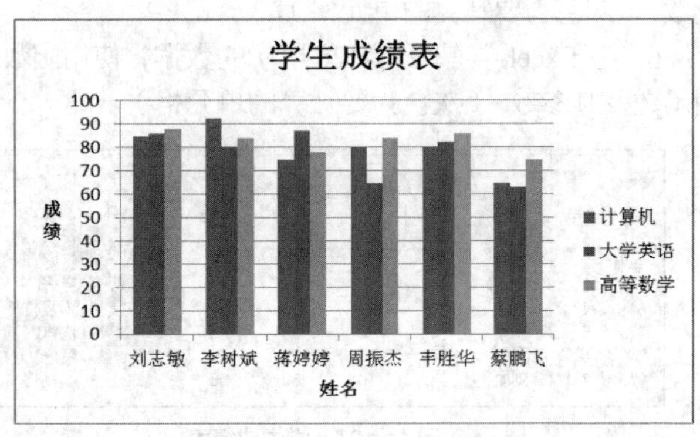

图 11-135　生成图表

13. 对图 11-135 所示的图表进行修改，将“大学英语”系列改为折线图，如图 11-136 所示，请简述操作过程。

14. 对图 11-137 所示的数据中各科成绩设置格式，不及格（小于 60 分）显示为红色、加粗；优秀的（大于等于 90 分）显示绿色背景色，请简述操作过程作。

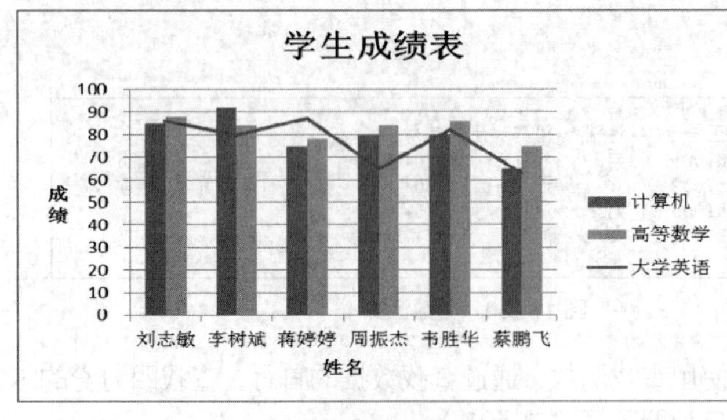

图 11-136　折线图

	A	B	C	D	E
1	姓名	性别	语文	数学	英语
2	上官云	女	50	81	84
3	徐铮	男	76	92	94
4	小龙女	女	88	77	76
5	阿朱	女	20	91	82
6	田青文	男	77	91	83
7					

图 11-137　成绩单

15. 对图 11-137 所示的数据进行排序，主要关键字为语文成绩，按照由降序排序；次要关键字为数学成绩，按照降序排序，请简述操作过程。

16. 在 Excel 中有图 11-138 所示的数据，将数据中“性别”列的单元格添加下拉列表框，可选内容为“男”和“女”两项，请简述操作过程。

17. 在 Excel 中有图 11-139 所示的数据，筛选出所有职称是“助教”的男同志，请简述操作过程。

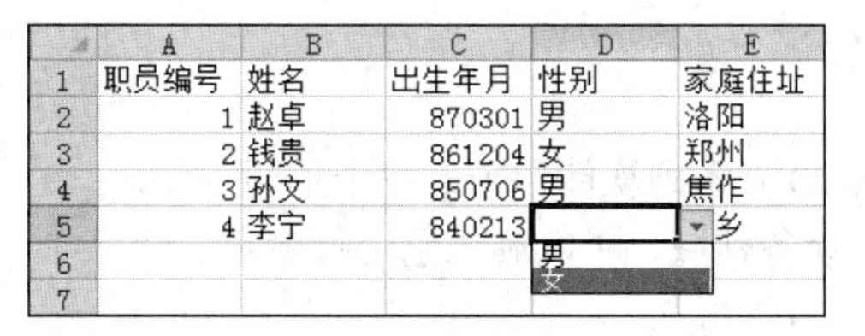

	A	B	C	D	E
1	职员编号	姓名	出生年月	性别	家庭住址
2	1	赵卓	870301	男	洛阳
3	2	钱贵	861204	女	郑州
4	3	孙文	850706	男	焦作
5	4	李宁	840213		乡
6				男	
7				女	

图 11-138　数据表

	A	B	C	D	E	F
1	编号	姓名	性别	籍贯	出生年月	职称
2	25	祁红	女	辽宁省海城	1974/6/16	教授
3	26	杨明	男	广东省顺德	1982/1/2	助教
4	27	江华	男	山东省蓬莱县	1980/8/19	副教授
5	28	成燕	女	江苏省苏州	1964/2/19	讲师
6	29	达晶华	男	上海	1975/7/19	助教
7	30	刘珍	女	四川云阳县	1968/6/17	教授
8	31	风玲	女	浙江绍兴	1981/3/27	助教
9	39	艾提	女	浙江上虞	1968/11/14	副教授
10	44	康众喜	男	江西南昌	1973/4/27	讲师
11	49	张志	男	江西高安	1970/4/5	助教

图 11-139　职称数据

18. 在 Excel 中有图 11-140 所示的数据，使用高级筛选功能，筛选出所有课时量在 30 以上的女性教授数据，请简述操作过程。

	A	B	C	D	E	F	G	H	I
1	编号	姓名	性别	籍贯	出生年月	职称	系名	课程名称	课时
2	25	祁红	女	辽宁省海城	1974/6/16	教授	计算机系	英语	34
3	26	杨明	男	广东省顺德	1982/1/2	助教	民政系	哲学	25
4	27	江华	男	山东省蓬莱	1980/8/19	副教授	数学系	线性代数	30
5	28	成燕	女	江苏省苏州	1964/2/19	讲师	民政系	微积分	21
6	29	达晶华	男	上海	1975/7/19	未定	财经系	德育	26
7	30	刘珍	女	四川云阳县	1968/6/17	教授	数学系	体育	71
8	31	风玲	女	浙江绍兴	1981/3/27	助教	财经系	政经	71
9	39	艾提	女	浙江上虞	1968/11/14	副教授	民政系	离散数学	53
10	44	康众喜	男	江西南昌	1973/4/27	讲师	计算机系	大学语文	63
11	49	张志	男	江西高安	1970/4/5	未定	外语系	英语	45

图 11-140　课时数据

19. 在 Excel 中有图 11-141 所示的数据，按学历分类汇总，计算各个学历人数，请简述操作过程。

20. 在 Excel 中有图 11-141 所示的数据，按部门分类汇总，计算每个部门的工资和奖金的总和，请简述操作过程。

	A	B	C	D	E	F	G
1	职工编号	姓名	学历	部门	年龄	工资	奖金
2	ZG004	刘枫	硕士	软件开发部	30	3500	800
3	ZG003	叶柳	大学本科	市场部	26	2100	600
4	ZG005	梁海涛	大专	财务部	26	2000	600
5	ZG007	李涵	大专	办公室	23	1500	600
6	ZG009	姚林培	硕士	市场部	28	2100	600
7	ZG011	杨晓蓓	大专	市场部	23	2000	500
8	ZG015	黄洪	大学本科	市场部	23	2000	500
9	ZG001	王灿	大学本科	运营部	32	2270	618
10	ZG006	张凤	中专	软件开发部	25	2800	800
11	ZG008	朱刚	中专	运营部	35	2500	700
12	ZG012	吴光明	大学本科	软件开发部	24	2800	800
13	ZG013	曾红桦	大专	财务部	32	2800	700
14	ZG014	周媚妹	硕士	人力资源部	35	3000	500
15	ZG016	钟霞	大学本科	办公室	30	2800	600

图 11-141　工资数据

12 第12章　PowerPoint 2010 高级应用

PowerPoint 2010是Microsoft Office 2010系列软件包中的一个重要组件，PowerPoint（简称 PPT）广泛地应用于众多领域，可以利用它进行教学、产品推广、方案介绍、企业宣传等一系列活动。

本章介绍PPT中各种对象的功能、操作方法和使用技巧，讲解和分析幻灯片的版式、格式、图表、动画等设计元素。通过本章的学习，读者可以掌握制作PPT进行各类展示的方式。

12.1　幻灯片版式

幻灯片版式是PPT中常规排版的格式，指的是幻灯片内容在幻灯片上的排列方式。在“开始”选项卡中，单击“版式”命令，如图12-1所示。

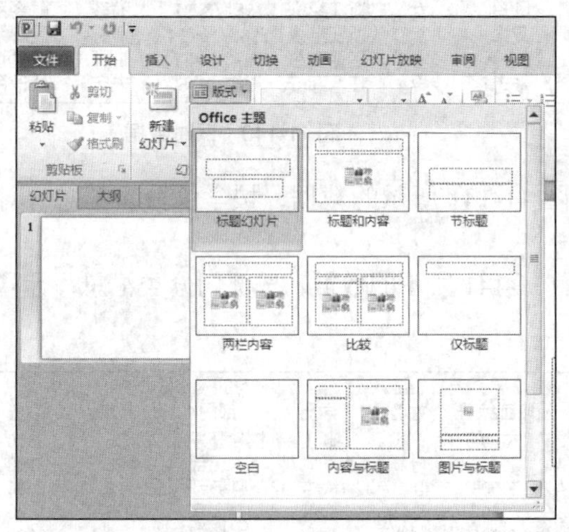

图12-1　幻灯片版式

PowerPoint 2010提供了丰富的版式，利用不同的版式，合理安排演示文稿的各种元素。一个演示文稿在结构上基本由封面、目录、正文、末页构成。新建一个演示文稿，即出现一个空白的“标题幻灯片”版式，一般该版式用于封面和末页幻灯片。

继续单击“新建的幻灯片”，在弹出的下拉列表中根据需求选择合适的版式。

也可以更改幻灯片版式。选中当前幻灯片，单击“开始→版式”命令，重新选择版式即可。

12.2　母版视图

在 PowerPonit 2010 中有 3 种类型的母版，分别是幻灯片母版、讲义母板和备注母版。使用它们有两个优点：一是节约设置格式的时间；二是便于整体风格的修改。如果要修改多张幻灯片的外观，如标题文字的大小、位置或颜色，背景的颜色或图片等。只要在母版中设定好所有的格式需求，就能使这些幻灯片具有相同的格式。

12.2.1　幻灯片母版

一个完整且专业的演示文稿，其所有幻灯片的背景、配色和文字格式等都应该统一风格，这可以通过幻灯片母版实现统一的风格。

本节以制作某公司简介为案例，介绍幻灯片母版的设置与编辑。

1. **设计幻灯片母版**

设计 Office 主题幻灯片母版，可以使演示文稿中的所有幻灯片具有与母版相同的样式效果。

① 单击“视图→幻灯片母版”命令，如图 12-2 所示，进入幻灯片母版视图。

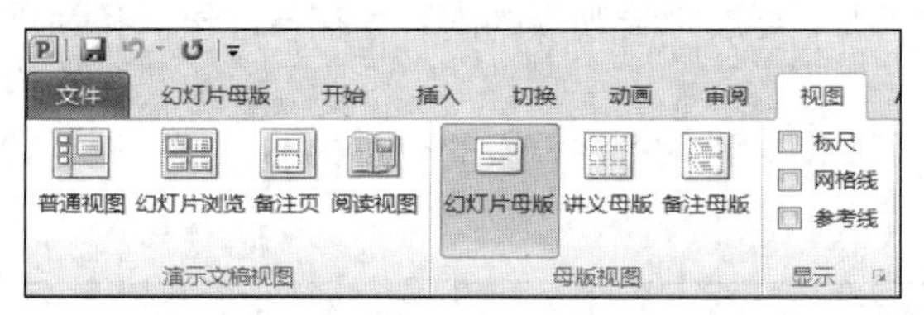

图 12-2　幻灯片母版

② 在左侧的幻灯片浏览窗格中选择“Office 主题幻灯片母版：由幻灯片 1 使用”选项。再切换到“幻灯片母版”选项卡，如图 12-3 所示。

③ 单击“背景→设置背景格式”命令，在打开的对话框中设置背景填充为“渐变填充”。此时，所有的幻灯片的背景都发生了相应的变化。

④ 单击“插入→图片”命令，将素材 LOGO 图片文件插入母版中，调整大小后放置在合适的位置。

⑤ 在幻灯片上部，删除旁边的占位符，切换到“插入”选项卡，插入一条直线，设置为“蓝色”，线型粗细设置为“4.5 磅”，并插入一个文本框，输入公司名称，设置文本格式。

⑥ 在幻灯片底部删掉原有的占位符，插入新的文本框，分别输入公司的宗旨以及网址。完成效果如图 12-4 所示。

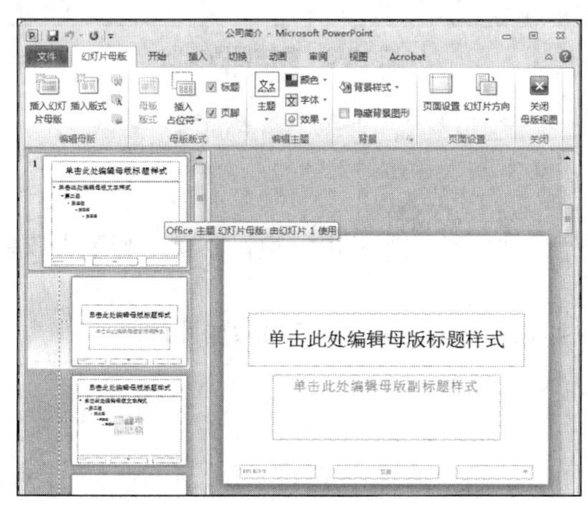

图 12-3　幻灯片母版编辑

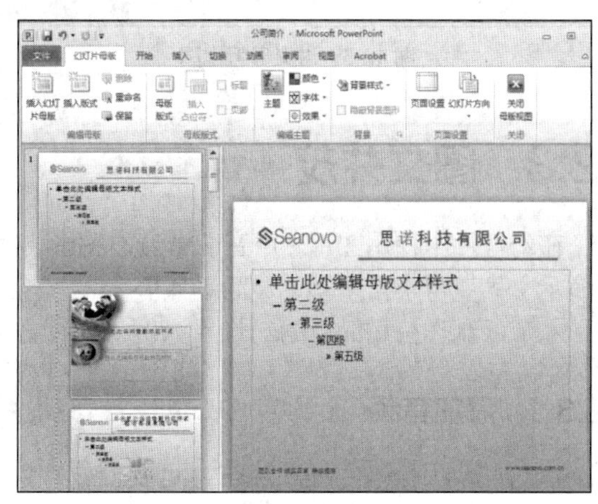

图 12-4　母版效果

2. 编辑幻灯片母版

幻灯片母版设计以后，用户也可以根据需要，进行部分幻灯片母版的修改。例如，标题幻灯片常常在演示文稿中作为封面和结束语的样式，可能会与其他的正文幻灯片的格式不一样，需要进行修改。

在左侧的幻灯片浏览窗格中，选中“标题幻灯片版式：由幻灯片 1 使用”选项。勾选“隐藏背景图形”，然后插入素材图片，并调整占位符的位置、大小和文本格式。

12.2.2 讲义母版

讲义母版用于控制讲义的格式。提供在一张打印纸上同时打印多张幻灯片的讲义版面布局和“页眉页脚”的设置样式。

单击“视图→讲义母版”，即可进入讲义母版的视图状态。可以在图 12-5 所示的视图状态下进行版面布局和视图结构的设置。设置完毕后，单击“关闭母版视图”按钮，即返回幻灯片的普通视图。

12.2.3 备注母版

通常情况下，用户会把不需要展示给观众的内容写在备注里。备注母版主要用于控制备注页的版式和格式。

单击“视图→备注母版”，即可进入备注母版的视图状态。可以在图 12-6 所示的视图状态下进行备注页的设置。

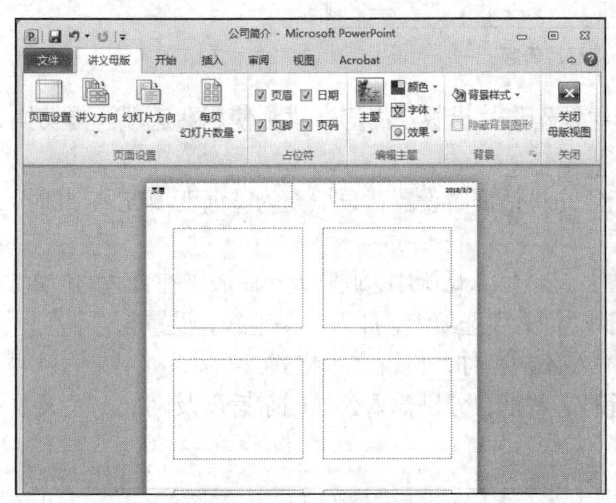

图 12-5 讲义母版视图

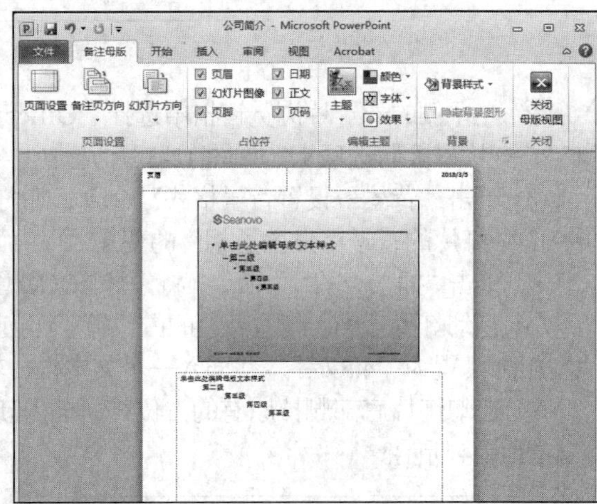

图 12-6 备注母版视图

12.3 图文并茂

在幻灯片中使用图片、声音、影音、图形、图表等各种元素，能使 PPT 更富感染力与艺术效果，使演示文稿变得丰富多彩、灵活动人。

本节以制作公司简介的幻灯片为例，进行音频、视频、SmartArt、图表的添加操作。

12.3.1 添加音频

在幻灯片中恰当的插入声音，可以使幻灯片的播放效果更加生动、逼真，从而使观众产生观看的兴趣。以插入本地音频文件为例。

步骤如下。

① 单击制作好的封面幻灯片，单击“插入→音频”按钮，在弹出的下拉框中选择“PC 上的音频”命令，如图 12-7 所示。在弹出的对话框中，选择音频素材插入。

② 插入后的音频文件在幻灯片中的显示如图 12-8 所示。将声音图标拖动到合适的位置，并适当地调整其大小。

图 12-7　插入音频命令

图 12-8　插入音频效果

③ 在声音图标上单击时，幻灯片会自动转换到“音频”工具栏，并切换到“播放”选项卡，如图 12-9 所示，用户可进行相应的设置。

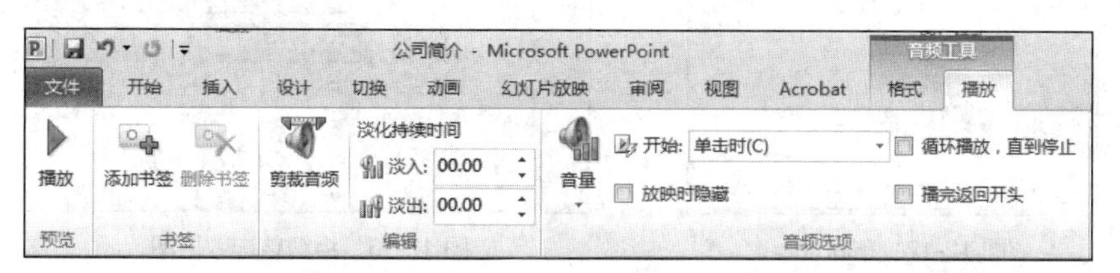

图 12-9　音频效果设置

12.3.2　添加视频

在幻灯片中可以插入剪辑器中的影片文件，但毕竟有限。用户可以根据需要插入文件中的影片。

类似于插入音频，在幻灯片中插入影片之后，除了可以在“视频选项”中设置播放效果以外，还可以用“自定义动画”来设置其动画效果。

菜单和方法和插入音频类似，这里就不再赘述。

演示文稿支持演示文稿支持 MP3、WMA、WAV、MID 等格式的声音文件，AVI、WMV、MPG 等格式的视频文件。

12.3.3　添加 SmartArt 图示

在 Powerpoint 中，SmartArt 是信息和观点的视觉表示形式，用户通过各种图示的布局关系配合文字信息，快速、轻松、有效地表达各种关系或主题。

本节以绘制公司的组织架构幻灯片为例，介绍 SmartArt 图示的使用方法。

步骤如下。

① 新建空白幻灯片，单击“插入→SmartArt”，打开“选择 SmartArt 图形”对话框，如图 12-10 所示，选择“层次结构→组织结构图”，并将其插入当前幻灯片中。

② 单击带有“文本”字样的占位符，键入文字即可。选择“销售部”形状，在“设计→添加形状”中，如图 12-11 所示，单击 “在下方添加形状”，键入“销售一部”，继续添加“销售二部”。

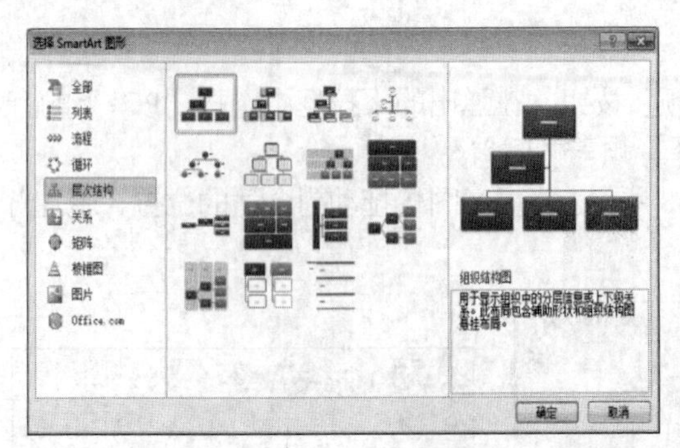

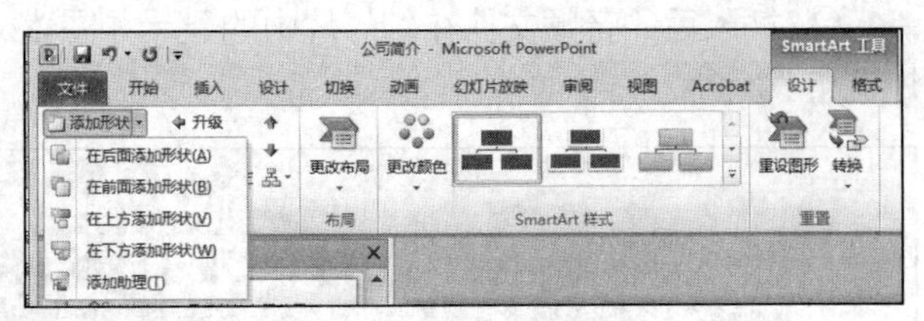

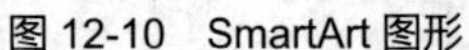

图 12-10　SmartArt 图形　　　　图 12-11　SmartArt 设计

③ 选择“销售部”块，单击“设计→布局”，下拉菜单如图 12-12 所示，选择“两者”。

④ 继续添加形状，进行相应的布局设置，最终的效果如图 12-13 所示。

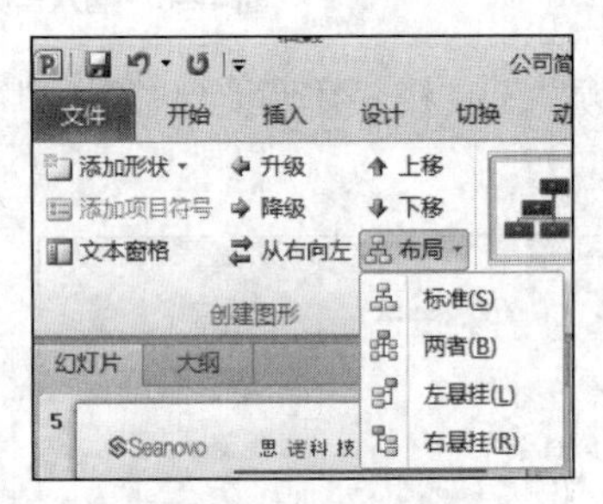

图 12-12　布局设计

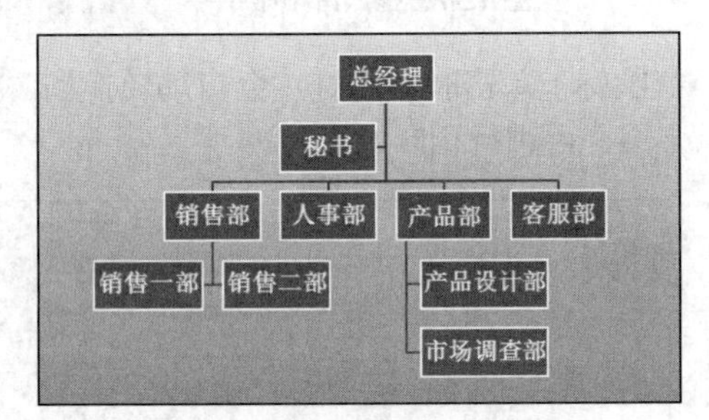

图 12-13　组织结构效果图

12.3.4　添加图表

图表是数据的形象化表达。使用图表，可以使数据显示更具可视化的效果，它展示的不仅仅是数据，还有数据的比较及趋势。

以公司的三种产品的季度销售情况为例，制作幻灯片。

步骤如下。

① 单击“插入→图表”，选择 “堆积条形图”，单击“确定”按钮，返回演示文稿。

② 此时在幻灯片中插入了一个堆积条形图，并弹出一个电子表格，编辑电子表格，输入相关数据和项目，如图 12-14 所示，输入完毕，关闭窗口。

③ 此时，演示文稿中的条形图会自动应用电子表格中的数据，然后在图表工具中对条形图进行美化。效果如图 12-15 所示。

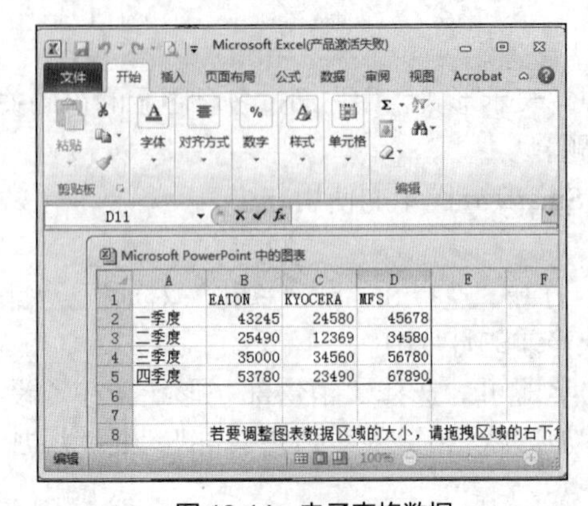

图 12-14　电子表格数据

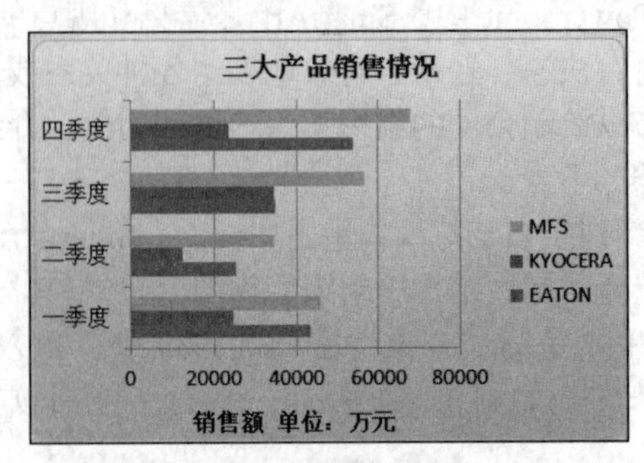

图 12-15　图表效果图

12.4　幻灯片动画

动画是制作 PPT 时使用最频繁的工具之一，能使幻灯片中的各个对象产生动态效果，还能让幻灯片的切换更加流畅自然。

在讲解制作动画之前，先制作一个目录页为例，步骤如下。

① 在封面幻灯片的后面，插入一个空白版式的幻灯片。

② “开始→绘图”组的形状下拉列表中，选择“椭圆”，在幻灯片中，按 Shift 键绘制 1 个圆形，调整大小及位置。形状填充为“橙色”，形状轮廓为“蓝色”，形状效果为“阴影→内部局中”。

③ 依照上述方法，依次再绘制 5 个不同填充颜色的圆形。

④ 在每一个圆形后面，再绘制一个“圆角矩形”，设置形状轮廓颜色为“蓝色”，无填充颜色，调整大小。

⑤ 依次在每一个“圆角矩阵”上单击鼠标右键，在弹出的快捷菜单中选择“编辑文字”命令，依次输入相应内容。效果如图 12-16 所示。

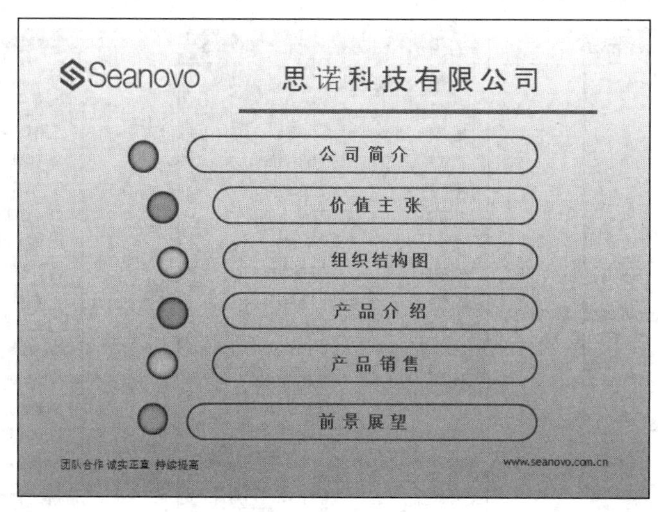

图 12-16　目录页

以此目录页为对象，介绍动画的制作与编辑方法。

1. 进入动画

进入动画是最基本的自定义动画效果，指文本、形状图片、音频、视频等对象从无到有出现在幻灯片中的动态过程。它包括基本型、细微型、温和型、华丽型四大类。

在目录幻灯片中，单击椭圆 1，切换到“动画”选项卡，在“动画”组中选择“劈裂”动画效果，如图 12-17 所示。

图 12-17　动画效果

如需应用更多进入动画方式，则在“高级动画”组中单击“添加动画”下拉按钮，在列表中选择“更多进入效果”命令，如图 12-18 所示。继续将“公司简介”的圆角矩形在“添加进入效果”对话框中，选择“百叶窗”效果。

2. 强调动画

为了使幻灯片中的对象能够引起观众的注意，常常会为其添加强调动画效果，这样在幻灯片的放映中，队形会发生诸如变大变小、忽明忽暗、跷跷板、陀螺旋等外观或色彩上的变化。

单击椭圆 2，切换到“动画→高级动画”组中，选择 “更多强调效果”命令，在弹出的“添加强调效果”对话框中选择“放大/缩小”的强调效果，单击“确定”按钮即可，如图 12-19 所示。将后面的“价值主张”圆角矩形设置为“陀螺旋” 效果。

3. 退出动画

与进入动画相对应的是退出动画，即幻灯片中的对象从有到无逐渐消失的过程，退出动画是多种对象之间自然过渡时需要的效果，因此又被称为“无接缝动画”。退出动画的种类基本与进入动画相同，在此不一一赘述。

4. 路径动画

路径动画可以是对象进入或退出的过程，也可以是强调对象的方式，对象会根据所绘制的路径运动，常见的路径动画如图 12-20 所示。

图 12-18 添加进入效果

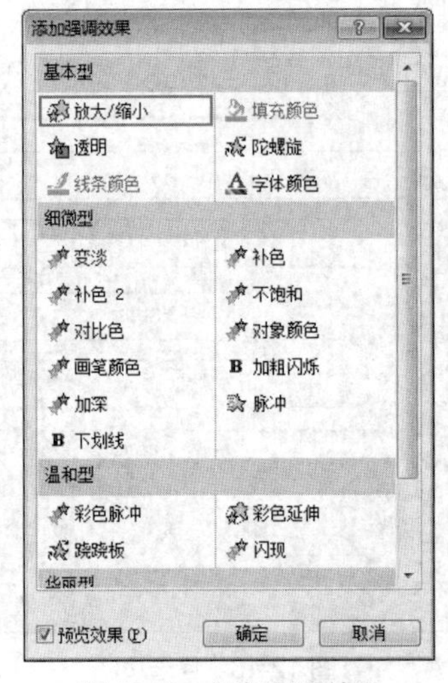

图 12-19 添加强调效果

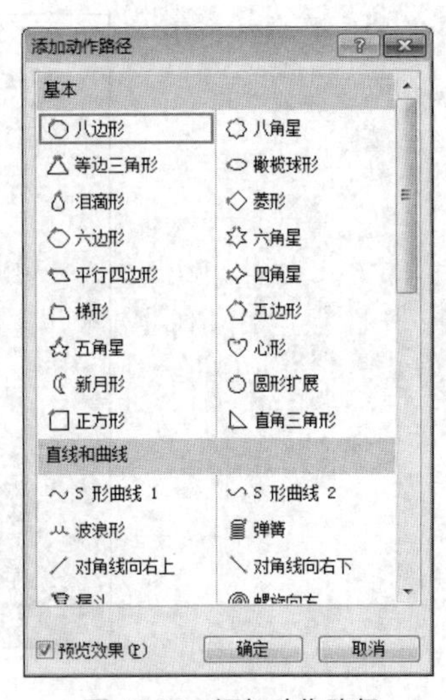

图 12-20 添加动作路径

12.5 动画刷

动画刷可以像格式刷复制文字格式一样复制动画效果。借助动画刷，可以复制某一个对象中的动画效果，然后将其粘贴到其他对象中。

继续设置目录页的各对象的动画效果，步骤如下。

① 选择椭圆 1，作为要复制的动画的对象。

② 切换到“动画”选项卡，单击“高级动画→动画刷”按钮，或者使用 Alt+Shift+C 组合键。此时如果把鼠标指针移入幻灯片中，鼠标指针的右边将多一个刷子的图案。

③ 将鼠标指针指向要应用相同动画效果的椭圆 3，并单击该对象。

④ 如果要让剩余的元素都拥有相同的动画效果，则只需要椭圆 1，双击“动画刷”按钮，在逐个对象复制的过程中，刷子图案不会消失，刷完以后，再单击“动画刷”按钮，刷子图案消失。

目录页的最终动画设置效果如图 12-21 所示。

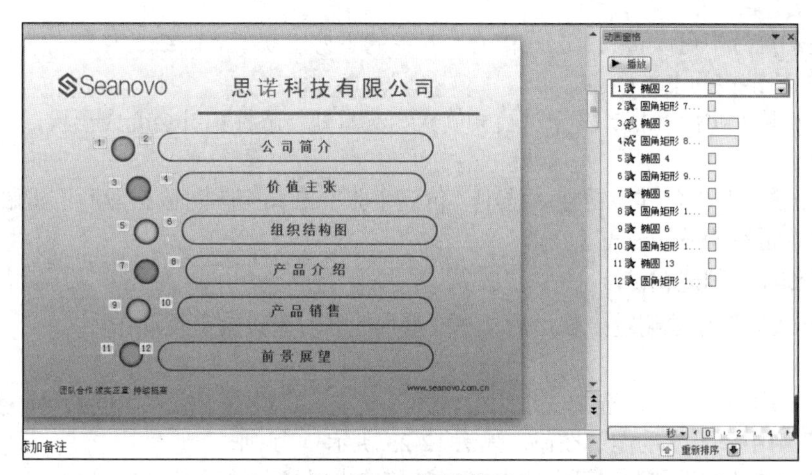

图 12-21　动画设置图

12.6　创建交互式演示文稿

在演示文稿播放的过程中，内容的编排和恰到好处的跳转，会增强整个演示文稿的逻辑性，使观众一气呵成地了解演讲者要传递的信息。

本节以目录页为例，介绍交互式演示文稿的编辑。

12.6.1　创建超链接

在 PowerPoint 中，超链接是指从一张幻灯片快速跳转到另一张幻灯片、网页、文件、邮件等自定义放映的链接。在演示文稿中，用户可以为任何的文本或其他对象（如图片、图形、图表和表格等）创建超链接。

1. 利用“插入”选项卡创建超链接

步骤如下。

① 在上述制作好的目录页中，选中“公司简介”文字，然后切换到“插入”选项卡下，在“链接”组中单击“超链接”按钮。

② 在打开的“插入超链接”对话框中，如图 12-22 所示，选择“本文档中的位置”，在右侧列表框中选择“幻灯片标题→幻灯片 3”。

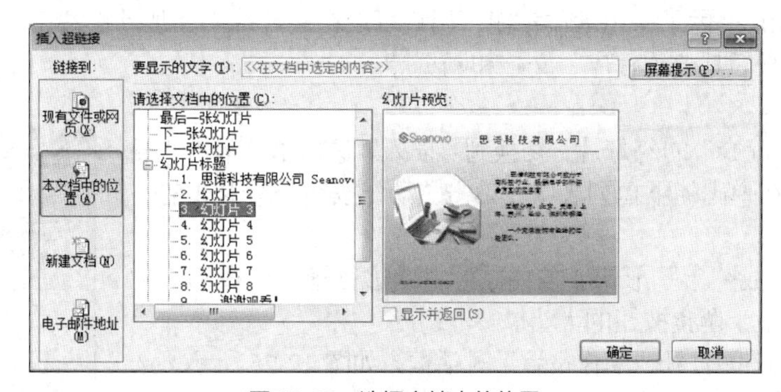

图 12-22　选择文档中的位置

③ 单击 屏幕提示(P)... 按钮打开“设置超链接屏幕提示”对话框。在“屏幕提示文字”文本框中输入“公司简介”，设置超链接时的屏幕提示文字，然后单击“确定”按钮返回幻灯片视图。

④ 此时在幻灯片中可以看到“公司简介”对象的下方出现了下画线，并且文本的颜色变成了配色方案中设置的超链接的文本颜色。

⑤ 放映幻灯片，将鼠标指针置于“公司简介”文本处，鼠标指针会变成形状，并且出现“公司简介”的字样。

也可以利用快捷菜单创建超链接。选中“价值主张”圆角矩阵对象，然后单击鼠标右键，选择“超链接”命令，进行相应的设置。

2. **利用动作设置创建超链接**

利用“动作设置”创建超链接就是为文本或者其他的对象设置交互动作。

步骤如下。

① 在目录页的幻灯片中，选中“组织架构图”文本，切换到“插入”选项卡，在“链接”组中单击“动作”按钮，如图 12-23 所示。

② 在弹出的“动作设置”对话框中，切换到“单击鼠标”选项卡，在“单击鼠标时的动作”组合框中，选中“超链接到”单选按钮，然后单击其下方的下箭头按钮，在弹出的下拉列表中选择“幻灯片…”选项，如图 12-24 所示。

③ 在“超链接到幻灯片”对话框的“幻灯片标题”下拉列表框中，选择“幻灯片 5”，如图 12-25 所示，然后单击“确定”按钮。

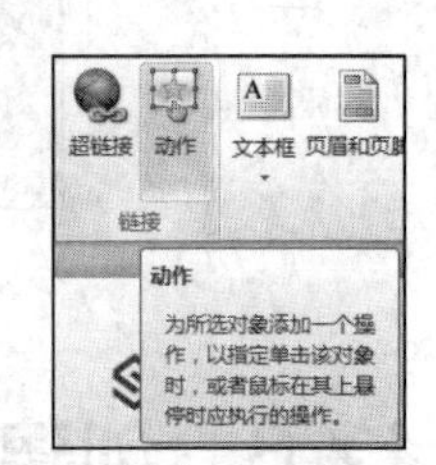

图 12-23 链接动作

图 12-24 “动作设置”对话框

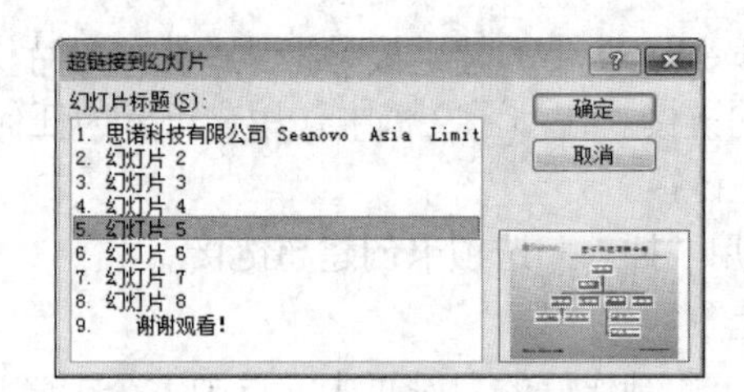

图 12-25 “超链接到幻灯片”对话框

12.6.2 添加动作按钮

PowerPoint 2010 提供了一组动作按钮，用户可以在幻灯片中添加动作按钮，从而轻松地实现幻灯片的跳转，或者激活其他的程序、文档和网页等。

步骤如下。

① 选择“公司简介”的幻灯片，切换到“插入”选项卡，单击“插图→形状”按钮。在弹出的下拉列表中，单击“动作按钮→后退或前一项”按钮。

② 鼠标指针变成“十”形状。按住鼠标左键进行拖动，在幻灯片上拖出一个动作按钮，调整按钮的大小。

③ 松开鼠标，随即打开“动作设置”对话框，如图 12-26 所示，选择“超链接到”单选钮，在下拉列表中选择“上一张幻灯片”，单击“确定”按钮。

④ 放映幻灯片时，将鼠标指针放置于该按钮上时，鼠标指针会变

图 12-26 “动作设置”对话框

成小手形状，单击该按钮即可切换到上一张幻灯片中。

12.6.3　更改或删除超链接

用户在创建好超链接或者添加好动作按钮后，有时会根据需要重新设置超链接的对象或者删除超链接。

1. 更改、编辑超链接

在目录页的幻灯片中，选中已创建了超链接的“公司简介”文本，在该文本上单击鼠标右键，在弹出的快捷菜单中选择“编辑超链接”菜单项，即可对其进行新的超链接的设置，方法同上。

2. 删除、取消超链接

选中创建了超链接的“公司简介”文本，在该文本上单击鼠标右键，在弹出的快捷菜单中选择“取消超链接”菜单项。

这样，“公司简介”文本下方的下画线被删除了，并且字体颜色也恢复为原来的字体颜色，表示该文本的超链接被删除或取消了。

12.7　幻灯片放映

制作演示文稿的最终目的是要呈现在观众面前，而完美的演示文稿放映，需要方法和技巧，根据不同的观众进行针对性操作。

12.7.1　幻灯片的切换方式

在幻灯片切换到另一张幻灯片时，可以为这个过程添加一些动画效果，能够有效避免切换时的突然和生硬，将使演示文稿的放映更加生动。

1. 添加切换效果

为了增强演示文稿的放映效果，可以为每张幻灯片设置切换方式，以丰富其过渡效果。

步骤如下。

① 选中目录页的幻灯片，选择“切换”选项卡，在“切换到此幻灯片”组中，选择一种效果，或者单击右侧的“其他”按钮，如图 12-27 所示。在弹出的下拉列表中选择更多的效果类型。

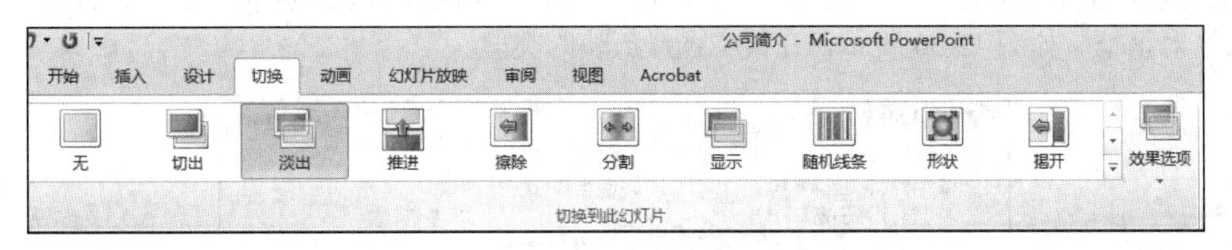

图 12-27　切换方式

② 单击“效果选项”按钮，在弹出的下拉列表中选择合适的选项即可。不同的效果，下拉列表中的选项也不一样。

2. 设置切换的声音和持续时间

设置切换动画后，还可以对切换时的声音和速度进行设置。单击“计时”组中的声音下拉按钮，在列表中单击选择某个声音即可，如图 12-28 所示。

在“持续时间”栏中，键入时间（默认单位为秒）后，在空白处单击或者按 Enter 键即可更改切换速度，如图 12-29 所示。

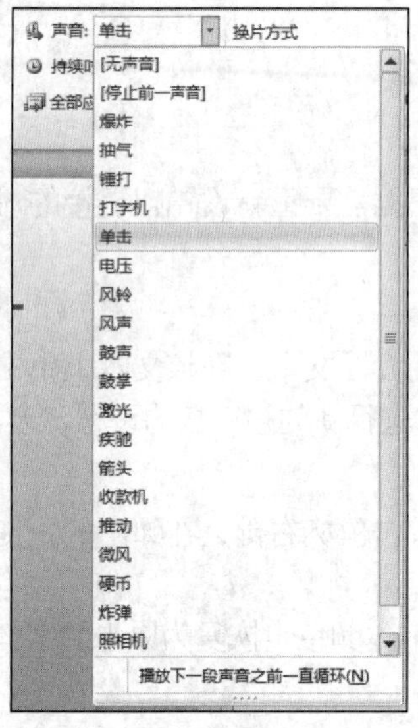

图 12-28　切换声音

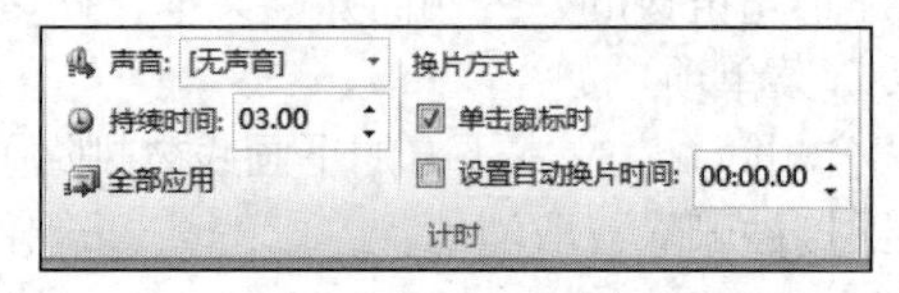

图 12-29　持续时间

如果想对所有的幻灯片都应用相同的效果，则可以单击“全部应用”按钮。

3. 设置切换方式

PowerPoint 默认的切换方式为“单击鼠标时”，若用户有特殊需求，需要自动换片，可以在“技术”组“换片方式”栏中，勾选“设置自动换片时间”复选框，并设置自动换片的时间间隔即可。

12.7.2　设置演示文稿的放映方式

PowerPoint 2010 提供了 3 种不同场合的放映类型：演讲者放映、观众自行浏览、在展台浏览。

（1）演讲者放映：由演讲者控制整个演示过程，演示文稿将在观众面前全屏播放。

（2）观众自行浏览：演示文稿在标准窗口中显示，观众可以拖动窗口上的滚动条或是通过方向键自行浏览，与此同时还可以打开其他窗口。

（3）在展台浏览：整个演示文稿会以全屏的方式循环播放。在此过程中，演示文稿自行放映，大多数控制命令都不可以使用，只能使用 Esc 键终止幻灯片的放映。

切换到“幻灯片放映”选项卡，单击“设置”组中的“设置幻灯片放映”按钮，打开“设置放映方式”对话框，如图 12-30 所示，在其中选择放映的类型。

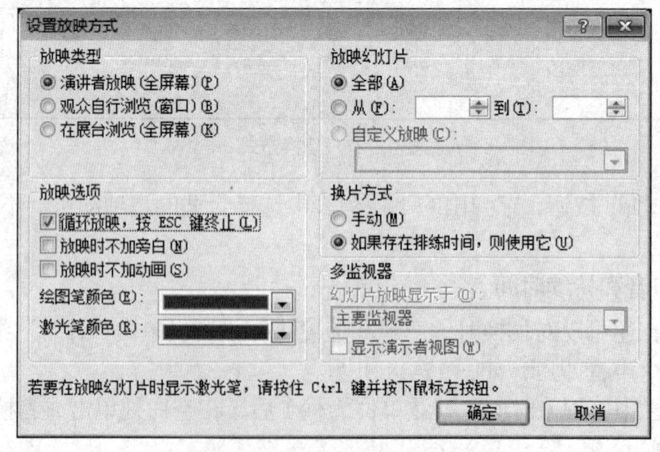

图 12-30　“设置放映方式”对话框

12.7.3　控制幻灯片放映

1．放映幻灯片

制作完演示文稿之后，切换到“幻灯片放映”选项卡，单击“开始放映幻灯片→从头开始”按钮，如图 12-31 所示，或者使用 F5 键，幻灯片将切换到全屏状态从第一张幻灯片开始放映演示稿。

也可以选择“开始放映幻灯片→当前幻灯片开始”按钮，或者使用 Shift+F5 组合键，幻灯片从当前幻灯片开始放映演示文稿。

如果要从幻灯片的放映状态切换回编辑状态，可以按 Esc 键。

2．放映指定的幻灯片

在放映幻灯片时，系统默认设置为放映整个演示文稿，即放映所有的幻灯片。也可以根据需求，只放映其中的几张幻灯片。

打开图 12-30 所示的“设置放映方式”对话框，在“放映幻灯片”组合框中，选中“从……到……”单选框，然后在微调框中输入放映幻灯片开始与结束的张数。也可以单击“自定义放映”，直接输入想放映的幻灯片的页码，用“,”隔开。

3．放映时隐藏幻灯片

如果在放映时不想每张幻灯片都被演示，可以通过隐藏幻灯片的方法将幻灯片隐藏起来。若想放映隐藏的幻灯片，还可以将其显示出来。

步骤如下。

① 选中“公司介绍”幻灯片，单击鼠标右键，在弹出的快捷菜单中选择“隐藏幻灯片”命令，如图 12-31 所示。

② 在放映幻灯片时，隐藏的幻灯片就不会放映出来。单击鼠标右键，在快捷菜单中选择“定位至幻灯片”菜单项，在其级联菜单上可以看到，此时被隐藏的幻灯片的序号用括号括起来了，如图 12-32 所示。

③ 若需要显示隐藏的幻灯片，在快捷菜单中再次单击“隐藏幻灯片”菜单项，撤销选择即可。

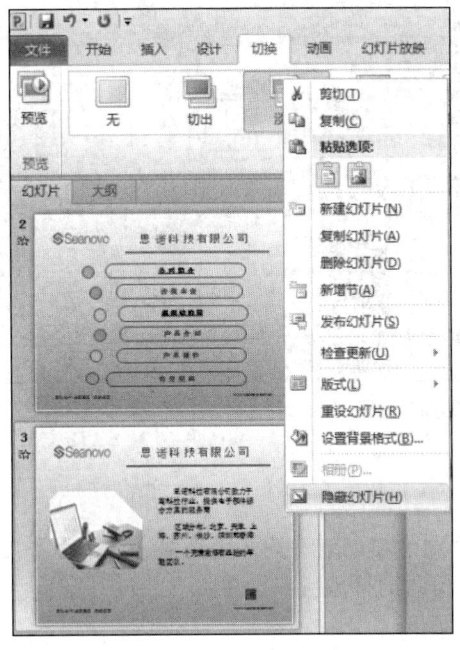

图 12-31　隐藏幻灯片

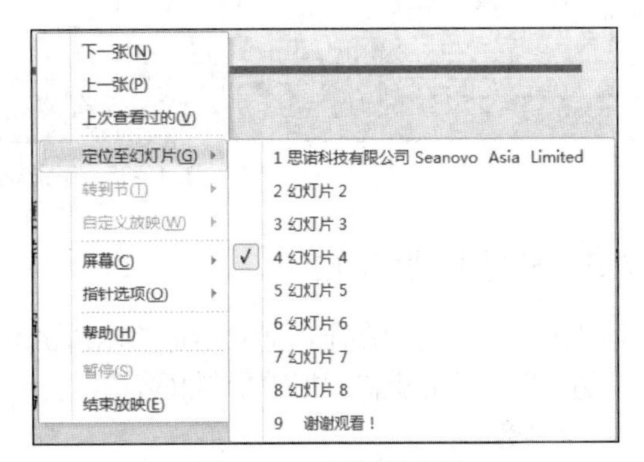

图 12-32　定位至幻灯片

12.7.4 设置排练计时

制作自动放映的演示文稿时，最难掌握的就是幻灯片的切换时间，即何时切换才能恰到好处。用户可以在真实的放映幻灯片的状态中，同步设置幻灯片的切换时间，等到放映结束后，系统会将放映的时间记录下来，在自动播放时，按照所记录的时间自动切换幻灯片。

设置排练计时步骤如下。

① 打开幻灯片，单击“幻灯片放映→排练计时”按钮，如图 12-33 所示。

② 此时幻灯片切换到全屏状态，且在左上角出现“录制”工具栏，如图 12-34 所示。

图 12-33 排练计时

图 12-34 “录制”工具栏

“录制”工具栏说明如下。

：“下一项”按钮。单击该按钮将切换到下一张幻灯片。

：“播放/暂停”按钮。单击该按钮可暂停或继续播放幻灯片。

0:00:05：显示当前幻灯片放映时间。

：“重复”按钮。单击该按钮可对当前幻灯片从零开始重新计时。

0:00:35：显示所有幻灯片放映时间。

③ 模拟真实演示时需要进行的操作，整个演示结束之后按 Esc 键退出，此时将弹出一个对话框询问是否保留幻灯片计时，单击“是”按钮，切换到幻灯片的视图窗口，在每张幻灯片的左下角可查看幻灯片播放所需的时间，如图 12-35 所示。

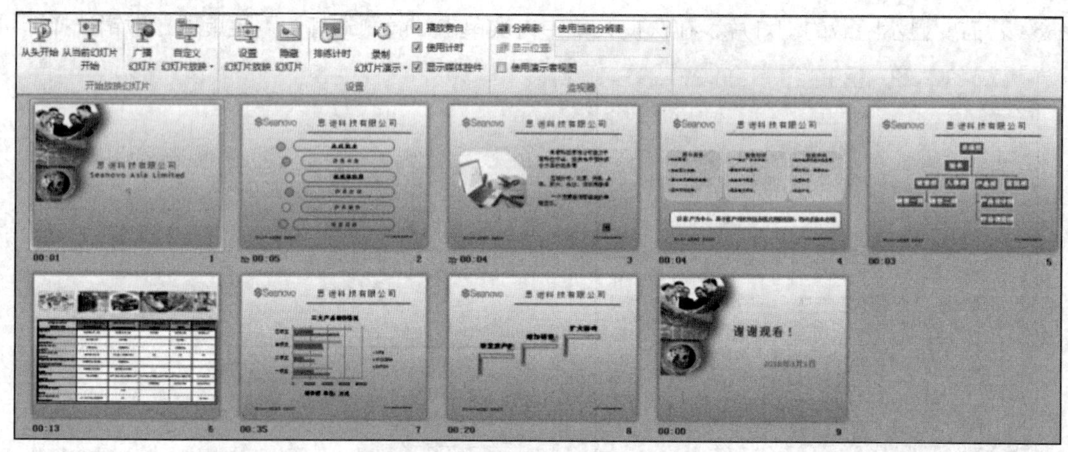

图 12-35 每张幻灯片的播放时间

12.7.5 录制和删除旁白

当放映幻灯片时，演示者通常会边演示边讲解。而对于自动放映的演示文稿，演示者不可能一直在旁边讲解，这时就需要提前录制好旁白，在放映幻灯片时播放旁白即可。

1. 录制旁白

录制旁白的步骤如下。

① 选择需要录制旁白的幻灯片，在“幻灯片放映”选项卡中，单击“设置”组中的“录制幻灯片演示→从当前幻灯片开始录制”，如图 12-36 所示。

② 在随即弹出的“录制幻灯片演示”对话框中，勾选“旁白和激光笔”，并单击“开始录制”按钮，即可开始录制，如图 12-37 所示。

图 12-36 录制幻灯片演示

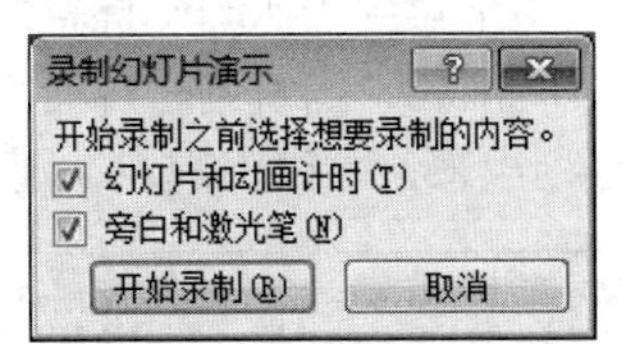

图 12-37 录制选项

③ 在进行旁白录制的过程中，会显示当前幻灯片的旁白录制时间。如果对录制不满意，可以单击按钮重新计时。录制满意后，再单击“下一项”按钮，开始下一张幻灯片的旁白录制，并且右侧会显示总共的幻灯片旁白计时的时间。

④ 在录制过程中，可随时单击“暂停”按钮，暂停录制旁白。若要继续录制，单击“继续录制”按钮即可。

⑤ 录制结束后，返回到幻灯片浏览图中，录制旁白的幻灯片的右下角出现一个声音图标。双击该声音图标可以试听录制的旁白效果，如图 12-38 所示。

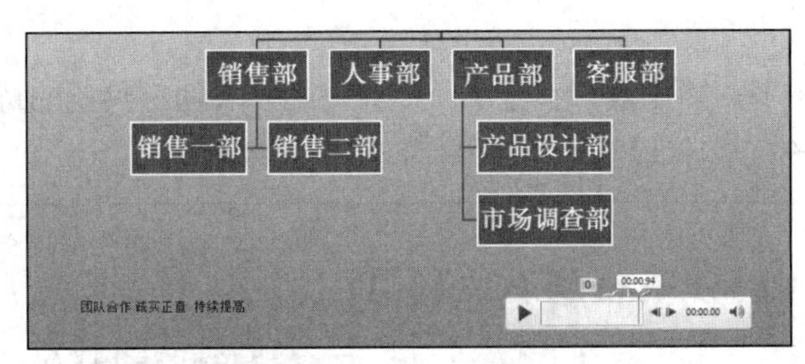

图 12-38 录制旁白声音图标

2. 删除旁白

有的时候放映幻灯片时不需要播放旁白，需要将其关闭或者删除。切换到相应的幻灯片，在“幻灯片放映”选项卡的“设置”组中，撤选“播放旁白”复选框，或者在“设置放映方式”对话框中钩选“放映时不加旁白”。

如果想删除旁白，只需选中声音图标，然后选择“编辑→清除”命令，或者直接按 Delete 键即可。

12.8 幻灯片的设计理念

在设计和使用 PPT 时，为什么会觉得自己做的 PPT 那么不尽如人意呢？不是因为没有合适的模板，也不是没有漂亮的图片，关键在于没有理解 PPT 的设计理念。

12.8.1 PPT 的内容设计

1. 明确主题

演示文稿的最终目的是把发布者设定的内容正确地传达给观众。PPT 要紧紧围绕主题，说明一个重点，不要试图让 PPT 面面俱到，这只能让 PPT 显得更糟。

2．内容结构化

“逻辑”是 PPT 的灵魂。PPT 的逻辑一定要清晰简明，使用并列和递进的逻辑来表达。通过不同层次的标题，表明 PPT 的逻辑关系，但层次不要太杂太多。

3．PPT 的文字设计

在 PPT 中，文字起到传达明确信息的作用，力求做到文字简洁、重点突出，图 12-39 所示的幻灯片，PPT 不同于 Word，当看到一片文字时，相当于什么都看不到。要提取关键信息句中的核心信息，只把主要点列出来，并突出重点，则会一目了然，如图 12-40 所示。

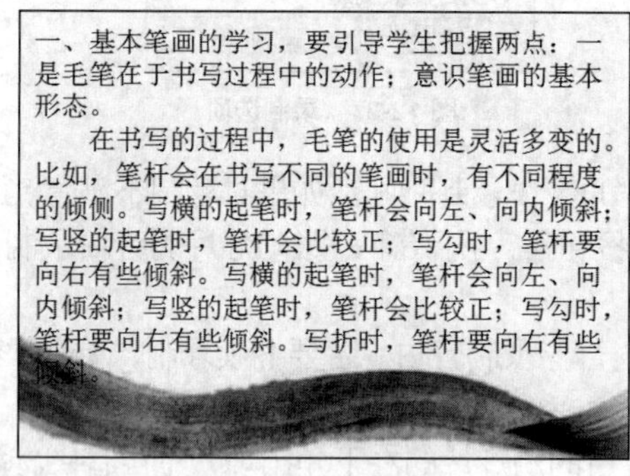

图 12-39　满屏文字

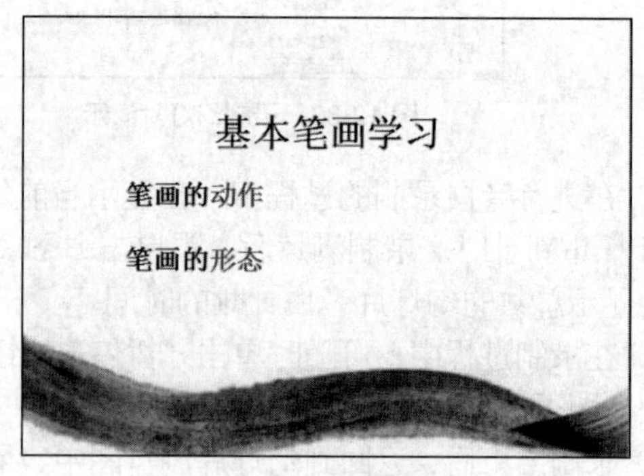

图 12-40　提炼重点

4．图和表的使用

原则是能用图，不用表；能用表，不用字。专业的图和表通常具备的特点是：一个主题、图文并茂、简单明了。图 12-41 所示的 PPT 很好地诠释了这些特点。

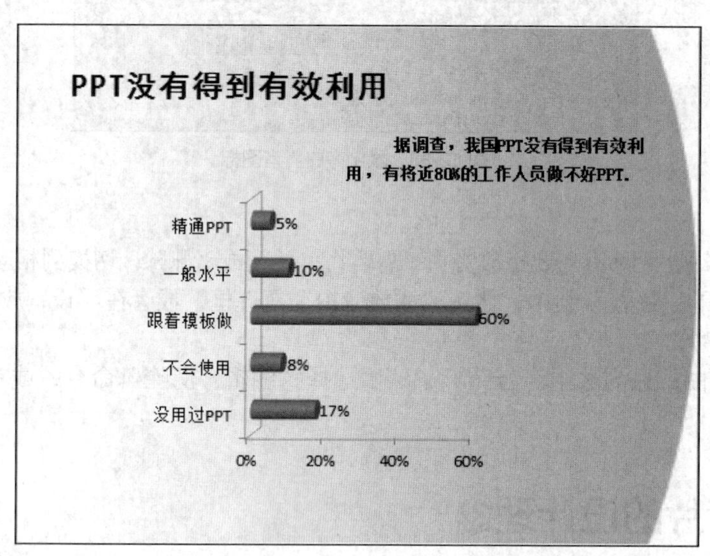

图 12-41　图表的特点

（1）一个主题

图表是展示语言的重要工具，决定图表形式的不是数据本身，而是图表的主题。每张图表都要表达一个明确的主题。

（2）图文并茂

图表本身具有数据分析的功能，加上必要的说明性文字，让观众更容易理解图表要表达的主题。

（3）简单明了

成功的 PPT 不是堆积大量数据的图表，都要从表达的主题出发，尽量做到简单明了，逻辑合理，清晰易懂。

5. 图片和动画的使用

图片仅仅是为了美化排版，突出主题。在宣讲时，主要目的还是让别人看到文字，而不是图片，花哨繁多的图片容易分散观看者的注意力。

因此，PPT 中动画的加入是非常有必要的。动画可以把要讲解的内容一步一步显示，有利于吸引观众。在设计动画的时候，必须与 PPT 演示的环境相结合。过多的动画会冲淡主题，过少的动画则效果平平，显得单薄。该强调的强调、该忽略的忽略、该缓慢的缓慢。

动画也有场合之分。党政会议少用动画，老年人面前少用动画，但企业宣传可适度多用动画。

12.8.2 PPT 的 10/20/30 原则

日本著名风险投资家盖川崎（Guy Kawasaki）提出了 PPT 演示的 10/20/30 法则。

（1）演示文件不超过 10 页。

不要拿 PPT 当说明书或产品目录，一般场合 10 页可以囊括很多需求，每个都可以用一页 PPT 完成。如果感觉内容不够，万一客户想进一步看到详细的资料，有枝叶方有效，善于应用超链接对象。

（2）演讲时间不超过 20 分钟。

把握时间，完美结束。一般情况下，投影宣讲的时间有限，与听众的互动及问答时间又很重要，而且听众往往对于超过 20 分钟的演讲会分心和感到厌倦，所以控制好时间非常重要。

有时候会出现时间分配不合理，到了最后时间不够，草草收场。要获得时间的保证，力争做到在正式演示前预演，调整演示的时间控制。

（3）演示使用的字体不小于 30 点（30 point）。

30 点的字体，在一页 PPT 中可能放不下多少字。使用大字体写更少的内容除了能够让听众看得更清晰以外，更重要的是能够让制作者认真思考自己需要写出来的主要观点是什么，并能够更好地围绕这个关键点进行阐述和解释。

小结

本章通过一个公司简介的幻灯片的实例，介绍了 PowerPoint 2010 的版式、母版视图、幻灯片动画、幻灯片放映以及幻灯片的设计原则等内容。通过本章的学习，读者可以掌握 PowerPoint 2010 的使用，制作美观、实用视图、高质量的幻灯片。

实验

一、实验目的

1. 掌握演示文稿的操作、幻灯片的编辑。
2. 掌握文本的输入，插入表格、图片、图表、声音、视频多媒体元素。
3. 掌握幻灯片主题、配色方案和母版的设定。
4. 掌握幻灯片动画及超链接的设置，幻灯片的切换。
5. 掌握幻灯片的放映。

二、实验内容

1. 以“我是一名大一新生”的自我介绍（也可以自定题材，内容积极、健康），制作一份 10 页左右的 PPT 演示文稿，要求包含如下内容。

（1）标题页。

（2）导航目录页。

（3）任选内容。

（4）未来四年的目标及规划。

（5）结束页。

2. 技术点要求如下。

（1）整个幻灯片风格统一，美观大方。

（2）幻灯片中包含文字、图片、声音、视频等对象，合理布局。

（3）为幻灯片的部分对象设置动画效果和超链接。

（4）幻灯片中设置合理的动作按钮，在幻灯片之间进行切换。

（5）为幻灯片设置切换效果。

（6）给部分幻灯片录制旁白。

（7）采用不同放映类型播放制作的演示文稿。

习题

一、单项选择题

1. 幻灯片内容在幻灯片上的排列方式被称为（　　）。

A. 模板　　B. 版式　　C. 大纲　　D. 超链接

2. 在选择椭圆图形后按住（　　）键，同时拖曳鼠标可以插入一个圆。

A. Enter　　B. Shift　　C. Ctrl　　D. Esc

3. 按（　　）键，可以删除选中的幻灯片。

A. Delete　　B. Shift　　C. Ctrl　　D. Esc

4. 在幻灯片的“动作设置”对话框中，设置的超级链接对象不允许是（　　）。

A. 下一张幻灯片　　B. 一个应用程序　　C. 其他演示文稿　　D. 幻灯片中一个对象

5. 添加动作按钮，应执行（　　）命令。

A. 开始→动作按钮　　B. 插入→形状→动作按钮

C. 插入→动画→动作按钮　　D. 切换→插入→动作按钮

6. 选择多张不连续的幻灯片，可以按住（　　）键，再逐个单击幻灯片。

A. Ctrl　　B. Ctrl+Shift　　C. Alt　　D. Shift

7. 选择多张连续的幻灯片，单击起始幻灯片后按住（　　）键，再单击最后一张幻灯片。

A. Ctrl　　B. Ctrl+Shift　　C. Alt　　D. Shift

8. 如果要为对象设置动画，可以使用（　　）功能区。

A. 开始　　B. 插入　　C. 动画　　D. 设计

9. 在 PowerPoint 2010 中，只有在（　　）视图下，才能设置“超链接”功能。

A. 幻灯片放映　　B. 幻灯片浏览　　C. 大纲　　D. 普通

10. 从幻灯片的放映状态切换回编辑状态，应按（　　）键。

A. F5　　B. Esc　　C. Ctrl+Alt　　D. Tab

11. 如果要从第 3 张幻灯片跳转到第 8 张幻灯片，可以应通过幻灯片的（　　）来实现。

A. 幻灯片浏览 B. 预设动画 C. 幻灯片切换 D. 动作按钮

12. 新建一个演示文稿时，第一张幻灯片的默认版式是（ ）。

A. 项目清单 B. 空白 C. 只有标题 D. 标题幻灯片

13. 按（ ）键，可以从当前位置开始播放幻灯片。

A. Enter B. Shift+F5 C. F5 D. Ctrl+F5

14. 按（ ）键，可以从头开始播放幻灯片。

A. Enter B. Shift+F5 C. F5 D. Ctrl+F5

15. 在幻灯片放映过程中，下述的（ ）操作不能回到上一张幻灯片。

A. 按P键 B. 按PageUp键 C. 按Backspace键 D. 按Space键

16. PPT中10/20/30原则中的10指的是（ ）。

A. 10页 B. 10分钟 C. 10point D. 10个动画

二、简答题

1. 简述PowerPoint中母版的作用。
2. 如何在幻灯片中插入声音和影片对象？
3. 如何在幻灯片中加入动画效果？
4. 简述PowerPoint中设置幻灯片切换的操作方法。
5. 简述PPT的10/20/30原则。

参考文献

[1] 中国高等院校计算机基础教育改革课题研究组．中国高等院校计算机基础教育课程体系 2014[M]．北京：清华大学出版社，2014.

[2] 教育部高等学校计算机基础课程教学指导委员会. 大学计算机基础课程教学基本要求[M]. 北京：高等教育出版社，2016.

[3] 周以真．计算思维[J]．中国计算机学会通讯：2007，3（11）:83-85.

[4] 陈国良．计算思维：大学计算教育的振兴科学工程研究的创新[J]．深圳：2011（第八届）CCF 中国计算机大会，2011.

[5] 战德臣，聂兰顺，等．大学计算机：计算思维导论[M]．北京：电子工业出版社，2013.

[6] Thomas H.Cormen，Charles E.Leiserson，Ronald L.Rivest，Clifford Stein．算法导论[M]．3 版．北京：机械工业出版社，2013.

[7] 唐培和，徐奕奕．计算思维：计算学科导论[M]．北京：电子工业出版社，2015.

[8] 张基温．大学计算机——计算思维导论[M]．北京：清华大学出版社，2017.

[9] 胡阳，李长铎．莱布尼茨二进制与伏羲八卦图[M]．上海：上海人民出版社，2006.

[10] 王志强，毛睿，张艳，等．计算思维导论[M]．北京：高等教育出版社，2012.

[11] 严蔚敏，吴伟民．数据结构（C 语言版）[M]．北京：清华大学出版社，2011.

[12] 宁爱军，张艳华．C 语言程序设计[M]．2 版．北京：人民邮电出版社，2015.

[13] 熊聪聪，宁爱军，等．大学计算机基础[M]．2 版．北京：人民邮电出版社，2013.

[14] 冯博琴，陈文革，等．计算机网络[M]．2 版．北京：高等教育出版社，2004.

[15] 谢希仁，等．计算机网络[M]．6 版．北京：电子工业出版社，2013.

[16] 吴功宜．计算机网络[M]．3 版．北京：清华大学出版社，2011.

[17] 戴宗坤，罗万伯，等．信息系统安全[M]．北京：电子工业出版社，2002.

[18] 蔡皖东．网络信息安全技术[M]．北京：清华大学出版社，2015.

[19] 徐茂智，邹维．信息安全概论[M]．北京：人民邮电出版社，2007.